BKI Baupreise kompakt 2016 Neubau

Statistische Baupreise für Positionen mit Kurztexten

D1722621

BKI Baupreise 2016 Neubau

Statistische Baupreise für Positionen mit Kurztexten

BKI Baukosteninformationszentrum (Hrsg.)
Stuttgart: BKI, 2015

Mitarbeit:
Hannes Spielbauer (Geschäftsführer)
Klaus-Peter Ruland (Prokurist)
Michael Blank
Annette Dyckmans
Wolfgang Mandl
Thomas Schmid
Jeannette Wähner

Fachautoren:
Robert Fetzer
Jörn Luther
Jochen Letsch
Andreas Wagner

Layout, Satz:
Hans-Peter Freund
Thomas Fütterer

Fachliche Begleitung:
Beirat Baukosteninformationszentrum
Hans-Ulrich Ruf (Vorsitzender)
Wolfgang Fehrs (stellv. Vorsitzender)
Peter Esch
Oliver Heiss
Prof. Dr. Wolfdietrich Kalusche
Martin Müller
Prof. Walter Weiss
Prof. Sebastian Zoeppritz

Anschrift:
Bahnhofstraße 1, 70372 Stuttgart
Kundenbetreuung: (0711) 954 854-0
Baukosten-Hotline: (0711) 954 854-41
Telefax: (0711) 954 854-54
info@bki.de, www.bki.de

Für etwaige Fehler, Irrtümer usw. kann der Herausgeber keine Verantwortung übernehmen.

Vorwort

Die Ermittlung, Planung und Überwachung der Baukosten in verschiedenen Planungsphasen eines Bauprojektes ist ein wesentlicher Bestandteil der Architektenleistung.

Das neue Fachbuch unterstützt Architekten, Ingenieure, Sachverständige und alle Fachleute, die mit Baupreisen von Baumaßnahmen im Neubau befasst sind.

Das Fachbuch eignet sich aufgrund seiner kompakten Abmessungen besonders für die schnelle und mobile Baupreisrecherche. Auch für die Bepreisung von Leistungsverzeichnissen, eine neue Grundleistung nach HOAI 2013, ist es ein wertvolles Werkzeug.

Der Anwender findet nach Leistungsbereichen geordnet statistisch ausgewertete Baupreise zu Positionen mit Minimal-, Von-, Mittel-, Bis- und Maximalpreisen sowie erläuternde Stichworttexte und die zugehörigen Mengeneinheiten und Kostengruppen nach DIN 276.

Die Baupreise für Neubau stammen aus den Bereichen Rohbau, Ausbau, Gebäudetechnik sowie Freianlagen. Insgesamt befinden sich im Fachbuch Baupreise zu 44 Leistungsbereichen. Alle Kennwerte basieren auf der Analyse realer, abgerechneter Bauwerke, die in der BKI-Baukostendatenbank verfügbar sind.

Mit den BKI Regionalfaktoren für jeden Stadt-/Landkreis passen Anwender die BKI-Bundesdurchschnittspreise an Ihre regionalen Gegebenheiten an.

Besonderer Dank gilt abschließend dem BKI-Beirat, der mit seinem Expertenwissen aus der Architektenpraxis, den Architekten- und Ingenieurkammern, Normausschüssen und Universitäten zum Gelingen der BKI-Fachinformationen beiträgt.

Wir wünschen allen Anwendern des neuen Fachbuchs viel Erfolg in allen Phasen der Kostenplanung. Anregungen und Kritik zur Verbesserung der BKI-Fachbücher sind uns jederzeit willkommen.

Hannes Spielbauer	Klaus-Peter Ruland
Geschäftsführer	Prokurist

Baukosteninformationszentrum
Deutscher Architektenkammern GmbH
Stuttgart, im November 2015

Inhalt

C Gebäudetechnik

D Freianlagen

Anhang

Einführung

Dieses Fachbuch wendet sich an Architekten, Ingenieure, Sachverständige und sonstige Fachleute, die mit Kostenermittlungen von Hochbaumaßnahmen befasst sind. Es enthält statistische Baupreise für „Positionen", geordnet nach den Leistungsbereichen nach StLB. Neben den Mittelwerten sind auch Von-Bis-Werte und Minimal-Maximal-Werte angegeben. Bei den Von-Bis-Werten handelt es sich um mit der Standardabweichung berechnete Bandbreiten, wobei Werte über dem Mittelwerte und Werte unter dem Mittelwert getrennt betrachtet werden. Der Mittelwert muss deshalb nicht zwingend in der Mitte der Bandbreite liegen.

Durch Übernahme der BKI Regionalfaktoren in die Datenbank wurde es möglich, die Objekte und damit auch deren Positionspreise auch hinsichtlich des Bauortes zu bewerten. Für statistische Auswertungen rechnet BKI so, als ob das Objekt nicht am Bauort, sondern in einer mit dem Bundesdurchschnitt identischen Region gebaut worden wäre.

Die regional bedingten Kosteneinflussfaktoren sind somit aus den hier veröffentlichten Positionspreisen herausgerechnet. Das soll aber nicht darüber hinwegtäuschen, dass Positionspreise darüber hinaus weiteren vielfältigen Einflussfaktoren unterliegen.

Alle Baupreise wurden objektorientiert ermittelt und basieren auf der Analyse realer, abgerechneter Vergleichsobjekte, die derzeit in der BKI-Baukostendatenbank verfügbar sind.

Benutzerhinweise

1. Definitionen

Positionen sind Teilleistungen die in einem Leistungsverzeichnis eine zu erbringende Leistung eindeutig beschreiben. Bestandteile der Positionen sind Positionsnummer, Kurztext, Langtext, Abrechnungseinheit, Einheitspreis, Gesamtpreis und Kostengruppen nach DIN 276. Die Positionsnummer dient als Sortierkriterium innerhalb des Leistungsverzeichnisses, welches sich meist in hierarchischen Stufen mit Gewerken und Titeln strukturiert. Die Kurztexte dienen der verkürzten Darstellung und als schnelles Selektionskriterium. Der Langtext beschreibt dann die geforderte Leistung eindeutig. Einheitspreise sind Preise, welche in Verrechnung mit definierter Einheit den Gesamtpreis ergeben.

Bei dieser Veröffentlichung in kompakter Form wird der Kurztext mit einem konkretisierenden Schlagworttext ergänzt. Die Sortierung der Positionen erfolgt ohne Titel über Gewerke und den Positionsnummern. Der Einheitspreis wird Netto und Brutto in fünf Preisstufen auf der Basis abgerechneter Bauleistungen nach statistischer Methode dargestellt.

2. Kostenstand und Mehrwertsteuer

Kostenstand aller Kennwerte ist das 3. Quartal 2015. Alle Baupreise dieses Fachbuchs werden in brutto und netto angegeben. Die Angabe aller Baupreise dieser Veröffentlichung erfolgt in Euro. Die vorliegenden Baupreise sind Orientierungswerte. Sie können nicht als Richtwerte im Sinne einer verpflichtenden Obergrenze angewendet werden.

3. Datengrundlage

Grundlage der Tabellen sind statistische Analysen abgerechneter Bauvorhaben. Die Daten wurden mit größtmöglicher Sorgfalt vom BKI bzw. seinen Dokumentationsstellen erhoben. Dies entbindet den Benutzer aber nicht davon, angesichts der vielfältigen Kosteneinflussfaktoren die genannten Orientierungswerte eigenverantwortlich zu prüfen und entsprechend dem jeweiligen Verwendungszweck anzupassen. Für die Richtigkeit der im Rahmen einer Kostenermittlung eingesetzten Werte können daher weder Herausgeber noch Verlag eine Haftung übernehmen.

4. Anwendungsbereiche

Die Baupreise sind Orientierungswerte, sie können bei Kostenberechnungen und Kostenanschlägen angewendet werden. Die formalen Mindestanforderungen hinsichtlich der Darstellung der Ergebnisse einer Kostenermittlung sind in DIN 276 : 2008-12 unter Ziffer 3 Grundsätze der Kostenplanung festgelegt. Die Anwendung des Positions-Verfahrens bei Kostenermittlungen setzt voraus, dass genügend Planungsinformationen vorhanden sind, um Qualitäten und Mengen von Positionen ermitteln zu können.

5. Geltungsbereiche

Die genannten Baupreise spiegeln in etwa das durchschnittliche Baukosten-
niveau in Deutschland wider. Die Geltungsbereiche der Tabellenwerte sind
fließend. Die „von-/ bis-Werte" markieren weder nach oben noch nach unten
absolute Grenzwerte. Auch die Minimal- Maximal-Werte sind nur als Minimum
und Maximum der in der Stichprobe enthaltenen Werte zu verstehen. Das
schließt nicht aus, dass diese Werte in der Praxis unter- oder überschritten
werden können.

6. von-bis Preise

Die „von-bis Preise" wurden mit der Standardabweichung ermittelt, ein statis-
tisches Verfahren, das aus dem kompletten Spektrum der Preisbeispiele einen
wahrscheinlichen Mittelbereich errechnet. Um dem Umstand Rechnung zu
tragen, dass Abweichungen vom Mittelwert (BKI-Bundesdurchschnittswert)
nach oben bei Baupreisen wahrscheinlicher sind als nach unten, wurde die
Standardabweichung für Preise oberhalb des Mittelwertes getrennt von denen
unterhalb des Mittelwertes ermittelt.

7. BKI-Bundesdurchschnittswerte / Regionalfaktor Stadt-/Landkreis

Grundlage der BKI Regionalfaktoren, die auch der Normierung der Baupreise
der dokumentierten Objekte auf Bundesniveau zu Grunde liegen, sind Daten
aus der amtlichen Bautätigkeitsstatistik der statistischen Landesämter.

Zusätzlich wurden von BKI Verfahren entwickelt, um die Daten prüfen und
Plausibilitätsprüfungen unterziehen zu können.

Für den Anwender bedeutet die regionale Normierung der Daten auf einen BKI-
Bundesdurchschnitt (Mittelwert), dass einzelne Baupreise oder das Ergebnis
einer Kostenermittlung einfach mit dem Regionalfaktor des Standorts des
geplanten Objekts multipliziert werden können. Die landkreisbezogenen
Regionalfaktoren finden sich im Anhang des Buchs ab Seite 372.

8. Einflüsse auf Baupreise

In den Streubereichen (von-/bis-Werte) der Baupreise spiegeln sich die vielfältigen Einflüsse aus Nutzung, Markt, Gebäudegeometrie, Ausführungsstandard,
Projektgröße etc. wider. Die Orientierungswerte können daher nicht schema-
tisch übernommen werden, sondern müssen entsprechend den spezifischen
Planungsbedingungen überprüft und ggf. angepasst werden. Mögliche Einflüsse, die eine Anpassung der Orientierungswerte erforderlich machen, können
sein:

– besondere Nutzungsanforderungen,
– Standortbedingungen (Erschließung, Immission, Topographie,
  Bodenbeschaffenheit),
– Bauwerksgeometrie (Grundrissform, Geschosszahlen, Geschosshöhen,
  Dachform, Dachaufbauten),

- Bauwerksqualität (gestalterische, funktionale und konstruktive Besonderheiten),
- Quantität (Positionsmengen),
- Baumarkt (Zeit, regionaler Baumarkt, Vergabeart).

9. Urheberrechte

Alle Objektinformationen und die daraus abgeleiteten Auswertungen (Statistiken) sind urheberrechtlich geschützt. Die Urheberrechte liegen bei den jeweiligen Büros, Personen bzw. bei BKI.

Es ist ausschließlich eine Anwendung der Daten im Rahmen der praktischen Kostenplanung im Hochbau zugelassen. Für eine anderweitige Nutzung oder weiterführende Auswertungen behält sich BKI alle Rechte vor.

Erläuterungen

Musterseiten

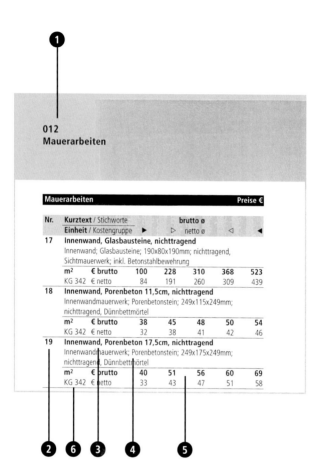

012
Mauerarbeiten

Mauerarbeiten					Preise €

Nr.	Kurztext / Stichworte			brutto ø		
	Einheit / Kostengruppe ▶	▷	netto ø	◁	◀	
17	**Innenwand, Glasbausteine, nichttragend**					
	Innenwand; Glasbausteine; 190x80x190mm; nichttragend, Sichtmauerwerk; inkl. Betonstahlbewehrung					
	m² € brutto	100	228	310	368	523
	KG 342 € netto	84	191	260	309	439
18	**Innenwand, Porenbeton 11,5cm, nichttragend**					
	Innenwandmauerwerk; Porenbetonstein; 249x115x249mm; nichttragend, Dünnbettmörtel					
	m² € brutto	38	45	48	50	54
	KG 342 € netto	32	38	41	42	46
19	**Innenwand, Porenbeton 17,5cm, nichttragend**					
	Innenwandmauerwerk; Porenbetonstein; 249x175x249mm; nichttragend, Dünnbettmörtel					
	m² € brutto	40	51	56	60	69
	KG 342 € netto	33	43	47	51	58

Erläuterung nebenstehender Tabelle

Alle Baupreise werden mit und ohne Mehrwertsteuer dargestellt.
Kostenstand: 3.Quartal 2015.
Kosten und Baupreise umgerechnet auf den Bundesdurchschnitt.

Leistungsbereich mit Nummer nach Standardleistungsbuch

Ordnungsziffer im jeweiligen Leistungsbereich
Sind die Positionen nicht lückenlos durchnummeriert, ist die fehlende Position
nur in unserer Datenbank sowie auf der CD BKI-Positionen 2015 veröffentlicht.
Es handelt sich hierbei um Leistungen, welche vergleichbar bereits in dieser
Veröffentlichung enthalten sind und nur elektronisch einen Mehrwert haben.

Kurztext der Position

Stichworte aus dem Mustertext mit:
Gegenstand, Material, Dimension, Verarbeitung, Ort, Sonstige

Abrechnungseinheit; Einheitspreise brutto und netto mit min/von/mittel/bis/
max-Werten

Kostengruppe nach DIN 276

Gliederung in Leistungsbereiche nach STLB-Bau

Als Beispiel für eine ausführungsorientierte Ergänzung der Kostengliederung werden im Folgenden die Leistungsbereiche des Standardleistungsbuches für das Bauwesen in einer Übersicht dargestellt.

000 Sicherheitseinrichtungen, Baustelleneinrichtungen
001 Gerüstarbeiten
002 Erdarbeiten
003 Landschaftsbauarbeiten
004 Landschaftsbauarbeiten -Pflanzen
005 Brunnenbauarbeiten und Aufschlussbohrungen
006 Spezialtiefbauarbeiten
007 Untertagebauarbeiten
008 Wasserhaltungsarbeiten
009 Entwässerungskanalarbeiten
010 Drän- und Versickerarbeiten
011 Abscheider- und Kleinkläranlagen
012 Mauerarbeiten
013 Betonarbeiten
014 Natur-, Betonwerksteinarbeiten
016 Zimmer- und Holzbauarbeiten
017 Stahlbauarbeiten
018 Abdichtungsarbeiten
020 Dachdeckungsarbeiten
021 Dachabdichtungsarbeiten
022 Klempnerarbeiten
023 Putz- und Stuckarbeiten, Wärmedämmsysteme
024 Fliesen- und Plattenarbeiten
025 Estricharbeiten
026 Fenster, Außentüren
027 Tischlerarbeiten
028 Parkett-, Holzpflasterarbeiten
029 Beschlagarbeiten
030 Rollladenarbeiten
031 Metallbauarbeiten
032 Verglasungsarbeiten
033 Baureinigungsarbeiten
034 Maler- und Lackierarbeiten - Beschichtungen
035 Korrosionsschutzarbeiten an Stahlbauten
036 Bodenbelagarbeiten
037 Tapezierarbeiten
038 Vorgehängte hinterlüftete Fassaden
039 Trockenbauarbeiten

Abkürzungsverzeichnis

Einheiten		Mengenangaben	
m	Meter	A	Fläche
m²	Quadratmeter	V	Volumen
m³	Kubikmeter	D	Durchmesser
cm	Zentimeter	d	Dicke
cm²	Quadratzentimeter	h	Höhe
mm	Millimeter	b	Breite
μm	Mikrometer	l	Länge
kg	Kilogramm	t	Tiefe
t	Tonne	lw	lichte Weite
l	Liter	k	k-Wert
St	Stück	U	u-Wert
h	Stunde		
min	Minute		
s	Sekunde	psch	Pauschal
d	Tag		
Mt	Monat		
Wo	Woche		

Kombinierte Einheiten

mh	Meter pro Stunde
md	Meter pro Tag
mWo	Meter pro Woche
mMt	Meter pro Monate
ma	Meter pro Jahr
m²d	Quadratmeter pro Tag
m²Wo	Quadratmeter pro Woche
m²Mt	Quadratmeter pro Monat
m³d	Kubikmeter pro Tag
m³Wo	Kubikmeter pro Woche
m³Mt	Kubikmeter pro Monat
Sth	Stück pro Stunde
Std	Stück pro Tag
StWo	Stück pro Woche
StMt	Stück pro Monat
td	Tonne pro Tag
tMt	Tonne pro Monat
tWo	Tonne pro Monat

Rechenzeichen

<	kleiner
>	größer
<=	kleiner gleich
>=	größer gleich
-	bis

Abkürzungen

AN	Auftragnehmer	KVH	Konstruktionsvollholz
AG	Auftraggeber	LM	Leichtmetall
AP	Arbeitsplätze	LZR	Luftzwischenraum (Isolierglas)
APP	Appartement	MF	Mineralfaser
BB	BB-Schloss=Buntbartschloss	MG	Mörtelgruppe
BK	Bodenklasse	MW	Mauerwerk
BSH	Brettschichtholz	MW	Mineralwolle
DD	DD-Lack=Polyurethan-Lack	MW	Maulweite (Zargen)
DN	Durchmesser, Nennmaß (DN80)	NF	Normalformat
DF	Dünnformat	NF	Nutzfläche
DG	Dachgeschoss	NF	Nut und Feder
DK	Dreh-/Kipp(-flügel)	NH	Nadelholz
DHH	Doppelhaushälfte	OG	Obergeschoss
EG	Erdgeschoss	OK	Oberkante
ELW	Einliegerwohnung	OSB	Oriented Strand Board, Spanplatte
ETW	Etagenwohnung	PE	Polyethylen
EPS	expandierter Polystyrolschaum	PE-HD	Polyethylen, hohe Dichte
ESG	Einscheiben-Sicherheitsglas	PES	Polyester
F90-A	Feuerwiderstandsklasse 90min	PP	Polypropylen
GK	Gipskarton	PS	Polystyrol
GKB	Gipskarton-Bauplatten	PU	Polyurethan
GKF	Gipskarton-Feuerschutz	PVC	Polyvinylchlorid
GKI	Gipskarton - imprägniert	PZ	Profilzylinder
GKL	Güteklasse	RD	rauchdicht
Gl	Glieder (Heizkörper)	RRM	Rohbaurichtmaß
Hlz	Hochlochziegel	RS	Rauchschutz (Türen)
HDF	hochdichte Faserplatte	RW	Regenwasser
HT	Hochtemperatur-Abflussrohr	RWA	Rauch-Wärme-Abzug
i.L.	im Lichten	SML	Gusseisen-Abwasserrohr
i.M.	im Mittel	Stb	Stahlbeton
KG	Kellergeschoss	STP	Stellplatz
KG	Kunststoff Grundleitung	Stg	Steigung
KFZ	Kraftfahrzeug	TG	Tiefgarage
KITA	Kindertagesstätte	T30	Tür mit Feuerwiderstand 30min
KS	Kalksandstein	UK	Unterkante
KSL	Kalksandstein-Lochstein	UK	Unterkonstruktion
KSV	Kalksandstein-Vollstein	VK	Vorderkante
KSVm	Kalksandstein-Vormauerwerk	VSG	Verbund-Sicherheitsglas

Abkürzungen

V2A	Edelstahl
V4A	Edelstahl
WDVS	Wärmedämmverbundsystem
WE	Wohneinheit
WK	Einbruch-Widerstandsklasse
WLG	Wärmeleitgruppe
WLS	Wärmeleitstufe
WU	wasserundurchlässig (Beton)
ZTV	zusätzl. techn. Vorbemerkungen

A

Rohbau

000
Sicherheitseinrichtungen, Baustelleneinrichtungen

Sicherheitseinrichtungen, Baustelleneinrichtungen					Preise €

Nr.	Kurztext / Stichworte		**brutto ø**			
	Einheit / Kostengruppe ▶	▷	netto ø	◁	◀	
1	**Baumschutz, Brettermantel StD bis 30cm**					
	Baumschutz; Brettermantel; StD bis 30cm; gegen mechanische Schäden					
	St € brutto	16	32	34	36	45
	KG 211 € netto	13	27	29	30	38
2	**Baumschutz, Brettermantel StD bis 50cm**					
	Baumschutz; Brettermantel; StD bis 50cm; gegen mechanische Schäden					
	St € brutto	19	39	46	55	74
	KG 211 € netto	16	33	39	47	62
3	**Fußgängerschutz, Gehwege**					
	Fußgängerschutzdach; Holzkonstruktion, Belag, Dach mit Bitumenbahn, glasvliesarmiert; Höhe 2,10, Breite 0,90m; Gehwege					
	m € brutto	17	93	108	173	264
	KG 391 € netto	14	78	91	145	222
4	**Übergangs-/Fußgängerbrücke**					
	Fußgängerhilfsbrücke; Durchfahrtshöhe über 2,25-2,50m; mit Fundamenten, Widerlager, Rampung, Geländer und Schutzdach; herstellen, vorhalten, abbauen					
	St € brutto	26	59	66	104	174
	KG 391 € netto	22	49	56	87	147
5	**Bauzaun, 2,00m**					
	Bauzaun; Höhe 2,00m; aufstellen, vorhalten, abbauen; Türen und Tore gesondert					
	m € brutto	1,6	9,2	11,7	20,8	50,0
	KG 391 € netto	1,4	7,8	9,8	17,5	42,0
6	**Bauzaun, Bretter 2,00m**					
	Bauzaun; Bretter; Höhe 2,00m; aufstellen, vorhalten, abbauen; Türen und Tore gesondert					
	m € brutto	4,9	11,3	13,2	23,5	50,0
	KG 391 € netto	4,1	9,5	11,1	19,8	42,0
7	**Bauzaun, Stahlrohrrahmen 2,00m**					
	Bauzaun, versetzbar; Stahlrohrrahmen, verzinkt; Höhe 2,00m; aufstellen, vorhalten, abbauen; Türen und Tore gesondert					
	m € brutto	3,7	9,4	11,7	18,3	36,9
	KG 391 € netto	3,1	7,9	9,8	15,4	31,0
8	**Bauzaun umsetzen, Bretter**					
	Bauzaun umsetzen; Bretter; Höhe 2,00m; inkl. Türen und Tore					
	m € brutto	2,4	5,4	6,4	11,0	17,3
	KG 391 € netto	2,0	4,5	5,3	9,2	14,5

▶ min
▷ von
ø Mittel
◁ bis
◀ max

000
Sicherheitseinrichtungen,
Baustelleneinrichtungen

Kosten: Stand 3.Quartal 2015, Bundesdurchschnitt

Sicherheitseinrichtungen, Baustelleneinrichtungen					Preise €

Nr.	Kurztext / Stichworte		brutto ø		
	Einheit / Kostengruppe ▶	▷	netto ø	◁	◀
9	**Bauzaun umsetzen, Stahlrohrrahmen**				
	Bauzaun umsetzen; Stahlrohrrahmen; Höhe 2,00m; inkl. Türen und Tore				
	m **€ brutto**	1,5	4,1	4,6	7,6	14,8
	KG 391 € netto	1,2	3,4	3,9	6,4	12,4
10	**Bauzaunbeleuchtung**				
	Bauzaunbeleuchtung; betriebsfertig montieren, entfernen; öffentlicher Raum				
	St **€ brutto**	11	24	26	27	44
	KG 391 € netto	9,4	19,8	21,6	22,7	37,1
11	**Tor, Bauzaun**				
	Bauzauntor; Höhe 2,00m, Breite bis 6,00m; einbauen, vorhalten, abbauen				
	St **€ brutto**	53	115	145	247	423
	KG 391 € netto	45	97	122	208	356
12	**Tor, Bauzaun, Breite 3,50m**				
	Bauzauntor; Höhe 2,00 Breite 3,50m; einbauen, vorhalten, abbauen				
	St **€ brutto**	67	102	123	133	189
	KG 391 € netto	57	86	104	112	159
13	**Tor, Bauzaun, Breite 5,00m**				
	Bauzauntor; Höhe 2,00m, Breite 5,00m; abschließbar, einbauen, vorhalten, abbauen				
	St **€ brutto**	103	136	152	176	230
	KG 391 € netto	87	115	128	148	194
14	**Tür, Bauzaun,**				
	Bauzauntür; Höhe 2,30m; einbauen, vorhalten, abbauen				
	St **€ brutto**	40	61	73	110	162
	KG 391 € netto	33	51	61	92	136
15	**Tür, Bauzaun, Breite 1,00m**				
	Bauzauntür; Höhe 2,00m, Breite 1,00m; abschließbar, einbauen, vorhalten, abbauen				
	St **€ brutto**	54	78	89	93	129
	KG 391 € netto	45	65	75	78	108
16	**Tür, Bauzaun, Breite 1,50m**				
	Bauzauntür; Höhe 2,00m, Breite 1,50m; abschließbar, einbauen, vorhalten, abbauen				
	St **€ brutto**	61	87	101	117	144
	KG 391 € netto	52	73	85	99	121

000
Sicherheitseinrichtungen,
Baustelleneinrichtungen

Sicherheitseinrichtungen, Baustelleneinrichtungen					Preise €

Nr.	Kurztext / Stichworte		brutto ø		
	Einheit / Kostengruppe ▶	▷	netto ø	◁	◀
17	**Baustraße**				
	Baustraße/Bauweg; Breite über 2,00/bis 2,50m; provisorisch herstellen, vorhalten, abbauen; Baustellenverkehr geeignet				
	m² € brutto	5,0	15,2	19,0	69,0	120,6
	KG 391 € netto	4,2	12,8	16,0	58,0	101,4
18	**Hilfsüberfahrt, Stahlplatte**				
	Hilfsüberfahrt; Stahlplatte; herstellen, vorhalten, abbauen; über Gehweg/Gräben; Baustellenverkehr geeignet				
	m² € brutto	16	25	29	31	47
	KG 391 € netto	13	21	25	26	39
19	**Kabelbrücke, Strom-/Wasserleitung**				
	Kabelbrücke, Strom-/Wasserleitung; Brücke mit 2 Pfosten, Fachwerkträger; Höhe 4,20m; unverrückbar, sturmsicher herstellen, vorhalten, abbauen; öffentliche Straße; inkl. Beschilderung				
	St € brutto	784	1.210	1.549	1.794	2.314
	KG 391 € netto	659	1.017	1.302	1.508	1.945
20	**Verkehreinrichtung, Verkehrszeichen**				
	Verkehreinrichtung; Verkehrsschilder; zwei/drei Stück; aufstellen, vorhalten, abbauen				
	St € brutto	12	37	51	67	101
	KG 391 € netto	10	31	43	56	85
21	**Verkehrssicherung, Baustelle**				
	Verkehrssicherung, Baustelle; kennzeichnen, vorhalten, abbauen; inkl. Rückbau				
	m € brutto	20	30	35	41	61
	KG 391 € netto	17	25	30	34	51
22	**Verkehrsregelung, Lichtsignalanlage**				
	Lichtzeichenanlage; zwei Ampeln; automatische Steuerung; inkl. erf. Komponenten, Vorhalte- und Betriebskosten				
	psch € brutto	432	884	884	1.222	1.900
	KG 391 € netto	363	742	743	1.027	1.596
23	**Grenzstein sichern**				
	Grenzstein sichern; zwei fest fixierte Hilfspunkte				
	St € brutto	22	33	34	39	49
	KG 391 € netto	19	28	28	32	41
24	**Bauwasseranschluss, 3 Zapfstellen**				
	Bauwasseranschluss; drei Zapfstellen; herstellen, vorhalten, abbauen				
	St € brutto	119	385	492	729	1.248
	KG 391 € netto	100	324	414	613	1.048

▶ min
▷ von
ø Mittel
◁ bis
◀ max

000
Sicherheitseinrichtungen,
Baustelleneinrichtungen

Kosten: Stand 3.Quartal 2015, Bundesdurchschnitt

Sicherheitseinrichtungen, Baustelleneinrichtungen				Preise €	

Nr.	Kurztext / Stichworte		brutto ø		
	Einheit / Kostengruppe ▶	▷	netto ø	◁	◀
25	**Schmutzwasseranschluss herstellen**				
	Schmutzwasseranschluss an Kanal; DN100/DN150; herstellen, vorhalten, entfernen				
	St **€ brutto**	**221**	**288**	**321**	**349**	**409**
	KG 391 € netto	186	242	270	293	344
26	**Baustromanschluss**				
	Baustromanschluss; Zähler, Steckdosen, FI-Schalter, Sicherungen; Zuleitung bis 50m; herstellen, vorhalten, abbauen				
	St **€ brutto**	**160**	**540**	**706**	**1.761**	**3.458**
	KG 391 € netto	134	454	593	1.480	2.906
27	**Baustrom, Zuleitung**				
	Baustromanschlussleitung; gummigeschützte Leitung; Zuleitung bis 50m; herstellen, vorhalten, abbauen				
	m **€ brutto**	**5,0**	**8,2**	**10,3**	**12,8**	**18,0**
	KG 391 € netto	4,2	6,9	8,7	10,8	15,2
28	**Baustromverteiler**				
	Baustromverteiler; aufstellen, vorhalten, abbauen				
	St **€ brutto**	**61**	**240**	**308**	**578**	**1.290**
	KG 391 € netto	51	202	259	485	1.084
29	**Baustellenbeleuchtung, Allgemeinbeleuchtung**				
	Beleuchtung, Verkehrswege/Arbeitsstätte; Wand-/Deckenmontage, vorhalten, unterhalten, abbauen; inkl. Anschlussarbeiten				
	psch **€ brutto**	**312**	**1.048**	**1.238**	**1.689**	**2.906**
	KG 391 € netto	262	881	1.040	1.420	2.442
30	**Baustellenbeleuchtung, außen**				
	Beleuchtung, Wege, Straßen, Lagerplätze; aufstellen, vorhalten, unterhalten, abbauen; inkl. Anschlussarbeiten				
	psch **€ brutto**	**302**	**580**	**779**	**1.224**	**1.817**
	KG 391 € netto	254	487	655	1.028	1.527
31	**Baustellenbeleuchtung, innen**				
	Beleuchtung, Hauptverkehrswege innen; aufstellen, vorhalten, unterhalten, abbauen; inkl. Anschlussarbeiten				
	psch **€ brutto**	**604**	**1.603**	**1.673**	**2.105**	**2.859**
	KG 391 € netto	508	1.347	1.406	1.769	2.403
32	**Sicherheitsbeleuchtung, Verkehrswege**				
	Sicherheitsbeleuchtung, Verkehrswege; aufstellen, vorhalten, abbauen; Innenbereich				
	m **€ brutto**	**–**	**2,4**	**4,7**	**7,7**	**–**
	KG 391 € netto	–	2,0	4,0	6,5	–

Sicherheitseinrichtungen, Baustelleneinrichtungen						Preise €

Nr.	Kurztext / Stichworte		brutto ø			
	Einheit / Kostengruppe ▶	▷	netto ø	◁	◀	
33	**Container, Bauleitung**					
	Bürocontainer; bis 15m²; beheizbar, wärmegedämmt mit Ausstattung, aufstellen, vorhalten, abfahren					
	St € brutto	967	1.971	2.426	3.747	6.084
	KG 391 € netto	812	1.656	2.039	3.148	5.112
34	**WC-Kabine**					
	WC-Kabine; aufstellen, vorhalten, abbauen; wöchentliche Reinigung					
	St € brutto	23	168	220	321	602
	KG 391 € netto	19	141	185	270	506
35	**Sanitärcontainer**					
	Sanitärcontainer; aufstellen, vorhalten, wöchentlich reinigen, abbauen; inkl. Reinigung					
	St € brutto	416	790	1.049	1.429	2.094
	KG 391 € netto	350	663	881	1.201	1.760
36	**Kranaufstandsfläche herstellen**					
	Kranaufstandsfläche; herstellen, entfernen, entsorgen; inkl. Erdarbeiten und Fundamente					
	m² € brutto	6,4	9,3	10,7	12,2	15,9
	KG 391 € netto	5,3	7,8	9,0	10,2	13,4
37	**Krannutzung**					
	Krannutzung; bauseits vorhanden; inkl. Bedienung					
	h € brutto	44	75	92	103	122
	KG 391 € netto	37	63	77	86	103
38	**Autokran**					
	Mobilkran bereitstellen; aufbauen, unterhalten, abbauen; inkl. Bedienung					
	h € brutto	89	130	150	155	220
	KG 391 € netto	75	109	126	130	185
39	**Bauaufzug, 200kg, Material und Personen**					
	Personen- und Materialaufzug; 200 kg, Förderhöhe bis 15,00m, Fahrkorb 2,00m²; aufstellen, vorhalten, abbauen					
	St € brutto	406	583	656	691	804
	KG 391 € netto	342	490	551	581	675
40	**Bauaufzug, 500kg, Material**					
	Materialaufzug; bis 500kg, Förderhöhe bis 15,00m, Fahrkorb 2,00m²; aufstellen, vorhalten, abbauen					
	St € brutto	406	1.214	1.401	1.703	2.199
	KG 391 € netto	342	1.020	1.177	1.431	1.848

▶ min
▷ von
ø Mittel
◁ bis
◀ max

000
Sicherheitseinrichtungen, Baustelleneinrichtungen

Kosten: Stand 3.Quartal 2015, Bundesdurchschnitt

Sicherheitseinrichtungen, Baustelleneinrichtungen					Preise €

Nr.	Kurztext / Stichworte	brutto ø			
	Einheit / Kostengruppe ▶	▷ netto ø	◁		◀
41	**Bauaufzug, 1.000kg, Material**				
	Materialaufzug; bis 1.000kg, Förderhöhe bis 15,00m, Fahrkorb 2,00m²; aufstellen, vorhalten, abbauen				
	St € brutto	1.459	2.241	2.543	3.197	4.387
	KG 391 € netto	1.226	1.883	2.137	2.687	3.687
42	**Bauaufzug, Gebrauchsüberlassung**				
	Bauaufzug; betreiben, bedienen; 5 bis 20Uhr				
	Wo € brutto	–	281	455	616	–
	KG 391 € netto	–	236	382	518	–
43	**Hubarbeitsbühne, batteriebetrieben**				
	Hubarbeitsbühne, Batteriebetrieb; aufstellen, betreiben, abbauen; Innen-/Außenbereich				
	d € brutto	–	273	297	341	–
	KG 391 € netto	–	229	250	286	–
44	**Schutzabdeckung, Boden, Holzplatten**				
	Schutzabdeckung; Holzplatten, NF-System; rutschsicher abdecken, wieder entfernen; Boden				
	m² € brutto	7,1	15,6	20,0	43,1	67,1
	KG 397 € netto	6,0	13,1	16,8	36,2	56,4
45	**Schutzgeländer, Treppe**				
	Geländer mit Zwischenholm; aufbauen, vorhalten, abbauen; Treppenläufe, Podeste				
	m € brutto	5,9	12,8	17,1	23,3	36,1
	KG 391 € netto	4,9	10,7	14,4	19,6	30,4
46	**Absturzsicherung, Seitenschutz**				
	Seitenschutz; zweiteilig, herstellen, vorhalten, abbauen; Treppenläufe, Treppenpodeste				
	m € brutto	8,3	14,1	16,3	20,6	28,2
	KG 391 € netto	7,0	11,9	13,7	17,3	23,7
47	**Bautrocknung, Kondensationstrockner**				
	Bautrockner; Leistung 1.000 Watt, Entfeuchtung 10l/Tag, Behältergröße 15l; aufstellen, unterhalten, abbauen				
	St € brutto	105	160	183	217	318
	KG 397 € netto	89	134	154	182	267
48	**Bautreppe**				
	Bautreppe; Breite mind. 90cm, Geschosshöhe bis 3,00m; zweiläufig, herstellen, vorhalten, abbauen				
	St € brutto	129	376	499	826	1.522
	KG 391 € netto	109	316	419	694	1.279

000
Sicherheitseinrichtungen,
Baustelleneinrichtungen

Sicherheitseinrichtungen, Baustelleneinrichtungen					Preise €

Nr.	Kurztext / Stichworte		brutto ø		
	Einheit / Kostengruppe ▶	▷	netto ø	◁	◀
49	**Schutzwand, Folienbespannung**				
	Staubschutzvorrichtung; Holzkonstruktion, Gitterfolie 0,5mm;				
	Höhe bis 3,50m; herstellen, vorhalten, abbauen				
	m² **€ brutto**	**7,3**	**16,2**	**21,0**	**26,3**	**35,5**
	KG 397 € netto	6,2	13,6	17,7	22,1	29,9
50	**Schutzwand, Holz beplankt**				
	Bauschutzwand, Holzbeplankung; Holzkonstruktion, Holzwerkstoff-				
	platten; Dicke mind. 15mm, Höhe bis 3,00m; beidseitig beplankt,				
	vorhalten, abbauen				
	m² **€ brutto**	**12**	**38**	**55**	**86**	**132**
	KG 391 € netto	9,7	31,5	46,0	72,4	111,0
51	**Bautür, Stahlblech**				
	Bautür, abschließbar; Stahl; 1,26x2,26m; montieren, entfernen				
	St **€ brutto**	**50**	**136**	**176**	**250**	**425**
	KG 391 € netto	42	114	148	210	357
52	**Witterungsschutz, Fensteröffnung**				
	Witterungsschutz; Holzkonstruktion, PE-Folie 0,5mm; herstellen,				
	vorhalten, abbauen; Fassadenöffnungen				
	m² **€ brutto**	**2,5**	**15,8**	**19,0**	**24,6**	**43,5**
	KG 397 € netto	2,1	13,2	16,0	20,7	36,5
53	**Schutz, Einrichtung**				
	Staubschutzabdeckung; PE-Folie 0,2mm; herstellen, abbauen,				
	entsorgen, inkl. Tragkonstruktion; für Einrichtungen/Geräte				
	m² **€ brutto**	**1,1**	**2,6**	**3,4**	**4,4**	**6,6**
	KG 397 € netto	0,9	2,2	2,8	3,7	5,5
54	**Schutzabdeckung, Bauplane**				
	Witterungsschutz; Plane; sturmsicher anbringen, entfernen; Bauteile,				
	Gerüste, offene Dächer				
	m² **€ brutto**	**2,3**	**6,1**	**7,7**	**10,9**	**15,5**
	KG 397 € netto	1,9	5,1	6,5	9,2	13,0
55	**Schnurgerüst**				
	Schnurgerüst; herstellen, abbauen				
	m **€ brutto**	**3,2**	**8,3**	**12,6**	**13,9**	**17,5**
	KG 391 € netto	2,7	7,0	10,6	11,6	14,7
56	**Meterriss**				
	Meterriss; unverrückbar herstellen; inkl. aller Komponenten				
	St **€ brutto**	**5,2**	**18,2**	**22,5**	**50,6**	**98,1**
	KG 391 € netto	4,4	15,3	18,9	42,5	82,4

► min
▷ von
ø Mittel
◁ bis
◄ max

000
Sicherheitseinrichtungen,
Baustelleneinrichtungen

Kosten: Stand 3.Quartal 2015, Bundesdurchschnitt

Sicherheitseinrichtungen, Baustelleneinrichtungen				Preise €

Nr.	Kurztext / Stichworte		brutto ø		
	Einheit / Kostengruppe ►	▷	netto ø	◁	◄
57	**Höhenfestpunkt, Einschlagbolzen**				
	Höhenfestpunkt; Einschlagbolzen; unverrückbar herstellen; außerhalb der Baustelle				
	St € brutto	12	28	29	36	48
	KG 391 € netto	9,7	23,3	24,5	30,3	40,4
58	**Bauschuttcontainer, gemischter Bauschutt, 7,00m³**				
	Bauschuttcontainer; Bauschutt, gemischt; 7,00m³; aufstellen, vorhalten, abfahren				
	St € brutto	348	520	607	646	763
	KG 391 € netto	292	437	510	543	641
59	**Bauschuttcontainer, sortierter Bauschutt, 7,00m³**				
	Bauschuttcontainer; Bauschutt, sortiert; 7,00m³; aufstellen, vorhalten, abfahren				
	St € brutto	195	320	374	504	688
	KG 391 € netto	164	269	314	424	578
60	**Deponiegebühr, gemischter Bauschutt**				
	Deponiegebühr; gemischter Bauschutt/Sperrmüll				
	m³ € brutto	12	57	71	103	155
	KG 391 € netto	10	48	60	86	130
61	**Bauschild, Grundplatte**				
	Bauschild mit Trägerkonstruktion; Breite 5,00m, Höhe 2,50m; sturmsicher aufstellen, vorhalten, abbauen; inkl. Fundamente				
	St € brutto	564	1.565	2.018	3.430	7.671
	KG 391 € netto	474	1.315	1.696	2.883	6.447
62	**Bauschild, Firmenleiste**				
	Namensleiste; Abmessung 2,50x0,15m; liefern, montieren				
	St € brutto	20	47	64	80	111
	KG 391 € netto	17	40	54	67	94
63	**Schuttabwurfschacht, ca. 60cm**				
	Schuttabwurfschacht; Durchmesser 60cm; aufstellen, vorhalten, abbauen; Innen-/Außenbereich				
	m € brutto	8,8	23,2	27,0	32,2	46,6
	KG 391 € netto	7,4	19,5	22,7	27,1	39,1
64	**Schuttabwurfschacht, bis 8,00m**				
	Schuttabwurfschacht; Durchmesser 60cm, Höhe 4,00-8,00m; aufstellen, vorhalten, abbauen; Innen-/Außenbereich				
	St € brutto	81	191	220	236	466
	KG 391 € netto	68	161	185	198	391

Sicherheitseinrichtungen, Baustelleneinrichtungen				Preise €	
Nr.	**Kurztext** / Stichworte		**brutto ø**		
	Einheit / Kostengruppe ▶	▷	netto ø	◁	◀
65	**Stundensatz Facharbeiter, Baugewerbe**				
	Stundenlohnarbeiten, Vorarbeiter, Facharbeiter				
	h **€ brutto**	**42**	**51**	**55**	**61**	**70**
	€ netto	35	43	46	51	59
66	**Stundensatz Helfer, Baugewerbe**				
	Stundenlohnarbeiten, Werker, Helfer				
	h **€ brutto**	**43**	**50**	**51**	**54**	**59**
	€ netto	36	42	43	45	50

001
Gerüstarbeiten

Gerüstarbeiten						Preise €

Nr.	Kurztext / Stichworte Einheit / Kostengruppe ▶		▷	brutto ø netto ø	◁	◀
1	**Fassadengerüst, LK 3, SW06**					
	Arbeitsgerüst, LK 3; Breite 0,60m, Höhenklasse H1; aufbauen, gebrauchsüberlassen, abbauen					
	m² **€ brutto**	3,5	5,4	6,1	6,8	8,8
	KG 392 € netto	2,9	4,6	5,1	5,7	7,4
2	**Fassadengerüst, LK3, SW09**					
	Arbeitsgerüst, LK 4; Breite 0,90m, Höhenklasse H1; aufbauen, gebrauchsüberlassen, abbauen					
	m² **€ brutto**	4,8	5,9	6,5	7,7	12,1
	KG 392 € netto	4,0	5,0	5,4	6,5	10,1
3	**Fassadengerüst, LK4, SW09**					
	Arbeitsgerüst, LK 4; Breite 0,90m, Höhenklasse H1; aufbauen, gebrauchsüberlassen, abbauen					
	m² **€ brutto**	4,2	7,4	8,4	9,9	14,2
	KG 392 € netto	3,6	6,2	7,1	8,3	12,0
4	**Fassadengerüst, LK 5, SW09**					
	Arbeitsgerüst, LK 5; Breite 0,90m, Höhenklasse H1; aufbauen, vorhalten, abbauen					
	m² **€ brutto**	6,8	10,8	10,9	14,4	20,9
	KG 392 € netto	5,8	9,1	9,2	12,1	17,5
5	**Fassadengerüst, Gebrauchsüberlassung**					
	Gebrauchsüberlassung, Fassadengerüst; je Woche					
	m²Wo **€ brutto**	0,1	0,2	0,2	0,4	1,0
	KG 392 € netto	<0,1	0,1	0,2	0,3	0,8
6	**Fassadengerüst umsetzen**					
	Arbeitsgerüst, LK 4 umsetzen; Breite 0,90m, Höhenklasse H1; im Ganzen/in Abschnitten					
	m² **€ brutto**	0,1	4,2	5,9	8,4	13,5
	KG 392 € netto	0,1	3,5	4,9	7,1	11,3
7	**Fassadengerüst, abschnittsweiser Auf-/Abbau**					
	Arbeitsgerüst, Auf-/Abbau; abschnittsweise					
	m² **€ brutto**	0,2	0,6	0,8	1,0	1,5
	KG 392 € netto	0,2	0,5	0,6	0,8	1,3
8	**Abstützung, freistehendes Gerüst**					
	Standgerüst, freistehend; aufbauen; inkl. Abstützung/Stützgerüst					
	m² **€ brutto**	0,3	2,1	2,5	4,8	7,3
	KG 392 € netto	0,2	1,7	2,1	4,0	6,2
9	**Standfläche herstellen**					
	Hilfsgründung, Gerüst; zur Herstellung der Standfläche					
	m **€ brutto**	0,2	2,4	2,8	5,5	9,3
	KG 392 € netto	0,1	2,0	2,3	4,6	7,8

► min
▷ von
ø Mittel
◁ bis
◀ max

001
Gerüstarbeiten

Kosten: Stand 3.Quartal 2015, Bundesdurchschnitt

Gerüstarbeiten					Preise €

Nr.	Kurztext / Stichworte Einheit / Kostengruppe ►		▷	brutto ø netto ø ◁		◀
10	**Standgerüst, innen** Standgerüst, LK 3; Höhenklasse H1; aufbauen, gebrauchsüberlassen, abbauen; Innenbereich					
	m² € brutto	4,8	6,4	7,0	8,7	13,1
	KG 392 € netto	4,1	5,4	5,9	7,3	11,0
11	**Raumgerüst, Lastklasse 3** Raumgerüst, LK3; Höhenklasse H1; aufbauen, gebrauchsüberlassen, abbauen; Innen-/Außenbereich; inkl. Seitenschutz					
	m³ € brutto	3,2	5,2	6,3	8,5	13,4
	KG 392 € netto	2,7	4,3	5,3	7,1	11,2
12	**Raumgerüst, Gebrauchsüberlassung** Gebrauchsüberlassung, Raumgerüst; je Woche					
	m³Wo € brutto	0,1	0,1	0,2	0,2	0,3
	KG 392 € netto	0,1	0,1	0,1	0,2	0,3
13	**Fahrgerüst, Lastklasse 2-3** Fahrgerüst LK 2-3; Breite 0,60m, Höhe 5,00m; aufbauen, gebrauchs- überlassen, abbauen					
	St € brutto	51	186	239	347	648
	KG 392 € netto	43	156	200	291	544
14	**Gerüstverbreiterung, bis 30cm** Gerüstverbreiterung; bis 30 cm; inkl. Beläge, Seitenschutz, Absteifungen					
	m € brutto	2,6	4,8	5,6	6,7	11,1
	KG 392 € netto	2,2	4,0	4,7	5,7	9,3
15	**Gerüstverbreiterung, bis 70cm** Gerüstverbreiterung; bis 70cm; inkl. Beläge, Seitenschutz, Absteifungen					
	m € brutto	4,7	7,9	9,2	11,6	16,6
	KG 329 € netto	4,0	6,7	7,7	9,7	14,0
16	**Gebrauchsüberlassung Gerüstverbreiterung** Gebrauchsüberlassung, Gerüstverbreiterung; je Woche					
	mWo € brutto	0,1	0,1	0,2	0,2	0,3
	KG 392 € netto	<0,1	0,1	0,1	0,2	0,3
17	**Arbeitsgerüst Erweiterung** Arbeitsgerüst Erweiterung zum Dachfangerüst; Fanglage Geflecht/ Schutznetz; mit Systemteilen					
	m € brutto	3,7	9,7	12,2	16,7	33,9
	KG 392 € netto	3,1	8,2	10,3	14,1	28,4
18	**Dachfanggerüst, Gebrauchsüberlassung** Gebrauchsüberlassung Fanggerüst; je Woche					
	mWo € brutto	<0,1	0,2	0,3	0,4	0,8
	KG 392 € netto	<0,1	0,2	0,2	0,4	0,7

Gerüstarbeiten					Preise €

Nr.	Kurztext / Stichworte		brutto ø		
	Einheit / Kostengruppe ▶	▷	netto ø	◁	◀
19	**Kamineinrüstung, Dachgerüst**				
	Kamineinrüstung, LK 4; Dachgerüstkonsolen, dreiteiliger Seitenschutz; Höhe 2,00m, Breite 0,90m; über schräge Dachflächen				
	St **€ brutto**	**80**	**262**	**351**	**521**	**831**
	KG 392 € netto	67	220	295	438	699
20	**Leitergang, Gerüst**				
	Leitergang; einbauen, gebrauchsüberlassen, abbauen; Gerüstkonsolen				
	St **€ brutto**	**10**	**22**	**26**	**29**	**40**
	KG 392 € netto	8,5	18,8	21,5	24,1	33,6
21	**Leitergang, Gebrauchsüberlassung**				
	Gebrauchsüberlassung, Leitergang; je Woche				
	StWo **€ brutto**	**0,5**	**6,8**	**9,0**	**11,0**	**16,0**
	KG 392 € netto	0,4	5,7	7,5	9,3	13,4
22	**Überbrückung, Gerüst**				
	Überbrückung, Gerüst; Systemteilen, inkl. Belag, Seitenschutz; Eingang/Durchfahrt				
	m **€ brutto**	**11**	**23**	**28**	**44**	**86**
	KG 392 € netto	8,9	19,2	23,7	37,1	72,0
23	**Überbrückung, Gebrauchsüberlassung**				
	Gebrauchsüberlassung, Überbrückung; je Woche				
	mWo **€ brutto**	**0,1**	**0,6**	**0,8**	**1,1**	**2,5**
	KG 392 € netto	<0,1	0,5	0,6	0,9	2,1
24	**Seitenschutz, Arbeitsgerüst**				
	Seitenschutz, Arbeitsgerüst; Systemteile				
	m **€ brutto**	**1,6**	**3,6**	**4,2**	**5,9**	**10,0**
	KG 392 € netto	1,4	3,0	3,6	5,0	8,4
25	**Baustellenaufzug, bis 500kg**				
	Bauaufzug; bis 500kg; aufstellen, gebrauchsüberlassen, abbauen; mit/ohne Personenbeförderung				
	St **€ brutto**	**1.935**	**3.182**	**3.305**	**4.596**	**6.730**
	KG 391 € netto	1.626	2.674	2.777	3.862	5.656
26	**Gerüstanker, WDVS**				
	Gerüstanker; zur Verankerung bei WDVS-Fassaden				
	St **€ brutto**	**2,3**	**9,9**	**11,7**	**21,3**	**32,2**
	KG 392 € netto	1,9	8,3	9,9	17,9	27,0
27	**Warnleuchte**				
	Warnleuchte; montieren; Arbeitsgerüst; versorgungsnetzabhängig/ unabhängig				
	St **€ brutto**	**6,8**	**18,8**	**23,0**	**29,5**	**57,2**
	KG 391 € netto	5,7	15,8	19,3	24,8	48,1

► min
▷ von
ø Mittel
◁ bis
◄ max

001
Gerüstarbeiten

Kosten: Stand 3.Quartal 2015, Bundesdurchschnitt

Gerüstarbeiten						Preise €

Nr.	Kurztext / Stichworte	brutto ø				
	Einheit / Kostengruppe ►	▷	netto ø	◁		◄
28	**Fußgängertunnel, Gerüst**					
	Fußgängertunnel, Erweiterung Fassadengerüst; Gerüstbelag, Bretter-bekleidung, Folie; ein-/zweiseitiger Bekleidung					
	m € brutto	9,6	35,2	43,3	90,7	154,0
	KG 392 € netto	8,1	29,6	36,4	76,2	129,4
29	**Schutzdach, Gerüst**					
	Schutzdach; Schutzdachbeplankung mit Rieselschutzfolie; Dachbreite Gerüstbreite plus 0,60m, Bordwand Höhe 0,60m; an Arbeitsgerüst					
	m² € brutto	17	34	40	50	75
	KG 392 € netto	14	28	33	42	63
30	**Gerüstbekleidung, PE-Folie**					
	Gerüstbekleidung; PE-Folie, wetterfest, gitterverstärkt; 500N/750N; vollflächig montieren, gebrauchsüberlassen, entfernen					
	m² € brutto	2,2	4,3	5,0	5,8	11,5
	KG 392 € netto	1,8	3,6	4,2	4,9	9,7
31	**Gerüstbekleidung, Staubschutznetz/Schutzgewebe**					
	Gerüstbekleidung; Staubschutznetz/Schutzgewebe; vollflächig montieren, gebrauchsüberlassen, entfernen					
	m² € brutto	0,9	1,9	2,5	3,7	7,2
	KG 392 € netto	0,7	1,6	2,1	3,1	6,1
32	**Auffangnetz, Schutznetz**					
	Gerüstbespannung; Schutznetz; MW 100x100; Schutz vor herab-fallenden Gegenständen, montieren, gebrauchsüberlassen, entfernen					
	m² € brutto	1,6	6,1	6,7	10,7	18,4
	KG 392 € netto	1,3	5,1	5,7	9,0	15,4
33	**Auffangnetz, Gebrauchsüberlassung**					
	Gebrauchsüberlassung; Schutznetz; je Woche					
	m²Wo € brutto	<0,1	<0,1	0,1	0,1	0,1
	KG 392 € netto	<0,1	<0,1	0,1	0,1	0,1
34	**Kabelbrücke, Strom-/Wasserleitung**					
	Kabelbrücke, Strom-/Wasserleitung; Brücke mit 2 Pfosten, Fachwerk-träger; Höhe 4,20m; unverrückbar, sturmsicher herstellen, gebrauchs-überlassen, abbauen; öffentliche Straße; inkl. Beschilderung					
	St € brutto	784	1.309	1.551	1.764	2.315
	KG 392 € netto	659	1.100	1.303	1.482	1.946
35	**Stundensatz Facharbeiter, Gerüstbau**					
	Stundenlohnarbeiten, Vorarbeiter, Facharbeiter; Gerüstbau					
	h € brutto	34	49	53	55	65
	€ netto	29	41	45	47	55

Gerüstarbeiten				Preise €

Nr.	Kurztext / Stichworte		brutto ø			
	Einheit / Kostengruppe ▶	▷	netto ø	◁		◀
36	**Stundensatz Helfer, Gerüstbau**					
	Stundenlohnarbeiten, Werker, Helfer; Gerüstbau					
	h	**€ brutto**	**23**	**34**	**39**	**45**	**57**
		€ netto	19	28	33	38	48

Erdarbeiten					Preise €

Nr.	Kurztext / Stichworte		brutto ø		
	Einheit / Kostengruppe ▶	▷	netto ø	◁	◀
1	**Baumschutz, Brettermantel StD bis 30cm**				
	Baumschutz; Brettermantel; StD bis 30cm; gegen mechanische Schäden				
	St **€ brutto**	**16**	**32**	**34**	**36**	**45**
	KG 211 € netto	13	27	29	30	38
2	**Baumschutz, Brettermantel StD bis 50cm**				
	Baumschutz; Brettermantel; StD bis 50cm; gegen mechanische Schäden				
	St **€ brutto**	**19**	**39**	**46**	**55**	**74**
	KG 211 € netto	16	33	39	47	62
3	**Baugelände freimachen**				
	Baugelände abräumen; Sträucher, Bäume, Fundamente, Beton; StD bis 15cm, Betonreste bis 1,00m³; abfahren, entsorgen				
	m² **€ brutto**	**0,9**	**5,0**	**5,7**	**7,4**	**11,6**
	KG 214 € netto	0,8	4,2	4,8	6,3	9,8
4	**Hecke roden**				
	Hecke, zusammenhängend roden; Sträucher/Sträucher und kleinwüchsige Bäume; Breite bis1,00, Höhe bis 1,50m; häckseln, im Baugelände verteilen				
	m **€ brutto**	**6,9**	**22,6**	**25,7**	**35,0**	**49,6**
	KG 214 € netto	5,8	19,0	21,6	29,4	41,7
5	**Büsche, Kleingehölze roden**				
	Büsche, Kleingehölze roden; Breite bis 1,00m, Höhe bis 1,50m; häckseln, im Baugeländes verteilen				
	m² **€ brutto**	**2,6**	**5,2**	**6,7**	**7,5**	**9,2**
	KG 214 € netto	2,2	4,4	5,7	6,3	7,7
6	**Baum fällen**				
	Baum fällen; entasten, in 1,00m Stücke sägen, außerhalb des Baugeländes lagern; unbrauchbares Material entsorgen				
	St **€ brutto**	**34**	**133**	**178**	**266**	**451**
	KG 214 € netto	29	112	149	223	379
7	**Wurzelstock roden, bis StD 30cm**				
	Wurzelstock roden; bis StD 30cm; Räumgut entsorgen				
	St **€ brutto**	**33**	**43**	**44**	**49**	**58**
	KG 214 € netto	28	36	37	41	49
8	**Wurzelstock roden, bis StD 50cm**				
	Wurzelstock roden; bis StD 50cm; Räumgut entsorgen				
	St **€ brutto**	**43**	**61**	**70**	**77**	**97**
	KG 214 € netto	36	51	58	65	82

▶ min
▷ von
ø Mittel
◁ bis
◀ max

002
Erdarbeiten

Kosten: Stand 3.Quartal 2015, Bundesdurchschnitt

Erdarbeiten					Preise €

Nr.	Kurztext / Stichworte			brutto ø		
	Einheit / Kostengruppe	▶	▷	netto ø	◁	◀
9	**Wurzelstock roden, über StD 50cm**					
	Wurzelstock roden; über StD 50cm; Räumgut entsorgen					
	St € brutto	92	106	107	120	134
	KG 214 € netto	78	89	90	101	113
10	**Wurzelstock fräsen, einarbeiten**					
	Wurzelstock fräsen; Material in Boden einarbeiten					
	St € brutto	33	42	48	50	60
	KG 214 € netto	28	35	41	42	51
11	**Aushub, Schlitzgraben/Suchgraben,**					
	Aushub, Suchgraben; Tiefe bis 1,75m,Länge bis 4,00m, Breite 0,80cm; Boden seitlich lagern, wiederverfüllen; Handaushub einkalkulieren					
	m³ € brutto	13	48	69	89	133
	KG 211 € netto	11	41	58	75	112
12	**Aushub, Schlitzgraben/Suchgraben**					
	Aushub Suchgraben; Tiefe bis 1,75m,Länge bis 4,00m, Breite 0,80cm; Boden seitlich lagern, wiederverfüllen					
	m € brutto	16	24	30	37	46
	KG 211 € netto	13	20	25	31	39
13	**Sichern von Leitungen/Kabeln**					
	Leitungssicherung; Elektrokabel/Entwässerungsleitung; Länge über 5,00-10,00m, Höhenlage bis 1,25m					
	m € brutto	1,6	12,2	16,5	25,6	47,0
	KG 541 € netto	1,4	10,3	13,9	21,5	39,5
14	**Aufbruch, Schwarzdecken, entsorgen**					
	Aufbruch, Bituminöser Belag; Tiefe bis 15cm, Breite 70-100cm; Streifenförmig aufbrechen, abfahren, entsorgen; inkl. Unterbau					
	m² € brutto	6,1	9,7	11,7	13,8	18,6
	KG 212 € netto	5,1	8,2	9,9	11,6	15,6
15	**Aufnehmen, Pflasterdecke, lagern**					
	Pflasterdecke ausbauen, Sandbett; Naturstein-/Betonwerkstein; Dicke 8cm; Steine aufnehmen, reinigen, für Wiedereinbau seitlich lagern					
	m² € brutto	3,4	4,9	6,0	6,6	7,5
	KG 212 € netto	2,8	4,1	5,1	5,6	6,3
16	**Natursteinpflasterdecke ausbauen, lagern**					
	Pflasterdecke ausbauen, Sandbett; Naturstein; Dicke 8cm; Steine aufnehmen, reinigen, für Wiedereinbau seitlich lagern					
	m² € brutto	4,6	8,2	8,7	11,5	15,9
	KG 212 € netto	3,9	6,9	7,3	9,6	13,4

Erdarbeiten					Preise €

Nr.	Kurztext / Stichworte		brutto ø			
	Einheit / Kostengruppe ▶		▷ netto ø	◁		◀
17	**Betonpflasterdecke ausbauen, lagern**					
	Pflasterdecke ausbauen, Sandbett; Betonpflaster; Dicke 8cm; Steine aufnehmen, reinigen, für Wiedereinbau seitlich lagern					
	m²	€ brutto	3,2	5,3	6,1	7,8	11,0
	KG 212	€ netto	2,7	4,4	5,2	6,5	9,3
18	**Gehwegplatten ausbauen, entsorgen**					
	Gehwegplatten ausbauen, Sandbett; Betonwerkstein; Format 50x50cm; Platten inkl. Unterbau entsorgen					
	m²	€ brutto	4,0	6,9	8,2	10,7	15,3
	KG 212	€ netto	3,4	5,8	6,9	9,0	12,8
19	**Gehwegplatten ausbauen, lagern**					
	Gehwegplatten ausbauen, Sandbett; Betonwerkstein; Format 50x50cm, Dicke 8 cm; Platten aufnehmen, reinigen, für Wiedereinbau seitlich lagern					
	m²	€ brutto	4,0	5,7	6,3	8,3	11,7
	KG 212	€ netto	3,3	4,8	5,3	7,0	9,8
20	**Fundamentabbruch, Mauerwerk/Beton**					
	Abbruch Bodenhindernis; Mauerwerk, Stahlbeton; Tiefe bis 2,75m; maschinell lösen, fördern, seitlich lagern					
	m³	€ brutto	39	89	110	205	332
	KG 212	€ netto	33	75	92	172	279
21	**Oberboden abtragen, entsorgen, 30cm**					
	Oberboden abtragen; unbelastet; Dicke 30cm; laden, abfahren, entsorgen					
	m²	€ brutto	2,6	4,5	5,2	5,9	8,3
	KG 214	€ netto	2,2	3,7	4,3	4,9	7,0
22	**Oberboden abtragen, BK 1, entsorgen, 30cm**					
	Oberboden abtragen; unbelastet; Dicke 30cm; laden, abfahren, entsorgen					
	m³	€ brutto	5,2	13,3	15,1	17,2	21,3
	KG 214	€ netto	4,3	11,2	12,7	14,5	17,9
23	**Boden entsorgen, BK 4**					
	Überschüssigen Boden entsorgen; BK 4, unbelastet; laden, abfahren					
	m³	€ brutto	1,3	8,1	11,7	16,0	25,8
	KG 311	€ netto	1,1	6,8	9,8	13,4	21,7
24	**Baugrubenaushub, BK 6, entsorgen**					
	Aushub Baugrube; BK 6; Tiefe bis 3,50m; Boden lösen, laden, entsorgen					
	m³	€ brutto	17	24	27	30	38
	KG 311	€ netto	15	20	23	25	32

► min
▷ von
ø Mittel
◁ bis
◄ max

002
Erdarbeiten

Kosten: Stand 3.Quartal 2015, Bundesdurchschnitt

Erdarbeiten					Preise €

Nr.	Kurztext / Stichworte	brutto ø			
	Einheit / Kostengruppe ►	▷ netto ø	◁	◄	

25 Baugrubenaushub, BK 7, entsorgen
Aushub Baugrube; BK 7; Boden lösen, laden, entsorgen; wenn erf.
Lösen durch Sprengen

Nr.	Kurztext	►	▷	ø	◁	◄
25	m³ € brutto	28	48	54	60	81
	KG 311 € netto	23	40	45	51	68

26 Baugrubenaushub, BK 7, bis 1,75m, lagern
Aushub Baugrube; BK 7; Tiefe bis 1,75m; Boden lösen, fördern,
lagern; wenn erf. Lösen durch Sprengen

26	m³ € brutto	18	36	38	47	63
	KG 311 € netto	15	31	32	39	53

27 Baugrube sichern, Folienabdeckung
Baugrubenwände sichern; Plane; unterhalten, abbauen, entsorgen

27	m² € brutto	0,9	1,9	2,4	2,9	4,0
	KG 312 € netto	0,8	1,6	2,0	2,4	3,4

28 Fundamentaushub, lagern
Aushub Einzel- und Streifenfundament; BK 3-5; Tiefe 1,25m/bis 1,75m;
Boden lösen, fördern, für Wiedereinbau seitlich lagern

28	m³ € brutto	12	29	35	43	73
	KG 322 € netto	9,8	24,4	29,0	35,9	61,5

29 Fundamentaushub, BK 3, bis 1,25m, lagern
Aushub Einzel- und Streifenfundament; BK 3; Tiefe 1,25m;
Boden lösen, fördern, für Wiedereinbau seitlich lagern

29	m³ € brutto	15	19	22	26	35
	KG 322 € netto	12	16	19	22	29

30 Fundamentaushub, BK 3-5, bis 1,00m, lagern
Aushub Einzel- und Streifenfundament; BK 3-5; Tiefe 1,00m;
Boden lösen, fördern, für Wiedereinbau seitlich lagern

30	m³ € brutto	16	28	32	36	46
	KG 322 € netto	13	24	27	30	38

31 Fundamentaushub, BK 3-5, bis 1,25m, lagern
Aushub Einzel- und Streifenfundament; BK 3-5; Tiefe 1,25m;
Boden lösen, fördern, für Wiedereinbau seitlich lagern

31	m³ € brutto	18	29	35	40	53
	KG 322 € netto	16	24	29	34	45

32 Fundamentaushub, BK 3-5, bis 1,75m, lagern
Aushub Einzel- und Streifenfundament; BK 3-5; Tiefe bis 1,75m;
Boden lösen, fördern, für Wiedereinbau seitlich lagern

32	m³ € brutto	22	32	37	42	55
	KG 322 € netto	18	27	31	35	46

Erdarbeiten					Preise €

Nr.	Kurztext / Stichworte					
33	**Kabelgraben ausheben, BK 3-5, bis 1,75m, lagern**					
	Aushub Kabelgraben; BK 3-5; Tiefe bis 1,75m, Sohlenbreite bis 50cm; Boden lösen, seitlich lagern					
	m³ **€ brutto**	**20**	**23**	**27**	**30**	**33**
	KG 411 € netto	17	19	23	25	28
34	**Kabelgraben ausheben, BK 3-5, bis 1,00m, entsorgen**					
	Aushub Kabelgraben; BK 3-5; Tiefe bis 1,00m, Sohlenbreite bis 50cm; Boden lösen, laden, entsorgen					
	m³ **€ brutto**	**14**	**19**	**22**	**24**	**29**
	KG 411 € netto	11	16	18	20	24
35	**Kabelgraben ausheben, BK 3-5, bis 1,25m, entsorgen**					
	Aushub Kabelgraben; BK 3-5; Tiefe bis 1,25m, Sohlenbreite bis 50cm; Boden lösen, laden, entsorgen					
	m³ **€ brutto**	**17**	**23**	**24**	**26**	**30**
	KG 411 € netto	14	19	21	22	25
36	**Kabelgraben ausheben, BK 3-5, bis 1,75m, entsorgen**					
	Aushub Kabelgraben; BK 3-5; Tiefe bis 1,75m, Sohlenbreite bis 50cm; Boden lösen, laden, entsorgen					
	m³ **€ brutto**	**20**	**26**	**29**	**29**	**34**
	KG 411 € netto	17	22	24	25	28
37	**Kabelgraben ausheben, BK 3-5, bis 1,00m, wiederverfüllen**					
	Aushub Kabelgraben; BK 3-5; Tiefe bis 1,00m, Sohlenbreite bis 50cm; Boden lösen, fördern, lagern, wieder aufnehmen, verfüllen					
	m³ **€ brutto**	**14**	**18**	**21**	**23**	**27**
	KG 411 € netto	12	15	17	19	23
38	**Kabelgraben ausheben, BK 3-5, bis 1,25m, wiederverfüllen**					
	Aushub Kabelgraben; BK 3-5; Tiefe bis 1,25m, Sohlenbreite bis 50cm; Boden lösen, fördern, lagern, wieder aufnehmen, verfüllen					
	m³ **€ brutto**	**16**	**21**	**23**	**25**	**30**
	KG 411 € netto	13	18	20	21	25
39	**Rohrgrabenaushub, BK 3-5, bis 1,00m, lagern**					
	Aushub Rohrgraben, Schacht; BK 3-5; Tiefe bis 1,00m; Boden lösen, fördern, seitlich lagern					
	m³ **€ brutto**	**11**	**17**	**18**	**20**	**25**
	KG 411 € netto	9,2	14,4	15,4	16,9	21,3
40	**Rohrgrabenaushub, BK 3-5, bis 1,75m, lagern**					
	Aushub Rohrgraben, Schacht; BK 3-5; Tiefe bis 1,75m; Boden lösen, fördern, seitlich lagern					
	m³ **€ brutto**	**16**	**22**	**25**	**29**	**36**
	KG 411 € netto	13	18	21	24	31

▶ min
▷ von
ø Mittel
◁ bis
◀ max

002
Erdarbeiten

Kosten: Stand 3.Quartal 2015, Bundesdurchschnitt

Erdarbeiten					Preise €

Nr.	Kurztext / Stichworte	brutto ø			
	Einheit / Kostengruppe ▶	▷ netto ø	◁		◀
41	**Fundament-/Grabenaushub, Handaushub**				
	Rohrgraben-/Fundamentaushub, von Hand; BK 3-5; Tiefe bis 1,25m; Boden lösen, fördern, seitlich lagern				
	m³ € brutto	26	70	85	122	234
	KG 322 € netto	22	59	71	103	196
42	**Hindernisse beseitigen, Gräben**				
	Abbruch Bodenhindernis; Mauerwerk, Steine, Beton; Breite bis 0,80m, Hindernisse bis 0,01m³; lösen, seitlich lagern; in Graben				
	m³ € brutto	48	68	81	94	127
	KG 212 € netto	40	57	68	79	106
43	**Verbau, Rohrgräben**				
	Verbau Rohrgraben; Verbauhöhe bis -1,75m, Breite 0,80m; vorhalten, abbauen, entsorgen				
	m² € brutto	7,7	22,7	22,9	30,5	45,5
	KG 411 € netto	6,4	19,0	19,2	25,7	38,3
44	**Aushub lagernd, BK 2-5, entsorgen**				
	Bodenmaterial abfahren; gelagerter Boden, BK 2-5; laden, abfahren, entsorgen				
	m³ € brutto	7,2	15,1	18,0	26,1	43,8
	KG 311 € netto	6,1	12,7	15,2	21,9	36,8
45	**Bodenaustausch, Liefermaterial**				
	Bodenaustausch; Liefermaterial; Aushubmaterial entsorgen, tragfähiger Boden liefern, einbauen, verdichten				
	m³ € brutto	8,4	33,6	42,4	67,8	108,9
	KG 321 € netto	7,0	28,2	35,6	57,0	91,5
46	**Bodenverbesserung, Liefermaterial**				
	Bodenverbesserung; Recycling-Kies/Kalkschotter; liefern, einarbeiten, verdichten				
	m² € brutto	8,2	15,1	19,3	25,4	32,4
	KG 321 € netto	6,9	12,7	16,2	21,4	27,2
47	**Planum, Baugrube**				
	Planum der Baugrube; Abweichung +/-2cm				
	m² € brutto	0,2	1,0	1,4	1,9	2,8
	KG 311 € netto	0,1	0,9	1,2	1,6	2,4
48	**Planum, Wege/Fahrstraßen, verdichten**				
	Planum von Verkehrsfläche; Abweichung +/-2cm				
	m² € brutto	0,3	0,9	1,2	1,8	2,8
	KG 520 € netto	0,3	0,8	1,0	1,5	2,3

Erdarbeiten						Preise €

Nr.	Kurztext / Stichworte			brutto ø		
	Einheit / Kostengruppe ▶		▷	netto ø	◁	◀
49	**Gründungssohle verdichten, Baugrube**					
	Baugrubensohle verdichten; BK 3-5; DPr 97%					
	m² **€ brutto**	0,3	1,1	1,6	3,2	7,4
	KG 311 € netto	0,2	0,9	1,3	2,7	6,2
50	**Lastplattendruckversuch, Baugrube**					
	Lastplattendruckversuch; inkl. Gerätestellung					
	St **€ brutto**	104	166	191	247	312
	KG 319 € netto	87	140	160	208	263
51	**Trennlage, Filtervlies**					
	Trennlage, auf Erdplanum einbauen; Filtervlies					
	m² **€ brutto**	0,9	1,9	2,3	2,9	4,7
	KG 326 € netto	0,8	1,6	2,0	2,4	3,9
52	**Trennlage, Bodenplatte, Folie**					
	Trennlage, unter Bodenplatte; PE-Folie; Dicke je 0,4mm; zweilagig, überlappend verlegen					
	m² **€ brutto**	0,9	1,7	1,9	3,0	4,6
	KG 329 € netto	0,7	1,4	1,6	2,5	3,9
53	**Bettung, Rohrleitungen, Sand 0/8mm**					
	Rohrbettung; Liefermaterial, Sand 0/8; Höhe bis 0,30m; Grabensohle verfüllen, einbetten verlegter Rohre, inkl. verdichten					
	m³ **€ brutto**	3,8	26,8	34,8	42,7	60,9
	KG 311 € netto	3,2	22,5	29,2	35,9	51,2
54	**Rohrleitungen/Arbeitsraum verfüllen, Kies 0/32mm**					
	Rohrgraben/Arbeitsraum verfüllen; Liefermaterial Kies 0/32; Höhe Graben bis 1,00m/über Rohre bis 1,25m; einbauen, verdichten					
	m³ **€ brutto**	22	37	40	84	148
	KG 311 € netto	18	31	33	71	124
55	**Ummantelung, Rohrleitung, Beton**					
	Rohrummantelung; Ortbeton C8/10; DN150, 300x300mm; als Auffüllbeton					
	m **€ brutto**	10	21	29	34	44
	KG 541 € netto	8,6	17,5	24,0	28,9	37,4
56	**Rohrleitungen/Arbeitsraum verfüllen, Bodenmaterial**					
	Rohrgraben/Arbeitsraum verfüllen; Liefermaterial Boden; Höhe Graben bis 1,00m/über Rohre bis 1,25m; einbauen, verdichten					
	m³ **€ brutto**	0,5	21,4	34,9	39,4	52,0
	KG 311 € netto	0,4	18,0	29,4	33,1	43,7

▶ min
▷ von
ø Mittel
◁ bis
◀ max

002
Erdarbeiten

Kosten: Stand 3.Quartal 2015, Bundesdurchschnitt

Erdarbeiten					Preise €

Nr.	Kurztext / Stichworte		brutto ø			
	Einheit / Kostengruppe ▶	▷	netto ø	◁	◀	
57	**Rohrgräben/Fundamente verfüllen, Lagermaterial**					
	Graben/Arbeitsraum verfüllen; Lagermaterial Boden; Höhen Graben					
	bis 1,00m/über Rohre bis 1,25m; einbauen, verdichten					
	m³ € brutto	5,0	15,7	18,8	27,1	49,7
	KG 311 € netto	4,2	13,2	15,8	22,7	41,8
58	**Rohrgräben/Fundamente verfüllen, Liefermaterial**					
	Rohrgräben/Fundamente verfüllen; Liefermaterial, Boden;					
	Höhen Graben bis 1,00m/über Rohre bis 1,25m; einbauen, verdichten					
	m³ € brutto	14	25	29	38	54
	KG 311 € netto	12	21	25	32	45
59	**Kabelgraben verfüllen, Liefermaterial Sand 0/2**					
	Kabelgraben verfüllen; Liefermaterial Sand 0/2; Höhe bis 1,00m;					
	einbauen, verdichten					
	m € brutto	2,4	6,8	8,8	11,0	16,6
	KG 311 € netto	2,0	5,7	7,4	9,2	13,9
60	**Kabelschutzrohr**					
	Kabelschutzrohr; PE/PVC-P, starr/biegsam; verlegen in Erdreich/Beton					
	m € brutto	2,5	8,1	10,3	15,1	29,4
	KG 441 € netto	2,1	6,8	8,6	12,7	24,7
61	**Zugdraht für Kabelschutzrohr**					
	Zugdraht, Kabelschutzrohr					
	m € brutto	0,1	0,8	0,9	1,1	1,8
	KG 441 € netto	0,1	0,7	0,7	1,0	1,5
62	**Arbeitsräume verfüllen, verdichten, Lagermaterial**					
	Rohrgraben/Arbeitsraum verfüllen; Lagermaterial Boden; Höhen					
	Graben bis 1,00m/über Rohre bis 1,25m; einbauen, verdichten					
	m³ € brutto	4,8	12,3	15,6	25,5	49,7
	KG 311 € netto	4,1	10,3	13,1	21,4	41,8
63	**Arbeitsräume verfüllen, verdichten, Liefermaterial**					
	Arbeitsraum verfüllen; Liefermaterial Boden; Höhe bis 1,00m/bis 2,00m;					
	einbauen, verdichten					
	m³ € brutto	10	27	33	39	54
	KG 311 € netto	8,7	23,0	27,9	33,1	45,5
64	**Baugrund vorbereiten, Untergrund lockern**					
	Baugrund auflockern, durch Aufreißen; BK 5-6; Tiefe bis 30cm;					
	Fremdkörper, Unkraut abräumen, entsorgen					
	m² € brutto	0,1	0,9	1,1	2,3	3,9
	KG 571 € netto	0,1	0,8	0,9	1,9	3,3

Erdarbeiten					Preise €

Nr.	Kurztext / Stichworte		brutto ø			
	Einheit / Kostengruppe ▶	▷	netto ø	◁	◀	
65	**Oberboden auftragen, Lagermaterial**					
	Oberboden auftragen; Lagermaterial; Auftragsdicke 30-40cm					
	m³ € **brutto**	1,4	5,5	7,0	13,1	27,3
	KG 571 € netto	1,2	4,6	5,9	11,1	23,0
66	**Oberboden liefern, auftragen**					
	Oberboden liefern; Bodengruppe 2-5; Auftragsdicke 30-40cm;					
	profilgerecht auftragen					
	m³ € **brutto**	14	24	29	35	49
	KG 571 € netto	12	20	24	30	41
67	**Erdaushub, Schacht DN1.000, bis 4,00m, Verbau**					
	Aushub Schacht; BK 3-5; DN1.000, Tiefe 1,75-4,00m; Boden lösen,					
	lagern, nach Schachteinbau, Aushub aufnehmen, wieder verfüllen,					
	verdichten; inkl. Verbau, überschüssiges Material entsorgen					
	m³ € **brutto**	16	23	27	29	35
	KG 537 € netto	13	19	23	24	29
68	**Erdaushub, Schachte DN800, bis 1,25m, Verbau**					
	Aushub Schacht; BK 3-5; DN800, Tiefe bis 1,25m; Boden lösen,					
	lagern, nach Schachteinbau, Aushub aufnehmen, wieder verfüllen,					
	verdichten; inkl. Verbau, überschüssiges Material entsorgen					
	m³ € **brutto**	–	24	29	37	–
	KG 537 € netto	–	21	25	31	–
69	**Erdaushub, Schacht DN1.000, bis 0,80m, Verbau**					
	Aushub Schacht; BK 3-5; DN1.000, Tiefe bis 0,80m; Boden lösen,					
	lagern, nach Schachteinbau, Aushub aufnehmen, wieder verfüllen,					
	verdichten; inkl. Verbau, überschüssiges Material entsorgen					
	m³ € **brutto**	21	25	27	29	34
	KG 537 € netto	17	21	23	25	28
70	**Erdaushub, Schacht DN1.000, bis 1,25m, Verbau**					
	Aushub Schacht; BK 3-5; DN1.000, Tiefe bis 1,25m; Boden lösen,					
	lagern, nach Schachteinbau, Aushub aufnehmen, wieder verfüllen,					
	verdichten; inkl. Verbau, überschüssiges Material entsorgen					
	m³ € **brutto**	24	28	30	33	40
	KG 537 € netto	20	24	25	28	34
71	**Erdaushub, Schacht DN1.000, bis 1,75m, Verbau**					
	Aushub Schacht; BK 3-5; DN1.000, Tiefe bis 1,75m; Boden lösen,					
	lagern, nach Schachteinbau, Aushub aufnehmen, wieder verfüllen,					
	verdichten; inkl. Verbau, überschüssiges Material entsorgen					
	m³ € **brutto**	24	30	33	38	46
	KG 537 € netto	20	25	28	32	39

► min
▷ von
ø Mittel
◁ bis
◄ max

002
Erdarbeiten

Kosten: Stand 3.Quartal 2015, Bundesdurchschnitt

Erdarbeiten						Preise €

Nr.	Kurztext / Stichworte		brutto ø ►	▷	netto ø	◁	◄
	Einheit / Kostengruppe						
72	**Erdaushub, Schacht DN1.000, bis 2,50m, Verbau**						
	Aushub Schacht; BK 3-5; DN1.000, Tiefe bis 2,50m; Boden lösen, lagern, nach Schachteinbau, Aushub aufnehmen, wieder verfüllen, verdichten; inkl. Verbau, überschüssiges Material entsorgen						
	m³ € brutto		32	38	40	47	55
	KG 537 € netto		27	32	33	39	46
73	**Erdaushub, Schacht DN1.000, bis 3,50m, Verbau**						
	Aushub Schacht; BK 3-5; DN1.000, Tiefe bis 3,50m; Boden lösen, lagern, nach Schachteinbau, Aushub aufnehmen, wieder verfüllen, verdichten; inkl. Verbau, überschüssiges Material entsorgen						
	m³ € brutto		27	41	46	56	75
	KG 537 € netto		23	34	39	47	63
74	**Tragschicht, Schotter, Bodenplatte/Fundament**						
	Schottertragschicht; Körnung 0/45; lagenweise einbringen, verdichten, Oberfläche abgewalzt; unter Bodenplatte/Fundament						
	m³ € brutto		25	31	34	36	41
	KG 326 € netto		21	26	28	30	35
75	**Tragschicht**						
	Tragschicht, kapillarbrechend; Mineralgemisch/Kies-Schotter-Gemisch/ Recyclingstoffe; Sollhöhe +/-2cm; lagenweise einbringen, verdichten; unter Bodenplatte/Fundament						
	m³ € brutto		21	39	48	66	102
	KG 326 € netto		18	32	40	56	86
76	**Tragschicht, Kies, 20cm**						
	Kiestragschicht, kapillarbrechend; Dicke 20cm, Sollhöhe +/-2cm; lagenweise einbringen, verdichten; unter Bodenplatte/Fundament						
	m² € brutto		5,9	8,2	9,8	11,2	13,3
	KG 326 € netto		4,9	6,9	8,2	9,4	11,2
77	**Tragschicht, Kies, 25cm**						
	Kiestragschicht, kapillarbrechend; Dicke 25cm, Sollhöhe +/-2cm; lagenweise einbringen, verdichten; unter Bodenplatte/Fundament						
	m² € brutto		6,8	9,3	11,1	11,5	14,1
	KG 326 € netto		5,7	7,8	9,3	9,7	11,8
78	**Tragschicht, Kies, 30cm**						
	Kiestragschicht, kapillarbrechend; Dicke 30cm, Sollhöhe +/-2cm; lagenweise einbringen, verdichten; unter Bodenplatte/Fundament						
	m² € brutto		7,4	10,3	11,8	12,9	16,3
	KG 326 € netto		6,2	8,7	9,9	10,8	13,7

Erdarbeiten					Preise €

Nr.	Kurztext / Stichworte		brutto ø			
	Einheit / Kostengruppe ▶	▷	netto ø	◁		◀
79	**Feinplanum herstellen**					
	Planum Verkehrsfläche; Abweichung +/-3cm; Auf- und Abtrag bis 5cm, überschüssiger Boden seitlich lagern					
	m² **€ brutto**	0,1	0,9	0,9	1,5	2,8
	KG 520 € netto	0,1	0,7	0,8	1,3	2,4
80	**Stundensatz Facharbeiter, Erdbau**					
	Stundenlohnarbeiten, Vorarbeiter, Facharbeiter; Erdbau					
	h **€ brutto**	42	49	53	56	63
	€ netto	36	42	44	47	53

Wasserhaltungsarbeiten					Preise €

Nr.	Kurztext / Stichworte		brutto ø			
	Einheit / Kostengruppe ▶	▷	netto ø	◁	◀	
1	**Pumpensumpf, Betonfertigteil**					
	Pumpensumpf herstellen; Betonfertigteil, BK3-5; Tiefe bis 3,00m; Aushub seitlich lagern, vorhalten, abbauen, wiederverfüllen					
	St	€ brutto	124	408	513	789	1.314
	KG 313	€ netto	104	343	431	663	1.104
2	**Tauchpumpe, Fördermenge bis 10m³/h**					
	Tauchpumpe; Fördermenge 10m³/h, Höhe bis 5,00m; betreiben, vorhalten, abbauen					
	St	€ brutto	40	159	197	301	558
	KG 313	€ netto	34	134	166	253	469
3	**Betrieb, Tauchpumpe**					
	Tauchpumpe, Betrieb; Fördermenge bis 10m³/h, Höhe bis 5,00m					
	h	€ brutto	0,1	4,7	6,5	13,4	28,3
	KG 313	€ netto	0,1	3,9	5,4	11,3	23,8
4	**Saugpumpe, Fördermenge bis 20m³/h**					
	Saugpumpe; Fördermenge bis 20m³/h, Höhe bis 5,00m; betreiben, vorhalten, abbauen					
	St	€ brutto	120	341	402	564	769
	KG 313	€ netto	101	286	338	474	646
5	**Betrieb, Pumpe**					
	Saugpumpe, Betrieb; Fördermenge bis 20m³/h, Höhe bis 5,00m					
	h	€ brutto	3,8	8,2	10,2	20,0	30,4
	KG 313	€ netto	3,2	6,9	8,6	16,8	25,6
6	**Brunnenschacht, Grundwasserabsenkung**					
	Brunnenschacht, Grundwassersenkung; Brunneneinbauten, Rohre, Kies; Länge 3,00m, Durchmesser 600mm; herstellen, vorhalten, abbauen, wiederverfüllen					
	St	€ brutto	653	1.438	1.873	2.406	3.315
	KG 313	€ netto	549	1.209	1.574	2.022	2.785
7	**Messeinrichtung, Wassermenge**					
	Messeinrichtung; liefern, montieren; inkl. wöchentlicher Protokollierung					
	St	€ brutto	81	234	273	334	541
	KG 313	€ netto	68	197	229	281	455
8	**Druckrohrleitung, DN100**					
	Druckrohrleitung; DN100; herstellen, vorhalten, abbauen					
	m	€ brutto	12	33	46	63	89
	KG 311	€ netto	10	28	39	53	75

▶ min
▷ von
ø Mittel
◁ bis
◀ max

008
Wasserhaltungsarbeiten

Kosten: Stand 3.Quartal 2015, Bundesdurchschnitt

Wasserhaltungsarbeiten					Preise €

Nr.	Kurztext / Stichworte Einheit / Kostengruppe ▶		brutto ø ▷ netto ø		◁	◀
9	**Saugleitungen, DN100**					
	Saugleitung; DN100; herstellen, vorhalten, abbauen; inkl. Formstücke, Anschlüsse, Armaturen					
	m **€ brutto**	0,6	6,9	10,0	13,6	21,2
	KG 313 € netto	0,5	5,8	8,4	11,4	17,8
10	**Stromerzeuger, 10-20KW**					
	Stromerzeuger; 10-20KW; aufstellen, anschließen, abbauen; inkl. Betriebsstoff					
	St **€ brutto**	1.251	2.122	1.992	2.122	2.909
	KG 313 € netto	1.051	1.783	1.674	1.783	2.445
11	**Absetzbecken, Wasserhaltung**					
	Absetzbecken Grund- und Tagwasser; aufbauen, vorhalten, abbauen; inkl. Messeinrichtung					
	St **€ brutto**	1.097	1.334	1.758	2.061	2.400
	KG 313 € netto	922	1.121	1.477	1.732	2.017
12	**Wasserhaltung, Betrieb 10-20l/s**					
	Wasserhaltung mit Pumpe; Durchfluss 10-20l/sec; inkl. Betriebskosten					
	h **€ brutto**	0,6	13,8	19,9	40,1	73,2
	KG 313 € netto	0,5	11,6	16,7	33,7	61,5
13	**Stundensatz Facharbeiter, Wasserhaltung**					
	Stundenlohnarbeiten, Vorarbeiter, Facharbeiter; Wasserhaltung					
	h **€ brutto**	39	42	45	47	52
	€ netto	33	36	38	40	43

Entwässerungskanalarbeiten						Preise €

Nr.	Kurztext / Stichworte		brutto ø			
	Einheit / Kostengruppe ▶	▷	netto ø	◁	◀	
1	**Asphalt schneiden**					
	Asphalt schneiden; Dicke 150mm; streifenförmig					
	m € brutto	4,9	8,9	11,1	12,7	18,3
	KG 221 € netto	4,1	7,5	9,3	10,7	15,3
2	**Aufbruch, Gehwegfläche**					
	Aufbruch Asphaltbelag; Tiefe bis 15cm; streifenförmig aufbrechen, laden, abfahren, entsorgen; inkl. Unterbau					
	m² € brutto	6,0	21,2	21,5	29,8	42,7
	KG 221 € netto	5,1	17,8	18,1	25,0	35,8
3	**Aushub, Rohrgraben, BK 3-5, wiederverfüllen**					
	Aushub Rohrgraben, Schächte; BK 3-5; Tiefe bis 1,00m; Boden lösen, fördern, lagern, wiederverfüllen, verdichten					
	m³ € brutto	13	26	31	37	57
	KG 541 € netto	11	22	26	31	48
4	**Aushub, Rohrgraben, BK 7**					
	Aushub Rohrgraben; BK 7; Boden lockern mit geeignetem Werkzeug					
	m³ € brutto	22	36	48	63	86
	KG 541 € netto	19	30	40	53	72
5	**Handaushub, BK 3-5**					
	Aushub Rohrgräben/Fundamenten/Vertiefungen von Hand; BK 3-5; Tiefe bis 1,25m; Boden lösen, seitlich lagern					
	m³ € brutto	28	55	66	85	120
	KG 541 € netto	24	46	56	71	101
6	**Verbau, Rohrgräben**					
	Verbau Rohrgraben; Tiefe bis 3,50m; herstellen, vorhalten, entfernen					
	m² € brutto	1,0	7,9	10,1	19,4	41,7
	KG 541 € netto	0,8	6,6	8,5	16,3	35,0
7	**Boden entsorgen, BK 3-5**					
	Bodenmaterial; BK 3-5; laden, abfahren, entsorgen					
	m³ € brutto	11	24	30	39	61
	KG 541 € netto	8,9	19,8	25,0	33,2	51,6
8	**Rohrbettung, Sand 0/8mm**					
	Rohrbettung; Liefermaterial, Sand 0/8; Höhe bis 0,30m; Grabensohle verfüllen, einbetten verlegter Rohre, inkl. verdichten					
	m³ € brutto	16	30	36	43	61
	KG 541 € netto	14	25	30	36	51
9	**Rohrumfüllung, Kies 0/32mm**					
	Rohrgraben/Arbeitsraum verfüllen; Liefermaterial Kies 0/32; Höhe Graben bis 1,00m/über Rohre bis 1,25m; einbauen, verdichten					
	m³ € brutto	22	40	42	81	148
	KG 541 € netto	18	33	35	68	124

▶ min
▷ von
ø Mittel
◁ bis
◀ max

009
Entwässerungskanalarbeiten

Kosten: Stand 3.Quartal 2015, Bundesdurchschnitt

Entwässerungskanalarbeiten				Preise €

Nr.	Kurztext / Stichworte		**brutto ø**		
	Einheit / Kostengruppe ▶	▷	netto ø	◁	◀
10	**Ummantelung, Rohrleitung, Beton**				
	Rohrummantelung; Ortbeton C8/10, X0; DN100, 300x300mm; inkl. Abschalung				
	m € brutto	10	22	29	34	44
	KG 541 € netto	8,6	18,3	24,0	28,4	37,4
11	**Arbeitsräume verfüllen, verdichten, Liefermaterial**				
	Rohrgraben verfüllen; Liefermaterial Boden; Höhe Graben bis 1,00/über Rohre 1,25m; einbauen, verdichten				
	m³ € brutto	22	35	41	43	52
	KG 541 € netto	19	29	34	36	44
12	**Anschluss, Abwasser, Kanalnetz**				
	Anschluss Abwasserkanal an Kanal; DN150; Anschluss mit erf. Dichtungs- und Anschlussmaterial, inkl. Erdaushub, wiederverfüllen.				
	St € brutto	114	359	420	663	1.255
	KG 541 € netto	96	302	353	557	1.055
13	**Abwasserleitung, Betonrohre DN400**				
	Abwasserkanal; Beton, KW-M/K-GM, mit Muffe; DN400, Tiefe 1,75-4,00m; in vorhanden Graben mit Verbau				
	m € brutto	66	78	80	88	104
	KG 541 € netto	56	66	67	74	87
14	**Abwasserleitung, Steinzeugrohre, DN100**				
	Abwasserkanal; Steinzeug, FN34 mit Steckmuffe; DN100, Tiefe bis 4,00m; in vorhanden Graben mit Verbau				
	m € brutto	19	26	29	37	49
	KG 541 € netto	16	22	25	31	41
15	**Abwasserleitung, Steinzeugrohre, DN125**				
	Abwasserkanal; Steinzeug, FN34 mit Steckmuffe; DN125, Tiefe bis 4,00m; in vorhanden Graben mit Verbau				
	m € brutto	20	30	34	39	51
	KG 541 € netto	17	25	29	33	43
16	**Abwasserleitung, Steinzeugrohre, DN150**				
	Abwasserkanal; Steinzeug, FN34 mit Steckmuffe; DN150, Tiefe bis 4,00m; in vorhanden Graben mit Verbau				
	m € brutto	22	36	39	45	58
	KG 541 € netto	18	30	33	38	49
17	**Abwasserleitung, Steinzeugrohre, DN200**				
	Abwasserkanal; Steinzeug, FN34 mit Steckmuffe; DN200, Tiefe 4,00m; in vorhanden Graben mit Verbau; inkl. Muffe				
	m € brutto	25	41	48	51	63
	KG 541 € netto	21	34	40	43	53

Entwässerungskanalarbeiten					Preise €

Nr.	Kurztext / Stichworte		brutto ø		
	Einheit / Kostengruppe ▶	▷	netto ø	◁	◀
18	**Formstück, Steinzeugrohr, DN100, Bogen**				
	Formstück, Bogen; Steinzeug mit Steckmuffe; DN100, 45°; inkl. Muffe				
	St **€ brutto**	**20**	**24**	**25**	**28**	**32**
	KG 541 € netto	17	20	21	23	27
19	**Formstück, Steinzeugrohr, DN125, Bogen**				
	Formstück, Bogen; Steinzeug mit Steckmuffe; DN125, 45°; inkl. Muffe				
	St **€ brutto**	**30**	**33**	**36**	**38**	**42**
	KG 541 € netto	25	28	30	32	35
20	**Formstück, Steinzeugrohr, DN150, Bogen**				
	Formstück, Bogen; Steinzeug mit Steckmuffe; DN150, 45°; inkl. Muffe				
	St **€ brutto**	**20**	**33**	**37**	**46**	**64**
	KG 541 € netto	17	27	31	39	54
21	**Formstück, Steinzeugrohr, DN200, Bogen**				
	Formstück, Bogen; Steinzeug mit Steckmuffe; DN200, 45°; inkl. Muffe				
	St **€ brutto**	**61**	**74**	**74**	**79**	**90**
	KG 541 € netto	51	62	63	66	76
22	**Formstück, Steinzeugrohr, DN100, Abzweig**				
	Formstück, Abzweig; Steinzeug mit Steckmuffe; DN100; inkl. Muffe				
	St **€ brutto**	**25**	**36**	**40**	**43**	**53**
	KG 541 € netto	21	30	34	36	44
23	**Formstück, Steinzeugrohr, DN125, Abzweig**				
	Formstück, Abzweig; Steinzeug mit Steckmuffe; DN125; inkl. Muffe				
	St **€ brutto**	**32**	**43**	**46**	**51**	**60**
	KG 541 € netto	27	36	39	43	50
24	**Formstück, Steinzeugrohr, DN150, Abzweig**				
	Formstück, Abzweig; Steinzeug mit Steckmuffe; DN150; inkl. Muffe				
	St **€ brutto**	**33**	**46**	**52**	**60**	**79**
	KG 541 € netto	28	39	44	50	67
25	**Formstück, Steinzeugrohr, DN200, Abzweig**				
	Formstück, Abzweig; Steinzeug mit Steckmuffe; DN200; inkl. Muffe				
	St **€ brutto**	**64**	**79**	**83**	**120**	**163**
	KG 541 € netto	54	66	70	101	137
26	**Übergangsstück, Steinzeug, DN125/150**				
	Formstück, Übergangsstück; Steinzeug mit Steckmuffe; DN100/125 / DN125/150; inkl. Muffe				
	St **€ brutto**	**21**	**31**	**36**	**44**	**60**
	KG 541 € netto	17	26	30	37	50

► min
▷ von
ø Mittel
◁ bis
◄ max

009
Entwässerungskanalarbeiten

Kosten: Stand 3.Quartal 2015, Bundesdurchschnitt

Entwässerungskanalarbeiten				Preise €

Nr.	Kurztext / Stichworte		brutto ø		
	Einheit / Kostengruppe ►	▷	netto ø	◁	◄
27	**Übergangsstück, Steinzeug, DN150/200**				
	Formstück, Übergangsstück; Steinzeug mit Steckmuffe; DN150/200; inkl. Muffe				
	St € brutto	30	45	54	58	63
	KG 541 € netto	25	38	45	49	53
28	**Abwasserkanal, Steinzeug, DN100, inkl. Bettung**				
	Abwasserkanal; Steinzeug mit Steckmuffe; DN100, Längen 1,00-1,50m, Tiefen über 1,00-1,25m; auf vorhandener Sohle, inkl. Bettung; inkl. Rohrbettung				
	m € brutto	22	30	34	39	48
	KG 541 € netto	18	25	29	33	41
29	**Abwasserkanal, Steinzeug, DN125, inkl. Bettung**				
	Abwasserkanal; Steinzeug mit Steckmuffe; DN125, Längen 1,00-1,50m, Tiefen über 1,00-1,25m; auf vorhandener Sohle, inkl. Bettung; inkl. Rohrbettung				
	m € brutto	23	32	37	42	52
	KG 541 € netto	19	27	31	35	44
30	**Abwasserkanal, Steinzeug, DN150, inkl. Bettung**				
	Abwasserkanal; Steinzeug mit Steckmuffe; DN150, Längen 1,00-1,50m, Tiefen über 1,00-1,25m; auf vorhandener Sohle, inkl. Bettung; inkl. Rohrbettung				
	m € brutto	27	33	41	46	57
	KG 541 € netto	22	28	35	39	48
31	**Abwasserkanal, Steinzeug, DN200, inkl. Bettung**				
	Abwasserkanal; Steinzeug mit Steckmuffe; DN200, Längen 1,00-1,50m, Tiefen über 1,00-1,25m; auf vorhandener Sohle, inkl. Bettung; inkl. Rohrbettung				
	m € brutto	34	44	48	54	64
	KG 541 € netto	28	37	40	45	54
32	**Abwasserkanal, PVC-U, DN100, inkl. Bettung**				
	Abwasserkanal; PVC-U mit Mehrlippendichtung, Steckmuffe; DN100, Tiefen 1,00-1,25m; auf vorhandener Sohle, inkl. Bettung; inkl. Rohrbettung				
	m € brutto	11	20	22	26	38
	KG 541 € netto	9,1	16,6	18,7	22,0	31,8
33	**Abwasserkanal, PVC-U, DN125, inkl. Bettung**				
	Abwasserkanal; PVC-U mit Mehrlippendichtung, Steckmuffe; DN125, Tiefen 1,00-1,25m; auf vorhandener Sohle, inkl. Bettung; inkl. Rohrbettung				
	m € brutto	14	24	27	30	40
	KG 541 € netto	12	20	23	25	33

Entwässerungskanalarbeiten					Preise €

Nr.	Kurztext / Stichworte		brutto ø		
	Einheit / Kostengruppe ▶	▷	netto ø	◁	◀

34 Abwasserkanal, PVC-U, DN150, inkl. Bettung
Abwasserkanal; PVC-U mit Mehrlippendichtung, Steckmuffe; DN150, Tiefen über 1,00-1,25m; auf vorhandener Sohle, inkl. Bettung; inkl. Rohrbettung

m	€ brutto	15	24	28	34	46
KG 541	€ netto	13	20	24	28	39

35 Abwasserkanal, PVC-U, DN200, inkl. Bettung
Abwasserkanal; PVC-U mit Mehrlippendichtung, Steckmuffe; DN200, Tiefen über 1,00-1,25m; auf vorhandener Sohle, inkl. Bettung; inkl. Rohrbettung

m	€ brutto	22	39	47	51	65
KG 541	€ netto	18	33	39	43	55

36 Abwasserleitung, PVC-U, DN100
Abwasserkanal; PVC-U mit Mehrlippendichtung, Steckmuffe; DN100, Tiefe bis 2,00m; in vorhanden Graben

m	€ brutto	8,3	16,4	18,9	22,8	35,3
KG 541	€ netto	7,0	13,8	15,9	19,1	29,7

37 Abwasserleitung, PVC-U, DN125
Abwasserkanal; PVC-U mit Mehrlippendichtung, Steckmuffe; DN125, Tiefe bis 2,00m; in vorhanden Graben

m	€ brutto	9,7	17,9	21,7	27,3	38,3
KG 541	€ netto	8,2	15,0	18,2	23,0	32,1

38 Abwasserleitung, PVC-U, DN150
Abwasserkanal; PVC-U mit Mehrlippendichtung, Steckmuffe; DN150, Tiefe bis 2,00m; in vorhanden Graben

m	€ brutto	11	20	24	29	44
KG 541	€ netto	9,1	16,5	19,9	24,3	37,1

39 Abwasserleitung, PVC-U, DN200
Abwasserkanal; PVC-U mit Mehrlippendichtung, Steckmuffe; DN200, Tiefe bis 2,00m; in vorhanden Graben

m	€ brutto	16	28	33	39	53
KG 541	€ netto	13	24	27	33	44

40 Formstück, PVC-U, DN100, Abzweig
Formstück, Abzweige; PVC-U mit Steckmuffe; DN100

St	€ brutto	13	19	22	25	32
KG 541	€ netto	11	16	19	21	26

41 Formstück, PVC-U, DN125, Abzweig
Formstück, Abzweige; PVC-U mit Steckmuffe; DN125

St	€ brutto	14	22	26	27	36
KG 541	€ netto	12	19	22	22	30

▶ min
▷ von
ø Mittel
◁ bis
◀ max

009
Entwässerungskanalarbeiten

Kosten: Stand 3.Quartal 2015, Bundesdurchschnitt

Entwässerungskanalarbeiten					Preise €

Nr.	Kurztext / Stichworte		brutto ø		
	Einheit / Kostengruppe ▶	▷	netto ø	◁	◀
42	**Formstück, PVC-U, DN150, Abzweig**				
	Formstück, Abzweige; PVC-U mit Steckmuffe; DN150				
	St € brutto	17	24	27	32	39
	KG 541 € netto	14	20	23	27	33
43	**Formstück, PVC-U, DN200, Abzweig**				
	Formstück, Abzweige; PVC-U mit Steckmuffe; DN200				
	St € brutto	25	30	32	37	44
	KG 541 € netto	21	25	27	31	37
44	**Formstück, PVC-U, DN100, Bogen**				
	Formstück, Bogen; PVC-U mit Steckmuffe; DN100, 45°				
	St € brutto	6,8	9,5	10,5	15,1	22,8
	KG 541 € netto	5,7	7,9	8,8	12,7	19,2
45	**Formstück, PVC-U, DN125, Bogen**				
	Formstück, Bogen; PVC-U mit Steckmuffe; DN125, 45°				
	St € brutto	7,6	11,7	13,1	18,3	29,5
	KG 541 € netto	6,3	9,8	11,0	15,4	24,8
46	**Formstück, PVC-U, DN150, Bogen**				
	Formstück, Bogen; PVC-U mit Steckmuffe; DN150, 45°				
	St € brutto	7,5	13,9	15,3	23,5	34,1
	KG 541 € netto	6,3	11,6	12,8	19,8	28,7
47	**Formstück, PVC-U, DN200, Bogen**				
	Formstück, Bogen; PVC-U mit Steckmuffe; DN200, 45°				
	St € brutto	8,7	18,9	22,7	29,5	45,0
	KG 541 € netto	7,3	15,9	19,0	24,8	37,8
48	**Übergang, PVC-U auf Steinzeug/Beton**				
	Formstück, Übergangsstück; PVC-U auf Steinzeug/Beton; DN100/100 / DN150/150				
	St € brutto	13	30	35	46	68
	KG 541 € netto	11	25	29	39	57
49	**Standrohr, Guss/SML**				
	Standrohr; Gussrohr/SML-Rohr; DN60/DN80/DN100; inkl. Anschluss an Kanalnetz				
	St € brutto	15	49	64	80	111
	KG 363 € netto	13	41	54	67	93
50	**Abwasserleitung, SML-Rohre, DN70**				
	Abwasserkanal; Gusseisen, muffenlos; DN70, Tiefe bis 1,75m; inkl. Pass-, Form- und Verbindungstücken				
	m € brutto	37	54	59	78	106
	KG 541 € netto	31	45	50	66	89

Entwässerungskanalarbeiten					Preise €

Nr.	Kurztext / Stichworte		brutto ø		
	Einheit / Kostengruppe ▶	▷	netto ø	◁	◀
51	**Abwasserleitung, SML-Rohre, DN100**				
	Abwasserkanal; Gusseisen, muffenlos; DN100, Länge 6,00m, Tiefe bis 1,75m; inkl. Pass-, Form- und Verbindungstücken				
	m € brutto	**33**	**44**	**49**	**53**	**78**
	KG 541 € netto	27	37	41	45	66
52	**Abwasserleitung, SML-Rohre, DN125**				
	Abwasserkanal; Gusseisen, muffenlos; DN125, Länge 6,00m, Tiefe bis 1,75m; inkl. Pass-, Form- und Verbindungstücken				
	m € brutto	**61**	**83**	**92**	**126**	**173**
	KG 541 € netto	52	70	78	105	145
53	**Abwasserleitung, SML-Rohre, DN150**				
	Abwasserkanal; Gusseisen, muffenlos; DN150, Länge 6,00m, Tiefe bis 1,75m; inkl. Pass-, Form- und Verbindungstücken				
	m € brutto	**80**	**110**	**123**	**133**	**187**
	KG 541 € netto	67	93	103	112	157
54	**Abwasserleitung, SML-Rohre, DN200**				
	Abwasserkanal; Gusseisen, muffenlos; DN200, Länge 6,00m, Tiefe bis 1,75m; inkl. Pass-,Form- und Verbindungstücken				
	m € brutto	**108**	**160**	**182**	**209**	**255**
	KG 541 € netto	91	134	153	175	214
55	**Formstück, SML, Bogen**				
	Formstück, Bogen; Gusseisen; 45°				
	St € brutto	**9,1**	**20,5**	**23,6**	**38,3**	**75,4**
	KG 541 € netto	7,6	17,3	19,8	32,2	63,3
56	**Formstück, SML, Übergangsstück**				
	Formstück, Übergangsstück; Gusseisen				
	St € brutto	**52**	**75**	**92**	**102**	**118**
	KG 541 € netto	44	63	77	86	99
57	**Übergang, PE/PVC/Steinzeug auf Guss**				
	Formstück, Übergangsstück; PE-/PVC-Rohr/Steinzeug auf Gusseisen; DN100/100				
	St € brutto	**11**	**22**	**29**	**35**	**48**
	KG 541 € netto	9,4	18,6	24,3	29,7	40,4
58	**Formstück, SML, Abzweig**				
	Formstück, Abzweig; Gusseisen				
	St € brutto	**17**	**27**	**30**	**50**	**83**
	KG 541 € netto	14	23	25	42	70

▶ min
▷ von
ø Mittel
◁ bis
◀ max

009
Entwässerungskanalarbeiten

Kosten: Stand 3.Quartal 2015, Bundesdurchschnitt

Entwässerungskanalarbeiten					**Preise €**

Nr.	Kurztext / Stichworte		**brutto ø**		
	Einheit / Kostengruppe ▶	▷	netto ø	◁	◀
59	**Abwasserleitung, PP-Rohre, DN100**				
	Abwasserkanal; PP-Rohr, mit Mehrlippendichtung, Steckmuffe; DN100, Tiefe 2,00m; in vorhandenen Graben; inkl. Schweiß/Klebe, Dichtungsmaterial				
	m € brutto	14	19	22	28	39
	KG 541 € netto	12	16	18	24	33
60	**Abwasserleitung, PP-Rohre, DN125**				
	Abwasserkanal; PP-Rohr, mit Mehrlippendichtung, Steckmuffe; DN125, Tiefe bis 2,00m; in vorhandenen Graben; inkl. Schweiß/Klebe, Dichtungsmaterial				
	m € brutto	17	25	29	39	47
	KG 541 € netto	14	21	25	33	40
61	**Abwasserleitung, PE-HD-Rohre, DN100**				
	Abwasserkanal; PE-HD-Rohr, SN 8kN/m², Mehrlippendichtung, Steckmuffe; DN100, Tiefe bis 2,00m; in vorhandenen Graben; inkl. Schweiß/Klebe, Dichtungsmaterial				
	m € brutto	15	18	20	24	29
	KG 541 € netto	12	15	17	20	25
62	**Abwasserleitung, PE-HD-Rohre, DN125**				
	Abwasserkanal; PE-HD-Rohr, SN 8kN/m², Mehrlippendichtung, Steckmuffe; DN125, Tiefe bis 2,00m; in vorhandenen Graben; inkl. Schweiß/Klebe, Dichtungsmaterial				
	m € brutto	18	23	28	33	42
	KG 541 € netto	15	20	23	28	35
63	**Abwasserleitung, PE-HD-Rohre, DN150**				
	Abwasserkanal; PE-HD-Rohr, SN 8kN/m², Mehrlippendichtung, Steckmuffe; DN150, Tiefe bis 2,00m; in vorhandenen Graben; inkl. Schweiß/Klebe, Dichtungsmaterial				
	m € brutto	21	28	32	37	46
	KG 541 € netto	17	24	27	31	38
64	**Abwasserleitung, PE-HD-Rohre, DN200**				
	Abwasserkanal; PE-HD-Rohr, SN 8kN/m², Mehrlippendichtung, Steckmuffe; DN200, Tiefe bis 2,00m; in vorhandenen Graben; inkl. Schweiß/Klebe, Dichtungsmaterial				
	m € brutto	24	33	38	40	49
	KG 541 € netto	20	27	32	34	41
65	**Dichtheitsprüfung, Grundleitung**				
	Dichtheitsprüfung; Prüfmedium: Wasser/Luft; bis DN200/über DN200; inkl. notwendiger Gerätschaften				
	St € brutto	184	343	421	705	1.331
	KG 541 € netto	154	288	354	592	1.119

Entwässerungskanalarbeiten				Preise €

Nr.	Kurztext / Stichworte		brutto ø		
	Einheit / Kostengruppe ▶	▷	netto ø	◁	◀

66 Dichtheitsprüfung, Grundleitung
Dichtheitsprüfung; Prüfmedium: Wasser/Luft; bis DN200/über DN200; inkl. notwendiger Gerätschaften

m	€ brutto	1,3	3,7	4,7	8,2	18,0
KG 541	€ netto	1,1	3,1	3,9	6,9	15,1

67 Rohrdurchführung, Faserzementrohr
Rohrdurchführung, Außenwand; Faserzementrohr als Futterrohr; DN100/DN125/DN150, Länge über 200-300mm, Wand 25-30cm; Betonwand

St	€ brutto	104	285	351	495	788
KG 411	€ netto	88	239	295	416	662

68 Dichtsatz, Rohrdurchführung
Dichtsatz, Rohrdurchführung; elastomerer Dichtring

St	€ brutto	62	236	284	419	602
KG 411	€ netto	52	199	239	352	506

69 Hofablauf, Polymerbeton, A15
Hofablauf, A15; Polymerbeton, Abdeckrost GFK, Kunststoffeimer; 500x300mm, Nennweite 10cm

St	€ brutto	159	210	235	258	308
KG 541	€ netto	134	176	198	217	259

70 Straßenablauf, Polymerbeton, B125
Straßenablauf, B125; Polymerbeton, Abdeckrost GFK, Kunststoffeimer; 500x300mm, Nennweite 10cm

St	€ brutto	214	282	316	330	401
KG 541	€ netto	180	237	266	278	337

71 Straßenablauf, Polymerbeton, C250
Straßenablauf, C250; Polymerbeton, Abdeckrost GFK, Kunststoffeimer; 500x300mm, Nennweite 10cm

St	€ brutto	203	294	333	407	519
KG 541	€ netto	171	247	280	342	436

72 Straßenablauf, Polymerbeton, D400
Straßenablauf, D400; Polymerbeton, Abdeckrost GFK, Kunststoffeimer; 500x300mm, Nennweite 10cm

St	€ brutto	284	365	403	444	594
KG 541	€ netto	239	307	339	373	499

73 Bodenablauf, Gusseisen
Bodenablauf, K3; Gusseisen, Eimer PE-hart, Stahlrost; DN100, 171x171mm, Höhe 300mm; mit Geruschsverschluss inkl. Anschluss an Grundleitung; inkl. Anschluss an Grundleitung

St	€ brutto	43	161	205	446	954
KG 411	€ netto	37	135	172	375	802

► min
▷ von
ø Mittel
◁ bis
◄ max

009
Entwässerungskanalarbeiten

Kosten: Stand 3.Quartal 2015, Bundesdurchschnitt

Entwässerungskanalarbeiten					Preise €

Nr.	Kurztext / Stichworte		brutto ø			
	Einheit / Kostengruppe ►	▷	netto ø	◁	◄	
74	**Reinigungsrohr, Putzstück, DN100**					
	Reinigungsrohr, Steinzeugleitungen; Gusseisen; DN100; eindichten, Betonbettung; Kontrollschacht					
	St € brutto	34	106	132	281	495
	KG 541 € netto	29	89	111	236	416
75	**Absperreinrichtung, Kanal, Gusseisen**					
	Absperreinrichtung für Abwasserkanal; Gusseisen; DN100					
	St € brutto	147	516	585	595	1.490
	KG 541 € netto	123	433	491	500	1.252
76	**Rückstaudoppelverschluss, DN100**					
	Rückstaudoppelverschluss, fakalienfreies Abwasser; PVC-U; DN100; automatisch und Handbetätigung inkl. Reinigungsöffnung					
	St € brutto	148	215	241	357	487
	KG 541 € netto	124	180	202	300	409
77	**Rückstaudoppelverschluss, DN150**					
	Rückstaudoppelverschluss, fakalienfreies Abwasser; Guss/PVC-U; DN150; automatisch und Handbetätigung inkl. Reinigungsöffnung					
	St € brutto	185	652	743	747	1.564
	KG 541 € netto	156	548	624	628	1.314
78	**Erdaushub, Schacht DN1000, bis 2,50m, Verbau**					
	Aushub Schacht; BK 3-5; DN1000, Tiefe 2,50cm; Boden lösen, lagern, nach Schachteinbau, Aushub aufnehmen, wieder verfüllen, verdichten; inkl. Verbau, überschüssiges Material entsorgen					
	m³ € brutto	24	39	45	55	75
	KG 541 € netto	21	33	37	46	63
79	**Schachtunterteil, Kontrollschacht, Beton**					
	Schachtunterteil, Kontrollschacht; WU-Beton; DN1.000, Anschlüsse DN100/DN150/DN200; komplett herstellen, mit Sohlgerinne					
	St € brutto	250	392	430	527	718
	KG 541 € netto	210	329	361	443	603
80	**Schachtsohle, ausformen / Gerinne einbringen**					
	Schachtsohle ausformen; DN100/DN150/DN200; Gerinne einbringen					
	St € brutto	97	243	301	431	583
	KG 541 € netto	81	204	253	362	490
81	**Schachtring, DN1.000, Beton, 250mm**					
	Schachtring; Betonfertigteil, 2-läufige Steigeisen; DN1.000, Höhe 250mm					
	St € brutto	64	89	102	116	140
	KG 541 € netto	54	75	86	98	118

Entwässerungskanalarbeiten					Preise €

Nr.	Kurztext / Stichworte		brutto ø		
	Einheit / Kostengruppe ▶	▷	netto ø	◁	◀
82	**Schachtring, DN1.000, Beton, 500mm**				
	Schachtring; Betonfertigteil, 2-läufige Steigeisen; DN1.000, Höhe 500mm				
	St	€ brutto	89	124	136	160	223
	KG 541	€ netto	75	104	115	134	187
83	**Schachthals, Kontrollschacht**				
	Schachthals, Kontrollschacht; Betonfertigteil, Gleitringdichtung, Steigeisen; DN1000/625mm, Dicke 120mm				
	St	€ brutto	75	124	139	156	215
	KG 541	€ netto	63	104	117	131	180
84	**Auflagering, DN625, Fertigteil**				
	Auflagering; Stahlbetonfertigteil; DN625, Höhe 60/80/.....mm				
	St	€ brutto	16	30	35	68	124
	KG 541	€ netto	14	25	30	57	104
85	**Anschluss, Schacht, Steinzeug-/PVC-Kanal**				
	Anschluss Abwasserkanal an Betonschacht; Steinzeugrohr/PVC-Rohr; DN100/DN150/DN200				
	St	€ brutto	37	109	150	268	469
	KG 541	€ netto	31	92	126	225	394
86	**Seitenzulauf zum Schacht**				
	Seitenzulauf Schacht; mit gelenkiger Rohreinbindung				
	St	€ brutto	23	66	88	115	178
	KG 541	€ netto	20	56	74	97	150
87	**Schachtabdeckung, Klasse A15**				
	Schachtabdeckung, Klasse A15; Gusseisen mit Beton; DN600; höhengerecht in MG III versetzen; Form 500 A				
	St	€ brutto	103	155	180	219	313
	KG 541	€ netto	86	130	151	184	263
88	**Schachtabdeckung, Klasse B125**				
	Schachtabdeckung, Klasse B125; Gusseisen mit Beton; DN600; höhengerecht in MG III versetzen; Form 500 A				
	St	€ brutto	144	225	228	275	448
	KG 541	€ netto	121	189	192	231	376
89	**Schachtabdeckung, Klasse C250**				
	Schachtabdeckung, Klasse C250; Gusseisen mit Beton, Lüftungsöffnungen, verschließbar, Schmutzfangkorb; DN600; höhengerecht in MG III versetzen				
	St	€ brutto	165	256	290	330	556
	KG 541	€ netto	139	215	244	277	467

▶ min
▷ von
ø Mittel
◁ bis
◀ max

009
Entwässerungskanalarbeiten

Kosten: Stand 3.Quartal 2015, Bundesdurchschnitt

Entwässerungskanalarbeiten					Preise €

Nr.	Kurztext / Stichworte		**brutto ø**		
	Einheit / Kostengruppe ▶	▷	netto ø	◁	◀
90	**Schachtabdeckung, Klasse D400**				
	Schachtabdeckung, Klasse D400; Gusseisen mit Beton, Lüftungsöffnungen, verschließbar, Schmutzfangkorb; DN600; höhengerecht in MG III versetzen; mit Lüftungsöffnungen				
	St € brutto	161	288	332	511	868
	KG 541 € netto	135	242	279	429	730
91	**Schmutzfangkorb, Schachtabdeckung**				
	Schmutzfangkorb Schachtabdeckung; Stahlblech, verzinkt; DN600/.....mm				
	St € brutto	20	42	47	51	166
	KG 541 € netto	17	36	40	43	140
92	**Schachtabdeckung anpassen**				
	Schachtabdeckung höhenmäßig anpassen; Höhe bis 500mm				
	St € brutto	27	92	117	173	316
	KG 541 € netto	23	77	99	146	266
93	**Kontrollschacht komplett, bis 3,5m**				
	Kontrollschacht komplett; Betonfertigteil, C20/25, Steigeisen; Höhe 2,5-3,5m, Bodendicke 20cm; Sohle mit Gerinne				
	St € brutto	585	1.116	1.325	1.662	2.522
	KG 541 € netto	492	938	1.113	1.397	2.119
94	**Regenwasserspeicher, Stahlbeton**				
	Regenwasserspeicher; Stahlbeton, inkl. alle Passelemente bis Geländeoberkante, Schachtabdeckung befahrbar				
	St € brutto	2.286	3.334	3.656	4.682	6.475
	KG 541 € netto	1.921	2.802	3.072	3.934	5.441
95	**Entwässerungsrinne, Beton**				
	Entwässerungsrinne, Kastenrinne; Stahl-/Kunstharzbeton, Stahlabdeckung schraublose Arretierung; auf bauseitiges Betonauflager verlegen, seitliche Verfüllung C12/15				
	m € brutto	69	118	143	187	261
	KG 541 € netto	58	99	120	157	219
96	**Entwässerungsrinne, Klasse A15, Beton**				
	Entwässerungsrinne, Klasse A15, Kastenrinne; Stahl-/Kunstharzbeton, Stahlabdeckung schraublose Arretierung; auf bauseitiges Betonauflager verlegen, seitliche Verfüllung C12/16				
	m € brutto	64	107	119	141	192
	KG 541 € netto	54	90	100	118	161

Entwässerungskanalarbeiten					Preise €

Nr.	Kurztext / Stichworte		brutto ø		
	Einheit / Kostengruppe ▶	▷	netto ø	◁	◀
97	**Entwässerungsrinne, Klasse B125, Beton**				
	Entwässerungsrinne, Klasse B125 Kastenrinne; Stahl-/Kunstharzbeton, Stahlabdeckung schraublose Arretierung; auf bauseitiges Betonauflager verlegen, seitliche Verfüllung C12/17				
	m € brutto	**82**	**115**	**118**	**144**	**192**
	KG 541 € netto	69	97	99	121	162
98	**Entwässerungsrinne, Klasse C250, Beton**				
	Entwässerungsrinne, Klasse C250 Kastenrinne; Stahl-/Kunstharzbeton, Stahlabdeckung schraublose Arretierung; auf bauseitiges Betonauflager verlegen, seitliche Verfüllung C12/18				
	m € brutto	**73**	**134**	**160**	**191**	**261**
	KG 541 € netto	61	113	134	160	219
99	**Entwässerungsrinne, Klasse D400, Beton**				
	Entwässerungsrinne, Klasse D400; Stahl-/Kunstharzbeton, Stahlabdeckung schraublose Arretierung; auf bauseitiges Betonauflager verlegen, seitliche Verfüllung C12/19				
	m € brutto	**105**	**207**	**244**	**337**	**571**
	KG 541 € netto	88	174	205	283	480
100	**Abdeckung, Entwässerungsrinne, Guss, C250**				
	Abdeckung, Entwässerungsrinne, Klasse C250; Gusseisen, schraublose Arretierung; Loch-/Stegrost				
	m € brutto	**47**	**65**	**73**	**84**	**111**
	KG 541 € netto	40	55	62	71	93
101	**Abdeckung, Entwässerungsrinne, Guss, D400**				
	Abdeckung, Entwässerungsrinne, Klasse D400; Gusseisen, schraublose Arretierung				
	m € brutto	**65**	**89**	**108**	**117**	**130**
	KG 541 € netto	55	74	91	98	109
102	**Abdeckung, Entwässerungsrinne, Schlitzaufsatz**				
	Abdeckung, Entwässerungsrinne, als Schlitzaussatz; Gusseisen, schraublose Arretierung				
	m € brutto	**47**	**68**	**75**	**80**	**111**
	KG 541 € netto	40	57	63	67	93
103	**Kanalreinigung, Hochdruckspülgerät**				
	Abwasserkanal reinigen; Hochdruckspülgerät; inkl. Gerätschaften aufstellen, entfernen				
	m € brutto	**0,5**	**3,3**	**4,5**	**9,6**	**20,0**
	KG 541 € netto	0,4	2,8	3,8	8,1	16,8

▶ min
▷ von
ø Mittel
◁ bis
◀ max

009
Entwässerungskanalarbeiten

Kosten: Stand 3.Quartal 2015, Bundesdurchschnitt

Entwässerungskanalarbeiten					Preise €

Nr.	Kurztext / Stichworte Einheit / Kostengruppe ▶	brutto ø ▷ netto ø		◁	◀
104	**Kanalprüfung, Kamera** Kameraprüfung, Abwasserkanal; bis DN200/über DN200; inkl. Gerätschaften aufstellen, entfernen				
	m € brutto	1,6	3,7	4,6	5,9	7,9
	KG 541 € netto	1,3	3,1	3,9	5,0	6,6
105	**Ablagerung Entwässerungsleitung entfernen, Hochdruckstrahl** Entwässerungsleitung Hochdruckwasserstrahlen; PVC/Steinzeug/Beton; bis DN400; Sand, Ablagerungen entfernen				
	m € brutto	0,5	4,1	4,4	4,7	17,4
	KG 541 € netto	0,4	3,5	3,7	3,9	14,7
106	**Stundensatz Facharbeiter, Kanalarbeiten** Stundenlohnarbeiten, Vorarbeiter, Facharbeiter; Kanalarbeiten				
	h € brutto	49	52	53	56	60
	€ netto	42	44	45	47	50
107	**Stundensatz Helfer, Kanalarbeiten** Stundenlohnarbeiten, Werker, Helfer; Kanalarbeiten				
	h € brutto	43	45	47	48	50
	€ netto	36	38	39	40	42

Drän- und Versickerarbeiten					Preise €

Nr.	Kurztext / Stichworte		brutto ø			
	Einheit / Kostengruppe ▶	▷	netto ø	◁	◀	

1 Handaushub, Drängraben
Aushub Drängraben, von Hand; BK 3-5; Tiefe bis 0,40m, Breite bis 0,50m; Boden lösen, fördern, lagern, wieder verfüllen, verdichten

		▶	▷		◁	◀
m³	€ brutto	48	55	59	61	68
KG 327	€ netto	40	46	50	51	57

2 Aushub, Dränarbeiten
Aushub Grube, Schacht, Rohrgraben; BK 3-5; Tiefe bis 1,00m, Breite 0,70m; Boden lösen, fördern, lagern, wieder verfüllen, verdichten

		▶	▷		◁	◀
m³	€ brutto	22	27	29	33	41
KG 327	€ netto	19	23	25	28	34

3 Trennlage, Erdplanum/Frostschutz
Trennlage; Vlies; überlappend verlegen; zwischen Erdplanum und Frostschutz

		▶	▷		◁	◀
m²	€ brutto	1,1	2,2	2,6	3,7	6,8
KG 327	€ netto	0,9	1,9	2,2	3,1	5,7

4 Tragschicht, kapillarbrechend, Bodenplatte/Fundament
Tragschicht, kapillarbrechend; Mineralgemisch/Kies-Schotter-Gemisch / Recyclingstoffe; Dicke 30cm, Sollhöhe +/-2cm; lagenweise einbringen, verdichten; unter Bodenplatte/Fundament

		▶	▷		◁	◀
m²	€ brutto	3,5	8,3	10,3	18,3	31,9
KG 326	€ netto	2,9	7,0	8,7	15,3	26,8

5 Kiesfilter, Flächendränage
Filterschicht, Flächendränage; Kiessand; Dicke mind. 15cm; unter Fundamente

		▶	▷		◁	◀
m³	€ brutto	22	53	70	81	100
KG 327	€ netto	18	44	59	68	84

6 Formstück, Dränleitung, Bogen
Formstück Dränleitung, Bogen; PVC-U, Steckmuffe

		▶	▷		◁	◀
St	€ brutto	3,8	12,3	16,2	24,9	49,9
KG 327	€ netto	3,2	10,3	13,6	20,9	41,9

7 Formstück, Dränleitung, Abzweig
Formstück Dränleitung, Bogen; PVC-U, Steckmuffe

		▶	▷		◁	◀
St	€ brutto	–	21	24	34	–
KG 327	€ netto	–	17	20	28	–

8 Formstück, Dränleitung, Verschlussstück
Formstück Dränleitung, Verschlussstück; PVC-U, Steckmuffe

		▶	▷		◁	◀
St	€ brutto	1,7	6,9	8,0	14,2	22,0
KG 327	€ netto	1,5	5,8	6,8	11,9	18,4

► min
▷ von
ø Mittel
◁ bis
◀ max

010
Drän- und Versickerarbeiten

Kosten: Stand 3.Quartal 2015, Bundesdurchschnitt

Drän- und Versickerarbeiten						Preise €

Nr.	**Kurztext** / Stichworte **Einheit** / Kostengruppe ►	**brutto ø** ▷ netto ø ◁				◀
9	**Anschluss, Dränleitung/Schacht** Anschluss Dränleitung an Sickerschacht; PVC-U-Rohr, Betonschacht; Schacht DN1500; inkl. Dichtungs- und Anschlussmaterial					
	St € brutto	13	117	150	246	412
	KG 327 € netto	11	98	126	206	346
10	**Spülschacht PP, DN300** Spülschacht Dränleitung; PP-Rohr, PP-Abdeckung; Rohr DN300, Anschluss DN200, Nutzhöhe 0,80m; inkl. Blindstopfen, Sandfang					
	St € brutto	62	187	231	341	624
	KG 327 € netto	52	157	194	287	525
11	**Schachtaufsetzrohr, PP, DN315** Schachtaufsetzrohr; PP; DN315					
	St € brutto	34	59	69	100	155
	KG 327 € netto	29	49	58	84	131
12	**Sickerpackung, Dränleitung** Sickerpackung Dränleitung; Kies 8/16; DN100-150; einbauen, verdichten; zwischen Fundamenten					
	m € brutto	4,7	10,9	12,8	18,7	32,9
	KG 327 € netto	4,0	9,1	10,7	15,7	27,7
13	**Sickerpackung, Dränleitung** Sickerpackung; Kies 8/16; DN100/DN150; einbauen, verdichten; zwischen Fundamenten					
	m³ € brutto	27	49	57	75	119
	KG 327 € netto	23	41	48	63	100
14	**Sickerschacht, Betonfertigteilringe, B125** Sickerschacht, komplett, Klasse B125; Betonfertigteilringe, gelocht, Kies; Tiefe bis 2,00m, DN1000					
	St € brutto	392	1.230	1.515	1.938	3.022
	KG 327 € netto	330	1.034	1.273	1.628	2.539
15	**Sickerschicht, Kies** Sickerpackung; Kies 32/64, Filtervlies; DN950, Höhe 1,00m					
	m³ € brutto	31	59	68	94	134
	KG 326 € netto	26	50	57	79	112
16	**Filterschicht, Filtermatten, Wand** Schutz- und Dränageschicht; Filtermatte; überlappend verlegen; auf Bauwerksabdichtung					
	m² € brutto	2,5	9,0	13,3	18,1	26,5
	KG 327 € netto	2,1	7,5	11,2	15,2	22,3

Drän- und Versickerarbeiten					Preise €

Nr.	Kurztext / Stichworte		**brutto ø**		
	Einheit / Kostengruppe ▶	▷	netto ø	◁	◀
17	**Filter-/Dränageschicht, Vlies/Noppenbahn, Wand**				
	Schutz- und Dränageschicht; Noppenbahn mit Vlies und Gleitfolie; einbauen; Außenwand				
	m² **€ brutto** 5,8 9,5 11,2 16,4 24,1				
	KG 335 € netto 4,8 8,0 9,4 13,8 20,3				
18	**Sickerschicht, PS-Platten, Wand**				
	Schutz- und Dränageschicht; Polystyrol-Platten; Dicke 50/65mm; punktförmig kleben; Außenwand				
	m² **€ brutto** 8,9 12,0 13,6 15,3 17,8				
	KG 335 € netto 7,5 10,1 11,4 12,8 14,9				
19	**Filterschicht, Vlies, Wand**				
	Filterschicht vor Außenwand; Vlies; streifenförmig/punktförmig kleben				
	m² **€ brutto** 2,4 3,1 3,5 4,0 4,6				
	KG 335 € netto 2,0 2,6 2,9 3,3 3,9				
20	**Filterschicht, Kiessand, Wand**				
	Filterschicht vor Außenwand; Kiessand, humusfrei; einbauen, verdichten				
	m³ **€ brutto** 35 40 43 46 56				
	KG 327 € netto 29 34 36 39 47				
21	**Grobkiesstreifen, Sockelbereich**				
	Kiesstreifen; Rundkies 32/63, gewaschen; Breite 50cm, Tiefe 30cm; auf Filtervlies				
	m³ **€ brutto** 41 50 56 71 93				
	KG 327 € netto 34 42 47 59 78				
22	**Dränleitung spülen, Hochdruckgerät**				
	Dränleitung spülen; Hochdruckgerät				
	m **€ brutto** 1,2 2,3 3,3 5,1 7,4				
	KG 327 € netto 1,0 1,9 2,8 4,3 6,2				

012
Mauerarbeiten

Mauerarbeiten					Preise €

Nr.	Kurztext / Stichworte Einheit / Kostengruppe ▶		▷	brutto ø netto ø	◁	◀
1	**Querschnittsabdichtung, Mauerwerk bis 11,5cm** Querschnittsabdichtung, Wand; Bitumen- Dachdichtungsbahn G200DD; Dicke bis 11,5cm; einlagig, gegen aufsteigende Feuchtigkeit; in/unter Mauerwerk					
	m **€ brutto**	0,8	2,2	2,7	4,5	9,7
	KG 342 € netto	0,7	1,9	2,3	3,8	8,1
2	**Querschnittsabdichtung, Mauerwerk bis 24cm** Querschnittsabdichtung, Wand; Bitumen-Dachdichtungsbahn G200DD; Dicke 11,5-24,0cm; einlagig, gegen aufsteigende Feuchtig- keit; in/unter Mauerwerk					
	m **€ brutto**	1,0	3,0	3,6	5,5	11,3
	KG 341 € netto	0,9	2,5	3,0	4,7	9,5
3	**Querschnittsabdichtung, Mauerwerk bis 36,5cm** Querschnittsabdichtung, Wand; Bitumen-Dachdichtungsbahn G200DD; Mauerdicken 24,0-36,5cm; einlagig, gegen aufsteigende Feuchtigkeit; in/unter Mauerwerk					
	m **€ brutto**	2,2	5,0	6,0	12,2	23,7
	KG 331 € netto	1,9	4,2	5,1	10,2	19,9
4	**Dämmstein, Mauerwerk, 11,5cm** Dämmelement; Dämmstein; Dicke 11,5cm; in Mauerwerk					
	m **€ brutto**	14	28	35	43	57
	KG 342 € netto	12	24	30	36	48
5	**Dämmstein, Mauerwerk, 17,5cm** Dämmelement; Dämmstein; Dicke 17,5cm; in Mauerwerk					
	m **€ brutto**	17	35	42	55	86
	KG 341 € netto	15	30	35	46	72
6	**Dämmstein, Mauerwerk, 24cm** Dämmelement; Dämmstein; Dicke 24cm; in Mauerwerk					
	m **€ brutto**	21	44	54	84	133
	KG 341 € netto	18	37	45	71	112
7	**Innenwand, Hlz-Planstein 11,5cm** Innenwand; Hlz, SFK 8, RDK 0,8; 8DF 498x115x249mm; Dünnbett- mörtel					
	m² **€ brutto**	38	49	53	66	89
	KG 342 € netto	32	41	45	55	75
8	**Innenwand, KS L 11,5cm, bis 3DF** Innenwand, tragend/nichttragend; KS L/KS, SFK 12/20, RDK 1,4-2,0; 3DF 240x115x113mm; MG II					
	m² **€ brutto**	35	49	54	61	82
	KG 342 € netto	29	42	45	51	69

▶ min
▷ von
ø Mittel
◁ bis
◀ max

012
Mauerarbeiten

Kosten: Stand 3.Quartal 2015, Bundesdurchschnitt

Mauerarbeiten					Preise €

Nr.	Kurztext / Stichworte		**brutto ø**		
	Einheit / Kostengruppe ▶		▷ netto ø	◁	◀
9	**Innenwand, KS L 17,5cm, 3DF**				
	Innenwand, tragend/nichttragend; KS L, SFK12/20, RDK 1,4-2,0; 3DF 240x175x113mm; MG II				
	m² € brutto	53	65	70	107	160
	KG 341 € netto	45	55	59	90	134
10	**Innenwand, KS Planstein 11,5cm, über 3DF**				
	Innenwand; KS L-R, SFK 12/20, RDK 1,8-2,0; 3DF 248x115x248mm; Dünnbettmörtel, NF-System				
	m² € brutto	40	46	49	53	63
	KG 342 € netto	33	39	41	45	53
11	**Innenwand, KS Planstein 17,5cm, 6DF**				
	Innenwand, tragend/nichttragend; KS R, SFK 12/20, RDK 1,4-2,0; 6DF 248x175x248mm; Dünnbettmörtel, NF-System				
	m² € brutto	40	51	56	61	87
	KG 341 € netto	34	43	47	51	73
12	**Innenwand, KS Planstein 24cm, 8DF**				
	Innenwand, tragend/nichttragend; KS-R, SFK 12/20, RDK 1,4-2,0; 8DF 248x240x248mm; Dünnbettmörtel, NF-System				
	m² € brutto	49	62	67	73	88
	KG 341 € netto	41	52	56	62	74
13	**Innenwand, KS Planelement 11,5cm**				
	Innenwand; KS XL, SFK 12-20, RDK 1,8-2,0; 998x115x498mm; Dünnbettmörtel, NF-System				
	m² € brutto	39	46	49	51	57
	KG 342 € netto	33	38	41	43	48
14	**Innenwand, KS Planelement 17,5cm**				
	Innenwand; KS XL, SFK 12-20, RDK 1,8-2,0; 998x175x498mm; Dünnbettmörtel, NF-System				
	m² € brutto	54	59	63	68	78
	KG 342 € netto	45	50	53	57	65
15	**Innenwand, KS Planelement 24cm**				
	Innenwand; KS XL, SFK 12-20, RDK 1,8-2,0; 998x240x498mm; Dünnbettmörtel, NF-System				
	m² € brutto	58	70	75	79	90
	KG 342 € netto	49	59	63	67	75
16	**Innenwand, Glasbausteine, nichttragend**				
	Innenwand, nichttragend; Glasbausteine; 190x80x190mm; Sichtmauerwerk; inkl. Betonstahlbewehrung				
	m² € brutto	101	242	326	389	531
	KG 342 € netto	85	203	274	327	446

Mauerarbeiten					Preise €

Nr.	Kurztext / Stichworte	brutto ø			
	Einheit / Kostengruppe ▶	▷ netto ø ◁			◀

17 Innenwand, Porenbeton 11,5cm, nichttragend
Innenwand, nichttragend; Porenbeton-Planstein; 249x115x249mm; Dünnbettmörtel

m²	€ brutto	39	46	49	50	55
KG 342	€ netto	33	38	41	42	46

18 Innenwand, Porenbeton 17,5cm, nichttragend
Innenwand, nichttragend; Porenbeton-Planstein; 249x175x249mm; Dünnbettmörtel

m²	€ brutto	40	52	57	61	70
KG 342	€ netto	34	44	48	51	59

19 Innenwand, Poren-Planelement 24cm, nichttragend
Innenwand, nichttragend; Porenbeton-Planelement; 999x240x624mm; Dünnbettmörtel

m²	€ brutto	48	62	68	73	81
KG 342	€ netto	41	52	57	61	68

20 Innenwand, Poren-Planelement 30cm, nichttragend
Innenwand, nichttragend; Porenbeton-Planelement; 999x300x624mm; Dünnbettmörtel

m²	€ brutto	71	82	87	94	105
KG 342	€ netto	60	68	73	79	88

21 Innenwand, Wandbauplatte, Leichtbeton, bis 10cm
Innenwand, nichttragend; Wandbauplatte, Leichtbeton, RDK 0,80-1,4, F30 A; Dicke 5-10cm; Vermauerung mit Dickfuge; Sanitär-Vormauerungen

m²	€ brutto	42	65	69	72	87
KG 342	€ netto	36	55	58	60	73

22 Innenwand, Gipswandbauplatte, 8-10cm
Innenwand, nichttragend; Gipswandbauplatten, A1, F90 A; Dicke 8/10cm

m²	€ brutto	42	47	50	56	68
KG 342	€ netto	35	40	42	47	57

23 Brüstungsmauerwerk, Breite 11,5cm
Mauerwerksbrüstung; Mz/Hlz; 2DF 240x115x113mm, Höhe bis 1,00m; aufmauern

m²	€ brutto	46	54	58	59	70
KG 359	€ netto	39	45	49	50	59

24 Brüstungsmauerwerk, Breite 17,5cm
Mauerwerksbrüstung; Mz/Hlz; 3DF 240x175x113mm, Höhe bis 1,00m; aufmauern

m²	€ brutto	40	53	60	64	73
KG 359	€ netto	34	45	51	54	61

▶ min
▷ von
ø Mittel
◁ bis
◀ max

012
Mauerarbeiten

Kosten: Stand 3.Quartal 2015, Bundesdurchschnitt

Mauerarbeiten					Preise €

Nr.	Kurztext / Stichworte		**brutto ø**		
	Einheit / Kostengruppe ▶	▷	netto ø	◁	◀
25	**Brüstungsmauerwerk, Breite 36,5cm**				
	Mauerwerksbrüstung; Mz/Hlz, kleinformatig/großformatig;				
	Dicke 36,5cm, Höhe bis 1,00m; aufmauern				
	m² € brutto	83	95	108	120	161
	KG 359 € netto	70	80	90	101	135
26	**Öffnungen, Mauerwerk 11,5cm, bis 1,26/2,13**				
	Öffnungen anlegen; Mauerwerk; Dicke 11,5cm, Breite 0,76-1,26m,				
	Höhe 2,13m; Türöffnung/sonstige Öffnung				
	m² € brutto	8,5	15,9	19,7	23,9	33,5
	KG 342 € netto	7,1	13,4	16,6	20,1	28,1
27	**Öffnungen, Mauerwerk bis 17,5cm, 88,5/2,13**				
	Öffnungen anlegen; Mauerwerk; Dicke 17,5cm, Breite 0,885m,				
	Höhe 2,13m; als Tür-/Fensteröffnung				
	St € brutto	12	24	28	36	55
	KG 341 € netto	10	20	23	30	46
28	**Öffnungen, Mauerwerk bis 17,5cm, 1,01/2,13**				
	Öffnungen anlegen; Mauerwerk; Dicke 17,5cm, Breite 1,01m,				
	Höhe 2,13m; als Tür-/Fensteröffnung				
	St € brutto	11	26	34	45	73
	KG 341 € netto	9,2	21,6	28,7	37,5	60,9
29	**Öffnungen, Mauerwerk bis 24cm, 1,01/2,13**				
	Öffnungen anlegen; Mauerwerk; Dicke 24cm, Breite 1,01m,				
	Höhe 2,13m; als Tür-/Fensteröffnung				
	St € brutto	16	33	34	54	93
	KG 341 € netto	14	27	29	45	79
30	**Öffnungen, schließen, Mauerwerk**				
	Öffnungen schließen; Hlz, SFK 12, RDK 1,8; 2DF 240x115x113mm;				
	MG II				
	m² € brutto	54	92	108	137	201
	KG 340 € netto	45	77	91	115	169
31	**Türöffnung schließen, Mauerwerk**				
	Öffnungen schließen; Hlz, SFK 12, RDK 1,8; 2DF 240x115x113mm;				
	MG II; Türöffnung				
	m² € brutto	31	66	83	97	125
	KG 340 € netto	26	56	70	81	105
32	**Aussparung schließen, bis 0,04m²**				
	Aussparung schließen; Hlz, SFK 12, RDK 1,8; 2DF 240x115x113mm;				
	waagrecht/senkrecht, MG II				
	St € brutto	7,8	11,4	14,5	17,6	21,2
	KG 341 € netto	6,5	9,5	12,1	14,8	17,8

Mauerarbeiten					Preise €

Nr.	Kurztext / Stichworte		brutto ø		
	Einheit / Kostengruppe ▶	▷	netto ø	◁	◀
33	**Aussparung schließen, bis 0,25m²**				
	Aussparung schließen; Hlz, SFK 12, RDK 1,8; 2DF 240x115x113mm; waagrecht/senkrecht, MG II				
	St **€ brutto**	**13**	**30**	**38**	**44**	**69**
	KG 340 € netto	11	25	32	37	58
34	**Aussparung schließen, bis 0,80m²**				
	Aussparung, schließen; Hlz, SFK 12, RDK 1,8; 2DF 240x115x113mm; waagrecht/senkrecht, MG II				
	St **€ brutto**	**45**	**60**	**63**	**71**	**89**
	KG 340 € netto	37	50	53	60	75
35	**Schachtwand, KS 11,5cm**				
	Schachtwand, F30-A/F60-A/F90-A; KS L, SFK 12, RDK 1,8, F30-A/F60-A/F90-A; 2DF 240x115x113mm; Mauerwerk, Dünnbettmörtel				
	m² **€ brutto**	**36**	**52**	**63**	**75**	**92**
	KG 342 € netto	30	44	53	63	77
36	**Schacht, gemauert, Formteile**				
	Schacht, Fomsteine, F30/F60/F90; Ziegel/Leichtbetonstein; Ein-/zwei-zügig, aufmauern				
	m **€ brutto**	**64**	**95**	**107**	**119**	**164**
	KG 429 € netto	54	79	90	100	138
37	**Brandwand, KS L 17,5mm, F90**				
	Mauerwerk, Schachtwand, F90; KS L, SFK 12, RDK 1,8; 3DF 240x175x113mm; NM II				
	m² **€ brutto**	**38**	**59**	**70**	**74**	**101**
	KG 342 € netto	32	49	59	63	85
38	**Öffnung überdecken, Ziegelsturz**				
	Sturz; Ziegelflachsturz; Dicke 115mm, Höhe 113mm; Ziegelmauerwerk				
	m **€ brutto**	**7,1**	**18,6**	**22,9**	**31,8**	**49,9**
	KG 342 € netto	6,0	15,6	19,2	26,7	41,9
39	**Öffnung überdecken; KS-Sturz, 17,5cm**				
	Sturz; Kalksandstein; Dicke 17,5cm				
	m **€ brutto**	**8,8**	**22,3**	**30,8**	**42,0**	**65,0**
	KG 341 € netto	7,4	18,7	25,9	35,3	54,6
40	**Öffnung überdecken, Betonsturz, 24cm**				
	Fertigteilsturz; Stahlbeton; Dicke 240/300mm, Höhe 238mm; rau/glatt, Betonoberfläche sichtbar				
	m **€ brutto**	**15**	**46**	**52**	**64**	**87**
	KG 341 € netto	13	39	44	54	73

► min
▷ von
ø Mittel
◁ bis
◄ max

012
Mauerarbeiten

Kosten: Stand 3.Quartal 2015, Bundesdurchschnitt

Mauerarbeiten					Preise €

Nr.	Kurztext / Stichworte		**brutto ø**		
	Einheit / Kostengruppe ►	▷	netto ø	◁	◄
41	**Leibung beimauern**				
	Leibungen beimauern; VMz; NF, 240x115x71mm				
m	€ brutto	6,6	42,7	52,7	67,7	115,0
KG 330	€ netto	5,5	35,9	44,3	56,9	96,6
42	**Schlitze herstellen, Mauerwerk**				
	Schlitz nachträglich herstellen; Tiefe bis 10cm; inkl. schließen, MG II; Mauerwerk				
m	€ brutto	2,4	9,4	11,5	17,7	37,3
KG 341	€ netto	2,1	7,9	9,7	14,9	31,3
43	**Schlitze schließen, Mauerwerk**				
	Schlitz schließen; Hlz, SFK 12, RDK 1,8; 2DF 240x115x113mm; MG II; Ziegelmauerwerk				
m	€ brutto	1,6	11,7	15,0	24,2	45,8
KG 341	€ netto	1,3	9,8	12,6	20,4	38,5
44	**Deckenanschluss, Mauerwerkswand**				
	Deckenanschlussfuge; MW, A1; Dicke 11,5cm; mit MW verstopfen, beidseitig versiegeln; nichttragendes Mauerwerk				
m	€ brutto	2,5	12,0	14,3	21,8	42,0
KG 342	€ netto	2,1	10,1	12,1	18,3	35,3
45	**Abmauerung Deckenrand**				
	Deckenrandabmauerung; Mineralwolle, hydrophobiert, WLG 035; Dicke 80mm, Deckendicke 18cm, Randschale 49,8x14,0x17,8cm				
m	€ brutto	6,5	11,2	14,1	16,2	24,7
KG 331	€ netto	5,5	9,4	11,8	13,6	20,8
46	**Maueranschlussschiene, HTA 28/15**				
	Maueranschlussschiene; verzinkter Stahl/Edelstahl; HTA 28/15; inkl. ablängen				
m	€ brutto	6,3	14,1	16,8	22,7	36,1
KG 341	€ netto	5,3	11,9	14,1	19,1	30,3
47	**Maueranschlussschiene, HTA 38/17**				
	Maueranschlussschiene; verzinkter Stahl/Edelstahl; HTA 38/17; inkl. ablängen				
m	€ brutto	8,6	18,1	21,8	32,8	49,9
KG 341	€ netto	7,3	15,3	18,3	27,6	42,0
48	**Flachanker, Anschlussschiene, HTA 28/15**				
	Maueranschluss, Flachanker; HTA 25/15-D/28/15 Stahl, verzinkt/rostfrei				
St	€ brutto	0,6	1,1	1,3	1,6	2,0
KG 341	€ netto	0,5	0,9	1,1	1,3	1,7

Mauerarbeiten					Preise €

Nr.	Kurztext / Stichworte		brutto ø			
	Einheit / Kostengruppe ▶	▷	netto ø	◁	◀	
49	**Mauerwerk verzahnen**					
	Maueranschluss, Verzahnung; KS-L, Format 2DF; Höhe bis 2,75m; Innenwand, nichttragend					
	m € brutto	2,9	9,6	11,5	22,5	40,3
	KG 341 € netto	2,4	8,1	9,7	18,9	33,9
50	**Vormauerung, Porenbeton, Sanitärbereich**					
	Vormauerung; Porenbeton-Planbauplatte, SFK 4, RDK 0,55; Dicke 11,5/15,0cm; Dünnbettmörtel; Sanitärbereich					
	m² € brutto	46	70	77	85	105
	KG 342 € netto	39	59	64	71	88
51	**Badewanne einmauern, Leichtbeton**					
	Badewanne einmauern; Leichtbeton-Bauplatte, NM II; 1,70x0,55m, Plattendicke 7cm; Rohdecke/schwimmenden Estrich					
	St € brutto	86	129	151	195	275
	KG 342 € netto	72	108	127	164	231
52	**Außenwand, LHlz 24cm, tragend**					
	Außenwand, tragend; LHlz, SFK 8, RDK 0,8, WLS 018; 12DF 249x240x249mm; NF-System, Dünnbettmörtel					
	m² € brutto	66	76	80	85	98
	KG 331 € netto	56	64	67	72	82
53	**Außenwand, LHlz 36,5cm, tragend**					
	Außenwand, tragend; LHlz, SFK 6, RDK 0,6, WLS 018; 12DF 248x365x249mm; NF-System, Dünnbettmörtel					
	m² € brutto	87	101	108	114	132
	KG 331 € netto	73	85	90	96	111
54	**Außenwand, LHlz 42,5cm, tragend**					
	Außenwand, tragend; LHlz, SFK 6, RDK 0,65, WLS 012; 14DF 248x425x249mm; NF-System, Dünnbettmörtel					
	m² € brutto	105	120	128	136	160
	KG 331 € netto	88	101	107	114	134
55	**Außenwand, LHlz 36,5cm, tragend, gefüllt**					
	Außenwand, tragend; LHlz, SFK 6, RDK 0,6, WLS 080; 12DF 248x365x249mm; NF-System, Dünnbettmörtel					
	m² € brutto	94	110	117	124	146
	KG 331 € netto	79	92	98	104	122
56	**Außenwand, KS L-R 17,5cm, tragend**					
	Außenwand, tragend; KS L-R, SFK 12, RDK 1,6; 12DF 373x175x248mm; NF-System, Dünnbettmörtel					
	m² € brutto	40	59	65	73	93
	KG 331 € netto	34	50	54	61	78

► min
▷ von
ø Mittel
◁ bis
◄ max

012
Mauerarbeiten

Kosten: Stand 3.Quartal 2015, Bundesdurchschnitt

Mauerarbeiten					Preise €

Nr.	Kurztext / Stichworte Einheit / Kostengruppe ►	brutto ø ▷ netto ø ◁			◄
57	**Außenwand, KS L-R 24cm, tragend** Außenwand, tragend; KS L-R, SFK 12, RDK 1,8; 4DF 240x240x248mm; NF-System, Dünnbettmörtel				
	m² **€ brutto**	49	70	79	87	108
	KG 331 € netto	41	59	66	73	91
58	**Außenwand, Betonsteine 17,5cm, tragend** Außenwand; Hbl, SFK 12, RDK 1,6; 12DF 248 x 175 x 238 mm; NF-System, MG IIa				
	m² **€ brutto**	47	58	63	67	78
	KG 331 € netto	40	49	53	56	65
59	**Mauerstütze, freistehend, Sichtmauerwerk** Mauerstütze, freistehend; VMz, SFK 20, RDK 1,8; 2DF 240x115x113mm; Sichtmauerwerk, quadratisch, MG IIa				
	m **€ brutto**	38	59	66	74	97
	KG 333 € netto	32	50	56	62	81
60	**Kerndämmung, Außenmauerwerk, 60mm** Kerndämmung, zweischaliges Außenmauerwerk; Mineralwolle, WLG 040, A1; Dicke 60mm				
	m² **€ brutto**	6,0	8,4	12,3	13,7	16,8
	KG 330 € netto	5,1	7,1	10,4	11,5	14,1
61	**Kerndämmung, Außenmauerwerk, 100mm** Kerndämmung, zweischaliges Außenmauerwerk; Mineralwolle, WLG 040, A1; Dicke 100mm				
	m² **€ brutto**	16	19	20	21	27
	KG 330 € netto	13	16	17	18	22
62	**Gebäudetrennfuge, Mineralwolle, 20mm** Gebäudetrennfuge, Schalldämmung; Mineralwolle, sg/sh, WLG035/040, A1; Dicke 20mm				
	m² **€ brutto**	7,3	15,1	15,8	17,8	29,2
	KG 341 € netto	6,1	12,7	13,3	14,9	24,5
63	**Gebäudetrennfuge, Mineralwolle, 50mm** Gebäudetrennfuge, Schalldämmung; Mineralwolle, sg/sh, WLG035/040, A1; Dicke 50mm				
	m² **€ brutto**	14	19	20	23	28
	KG 341 € netto	12	16	17	20	23
64	**Deckenranddämmung, Mehrschichtplatte** Deckenranddämmung; Holzwolle-Mehrschichtplatte, EPS, WLG 035/040, F; Dicke 35/50/.....mm; in Schalung eingelegt				
	m **€ brutto**	5,8	12,4	12,7	15,3	21,9
	KG 351 € netto	4,9	10,4	10,7	12,9	18,4

Mauerarbeiten				Preise €

Nr.	Kurztext / Stichworte		brutto ø		
	Einheit / Kostengruppe ▶	▷ netto ø	◁		◀
65	**Drahtanker, Hintermauerung/Tragschale**				
	Drahtanker, zweischaliges Mauerwerk; Schalabstand 160mm, Höhe ü. G. 12m				
	m² € brutto	1,2	7,0	9,1	13,4	22,0
	KG 335 € netto	1,0	5,9	7,7	11,3	18,5
66	**Verblendmauerwerk, Vormauerziegel**				
	Verblendmauerwerk, Außenwand; VMz, SFK 20, RDK 2,0; NF, 240x115x71mm; hinterlüftet, MG IIa				
	m² € brutto	87	122	136	152	202
	KG 335 € netto	73	102	114	128	169
67	**Verblendmauerwerk, Betonsteine**				
	Verblendmauerwerk, Außenwand; Betonstein, SFK 20, RDK 1,8; 290x90x190mm, Höhe bis 4,00m; hinterlüftet, MG IIa				
	m² € brutto	155	173	187	194	208
	KG 335 € netto	130	145	157	163	175
68	**Verblendmauerwerk, Kalksandsteine**				
	Verblendmauerwerk, Außenwand; KS, SFK 20, RDK 1,8; 2DF 240x115x113mm; hinterlüftet, MG IIa				
	m² € brutto	116	145	152	168	197
	KG 335 € netto	97	121	128	141	165
69	**Mauerwerksfugen auskratzen**				
	Mauerwerksfugen auskratzen; VMz; DF 240x115x52mm; Sichtmauerwerk				
	m² € brutto	5,8	11,9	15,6	17,8	23,0
	KG 330 € netto	4,9	10,0	13,1	15,0	19,4
70	**Mauerwerksfugen verfugen**				
	Mauerwerksfugen; Fertigmörtel; Tiefe bis 1,5cm; auskratzen, reinigen und verfugen, anfallende Stoffe entsorgen				
	m² € brutto	5,8	10,8	12,3	14,2	18,7
	KG 330 € netto	4,9	9,1	10,3	11,9	15,7
71	**Öffnungen, Verblendmauerwerk**				
	Öffnungen überdecken; Sturz, Sichtbeton; Breite 115mm, Höhe 113mm; Verblendmauerwerk				
	m² € brutto	18	24	27	35	49
	KG 335 € netto	15	20	22	30	41
72	**Rollschicht, Verblendmauerwerk**				
	Rollschicht, Verblendmauerwerk; waagrecht/geneigt; inkl. Verfugung				
	m € brutto	14	37	50	65	89
	KG 335 € netto	12	31	42	55	75

► min
▷ von
ø Mittel
◁ bis
◄ max

012
Mauerarbeiten

Kosten: Stand 3.Quartal 2015, Bundesdurchschnitt

Mauerarbeiten					Preise €

Nr.	Kurztext / Stichworte		brutto ø			
	Einheit / Kostengruppe ►	▷	netto ø	◁	◄	
73	**Mauerwerk abgleichen, bis 17,5cm**					
	Giebelmauerwerk abgleichen; Beton C20/25; 17,5cm; abreiben/glätten; inkl. beidseitiger Schalung					
	m € brutto	3,0	8,5	11,6	16,2	22,7
	KG 331 € netto	2,5	7,2	9,7	13,6	19,1
74	**Mauerwerk abgleichen, bis 24cm**					
	Giebelmauerwerk abgleichen; Beton C20/25; 24cm; abreiben/glätten; inkl. beidseitiger Schalung					
	m € brutto	3,0	10,7	15,4	19,3	29,1
	KG 331 € netto	2,5	9,0	12,9	16,2	24,5
75	**Mauerwerk abgleichen, bis 36,5cm**					
	Giebelmauerwerk abgleichen; Beton C20/25; 36,5cm; abreiben/glätten; inkl. beidseitiger Schalung					
	m € brutto	5,5	12,4	14,5	18,4	24,0
	KG 331 € netto	4,7	10,4	12,1	15,5	20,1
76	**Hohlkehle**					
	Hohlkehle; Mörtel NM III; gerundet; Fundament und Wand; inkl. Grundierung					
	m € brutto	2,5	9,2	11,4	17,9	31,3
	KG 331 € netto	2,1	7,8	9,6	15,0	26,3
77	**Ringanker, U-Schale, 17,5cm**					
	Ringanker/U-Schale; Ziegel/Porenbeton/Kalksandstein; Breite bis 175mm; inkl. Beton C20/26					
	m € brutto	22	33	34	39	46
	KG 331 € netto	19	28	29	32	39
78	**Ringanker, U-Schale, 24cm**					
	Ringanker/U-Schale; Ziegel/Porenbeton/Kalksandstein; Breite 240mm; inkl. Beton C20/27					
	m € brutto	24	36	37	43	54
	KG 331 € netto	21	30	31	36	45
79	**Ringanker, U-Schale, 36,5cm**					
	Ringanker/U-Schale; Ziegel/Porenbeton/Kalksandstein; Breite 365mm; inkl. Beton C20/29					
	m € brutto	24	36	44	46	54
	KG 331 € netto	20	30	37	39	46
80	**Ausmauerung, Sparren**					
	Ausmauerung zwischen Sparren; Hlz, SFK 12, RDK 1,2; 2DF 240x115x113mm; MG II					
	m € brutto	21	42	45	62	87
	KG 331 € netto	18	35	38	52	73

Mauerarbeiten					Preise €

Nr.	Kurztext / Stichworte		**brutto ø**			
	Einheit / Kostengruppe ▶		▷ netto ø		◁	◀
81	**Ausmauerung, Fachwerk 11,5cm**					
	Ausmauerung Holzfachwerk; Hlz; 2DF 240x115x113mm; MG III; inkl. Maueranker, Gebälkanschluss					
	m² € brutto	46	65	74	80	94
	KG 342 € netto	38	55	62	67	79
82	**Ausmauerung, Fachwerk 17,5/24,0cm**					
	Ausmauerung Fachwerk; Hlz; 3/4DF Dicke 17,5/24,0cm; MG III; inkl. Maueranker, Anschluss an Gebälk					
	m² € brutto	50	66	73	81	120
	KG 342 € netto	42	55	62	68	101
83	**Schornstein, Formstein, einzügig**					
	Schornstein als Komplettsystem; Ziegel/Leichtbeton, GKL F90; Höhe bis 11,00m, Schacht 10x25cm; einzügig					
	m € brutto	86	191	232	284	387
	KG 429 € netto	72	160	195	239	325
84	**Schornsteinkopf, Mauerwerk**					
	Schornsteinkopf aufmauern; KMz, SFK 28, RDK 1,6; Dicke 115mm, 0,70m über Dach; NF-System, MG IIa					
	m² € brutto	172	238	239	239	305
	KG 429 € netto	145	200	201	201	256
85	**Kernbohrung, Mauerwerk, bis 250mm**					
	Kernbohrung Mauerwerk; Hlz/KS; DN100, Tiefe 200-250mm; waagrecht/schräg; Wand/Decke; Bohrkern entsorgen					
	St € brutto	15	23	24	24	33
	KG 342 € netto	13	20	20	20	27
86	**Kernbohrung, Mauerwerk, bis 400mm**					
	Kernbohrung; Hlz/KS; DN100, Tiefe 250-400mm; waagrecht/schräg; Wand/Decke; Bohrkern entsorgen					
	St € brutto	41	54	59	66	80
	KG 341 € netto	35	45	50	55	67
87	**Schornsteinkopfabdeckung, Faserzement**					
	Schornsteinkopfabdeckung; Faserzement, beschichtet					
	St € brutto	65	208	276	336	485
	KG 429 € netto	54	175	232	282	408
88	**Stahlzarge, Einbau**					
	Stahleck-/Stahlumfassungszarge, einbauen; 885x2.130mm, MW 195mm; Schattennut, ohne/einseitig/beidseitig; Mauerwerk/Stahlbeton; ohne Lieferung					
	St € brutto	167	183	193	198	209
	KG 344 € netto	141	154	162	167	176

► min
▷ von
ø Mittel
◁ bis
◀ max

012
Mauerarbeiten

Kosten: Stand 3.Quartal 2015, Bundesdurchschnitt

Mauerarbeiten					Preise €

Nr.	Kurztext / Stichworte		**brutto ø**			
	Einheit / Kostengruppe ►	▷	netto ø	◁	◀	
89	**Umfassungszarge, Stahl**					
	Stahlumfassungszarge, einbauen; 885x2.130mm, 195mm; Schattennut, ohne/einseitig/beidseitig; Mauerwerk/Stahlbeton					
	St € brutto	111	169	193	204	241
	KG 344 € netto	93	142	162	171	202
90	**Stahltüre, T30, einflüglig**					
	Brandschutztürelement, T30; Stahl; 885x2.130mm, MW 195mm					
	St € brutto	365	478	521	554	736
	KG 344 € netto	307	402	438	466	618
91	**Rollladenkasten, Leichtbeton**					
	Rollladenkasten; Leichtbeton; Länge 1,135m, Auflager 12,5cm; Wanddicke 36,5cm; inkl. Montageöffnung					
	m € brutto	38	61	73	85	105
	KG 331 € netto	32	52	61	71	88
92	**Rollladenkasten, Ziegel, 1385mm**					
	Rollladenkasten; Ziegel, Styropordämmkeil; Länge 1,385m, Auflager 12,5cm; Wanddicke 30cm; inkl. Alu-Putzleiste, Kopfstücke, Achskugellager, Teleskopstahlwelle.					
	St € brutto	41	105	129	154	210
	KG 331 € netto	35	88	108	130	176
93	**Gurtwicklerkasten, Kunststoff**					
	Rollladengurtwicklerkasten; Kunststoff, ungedämmt/gedämmt; Gurtlänge bis 6,00/12,0m, Höhe 24,8cm, Dicke 17,5/24,0cm; leibungsbündig einbauen					
	St € brutto	9,9	16,7	18,5	21,9	29,0
	KG 338 € netto	8,3	14,0	15,5	18,4	24,3
94	**Ziegel-Elementdecke, ZST 1,0 - 22,5**					
	Ziegelelementdecke; Deckenziegel 1,0-22,5; Elementbreite 0,50m-2,50m; inkl. Tragfähigkeitsnachweis					
	m² € brutto	96	111	121	124	135
	KG 341 € netto	81	93	102	104	113
95	**Lichtschacht, Kunststoff, Rost**					
	Kellerlichtschacht; Polyester glasfaserverstärkt; Schacht 80x60cm, Höhe 95cm; Rost begehbar/PKW befahrbar					
	St € brutto	132	218	249	346	559
	KG 339 € netto	111	183	209	291	470
96	**Bodenbelag, Ziegelpflaster, Vormauerziegel**					
	Pflasterdecke; Pflasterziegel/Pflasterklinker; 115x240x50mm; im Verband, in Sand-/Mörtelbett; innen/außen					
	m² € brutto	38	61	64	75	93
	KG 325 € netto	32	51	54	63	78

Mauerarbeiten						Preise €
Nr.	**Kurztext** / Stichworte		**brutto ø**			
	Einheit / Kostengruppe ▶	▷	netto ø		◁	◀
97	**Stundensatz Facharbeiter, Mauerarbeiten**					
	Stundenlohnarbeiten, Vorarbeiter, Facharbeiter; Mauerarbeiten					
h	**€ brutto**	**40**	**48**	**52**	**55**	**62**
	€ netto	34	41	43	46	52
98	**Stundensatz Werker/Helfer, Mauerarbeiten**					
	Stundenlohnarbeiten Werker, Helfer; Mauerarbeiten					
h	**€ brutto**	**37**	**46**	**51**	**56**	**66**
	€ netto	31	39	43	47	56

013
Betonarbeiten

Betonarbeiten				Preise €

1 Trennlage, PE-Folie, auf Kiesfilter

Trennlage; PE-Folie, 0,2mm; einlagig/zweilagig, überlappend verlegen; auf Kiesfilter/Sauberkeitsschicht

m²	€ brutto	0,4	1,5	1,9	3,2	7,6
KG 326	€ netto	0,4	1,3	1,6	2,7	6,4

2 Tragschicht, Schotter 0/45, 30cm

Tragschicht; Schotter 0/45; Dicke 30cm; einbringen, verdichten, Sollhöhe +/-3cm; unter Bodenplatte, Fundament

m²	€ brutto	3,2	11,1	13,9	14,4	25,2
KG 326	€ netto	2,7	9,3	11,7	12,1	21,2

3 Tragschicht, Glasschotter, unter Bodenplatte, 30cm

Tragschicht; Glasschotter, WLG 080/110; Dicke 30cm; einbringen, verdichten, Sollhöhe +/-3cm; unter Bodenplatte, Fundament

m³	€ brutto	88	108	118	135	172
KG 326	€ netto	74	91	99	113	144

4 Tragschicht, Glasschotter, unter Bodenplatte, 30cm

Tragschicht; Glasschotter, WLG 080/111; Dicke 30cm; einbringen, verdichten, Sollhöhe +/-3cm; unter Bodenplatte, Fundament

m²	€ brutto	41	55	59	73	119
KG 326	€ netto	35	46	50	61	100

5 Sauberkeitsschicht, Beton, 5cm

Sauberkeitsschicht; Beton C8/10, unbewehrt; Dicke 5cm; unter Gründungsbauteilen

m²	€ brutto	5,6	7,8	8,8	11,8	18,9
KG 326	€ netto	4,7	6,6	7,4	9,9	15,9

6 Sauberkeitsschicht, Beton, 10cm

Sauberkeitsschicht; Beton C8/10, unbewehrt; Dicke 10cm; unter Gründungsbauteilen

m²	€ brutto	7,6	12,4	13,5	16,5	23,6
KG 326	€ netto	6,4	10,4	11,4	13,8	19,8

7 Sauberkeitsschicht, Beton C8/10, 5-10cm

Sauberkeitsschicht; Beton C8/10, unbewehrt; Dicke 5-10cm; unter Gründungsbauteilen

m³	€ brutto	33	98	136	157	215
KG 326	€ netto	27	83	114	132	180

8 Sauberkeitsschicht, Beton C12/15, 5-10cm

Sauberkeitsschicht; Beton C12/15, unbewehrt; Dicke 5-10cm; unter Gründungsbauteilen

m³	€ brutto	57	115	141	162	211
KG 326	€ netto	48	96	119	136	178

► min
▷ von
ø Mittel
◁ bis
◄ max

013
Betonarbeiten

Kosten: Stand 3.Quartal 2015, Bundesdurchschnitt

Betonarbeiten					**Preise €**

Nr.	Kurztext / Stichworte		brutto ø			
	Einheit / Kostengruppe ►	▷	netto ø	◁	◄	
9	**Sauberkeitsschicht, Sand**					
	Sauberkeitsschicht; Sand; Planum +/-3cm; einbauen, verdichten; unter Bodenplatte					
	m² **€ brutto**	3,2	5,9	7,2	8,8	12,0
	KG 326 € netto	2,7	4,9	6,0	7,4	10,1
10	**Einzelfundament, Ortbeton, Schalung**					
	Einzelfundamente, Ortbeton; Stahlbeton, C25/30, XC2/XF1; inkl. raue Schalung					
	St **€ brutto**	101	150	162	224	314
	KG 322 € netto	85	126	136	188	264
11	**Fundament, Ortbeton, bewehrt, Schalung**					
	Einzel- und Streifenfundament, Ortbeton; Stahlbeton C25/30, XC2/XF1; inkl. raue Schalung; Gründungsbereich					
	m³ **€ brutto**	107	233	268	332	520
	KG 322 € netto	90	196	225	279	437
12	**Fundament, Ortbeton, unbewehrt**					
	Fundament, Ortbeton; unbewehrter Beton C8/10, X0; als Auffüllbeton					
	m³ **€ brutto**	68	124	147	186	307
	KG 322 € netto	57	104	123	156	258
13	**Fundament, Ortbeton, bewehrt**					
	Fundament, Ortbeton; Stahlbeton C25/30, XC2/XF1; Tiefe bis 1,00m					
	m³ **€ brutto**	70	146	171	253	425
	KG 322 € netto	59	123	144	212	357
14	**Schalung, Fundament, rau**					
	Schalung, Einzel- und Streifenfundament; raue Schalung; Gründungsbereich					
	m² **€ brutto**	7,6	27,1	33,6	45,0	89,4
	KG 322 € netto	6,4	22,7	28,2	37,8	75,2
15	**Schalung, Fundament, verloren**					
	Schalung, Einzel- und Streifenfundamente; raue Schalung, als verlorene Schalung; Gründungsbereich					
	m² **€ brutto**	33	42	45	56	74
	KG 322 € netto	27	35	38	47	62
16	**Unterfangung, Fundament**					
	Unterfangung, Ortbeton; Stahlbeton C16/20, XC2/XF1; Höhe bis 1,50m, Breite 1,25m, Dicke bis 0,50m; inkl. Schalung					
	m³ **€ brutto**	320	538	623	662	1.105
	KG 393 € netto	269	452	523	556	928

Betonarbeiten					Preise €

Nr.	Kurztext / Stichworte		brutto ø		
	Einheit / Kostengruppe ▶	▷ netto ø	◁		◀
17	**Aufzugsunterfahrt, Ortbeton, Schalung**				
	Aufzugsunterfahrt komplett, Ortbeton; WU-Stahlbeton; Bodenplatte, vier Schachtwände; Schachtwände inne schalglatt, Bodenplatte gescheibt; inkl. Schalung				
	St € brutto	885	1.593	2.146	2.522	3.241
	KG 324 € netto	744	1.339	1.804	2.119	2.724
18	**Bodenplatte, Stahlbeton C25/30, bis 35cm**				
	Bodenplatte, Ortbeton; Stahlbeton C25/30, XD1/XF1; Dicke 14-35cm				
	m³ € brutto	69	145	172	253	454
	KG 324 € netto	58	122	144	213	382
19	**Bodenplatte, WU-Beton C25/30, bis 35cm**				
	Bodenplatte, Ortbeton; WU-Stahlbeton, C25/30, XC4/XF1; Dicke 20-35cm; abziehen/Flügelglätten/abscheiben; inkl. Randschalung, Abstandshalter				
	m³ € brutto	110	181	202	304	512
	KG 324 € netto	92	152	170	255	431
20	**Bodenplatte, Stahlbeton C25/30, bis 25cm, Randschalung**				
	Bodenplatte, Ortbeton; Stahlbeton, C25/30, XD1/XF1; Dicke 25cm; Betonoberfläche sichtbar; inkl. Randschalung				
	m² € brutto	31	40	43	53	66
	KG 324 € netto	26	34	36	45	55
21	**Bodenplatte, Stahlbeton C25/30, bis 30cm, Randschalung**				
	Bodenplatte, Ortbeton; Stahlbeton, C25/30, XD1/XF1; Dicke 30cm; Betonoberfläche sichtbar; inkl. Randschalung				
	m² € brutto	45	53	55	63	73
	KG 324 € netto	38	44	47	53	61
22	**Glätten, Betonoberfläche, maschinell**				
	Betonoberfläche, Glätten; Abscheiben/Flügelglätten				
	m² € brutto	2,7	4,4	5,1	6,6	10,5
	KG 324 € netto	2,2	3,7	4,3	5,5	8,8
23	**Randschalung, Bodenplatte**				
	Randschalung Bodenplatte; Dicke 22-30cm				
	m € brutto	2,5	9,3	11,9	17,3	31,9
	KG 324 € netto	2,1	7,8	10,0	14,5	26,8
24	**Fugenband, Blechband**				
	Fugenband; Blech, einseitig/beidseitig beschichtet; einlegen in Arbeitsfuge; inkl. Befestigungsmaterial				
	m € brutto	8,0	15,7	19,8	23,1	31,2
	KG 351 € netto	6,7	13,2	16,7	19,4	26,2

► min
▷ von
ø Mittel
◁ bis
◄ max

013
Betonarbeiten

Kosten: Stand 3.Quartal 2015, Bundesdurchschnitt

Betonarbeiten					Preise €

Nr.	Kurztext / Stichworte Einheit / Kostengruppe ►		brutto ø ▷ netto ø ◁			◄
25	**Fugenband, Formstück**					
	Fugenband, Formstück; Eckausführung/T-Stoß					
	St € brutto	32	55	66	90	128
	KG 351 € netto	27	47	55	75	108
26	**Fugenband, Bewegungsfugenausbildung**					
	Fugenabdichtung, Bewegungsfuge; Fugenband; bei drückendem Wasser; außenliegenden Bauteilen					
	m € brutto	21	36	42	58	83
	KG 351 € netto	17	30	35	48	70
27	**Fugenband, Injektionsschlauch**					
	Fugenabdichtung, Arbeitsfuge; Injektionsschlauch; bei drückendem Wasser, Einfach-/Mehrfachverpressung; Boden/Decke					
	m € brutto	14	27	32	53	84
	KG 351 € netto	12	23	27	45	71
28	**Verpressung, Injektionsschlauch**					
	Injektionsschlauch verpressen; PUR-Harz/Acryl-Harz/Zementsuspension; bauseitig verlegt					
	m € brutto	20	35	44	52	77
	KG 351 € netto	17	30	37	44	65
29	**Wand, Sichtbeton C25/30, bis 25cm**					
	Wand, Ortbeton; Stahlbeton C25/30, XC3/XF1; Dicke 20-25cm, Höhe bis 3,0m; Betonoberfläche sichtbar					
	m³ € brutto	101	132	147	177	279
	KG 331 € netto	85	111	123	149	234
30	**Wand, WU-Beton C25/30, bis 25cm**					
	Wand, Ortbeton; WU-Stahlbeton, C25/30, bewittert, XC4/XF1; Dicke 20-25cm, Höhe bis 3,0m; Betonoberfläche nicht sichtbar/ sichtbar; inkl. Abstandshalter					
	m³ € brutto	79	141	158	241	372
	KG 331 € netto	67	118	132	202	312
31	**Schalung, Aufzugsschacht**					
	Schalung Aufzugsschacht; Höhe bis 3,50m					
	m² € brutto	24	39	43	67	104
	KG 341 € netto	20	33	36	56	88
32	**Schalung, Wand, rau**					
	Schalung, Wand; raue Schalung; Höhe bis 3,00m; Betonoberfläche nicht sichtbar					
	m² € brutto	16	29	37	46	68
	KG 331 € netto	13	24	31	39	57

Betonarbeiten				Preise €	

Nr.	Kurztext / Stichworte		brutto ø		
	Einheit / Kostengruppe ►	▷	netto ø	◁	◄
33	**Schalung, Wand, glatt**				
	Schalung, Wand; glatte Schalung; Höhe bis 3,00m; Betonoberfläche sichtbar				
	m² € brutto	17	30	36	48	103
	KG 331 € netto	15	25	30	40	87
34	**Schalung, Wand, gekrümmt**				
	Schalung, Wand; glatte Schalung; Radius 20,00m, Höhe bis 3,00m; gekrümmte Ausführung, Betonoberfläche sichtbar				
	m² € brutto	37	69	79	87	103
	KG 331 € netto	31	58	67	73	86
35	**Schalung, Dreiecksleiste**				
	Eck-/Kantenausbildung; Dreiecksleiste, Holz/Kunststoff, glatt, nichtsaugend; 15x15mm				
	m € brutto	1,8	3,2	4,1	6,2	9,2
	KG 331 € netto	1,5	2,7	3,5	5,2	7,7
36	**Wandschalung, Türe 1,26x2,13m**				
	Wandschalung, Aussparung; glatte, nichtsaugende Schalung; 1.260x2.130mm, Dicke 20/25cm; als Türöffnung, inkl. Sturzausbildung				
	St € brutto	53	118	136	173	254
	KG 341 € netto	45	100	114	145	214
37	**Wandschalung, Türe 2,01x2,13m**				
	Wandschalung, Aussparung; glatte, nichtsaugende Schalung; 2.010x2.130mm, Dicke 20/25cm; als Türöffnung, inkl. Sturzausbildung				
	St € brutto	73	129	141	172	274
	KG 341 € netto	61	108	118	144	230
38	**Wandschalung, Fenster bis 2,00m²**				
	Wandschalung, Aussparung; glatte, nichtsaugende Schalung; A bis 2,00m², Dicke 20/25cm; als Fensteröffnung, inkl. Sturzausbildung				
	St € brutto	28	66	85	122	196
	KG 331 € netto	23	55	71	102	165
39	**Wandschalung, Fenster bis 4,00m²**				
	Wandschalung, Aussparung; glatte, nichtsaugende Schalung; A bis 4,00m², Dicke 20/25cm; als Fensteröffnung, inkl. Sturzausbildung				
	St € brutto	52	121	147	228	367
	KG 331 € netto	43	102	124	192	309

► min
▷ von
ø Mittel
◁ bis
◄ max

013
Betonarbeiten

Kosten: Stand 3.Quartal 2015, Bundesdurchschnitt

Betonarbeiten						Preise €

Nr.	Kurztext / Stichworte Einheit / Kostengruppe ►		brutto ø ▷ netto ø		◁	◄
40	**Aussparung, bis 0,10m², Betonbauteile**					
	Aussparung, Betonbauteile; A bis 0,10m²; mit Dreikantleiste/scharf- kantig					
	St € brutto	9,5	26,9	33,7	48,0	81,6
	KG 351 € netto	8,0	22,6	28,3	40,3	68,6
41	**Unterzug/Sturz, Stahlbeton C25/30**					
	Unterzug/Sturz, Ortbeton; Stahlbeton C25/30, XC1; Betonoberfläche sichtbar					
	m³ € brutto	111	179	200	262	487
	KG 351 € netto	93	150	168	220	410
42	**Schalung, Unterzug/Sturz**					
	Schalung, Unterzug; glatte Schalung; rechteckig					
	m² € brutto	43	59	68	79	101
	KG 351 € netto	36	50	57	66	85
43	**Stütze, rechteckig, Sichtbeton, Schalung**					
	Innenstütze, Ortbeton; Stahlbeton C25/30, XC1; rechteckig, Beton- oberfläche sichtbar; inkl. Schalung					
	m € brutto	41	121	140	196	316
	KG 343 € netto	34	102	117	165	266
44	**Stütze, Stahlbeton C25/30**					
	Stütze, Ortbeton; Stahlbeton C25/30, XC4/XF1; Außenbereich					
	m³ € brutto	138	204	232	425	880
	KG 333 € netto	116	172	195	357	740
45	**Stütze, rund 25cm, Schalung**					
	Stütze, Ortbeton; Stahlbeton C25/30, XC4/XF2; Durchmesser 25cm, Höhe bis 3,00m; Außenbereich; inkl. Schalung					
	m € brutto	41	74	80	92	115
	KG 333 € netto	34	62	68	78	97
46	**Stütze, rund 30cm, Schalung**					
	Stütze, Ortbeton; Stahlbeton C25/30, XC4/XF3; Durchmesser 30cm, Höhe bis 3,00m; Außenbereich; inkl. Schalung					
	m € brutto	64	83	98	116	146
	KG 333 € netto	53	70	83	97	123
47	**Schalung, Stütze, rechteckig, rau**					
	Schalung, Stütze; raue Schalung; Betonoberfläche nicht sichtbar, rechteckig					
	m² € brutto	35	59	67	78	102
	KG 343 € netto	30	49	56	65	86

Betonarbeiten					Preise €

Nr.	Kurztext / Stichworte			**brutto ø**		
	Einheit / Kostengruppe ▶		▷	netto ø	◁	◀
48	**Schalung, Stütze, rechteckig, glatt**					
	Schalung, Stütze; glatte Schalung; rechteckig					
	m² € brutto	43	59	65	80	112
	KG 343 € netto	36	49	54	67	94
49	**Schalung, Stütze, rund, glatt**					
	Schalung, Stütze; glatte Schalung, Pappschalrohre; rund, glatt, Betonoberfläche sichtbar					
	m² € brutto	37	66	79	119	192
	KG 343 € netto	31	55	67	100	161
50	**Schalung, Stütze, rund, glatt**					
	Schalung, Stütze; glatte Schalung, Pappschalrohre; Durchmesser 200-250mm; rund, glatt, Betonoberfläche sichtbar					
	m € brutto	34	68	90	96	113
	KG 343 € netto	28	57	76	81	95
51	**Decken, Sichtbeton C25/30, bis 24cm**					
	Decke, Ortbeton; Stahlbeton C25/30, XC1; Dicke 18-24cm; Betonoberfläche sichtbar					
	m³ € brutto	111	140	151	198	327
	KG 351 € netto	93	118	127	166	275
52	**Schalung, Decken/Flachdächer, glatt**					
	Schalung, Decke; Schalungsplatten, glatt; Höhe 2,50-3,00m					
	m² € brutto	12	37	44	60	112
	KG 351 € netto	10	31	37	50	94
53	**Dämmung, Deckenrand, PS**					
	Dämmung, Deckenrand; Polystyrolplatten, extrudiert, dm/ds; Dicke 35/50mm; inkl. Rückverankerung					
	m € brutto	6,2	9,1	10,5	16,0	21,9
	KG 351 € netto	5,2	7,7	8,8	13,5	18,4
54	**Schalung, Fußbodenkanal**					
	Schalung, Fußbodenkanal; einlegen eines Platzhalters und entsorgen					
	m € brutto	16	50	68	83	111
	KG 324 € netto	14	42	57	69	94
55	**Rippendecke, Beton C20/25**					
	Rippendecke, Ortbeton; Stahlbeton C20/25, XC1; Deckendicke 24cm, Rippendicke 12cm, Höhe 2,50-3,20m; Betonoberfläche unterseitig sichtbar					
	m² € brutto	–	109	119	125	–
	KG 351 € netto	–	92	100	105	–

▶ min
▷ von
ø Mittel
◁ bis
◀ max

013
Betonarbeiten

Kosten: Stand 3.Quartal 2015, Bundesdurchschnitt

Betonarbeiten					Preise €

Nr.	Kurztext / Stichwörter		brutto ø		
	Einheit / Kostengruppe ▶	▷	netto ø	◁	◀
56	**Randschalung, Deckenplatte**				
	Randschalung, Deckenplatte; raue Schalung; Dicke 22-30cm				
	m € brutto	2,5	10,1	13,2	23,6	54,4
	KG 351 € netto	2,1	8,5	11,1	19,9	45,7
57	**Überzug/Attika, Beton C25/30**				
	Überzug, Attika, Ringanker, Ortbeton; Stahlbeton C25/30, XC4/XF1; Betonoberfläche nicht sichtbar/sichtbar				
	m³ € brutto	116	156	169	211	354
	KG 331 € netto	97	131	142	177	298
58	**Unterzug, rechteckig, Sichtbeton, Schalung**				
	Unterzug, Ortbeton; Stahlbeton C25/30, XC1; Höhe 2,00-300m; rechteckig; inkl. Schalung				
	m € brutto	36	67	80	98	136
	KG 331 € netto	31	57	67	83	114
59	**Schalung, Ringbalken/Überzug/Attika, glatt**				
	Schalung, Überzug, Ringbalken, Attika; glatte Schalung; Höhe bis 2,50m; rechteckig, Betonoberfläche sichtbar				
	m² € brutto	29	52	61	79	123
	KG 351 € netto	25	44	51	67	104
60	**Sturz, Stahlbeton**				
	Fenster-/Türsturz; Stahlbeton; Betonoberfläche nicht sichtbar/sichtbar; inkl. Bewehrung				
	m € brutto	21	54	66	91	145
	KG 331 € netto	17	45	55	76	122
61	**Treppenlauf, Stahlbeton C35/37**				
	Treppenlaufplatte, Ortbeton; Stahlbeton C35/37, XC1; Dicke 25cm; Oberfläche gescheibt				
	m³ € brutto	185	255	279	463	787
	KG 351 € netto	155	214	234	389	661
62	**Schalung, Treppenlauf**				
	Schalung, Treppenlauf; raue Schalung/glatte Schalung; Höhe bis 3,00m				
	m² € brutto	60	95	110	117	141
	KG 351 € netto	50	80	92	99	119
63	**Treppenpodest, Stahlbeton C35/37**				
	Treppenpodest, Ortbeton; Stahlbeton C35/37, XC1; Dicke 25cm; Oberfläche gescheibt				
	m³ € brutto	143	167	178	206	259
	KG 351 € netto	120	140	149	173	218

Betonarbeiten					Preise €

Nr.	Kurztext / Stichworte	brutto ø			
	Einheit / Kostengruppe ▶	▷ netto ø	◁		◀
64	**Schalung, glatt, Treppenpodest**				
	Schalung, Deckenplatte; glatte Schalung; Höhe 2,50-3,00m; Beton-oberfläche sichtbar				
	m² € brutto	47	71	81	99	137
	KG 351 € netto	40	60	68	83	115
65	**Fertigteiltreppe, einläufig, 7 Stufen**				
	Fertigteiltreppe; Stahlbeton, XC1; 7 Stufen, Stg. 17,5x28,0cm, Breite 100cm; Betonoberfläche sichtbar, einläufig				
	St € brutto	626	947	1.035	1.396	2.367
	KG 351 € netto	526	796	870	1.173	1.989
66	**Fertigteiltreppe, einläufig, 8 Stufen**				
	Treppenlauf, Fertigteil; Stahlbeton, XC1; 8 Stufen, Stg. 17,5x28,0cm, Breite 100cm; Betonoberfläche sichtbar, einläufig				
	St € brutto	730	931	962	1.274	1.894
	KG 351 € netto	613	783	808	1.071	1.592
67	**Fertigteiltreppe, einläufig, 9 Stufen**				
	Treppenlauf, Fertigteil; Stahlbeton, XC1; 9 Stufen, Stg. 17,5x28,0cm, Breite 100cm; Betonoberfläche sichtbar, einläufig				
	St € brutto	760	1.092	1.273	1.430	1.897
	KG 351 € netto	639	917	1.070	1.202	1.594
68	**Blockstufe, Betonfertigteil**				
	Blockstufe, Fertigteil; Stahlbeton C20/25, XC4/XF1, R11; 100x33x18cm; Außenbereich				
	St € brutto	–	116	133	156	–
	KG 534 € netto	–	97	112	131	–
69	**Gleitfolie, Decken/Wände**				
	Gleitfolie; zweiseitig kaschiert; Spannweite 6,00m; Decken/Wände				
	m € brutto	9,3	13,8	16,3	19,3	24,5
	KG 361 € netto	7,8	11,6	13,7	16,2	20,6
70	**Pumpensumpf, Fertigteil**				
	Pumpensumpf, Fertigteil; Beton; Wanddicke 15cm; Oberfläche schalglatt; inkl. Abdeckung begehbar, Zarge, Riffelblech				
	St € brutto	315	877	1.145	1.437	2.119
	KG 324 € netto	265	737	962	1.207	1.781
71	**Balkonplatte, Fertigteil**				
	Balkonplatte, Fertigteil; Stahlbeton C25/30, XC4/XF1; Dicke 20-24cm; Betonoberfläche sichtbar				
	m² € brutto	120	214	243	403	587
	KG 351 € netto	101	179	204	339	494

▶ min
▷ von
ø Mittel
◁ bis
◀ max

013
Betonarbeiten

Kosten: Stand 3.Quartal 2015, Bundesdurchschnitt

Betonarbeiten						Preise €
Nr.	**Kurztext** / Stichworte			**brutto ø**		
	Einheit / Kostengruppe ▶		▷	netto ø	◁	◀
72	**Brüstung, Betonfertigteil**					
	Brüstung, Fertigteil; Stahlbeton, C25/30, XC4/XF1; Dicke 20cm; Betonoberfläche sichtbar					
	m² **€ brutto**	115	159	176	193	223
	KG 322 € netto	96	134	148	162	187
73	**Maschinenfundament, Beton C20/25**					
	Maschinenfundament, Ortbeton; Stahlbeton, C20/25; Dicke 25cm; inkl. Randschalung; Innenraum					
	m² **€ brutto**	24	61	77	87	127
	KG 322 € netto	20	52	64	73	107
74	**Maschinenfundament, Fläche über 1,50-3,00m²**					
	Maschinenfundament, Ortbeton; Stahlbeton, C20/25; A 1,50-3,00m², Dicke 25cm; inkl. Randschalung; Innenraum					
	m² **€ brutto**	29	68	82	92	127
	KG 322 € netto	24	57	69	78	107
75	**Aufbeton, im Gefälle**					
	Aufbeton; unbewehrter Beton C12/15, XC4/XF1; Dicke 10cm; im Gefälle, Betonoberfläche nicht sichtbar					
	m² **€ brutto**	13	21	25	27	33
	KG 361 € netto	11	17	21	23	28
76	**Kellerlichtschacht, Kunststoffelement**					
	Kellerlichtschacht; Polyester, glasfaserverstärkt; 80x60cm, Höhe 95cm; inkl. Gitterrost, begehbar/PKW-befahrbar					
	St **€ brutto**	67	171	213	279	434
	KG 339 € netto	57	144	179	234	365
77	**Kellerlichtschacht, Betonfertigteil**					
	Kellerlichtschacht; Betonfertigteil; U-/L-/E-Lichtschacht; inkl. Gitterrost, begehbar/PKW/LKW befahrbar					
	St **€ brutto**	118	418	560	763	1.233
	KG 339 € netto	100	351	470	641	1.036
78	**Kellerfenster, einflüglig bis 0,60m², in Schalung**					
	Kellerfensterelement mit Wechselzarge; Uw=1,1W/m²K; A bis 0,60m², Verglasung 24mm; einflüglig, DK					
	St **€ brutto**	176	235	268	302	372
	KG 334 € netto	148	198	225	254	313
79	**Kellerfenster, einflüglig bis 1,50m², in Schalung**					
	Kellerfensterelement mit Wechselzarge; Uv=1,1W/m²K; A bis 1,50m², Verglasung 24mm; einflüglig, DK					
	St **€ brutto**	204	290	311	333	379
	KG 334 € netto	171	244	261	280	318

Betonarbeiten				Preise €

Nr.	Kurztext / Stichworte		**brutto ø**		
	Einheit / Kostengruppe ▶	▷	netto ø	◁	◀
80	**Fertigteilgarage, Beton C35/40**				
	Fertigteilgarage; Stahlbeton, C35/40, XC4/XF1; 6,00x3,00x2,50m, Tor 2,50x2,10m; Schwingtor, Grundleitungsanschluss				
	St € brutto	–	6.155 6.874	7.593	–
	KG 539 € netto	–	5.172 5.776	6.380	–
81	**Fassadenplatte, Fertigteil**				
	Fassadenbekleidung, Fertigteil; Stahlbeton, C20/25; Befestigung im Verankerungsgrund; inkl. Bohrungen, Klebedübel, Verankerungsmittel				
	St € brutto	2.213	3.249 3.548	5.798	9.314
	KG 335 € netto	1.859	2.731 2.982	4.873	7.827
82	**Fundamenterder, Stahlband**				
	Fundamenterder; Stahlband, verzinkt; 30x3,5/26x4mm; in Fundamentbeton einbetonieren				
	m € brutto	2,9	4,8 5,6	6,9	11,5
	KG 446 € netto	2,4	4,1 4,7	5,8	9,7
83	**Rohrdurchführung, Kunststoff**				
	Kunststoffrohr; DN100; in Ortbetonbauteilschalung einbauen				
	St € brutto	22	36 38	44	64
	KG 331 € netto	19	30 32	37	54
84	**Elektro-Gerätedose, 53mm**				
	Elektrogerätedose; IP 3X; Einbauhöhe 53mm; für Ortbeton				
	St € brutto	1,3	6,5 8,4	10,3	14,1
	KG 447 € netto	1,1	5,5 7,0	8,6	11,8
85	**Elektro-Leerrohr, flexibel, DN25**				
	Elektroleerrohr; flexibel; DN25; in Ortbetonbauteilschalung einbauen				
	m € brutto	2,5	5,6 7,1	17,4	33,5
	KG 444 € netto	2,1	4,7 6,0	14,6	28,2
86	**Leuchten-Einbaugehäuse/-Eingießtopf**				
	Leuchten-Einbaugehäuse; in Stahlbetonbauteil einbauen; ohne Lieferung				
	St € brutto	22	63 74	94	149
	KG 364 € netto	19	53 62	79	126
87	**Hauseinführung/Wanddurchführung, Medien**				
	Rohrdurchführung; beidseitig mit PE-Deckel verschlossen; Länge 700mm; einbetonieren in Wände/Decken				
	St € brutto	127	344 406	552	962
	KG 331 € netto	107	289 341	464	809

► min
▷ von
ø Mittel
◁ bis
◄ max

013
Betonarbeiten

Kosten: Stand 3.Quartal 2015, Bundesdurchschnitt

Betonarbeiten					Preise €

Nr.	Kurztext / Stichworte		**brutto ø**		
	Einheit / Kostengruppe ►	▷	netto ø	◁	◄
88	**Wandschlitz, Beton**				
	Schalung Wandschlitz; Schalmaterial nichtsaugend; waagrecht/senk- recht				
	m € brutto	5,6	19,7	24,6	51,9	104,2
	KG 341 € netto	4,7	16,5	20,7	43,6	87,6
89	**Deckenschlitz, Beton**				
	Schalung Deckenschlitz; Schalmaterial nichtsaugend; waagrecht/senk- recht				
	m € brutto	8,6	22,7	27,8	55,5	104,2
	KG 351 € netto	7,3	19,1	23,4	46,6	87,6
90	**Wandaussparung schließen**				
	Aussparung schließen, Wand; Beton C25/30; Dicke 200-250mm; waagrecht/senkrecht; inkl. Bewehrung und Schalung				
	m² € brutto	45	96	125	152	195
	KG 341 € netto	38	81	105	128	164
91	**Deckenaussparungen schließen, bis 1000cm²**				
	Aussparung schließen, Decke; Beton C25/30; bis 0,10m², Dicke 250mm; waagrecht/senkrecht; inkl. Schalung, Bewehrung				
	St € brutto	8,4	25,9	30,5	43,2	81,3
	KG 351 € netto	7,1	21,7	25,6	36,3	68,3
92	**Verguss-Deckendurchbruch, bis 250cm²**				
	Aussparungen/Durchbrüche schließen; Ortbeton C20/25; Dicke 250, Größe bis 250cm²; Betondecke				
	St € brutto	3,9	18,9	24,2	29,3	43,3
	KG 351 € netto	3,3	15,9	20,3	24,6	36,4
93	**Verguss-Deckendurchbruch, über 500 bis 1.000cm²**				
	Aussparungen/Durchbrüche schließen; Ortbeton C20/25; Dicke 250, Größe über 500-1000cm²; Betondecke; inkl. Bewehrung und Schalung				
	St € brutto	12	38	47	86	142
	KG 351 € netto	9,9	31,5	39,8	72,2	119,1
94	**Perimeterdämmung, Bodenplatte, 20-60mm**				
	Perimeterdämmung; Polystyrolplatten extrudiert, E; Dicke 20-60mm; umlaufender Stufenfalz; unter Bodenplatte				
	m² € brutto	12	19	22	25	32
	KG 326 € netto	10	16	18	21	27
95	**Perimeterdämmung, Bodenplatte, XPS 040, 60mm**				
	Perimeterdämmung; Polystyrolplatten, extrudiert, WLG 040, E; Dicke 60mm; umlaufender Stufenfalz; unter Bodenplatte				
	m² € brutto	12	15	18	21	26
	KG 326 € netto	9,7	12,9	15,1	17,6	21,9

Betonarbeiten					Preise €
Nr.	**Kurztext** / Stichworte		**brutto ø**		
	Einheit / Kostengruppe ▶	▷	netto ø	◁	◀
96	**Perimeterdämmung, Bodenplatte, XPS 040, 80mm**				
	Perimeterdämmung; Polystyrolplatten, extrudiert, WLG 040, E;				
	Dicke 80mm; umlaufender Stufenfalz; unter Bodenplatte				
	m² € **brutto**	14	19	22	25	31
	KG 326 € netto	12	16	18	21	26
97	**Perimeterdämmung, Bodenplatte, XPS 040, 100mm**				
	Perimeterdämmung; Polystyrolplatten, extrudiert, WLG 040, E;				
	Dicke 100mm; umlaufender Stufenfalz; unter Bodenplatte				
	m² € **brutto**	14	23	25	29	35
	KG 326 € netto	12	19	21	25	29
98	**Perimeterdämmung, Bodenplatte, XPS 040, 120mm**				
	Perimeterdämmung; Polystyrolplatten, extrudiert, WLG 040, E;				
	Dicke 120mm; umlaufender Stufenfalz; unter Bodenplatte				
	m² € **brutto**	18	26	32	36	42
	KG 326 € netto	15	22	27	30	35
99	**Perimeterdämmung, Bodenplatte, XPS 040, 140mm**				
	Perimeterdämmung; Polystyrolplatten, extrudiert, WLG 040, E;				
	Dicke 140mm; umlaufender Stufenfalz; unter Bodenplatte				
	m² € **brutto**	22	30	37	41	46
	KG 326 € netto	18	25	31	34	39
100	**Perimeterdämmung, Bodenplatte, XPS 040, 160mm**				
	Perimeterdämmung; Polystyrolplatten, extrudiert, WLG 040, E;				
	Dicke 160mm; umlaufender Stufenfalz; unter Bodenplatte				
	m² € **brutto**	26	32	39	43	48
	KG 326 € netto	22	27	33	37	41
101	**Perimeterdämmung, Bodenplatte, XPS 040, 180mm**				
	Perimeterdämmung; Polystyrolplatten, extrudiert, WLG 040, E;				
	Dicke 180mm; umlaufender Stufenfalz; unter Bodenplatte				
	m² € **brutto**	29	36	45	48	51
	KG 326 € netto	24	30	38	40	43
102	**Perimeterdämmung, Bodenplatte, XPS 040, 240-300mm**				
	Perimeterdämmung; Polystyrolplatten, extrudiert, WLG 040, E;				
	Dicke über 240-300mm; zweilagig, umlaufender Stufenfalz; unter				
	Bodenplatte				
	m² € **brutto**	47	71	82	91	110
	KG 326 € netto	40	59	69	76	93
103	**Perimeterdämmung, Wand, XPS 040, 60mm**				
	Perimeterdämmung; Polystyrolplatten, extrudiert, WLG 040, E;				
	Dicke 60mm; umlaufender Stufenfalz, geklebt; Außenwand				
	m² € **brutto**	18	21	25	29	35
	KG 335 € netto	15	18	21	24	29

▶ min
▷ von
ø Mittel
◁ bis
◀ max

013
Betonarbeiten

Kosten: Stand 3.Quartal 2015, Bundesdurchschnitt

Betonarbeiten						Preise €

Nr.	Kurztext / Stichworte		brutto ø			
	Einheit / Kostengruppe ▶		▷ netto ø	◁		◀
104	**Perimeterdämmung, Wand, XPS 040, 80mm**					
	Perimeterdämmung; Polystyrolplatten, extrudiert, WLG 040, E;					
	Dicke 80mm; umlaufender Stufenfalz, geklebt; Außenwand					
	m² **€ brutto**	22	26	31	35	42
	KG 335 € netto	19	22	26	29	35
105	**Perimeterdämmung, Wand, XPS 040, 100mm**					
	Perimeterdämmung; Polystyrolplatten, extrudiert, WLG 040, E;					
	Dicke 100mm; umlaufender Stufenfalz, geklebt; Außenwand					
	m² **€ brutto**	25	30	36	42	48
	KG 335 € netto	21	25	30	35	40
106	**Perimeterdämmung, Wand, XPS 040, 120mm**					
	Perimeterdämmung; Polystyrolplatten, extrudiert, WLG 040, E;					
	Dicke 120mm; umlaufender Stufenfalz, geklebt; Außenwand					
	m² **€ brutto**	29	35	41	46	55
	KG 335 € netto	24	29	34	39	46
107	**Schaumglasdämmung, Bodenplatte, 60-100mm**					
	Perimeterdämmung; Schaumglasplatten diffusionsdicht, WLG 045, A1;					
	Dicke 60-100mm; versetzten, pressgestoßenen Fugen; unter Boden-					
	platte					
	m² **€ brutto**	37	49	54	64	77
	KG 326 € netto	31	41	45	54	65
108	**Mehrschichtdämmplatte, 35mm, in Schalung**					
	Wärmedämmung; Holzwolle-Mehrschichtplatte mit expandiertem					
	Polystyrol, WLG 040, A1; Dicke 35mm; in Schalung einlegen; Wänden/					
	Über-/Unterzügen					
	m² **€ brutto**	13	15	17	17	21
	KG 351 € netto	11	13	14	15	18
109	**Mehrschichtdämmplatte, 50mm, in Schalung**					
	Wärmedämmung; Holzwolle-Mehrschichtplatten mit expandiertem					
	Polystyrol, WLG 040, A1; Dicke 50mm; dicht gestoßen, in Schalung					
	m² **€ brutto**	12	24	29	38	57
	KG 351 € netto	10	20	24	32	48
110	**Betonstahlmatten, Bst 500M/B500B**					
	Betonstahlmatten; B500M/B500B; Lagermatte/Listenmatte;					
	inkl. Lagerung, Zuschnitt					
	kg **€ brutto**	0,5	1,2	1,5	1,8	2,7
	KG 351 € netto	0,4	1,0	1,3	1,5	2,2
111	**Betonstabstahl, Bst 500**					
	Betonstabstahl; B500; inkl. Anpassarbeiten					
	kg **€ brutto**	0,5	1,3	1,6	1,9	3,1
	KG 351 € netto	0,4	1,1	1,4	1,6	2,6

Betonarbeiten					Preise €

Nr.	Kurztext / Stichworte Einheit / Kostengruppe ▶		brutto ø ▷ netto ø ◁		◀
112	**Bewehrungszubehör, Abstandshalter, Kunststoff**				
	Bewehrungszubehör, Abstandshalter; Kunststoff				
	kg **€ brutto**	**1,9**	**3,0**	**3,5**	**5,5**	**8,8**
	KG 351 € netto	1,6	2,5	2,9	4,7	7,4
113	**Bewehrungsstoß, 10-14mm**				
	Bewehrungsstoß; Durchmesser 10-14mm; Betonstabstahlverbindung, geschraubt/geklemmte				
	St **€ brutto**	**14**	**32**	**35**	**61**	**94**
	KG 351 € netto	12	27	30	52	79
114	**Bewehrungsstoß, 22-32mm**				
	Bewehrungsstoß; Durchmesser 22-32mm; Betonstabstahlverbindung, geschraubt/geklemmte				
	St **€ brutto**	**31**	**47**	**53**	**68**	**99**
	KG 341 € netto	26	40	45	57	84
115	**Klebeanker, M12**				
	Klebeanker; M12; einbauen; inkl. Bohrungen				
	St **€ brutto**	**9,2**	**13,5**	**14,5**	**17,0**	**20,7**
	KG 341 € netto	7,7	11,3	12,2	14,3	17,4
116	**Klebeanker, M16**				
	Klebeanker; M16; einbauen; inkl. Bohrungen				
	St **€ brutto**	**9,6**	**15,1**	**19,1**	**25,0**	**33,7**
	KG 331 € netto	8,0	12,7	16,0	21,0	28,4
117	**Dübelleiste, Durchstanzbewehrung**				
	Dübelleiste, als Durchstanzbewehrung; Stützenbereich Flachdecken/in Fundamentplatten; inkl. Klemmbügel/Abstandshalter				
	St **€ brutto**	**11**	**27**	**34**	**48**	**81**
	KG 351 € netto	9,1	22,7	28,6	40,1	67,7
118	**Kleineisenteile, Baustahl S235 JR**				
	Kleineisenteile; Baustahl, S235JR; bis 30kg				
	kg **€ brutto**	**1,2**	**5,0**	**6,1**	**9,2**	**16,4**
	KG 351 € netto	1,0	4,2	5,2	7,7	13,8
119	**Stahlkonstruktion, Formstahl S235 JR AR**				
	Formstahlkonstruktion; Profilstahl, S235JR AR; Profilstähle einbetoniert in Decke für Stahlstützen, Unterzüge; inkl. Zuschnitt, Grundierung und Befestigungsmittel				
	kg **€ brutto**	**1,6**	**3,8**	**4,7**	**6,6**	**11,7**
	KG 333 € netto	1,3	3,2	3,9	5,5	9,8

► min
▷ von
ø Mittel
◁ bis
◄ max

013
Betonarbeiten

Kosten: Stand 3.Quartal 2015, Bundesdurchschnitt

Betonarbeiten					Preise €

Nr.	Kurztext / Stichworte		**brutto ø**		
	Einheit / Kostengruppe ►	▷	netto ø	◁	◄

120 Stahlkonstruktion, Baustahl S235 JR AR
Stahlkonstruktion; Baustahl, S235JR AR; für Sondertragglieder;
inkl. Zuschnitt, Grundierung, Verschweißen, Verzinken, Schleifen und
Befestigungsmittel

		►	▷	ø	◁	◄
kg	€ brutto	5,8	12,1	12,8	13,8	18,8
KG 333	€ netto	4,9	10,2	10,7	11,6	15,8

121 Stahlteile feuerverzinken
Feuerverzinken; Stahlteile

		►	▷	ø	◁	◄
kg	€ brutto	0,7	1,3	1,6	2,1	2,9
KG 351	€ netto	0,6	1,1	1,3	1,8	2,5

122 Kleineisenteile, Edelstahl
Kleineisenteile; Edelstahl; inkl. Montage

		►	▷	ø	◁	◄
kg	€ brutto	13	24	26	35	47
KG 351	€ netto	11	20	22	30	40

123 Anschluss-Schienen, HTA 28/15 und HMS
Ankerschiene; Stahl, feuerverzinkt/Edelstahl; HTA 28/15/HMS;
inkl. Vollschaumfüllung

		►	▷	ø	◁	◄
m	€ brutto	11	18	21	31	57
KG 331	€ netto	9,6	15,1	17,6	26,4	48,2

124 Anschluss-Schienen, HTA 38/17 und größer
Ankerschiene; Edelstahl; HTA 38/17; inkl. Vollschaumfüllung

		►	▷	ø	◁	◄
m	€ brutto	9,5	29,7	38,6	78,8	170,1
KG 331	€ netto	8,0	24,9	32,4	66,2	143,0

125 Bewehrungs-/Rückbiegeanschluss, HBT 55/85
Bewehrungsanschluss/Rückbiegeanschluss; HBT 55/85; einlagig;
an Wandschalung; inkl. Vollschaumfüllung

		►	▷	ø	◁	◄
m	€ brutto	9,1	20,2	22,5	25,6	36,5
KG 331	€ netto	7,6	17,0	18,9	21,5	30,7

126 Bewehrungs-/Rückbiegeanschluss, HBT 80/120
Bewehrungsanschluss/Rückbiegeanschluss; HBT 80/120; zweilagig;
an Wandschalung; inkl. Vollschaumfüllung

		►	▷	ø	◁	◄
m	€ brutto	17	25	30	34	48
KG 331	€ netto	14	21	25	28	40

127 Bewehrungs-/Rückbiegeanschluss, HBT 150/190
Bewehrungsanschluss, Rückbiegeanschluss; HBT 150/190; zweilagig;
an Wandschalung; inkl. Vollschaumfüllung

		►	▷	ø	◁	◄
m	€ brutto	22	29	32	36	45
KG 331	€ netto	18	24	27	31	38

Betonarbeiten				Preise €

Nr.	Kurztext / Stichworte		brutto ø		
	Einheit / Kostengruppe ▶	▷	netto ø	◁	◀
128	**Balkonanschluss, Wärmedämmelement/Trittschallschutz**				
	Balkonanschluss, Wärmedämmelement; EPS, WLS 035/031; Dämmdicke 80/120mm, Länge 1,00m				
	m € brutto	64	81	87	93	116
	KG 351 € netto	54	68	73	78	98
129	**Balkonanschluss, Wärmedämmelement**				
	Balkonanschluss, Wärmedämmelement; EPS, WLS 035/031; Dämmung 80/120mm, Länge 1,00m				
	m € brutto	97	252	312	361	473
	KG 351 € netto	82	212	262	303	398
130	**Trittschalldämmelement, Fertigteiltreppen**				
	Trittschalldämmung, Fertigteiltreppe; Elastomer, B2; Verbesserungsmaß 20dB; zwischen Treppenlauf und Podest				
	St € brutto	37	86	106	155	303
	KG 351 € netto	31	72	89	130	254
131	**Spritzbeton, bewehrt, Verbauwand**				
	Spritzbeton für Auskleidungen; BetonC30/37, XF3; Dicke 100mm, A über 10-20m², Ausführungshöhe bis 6,00m; vertikal; Verbauwände				
	m² € brutto	132	145	168	181	205
	KG 312 € netto	111	122	141	152	172
132	**Stundensatz Facharbeiter, Betonbau**				
	Stundenlohnarbeiten, Vorarbeiter, Facharbeiter; Betonbau				
	h € brutto	41	49	53	55	61
	€ netto	34	41	44	46	51
133	**Stundensatz Helfer, Betonbau**				
	Stundenlohnarbeiter, Werker, Helfer; Betonbau				
	h € brutto	28	40	46	51	60
	€ netto	24	34	39	43	51

014

Natur-, Betonwerkstein-arbeiten

Natur-, Betonwerksteinarbeiten					Preise €

Nr.	Kurztext / Stichworte	brutto ø			
	Einheit / Kostengruppe ▶	▷ netto ø	◁		◀
1	**Unterboden reinigen**				
	Untergrund reinigen; Staub, grobe Verschmutzungen; aufnehmen, entsorgen				
	m² € brutto	0,3	1,3	1,9	3,4	7,1
	KG 325 € netto	0,2	1,1	1,6	2,9	6,0
2	**Oberflächen reinigen, Rotationswirbel**				
	Oberfläche reinigen; Wasser, Feinstgranulate; Luftdruck 0,5-1,5bar, Wasser 30-60l/h; Niederdruck-Rotationswirbel				
	m² € brutto	13	20	21	25	33
	KG 335 € netto	11	16	18	21	28
3	**Natursteinflächen strahlen/scharieren/stocken**				
	Natursteinoberfläche überarbeiten; Strahlen/Scharieren/Stocken				
	m² € brutto	81	113	113	133	161
	KG 335 € netto	68	95	95	112	135
4	**Natursteinsockel imprägnieren/versiegeln**				
	Natursteinsockel; Hydrophobierung/Imprägnierung/Anti-Graffiti-Anstrich				
	m² € brutto	3,0	12,6	17,7	26,7	41,1
	KG 335 € netto	2,5	10,6	14,9	22,5	34,5
5	**Natursteinbeläge verfugen**				
	Natursteinfläche neu verfugen; Natursteinmauerwerk; Tiefe 1,5cm, Höhe bis 4,00m; auskratzen, verfugen, entsorgen				
	m² € brutto	31	42	43	55	76
	KG 335 € netto	26	36	36	46	64
6	**Wandbekleidungen außen, Granit/Basalt**				
	Verblendmauerwerk, Naturstein; Granit/Basalt, sichtbare Kanten gesägt; 240x115x190mm, Einbauhöhe bis 4,00m; Tragschale KS; Außenwand; inkl. Halterprofile und Drahtanker				
	m² € brutto	94	208	263	371	529
	KG 335 € netto	79	175	221	312	444
7	**Kerndämmung, Natursteinbekleidung**				
	Kerndämmung; Mineralwolle, WLG 035, A1; einlagig, versetzt gestoßen; Außenwand				
	m² € brutto	19	25	28	30	41
	KG 335 € netto	16	21	23	25	34
8	**Fensterbank, Naturstein, außen**				
	Fensterbank, Naturstein außen; Oberfläche bruchrau/gesägt/geschliffen/poliert, Kante gefast/scharfkantig; Breite 290mm, Dicke 30-50mm; im Mörtelbett				
	m € brutto	38	63	71	103	149
	KG 334 € netto	32	53	60	86	125

► min
▷ von
ø Mittel
◁ bis
◄ max

014
Natur-, Betonwerkstein-arbeiten

Kosten: Stand 3.Quartal 2015, Bundesdurchschnitt

Natur-, Betonwerksteinarbeiten					Preise €

Nr.	Kurztext / Stichworte		brutto ø		
	Einheit / Kostengruppe ►	▷	netto ø	◁	◄
9	**Fensterbank, Betonwerkstein, außen**				
	Fensterbank, Betonwerkstein, außen; Oberfläche bruchrau/gesägt/ geschliffen/poliert, Kante gefast/scharfkantig; Breite 290mm, Dicke 50mm; im Mörtelbett				
	m € brutto	**39**	**61**	**67**	**74**	**105**
	KG 334 € netto	33	51	56	62	89
10	**Fensterbank, Betonwerkstein, innen**				
	Fensterbank, Betonwerkstein, innen; geschliffen/poliert; Breite 250mm, Dicke 50mm; im Mörtelbett				
	m € brutto	**27**	**47**	**52**	**62**	**85**
	KG 334 € netto	23	39	44	52	71
11	**Bordstein, Naturstein**				
	Bordstein, Naturstein; Oberkanten gefast, GKL 1, trittsicher; lxbxh 1.000x160x400mm; in Beton verlegen				
	m € brutto	**25**	**29**	**31**	**32**	**37**
	KG 520 € netto	21	24	26	26	31
12	**Bordstein, Betonwerkstein**				
	Bordstein, Betonwerkstein; Oberkanten gefast, trittsicher; lxbxh 1.000x150x350mm; in Beton verlegen				
	m € brutto	**16**	**19**	**21**	**25**	**32**
	KG 520 € netto	13	16	18	21	27
13	**Außenbelag, Natursteinplatten**				
	Plattenbelag, Granit; geschliffen/geflammt; 300x300mm, Dicke 30mm; im Kies/Stelzlager, Kreuzfuge; Außenbereich				
	m² € brutto	**74**	**114**	**136**	**145**	**194**
	KG 520 € netto	62	96	115	122	163
14	**Außenbelag, Betonwerksteinplatten**				
	Plattenbelag, Betonwerkstein; trittsicher rau; 300x300mm; in Splitt/Stelzlager, Fuge offen/Splitt gefüllt; Außenbereich				
	m² € brutto	**28**	**58**	**68**	**77**	**100**
	KG 520 € netto	23	48	57	65	84
15	**Außenbelag, Naturstein, Klein-/Mosaikpflaster**				
	Pflasterdecke, Naturstein; GKL 1, trittsicher rau; 50x50x50mm, Fugenbreite 10mm; in Mörtel in Reihen verlegen, Fugen verfüllen; Gehweg/ Fußgänger-Nutzung				
	m² € brutto	**69**	**114**	**140**	**185**	**240**
	KG 521 € netto	58	95	118	156	202

014
Natur-, Betonwerkstein-arbeiten

Natur-, Betonwerksteinarbeiten					Preise €

Nr.	Kurztext / Stichworte		brutto ø		
	Einheit / Kostengruppe ▶	▷	netto ø	◁	◀
16	**Außenbelag, Naturstein, Großpflaster**				
	Pflasterdecke, Naturstein; trittsicher rau; 160x160-220mm,				
	Dicke 160mm, Fugenbreite 15mm; in Splittbett in Reihen verlegen;				
	Parkplätze/Kraftfahrzeug-Nutzung				
	m² € brutto	74	108	126	131	152
	KG 524 € netto	62	91	106	110	128
17	**Außenbelag, Pflasterstreifen**				
	Pflasterstreifen, Naturstein; trittsicher rau; 160x160-220mm,				
	Dicke 160mm. Fugenbreite 20mm; als Randstreifen in Beton versetzen				
	m € brutto	13	20	22	33	48
	KG 524 € netto	11	16	19	28	41
18	**Balkonbelag, Betonwerkstein**				
	Plattenbelag, Betonwerkstein; geschliffen, poliert/glatter Sichtbeton/				
	Schalungsmuster; 30x30cm, Dicke 3cm, Bettung 40mm; in Splitt				
	verlegen; Balkon				
	m² € brutto	63	79	86	99	124
	KG 352 € netto	53	67	72	83	104
19	**Mauerabdeckung, Natursteinplatten**				
	Mauerabdeckung, Natursteinplatte; sägerau/geschliffen/poliert;				
	995x280mm, Dicke 30mm; frostsicher verlegen				
	m € brutto	34	63	73	82	104
	KG 533 € netto	29	53	61	69	88
20	**Treppe, Blockstufe, Naturstein**				
	Blockstufe, Naturstein; sägerau/geschliffen/poliert, scharfkantig/				
	gefast; 1.200x350mm, Höhe 160mm; im Mörtelbett; Außenbereich,				
	Stahlbetonuntergrund				
	m € brutto	114	172	197	247	336
	KG 534 € netto	95	145	166	208	282
21	**Treppe, Blockstufe, Betonwerkstein**				
	Blockstufe, Betonwerkstein; Oberfläche gescheibt, rutschsicher R11;				
	1.200x350mm, Höhe 160mm; im Mörtelbett; Außenbereich, Stahl-				
	betonuntergrund				
	m € brutto	74	110	125	168	262
	KG 534 € netto	62	93	105	141	220
22	**Treppe, Winkelstufe, 1,00m**				
	Winkelstufe; Naturstein/Betonwerkstein R11; 1.000x290x175mm,				
	Dicke 40mm; im Mörtelbett; Außen-/Innenbereich				
	St € brutto	85	134	137	160	205
	KG 534 € netto	71	112	115	135	172

▶ min
▷ von
ø Mittel
◁ bis
◀ max

014
**Natur-, Betonwerkstein-
arbeiten**

Kosten: Stand 3.Quartal 2015, Bundesdurchschnitt

Natur-, Betonwerksteinarbeiten					Preise €

Nr.	Kurztext / Stichworte		brutto ø			
	Einheit / Kostengruppe ▶	▷	netto ø	◁	◀	

23 Treppenbelag, Tritt-/Setzstufe
Tritt- und Setzstufe; Naturstein, R11, scharfkantig/gefast;
1.000x290x175mm; im Mörtelbett verlegen; Außen-/Innenbereich

m	€ brutto	98	121	129	155	211
KG 352	€ netto	82	101	108	130	177

24 Stufengleitschutzprofil, Treppe
Stufengleitschutzprofil; Kunststoff, rutschhemmend; Breite 20mm;
in Stufenvorderkante einlassen; Natursteinbelag/Betonwerksteinstufe

m	€ brutto	9,5	14,8	17,2	23,1	32,3
KG 352	€ netto	8,0	12,4	14,5	19,4	27,1

25 Sockel, Natursteinplatten
Sockelleiste, Naturstein; bruchrau/gesägt/geschliffen/poliert, scharf-
kantig/gefast; 400x150mm, Dicke 10-15mm; in Dünnbettmörtel;
Innenbereich

m	€ brutto	11	21	24	36	75
KG 352	€ netto	9,5	17,3	20,1	30,3	63,0

26 Schwelle/Türdurchgang, Natursteinplatte
Schwellplatte, Naturstein; bruchrau/gesägt/geschliffen/poliert, scharfkantig; 1000x200mm, Dicke 20mm; in Dünnbettmörtel; Innenbereich

m	€ brutto	51	68	73	100	139
KG 352	€ netto	43	57	61	84	117

27 Innenbelag, Naturstein
Plattenbelag, Naturstein; bruchrau/gesägt/geschliffen/poliert, scharf-
kantig/gefast; 400x150mm, Dicke 15-20mm; Dünnbettmörtel/Mörtel-
bett; Innenbereich

m²	€ brutto	51	116	136	212	384
KG 352	€ netto	43	97	114	178	322

28 Innenbelag, Betonwerkstein
Plattenbelag, Betonwerkstein; geschliffen, poliert/glatter Sichtbeton/
Schalungsmuster, schafkantig/gefast; 300x300mm/400x400mm,
Dicke 30mm/40mm; im Mörtelbett; Innenbereich

m²	€ brutto	65	96	105	142	233
KG 352	€ netto	55	81	88	120	196

29 Innenbelag, Naturstein, Dünnbett
Plattenbelag, Naturstein; geschliffen/poliert/bruchrau, scharfkantig,
gefast; Dicke 10-20mm; Dünnbettverfahren; Innenbereich

m²	€ brutto	51	100	117	147	226
KG 352	€ netto	43	84	98	124	190

Natur-, Betonwerksteinarbeiten					Preise €

Nr.	Kurztext / Stichworte		brutto ø		
	Einheit / Kostengruppe ▶	▷	netto ø	◁	◀
30	**Innenbelag, Terrazzo**				
	Bodenbelag-Terrazzo; einschichtig 30mm/zweischichtig 75mm; Innenbereich				
	m² € brutto	77	112	121	140	183
	KG 352 € netto	65	94	102	118	154
31	**Bohrung, Plattenbelag**				
	Bohrungen, Natursteinplatten; Durchmesser 25mm; Boden-/Wand-belag				
	St € brutto	5,9	15,2	19,2	27,1	41,2
	KG 352 € netto	5,0	12,8	16,1	22,7	34,6
32	**Ausklinkung, Plattenbelag**				
	Ausklinkung Plattenbelag; Naturstein/Betonwerkstein; Boden-/Wand-belag				
	St € brutto	1,5	9,2	12,7	15,5	21,8
	KG 352 € netto	1,2	7,7	10,7	13,0	18,3
33	**Kanten bearbeiten, Plattenbelag**				
	Kantenprofilierung Plattenbelag; Naturstein/Betonwerkstein; gefast/poliert/scharfkantig; Boden-/Wandbelag				
	m € brutto	5,6	9,2	10,7	13,9	21,2
	KG 352 € netto	4,7	7,7	9,0	11,7	17,8
34	**Schrägschnitte, Plattenbelag**				
	Schrägschnitt, Natursteinplatten; Boden-/Wandbelag				
	m € brutto	0,8	14,3	22,2	35,8	61,3
	KG 352 € netto	0,6	12,0	18,7	30,1	51,5
35	**Rundschnittbogen, Plattenbelag**				
	Rundschnitt, Natursteinplatten; Boden-/Wandbelag				
	m € brutto	28	35	41	46	61
	KG 352 € netto	24	29	34	39	52
36	**Randplatte, Plattenbelag, innen**				
	Randplatte, Naturstein; rutschhemmend geschliffen/poliert/bruchrau; scharfkantig/gefast; Breite bis 280mm; im Mörtelbett; Treppenauge, innen				
	m € brutto	38	58	66	73	91
	KG 352 € netto	32	49	55	61	76
37	**Randplatten, Treppenauge, innen**				
	Randplatte, Naturstein; rutschhemmend geschliffen/poliert/bruchrau; scharfkantig/gefast; Breite bis 280mm, Dicke 30mm; im Mörtelbett; Treppenauge, innen				
	m € brutto	35	74	91	117	175
	KG 352 € netto	29	62	76	98	147

▶ min
▷ von
ø Mittel
◁ bis
◀ max

014
Natur-, Betonwerkstein-
arbeiten

Kosten: Stand 3.Quartal 2015, Bundesdurchschnitt

Natur-, Betonwerksteinarbeiten					Preise €

Nr.	Kurztext / Stichworte			brutto ø		
	Einheit / Kostengruppe ▶		▷	netto ø	◁	◀
38	**Fries, Plattenbelag**					
	Friesplatte, Naturstein; rutschhemmend geschliffen/poliert/bruchrau, scharfkantig/gefast; Breite 280mm, Länge 500mm, Dicke 20mm; Dünnbettmörtel; im Dünnbettverfahren, inkl. Verfugung					
	m € brutto	17	52	68	78	105
	KG 352 € netto	14	44	57	66	88
39	**Bodenprofil, Bewegungsfugen, Plattenbelag**					
	Bewegungsfugenprofil; Aluminium eloxiert; 40x4x4mm; Fuge mit Kautschukprofil füllen; unter Bodenbelag					
	m € brutto	5,8	14,2	18,1	34,5	59,8
	KG 352 € netto	4,8	11,9	15,2	29,0	50,2
40	**Trenn-/Anschlagschiene, Messing**					
	Trennschiene; Messing; 40x40x4mm; unter Bodenbelag, innen; inkl. Toleranzausgleich					
	m € brutto	8,0	30,7	35,2	50,7	77,8
	KG 352 € netto	6,7	25,8	29,6	42,6	65,4
41	**Trenn-/Anschlagschiene, Aluminium**					
	Trennschiene; Aluminium; 40x4x4mm; unter Bodenbelag, innen; inkl. Toleranzausgleich					
	m € brutto	10	20	24	35	59
	KG 352 € netto	8,7	17,1	20,5	29,4	49,5
42	**Trenn-/Anschlagschiene, Edelstahl**					
	Trennschiene; Edelstahl; 40x40x4mm; Innenbereich; inkl. Toleranzausgleich					
	m € brutto	13	25	29	47	82
	KG 352 € netto	11	21	25	40	69
43	**Fugenabdichtung, elastisch, Silikon**					
	Fugenabdichtung, elastisch; Silikon; inkl. notwendiger Flankenvorbehandlung					
	m € brutto	3,5	5,9	6,9	9,6	15,5
	KG 352 € netto	2,9	4,9	5,8	8,0	13,0
44	**Natursteinbeläge imprägnieren**					
	Naturstein, Oberflächenbehandlung, nachträglich; Hydrophobierung/Imprägnierung/Anti-Graffiti Anstrich					
	m² € brutto	3,0	7,9	10,2	12,1	17,4
	KG 352 € netto	2,6	6,6	8,6	10,2	14,6
45	**Betonbeläge fluatieren**					
	Betonwerkstein, Oberflächenbehandlung; fluatieren; inkl. Vorreinigung					
	m² € brutto	2,9	3,7	3,9	4,3	4,9
	KG 352 € netto	2,5	3,1	3,3	3,6	4,1

Natur-, Betonwerksteinarbeiten					Preise €

Nr.	Kurztext / Stichworte		brutto ø			
	Einheit / Kostengruppe ▶	▷	netto ø	◁	◀
46	**Trittschalldämmung, Randstreifen, MW**					
	Trittschalldämmung; Mineralwolle, A1; Randstreifen 12x150mm; einlagig; inkl. Randdämmstreifen, Trennlage PE-Folie 0,4mm					
	m² € brutto	2,6	7,9	9,6	12,3	18,5
	KG 352 € netto	2,2	6,6	8,1	10,3	15,6
47	**Erstreinigung, Bodenbelag**					
	Erstreinigung und -pflege, Bodenbelag; Naturstein, R9/R11					
	m² € brutto	2,8	7,6	9,6	11,7	22,6
	KG 352 € netto	2,4	6,3	8,1	9,9	19,0
48	**Waschtischplatte, Naturstein**					
	Waschtischplatte, Naturstein; feingeschliffen, poliert; oval/rechteckig; inkl. Herstellung der Auflager					
	St € brutto	466	762	826	1.363	2.215
	KG 371 € netto	392	640	694	1.145	1.862
49	**Fußabstreifer, Rahmen/Reinstreifen**					
	Fußabstreifer; Aluminium/Messing/Edelstahl; 25x25x3mm für 22mm Reinstreifen/30x30x3mm für 27mm Reinstreifen; innen/außen überdacht/außen					
	St € brutto	281	1.244	1.771	2.284	3.200
	KG 325 € netto	236	1.045	1.488	1.920	2.689
50	**Trockenmauerwerk, Naturwerksteine**					
	Trockenmauerwerk, Naturstein; auf bauseitigem Fundament; Außenbereich; auf bauseitigem Fundament					
	m² € brutto	85	211	272	318	455
	KG 533 € netto	71	177	228	267	382
51	**Sitzquader, Naturstein**					
	Sitzquader, Naturstein; auf bauseitigem Fundament; Außenbereich					
	St € brutto	205	503	666	1.089	1.557
	KG 551 € netto	172	422	560	915	1.308
52	**Stundensatz Facharbeiter, Natursteinarbeiten**					
	Stundenlohnarbeiten, Vorarbeiter, Facharbeiter; Naturstein-, Betonwerksteinarbeiten					
	h € brutto	44	51	55	58	65
	€ netto	37	42	46	49	55
53	**Stundensatz Helfer, Natursteinarbeiten**					
	Stundenlohnarbeiten, Werker, Helfer; Natur-, Betonwerksteinarbeiten					
	h € brutto	34	42	46	49	58
	€ netto	28	35	38	41	49

Zimmer- und Holzbauarbeiten					Preise €

Nr.	Kurztext / Stichworte		brutto ø		
	Einheit / Kostengruppe ▶	▷	netto ø	◁	◀
1	**Schutzabdeckung, Baufolie**				
	Schutzabdeckung; Schutzplane; sturmsicher anbringen; Bauteile/ Schutzgerüste/offene Dächer				
	m² € brutto	2,2	3,7	4,5	6,0	8,6
	KG 397 € netto	1,8	3,1	3,8	5,1	7,2
2	**Abdichtung, Bitumen-Dachdichtungsbahn**				
	Abdichtung, gegen Bodenfeuchte; Bitumendachdichtungsbahn; verschweißen; unter Bauteilen				
	m € brutto	0,7	2,6	3,6	6,0	13,6
	KG 361 € netto	0,6	2,2	3,0	5,1	11,5
3	**Bauschnittholz C24, Nadelholz**				
	Bauschnittholz, liefern; Nadelholz C24, S10TS, GKL 2; 6x12cm, Länge bis 8,00m; allseitig egalisiert/gehobelt, geschliffen				
	m³ € brutto	277	391	428	549	847
	KG 361 € netto	233	329	360	461	712
4	**Bauschnittholz C30, Nadelholz, geschliffen**				
	Bauschnittholz, liefern; Nadelholz C30, S13TS, GKL 2; 6x12cm, Länge bis 8,00m; allseitig egalisiert/gehobelt, geschliffen				
	m³ € brutto	717	952	1.148	1.200	1.374
	KG 361 € netto	603	800	965	1.008	1.155
5	**Bauschnittholz D30, Eiche, geschliffen**				
	Bauschnittholz, liefern; Eiche D30, LS10; Länge bis 6,00m; allseitig egalisiert/gehobelt, geschliffen				
	m³ € brutto	1.178	1.494	1.573	1.743	2.053
	KG 361 € netto	990	1.256	1.322	1.465	1.726
6	**Konstruktionsvollholz KVH®, MH®, Nadelholz, gehobelt**				
	Konstruktionsvollholz, liefern; Nadelholz C24, S10TS, herzfrei; Breite 6x10cm, Höhe 6-30cm, Länge bis 6,00m; egalisiert, gefast/auf Fertigmaß gehobelt, gefast				
	m³ € brutto	336	482	532	710	1.256
	KG 361 € netto	282	405	447	597	1.056
7	**Brettschichtholz, GL24h, Nadelholz, bis 20/40cm, gehobelt**				
	Brettschichtholz, liefern; Nadelholz GL 24h; Breite 6-20cm, Höhe 16-40cm, Länge bis 12,00m; gehobelt				
	m³ € brutto	574	839	916	1.102	1.544
	KG 361 € netto	483	705	770	926	1.297

▶ min
▷ von
ø Mittel
◁ bis
◀ max

016
Zimmer- und Holzbau-arbeiten

Kosten: Stand 3.Quartal 2015, Bundesdurchschnitt

Zimmer- und Holzbauarbeiten				Preise €	
Nr.	**Kurztext** / Stichworte		**brutto ø**		
	Einheit / Kostengruppe ▶	▷	netto ø	◁	◀
8	**Holzstegträger, Nadelholz, inkl. Abbinden, bis 360 mm**				
	Holzträger, T/Doppel-T; Nadelholz C24/BSH GL24h; Dicke 240/300/360mm, Breite 59mm; Dach-/Wandkonstruktion; inkl. Fenster-,Tür-öffnungen, Leibungen und Aufhängungen				
	m € brutto	14	19	21	28	37
	KG 361 € netto	11	16	17	24	31
9	**Holzstütze, BSH, GL24h, Nadelholz, 20/20cm, gehobelt**				
	Brettschichtholz, liefern, Holzstütze; Nadelholz GL 24h, gehobelt; 20x20cm; Feuchtbereich/Außenbereich				
	m³ € brutto	778	1.078	1.123	1.334	1.743
	KG 333 € netto	654	906	943	1.121	1.465
10	**Abbund, Bauschnittholz/Konstruktionsvollholz, Dach**				
	Abbinden und Aufstellen; Bauschnittholz, Konstruktionsvollholz; 6x12/10x18/20x30cm, Länge bis 8,00m; sichtbar/nicht sichtbar; Dachkonstruktion				
	m € brutto	4,5	7,5	8,5	11,2	21,2
	KG 361 € netto	3,8	6,3	7,1	9,4	17,8
11	**Abbund, Bauschnittholz/Konstruktionsvollholz, Decken**				
	Abbinden und Aufstellen; Bauschnittholz, Konstruktionsvollholz; 6x12/10x18/14x24cm, Länge bis 8,00m; sichtbar/nicht sichtbar; Deckenkonstruktion				
	m € brutto	4,5	8,0	8,9	12,7	22,7
	KG 361 € netto	3,8	6,7	7,5	10,7	19,1
12	**Abbund, Brettschichtholz**				
	Abbinden und Aufstellen; Bauschnittholz, Konstruktionsvollholz; 6x20-10x40cm, Länge bis 12,00m; sichtbar/nicht sichtbar; Dach-/Deckenkonstruktion				
	m € brutto	5,2	12,6	15,5	30,1	60,1
	KG 361 € netto	4,4	10,6	13,0	25,3	50,5
13	**Abbund, Kehl-/Gratsparren**				
	Abbinden und Aufstellen; Bauschnittholz; 10x20-16x34cm, Länge bis 6,00m; sichtbar/nicht sichtbar; Bereich Kehl- und Gratsparren				
	m € brutto	3,9	8,7	10,7	14,2	21,5
	KG 361 € netto	3,3	7,3	9,0	11,9	18,1
14	**Hobeln, Bauschnittholz**				
	Bauschnittholz hobeln; Maßtoleranzklasse 2; allseitig				
	m € brutto	1,4	3,1	3,8	5,4	9,3
	KG 361 € netto	1,2	2,6	3,2	4,5	7,8

Zimmer- und Holzbauarbeiten					Preise €

Nr.	Kurztext / Stichworte		**brutto ø**		
	Einheit / Kostengruppe ▶	▷	netto ø	◁	◀
15	**Schrägschnitte, Bauschnittholz**				
	Bauschnittholz bearbeiten; Schrägschnitt/Profilierung				
	m € brutto	3,0	7,6	10,1	14,8	23,3
	KG 361 € netto	2,5	6,4	8,5	12,5	19,6
16	**Holzschutz, Kanthölzer, farblos**				
	Holzschutz; chemisch, farblos, vorbeugend; konstruktive Bauteile; Prüfprädikat Iv, P, W				
	m € brutto	0,5	1,1	1,3	2,3	3,9
	KG 361 € netto	0,4	0,9	1,1	1,9	3,3
17	**Holzschutz, Flächen, farblos**				
	Holzschutz; chemisch, farblos, vorbeugend; Auftrag durch streichen; konstruktive Bauteile; Prüfprädikat Iv, P, W				
	m² € brutto	0,3	3,5	4,9	7,7	13,7
	KG 361 € netto	0,2	2,9	4,1	6,5	11,5
18	**Schalung, Nadelholz, gefast, gehobelt**				
	Schalung; Nadelholz, S10, einseitig gehobelt; Dicke 24mm, Breite 138mm; genagelt; unter Dachdeckung				
	m² € brutto	13	20	24	35	61
	KG 361 € netto	11	17	20	30	51
19	**Schalung, Nadelholz, Glattkantbrett, gehobelt**				
	Schalung, Glattkantbrett; Nadelholz, S10, Glattkantbrett, einseitig gehobelt; Dicke 24mm, Breite 138mm; genagelt; unter Dachdeckung				
	m² € brutto	22	36	40	45	53
	KG 363 € netto	18	30	34	38	45
20	**Schalung, Rauspund, genagelt**				
	Schalung, Dach; Nadelholz, Rauspund S10; Dicke bis 27mm; genagelt				
	m² € brutto	13	18	21	27	41
	KG 363 € netto	11	15	18	23	34
21	**Schalung, Holzspanplatte P7, Nut-Feder-Profil**				
	Schalung, Dach; Spanplatte P7; Dicke 22-25mm; NF-System, genagelt				
	m² € brutto	16	20	22	26	35
	KG 363 € netto	13	17	18	22	29
22	**Schalung, OSB/2, Flachpressplatte, 15-18mm**				
	Schalung, Wand; OSB/2, Flachpressplatte, ungeschliffen; Dicke 15/18mm; genagelt; Trockenbereich				
	m² € brutto	11	18	18	20	25
	KG 336 € netto	9,0	15,2	15,4	17,2	20,9

► min
▷ von
ø Mittel
◁ bis
◄ max

016
**Zimmer- und Holzbau-
arbeiten**

Kosten: Stand 3.Quartal 2015, Bundesdurchschnitt

Zimmer- und Holzbauarbeiten					Preise €

Nr.	Kurztext / Stichworte		brutto ø		
	Einheit / Kostengruppe ►	▷	netto ø	◁	◄
23	**Schalung, OSB/3, Flachpressplatte, 12-15mm**				
	Schalung, Wand; OSB/3, Flachpressplatte, ungeschliffen/geschliffen; Dicke 12-15mm; genagelt; Trockenbereich, innen				
	m² € brutto	13	18	20	22	26
	KG 336 € netto	11	15	17	18	22
24	**Schalung, OSB/3, Flachpressplatte, 20-22mm**				
	Schalung, Wand; OSB/3, Flachpressplatte, ungeschliffen/geschliffen; Dicke 20-22mm; genagelt; Trockenbereich, innen				
	m² € brutto	19	24	26	32	42
	KG 336 € netto	16	20	22	27	35
25	**Schalung, OSB/4, Flachpressplatten, 25-28mm, Feuchtebereich**				
	Schalung, Wand; OSB/4, Flachpressschalung, ungeschliffen/geschliffen; Dicke 25-28mm; genagelt; Feuchtebereich, innen				
	m² € brutto	22	25	27	29	33
	KG 352 € netto	18	21	23	25	28
26	**Schalung, Sperrholz, Feuchtebereich**				
	Schalung, Wand; Sperrholz, Klasse 0/A; für tragende Zwecke, sichtbar/nicht sichtbar, Holzuntergrund; Feuchtebereich				
	m² € brutto	27	39	43	50	63
	KG 364 € netto	23	33	36	42	53
27	**Schalung Kehlgebälk**				
	Schalung, Kehlgebälk; Nadelholz, Raupund, S10, gehobelt; Dicke mind. 24mm; genagelt; Kehlgebälk				
	m² € brutto	20	22	24	27	32
	KG 363 € netto	17	19	20	22	27
28	**Schalung Dachboden/Unterboden**				
	Schalung, Dachboden/Unterboden; Spanplatte P7, kunstharzgebunden; Dicke bis 25mm; tragend, NF-System				
	m² € brutto	16	23	25	41	60
	KG 363 € netto	13	19	21	35	51
29	**Schalung, Seekiefer-Sperrholzplatte**				
	Schalung, Sperrholzplatte; Dicke bis 24mm; verschraubt, Holzuntergrund; Innenbereich/Feuchtebereich				
	m² € brutto	24	32	36	39	48
	KG 335 € netto	20	27	30	33	40
30	**Bekleidung, Furnierschichtholzplatte**				
	Bekleidung, Wand; Furnierschichtholzplatte; Dicke 20/26mm; Sicht-/Nichtschichtqualität, Holzuntergrund; verschraubt/genagelt				
	m² € brutto	31	46	52	69	101
	KG 364 € netto	26	39	44	58	85

Zimmer- und Holzbauarbeiten					Preise €

Nr.	Kurztext / Stichworte		brutto ø		
	Einheit / Kostengruppe ▶	▷	netto ø	◁	◀
31	**Bekleidung, Massivholzplatte**				
	Bekleidung; Massivholzplatte; Dicke 20/26; Sicht-/Nichtsichtqualität; Wand, innen; genagelt/verschraubt				
m²	€ brutto	31	55	64	68	83
KG 335	€ netto	26	47	54	57	70
32	**Trauf-/Ortgangschalbretter, gehobelt**				
	Schalung, Traufe; Nadelholz, S10TS, einseitig gehobelt; Dicke 22-24mm, Breite 100mm; genagelt, Holzuntergrund; chemischer Holzschutz, Prüfprädikat Iv, P, W				
m	€ brutto	7,5	15,0	16,8	19,7	30,7
KG 363	€ netto	6,3	12,6	14,1	16,5	25,8
33	**Blindboden, Nadelholz, einseitig gehobelt**				
	Schalung, Blindboden; Nadelholz, S10TS, einseitig gehobelt; Dicke 19mm, Breite 100mm; unten sichtbar; zwischen Deckenbalken				
m²	€ brutto	19	25	28	31	43
KG 352	€ netto	16	21	24	26	36
34	**Bretterschalung, Nadelholz, zwischen Balken**				
	Bretterschalung; Nadelholz, S10, GKL 2; Dicke 24/48mm; zwischen bauseitigem Gebälk				
m²	€ brutto	22	33	38	42	53
KG 351	€ netto	18	28	32	36	45
35	**Trockenestrich, TSD, Trennlage, Randstreifen**				
	Trockenestrich; Gipsplatte, WLG 035; Dicke 25/37,5mm; zweilagig F60/dreilagig F90; Holzbalkendecke; inkl. Trennlage, Ausgleichs-schicht, Trittschalldämmung				
m²	€ brutto	20	44	46	62	86
KG 352	€ netto	17	37	39	52	72
36	**Kanthölzer, S10TS, Nadelholz, scharfkantig, gehobelt**				
	Kantholz; Nadelholz, S10TS, scharfkantig; 60x120mm; egalisiert/gehobelt				
m	€ brutto	3,6	9,3	10,0	15,2	25,9
KG 335	€ netto	3,0	7,9	8,4	12,8	21,8
37	**Bohle, S13TS K, Nadelholz**				
	Bohle; Nadelholz, S13K, scharfkantig; 40x120mm; egalisiert/gehobelt				
m	€ brutto	1,3	5,3	6,5	9,0	13,5
KG 335	€ netto	1,1	4,5	5,5	7,6	11,3
38	**Dichtungsband, vorkomprimiert**				
	Abdichtungsanschluss; Dichtungsband; Breite 50mm; egalisiert/gehobelt				
m	€ brutto	1,5	2,7	3,4	4,4	6,3
KG 361	€ netto	1,3	2,2	2,8	3,7	5,3

▶ min
▷ von
ø Mittel
◁ bis
◀ max

016
Zimmer- und Holzbau-
arbeiten

Kosten: Stand 3.Quartal 2015, Bundesdurchschnitt

Zimmer- und Holzbauarbeiten					Preise €

Nr.	Kurztext / Stichworte		brutto ø		
	Einheit / Kostengruppe ▶	▷	netto ø	◁	◀
39	**Dampfsperrbahn, sd-Wert mind. 1500m**				
	Dampfsperrbahn; Metallfolie; sd-Wert 1500m; raumseitig				
	m² **€ brutto**	2,9	5,0	6,2	7,2	9,4
	KG 363 € netto	2,5	4,2	5,2	6,0	7,9
40	**Dampfbremsbahn, sd-Wert bis 2,0m**				
	Dampfbremsbahn; Klasse E; sd-Wert bis 2,0m; raumseitig				
	m² **€ brutto**	2,9	6,8	8,1	11,3	20,9
	KG 364 € netto	2,5	5,7	6,8	9,5	17,5
41	**Dampfsperre, feuchteadaptiv, sd-variabel**				
	Dampfbremsbahn; feuchteadaptiv, Klasse E, variabler SD-Wert; überlappend; aufgehende, begrenzende Bauteile				
	m² **€ brutto**	3,5	7,0	8,8	12,5	18,6
	KG 364 € netto	2,9	5,9	7,4	10,5	15,6
42	**Abdichtungsanschluss verkleben, Dampfsperrbahn**				
	Abdichtungsanschluss verkleben; Dampfsperrbahn an Dachfenster/ Kehlen/Grate verkleben				
	m **€ brutto**	1,2	4,2	5,1	8,6	18,3
	KG 363 € netto	1,0	3,5	4,3	7,2	15,4
43	**Abdichtungsanschluss verkleben, Dampfbremsbahn**				
	Abdichtungsanschluss verkleben; Dampfbremsbahn an Dachfenster/ Kehlen/Grate verkleben				
	m **€ brutto**	2,4	5,2	6,9	7,9	12,2
	KG 363 € netto	2,0	4,4	5,8	6,7	10,3
44	**Abdichtungsanschluss, Butyl-Band, Dicht-/Dampfsperrbahn**				
	Abdichtungsanschluss, verkleben; Butylband, Klasse E; Klebekraft 20-25N/mm; Dampfsperrbahn auf saugenden Untergrund an Dachfenster/Kehlen/Grate verkleben				
	m **€ brutto**	6,2	10,6	10,7	12,3	16,4
	KG 363 € netto	5,2	8,9	9,0	10,3	13,7
45	**Blower-Door-Test, Haus bis 900m²**				
	Blower-Door-Test; Druckdifferenz 50Pa; inkl. Prüfbericht, Dokumentation, Öffnungen schließen				
	psch **€ brutto**	290	934	1.082	1.547	2.236
	KG 741 € netto	243	785	909	1.300	1.879
46	**Zwischensparrendämmung MW 035, 140mm**				
	Zwischensparrendämmung; Mineralwolle, WLG 035, A1; Dicke 140mm				
	m² **€ brutto**	13	16	17	19	21
	KG 363 € netto	11	13	15	16	18

Zimmer- und Holzbauarbeiten					Preise €

Nr.	Kurztext / Stichworte		brutto ø		
	Einheit / Kostengruppe ▶	▷	netto ø	◁	◀
47	**Zwischensparrendämmung MW 035, 220mm**				
	Zwischensparrendämmung; Mineralwolle, WLG 035, A1; Dicke 220mm				
	m² **€ brutto**	**19**	**21**	**22**	**23**	**24**
	KG 363 € netto	16	18	18	19	20
48	**Zwischensparrendämmung WF 040, 240mm**				
	Zwischensparrendämmung; Holzfaser, WLG 040; Dicke 240mm; einlagig, stumpf gestoßen				
	m² **€ brutto**	**37**	**42**	**42**	**47**	**49**
	KG 363 € netto	31	35	36	40	41
49	**Außenwanddämmung WAB, MW 035, 240mm**				
	Außenwanddämmung, WAB; Mineralwolle, WLG 035, A1; Dicke 240mm; einlagig				
	m² **€ brutto**	**16**	**20**	**23**	**25**	**29**
	KG 335 € netto	14	17	19	21	25
50	**Außenwanddämmung WF bis 20mm, regensicher**				
	Außenwanddämmung, WH; Holzfaserplatte, WLG 040, E; Dicke 18-20mm; mit Klebebänder/Anf.-System				
	m² **€ brutto**	**19**	**23**	**24**	**29**	**34**
	KG 335 € netto	16	19	21	24	29
51	**Außenwanddämmung WF 50mm, regensicher**				
	Außenwanddämmung, WH; Holzfaserplatte, WLG 040, E; Dicke 50mm; mit Klebebänder/Anf.-System				
	m² **€ brutto**	**22**	**28**	**30**	**30**	**34**
	KG 335 € netto	18	24	25	25	29
52	**Außenwanddämmung WF 80mm, regensicher**				
	Außenwanddämmung, WH; Holzfaserplatte, WLG 040, E; Dicke 80mm; mit Bändern verkleben/NF-Profil				
	m² **€ brutto**	**14**	**27**	**29**	**35**	**46**
	KG 335 € netto	12	23	25	30	39
53	**Außenwanddämmung WF, Putzträgerplatte, 160mm**				
	Außenwanddämmung, WAP; Holzfaserdämmplatte, WLG 040/WLS 042, E; Dicke 160mm; einlagig; Innen-/Außenseite				
	m² **€ brutto**	**–**	**52**	**58**	**65**	**–**
	KG 335 € netto	–	44	49	55	–
54	**Aufsparrendämmung PUR, 120-160mm**				
	Aufsparrendämmung, DAD; Polyurethan-Hartschaum, WLG 025-030, B2; Dicke 120-160mm; einlagig, regensicher				
	m² **€ brutto**	**42**	**46**	**47**	**49**	**51**
	KG 363 € netto	35	38	39	41	43

▶ min
▷ von
ø Mittel
◁ bis
◀ max

016
Zimmer- und Holzbau-
arbeiten

Kosten: Stand 3.Quartal 2015, Bundesdurchschnitt

Zimmer- und Holzbauarbeiten					Preise €

Nr.	Kurztext / Stichworte		brutto ø		
	Einheit / Kostengruppe ▶	▷	netto ø	◁	◀
55	**Einblasdämmung, Zellulose 040**				
	Einblasdämmung, DZ; Zellulosefasern, WLG 040, E; Dicke 100-400mm; inkl. verdichten				
	m³ € brutto	53	82	92	106	130
	KG 363 € netto	44	69	78	89	109
56	**Einblasdämmung, Zellulose 040, 140mm**				
	Einblasdämmung, DZ; Zellulosefasern, WLG 040, E; Dicke 140mm; inkl. verdichten				
	m² € brutto	8,9	13,8	15,6	17,9	21,2
	KG 363 € netto	7,5	11,6	13,1	15,0	17,8
57	**Einblasdämmung, Zellulose 040, 180mm**				
	Einblasdämmung, DZ; Zellulosefasern, WLG 040, E; Dicke 180mm; inkl. verdichten				
	m² € brutto	11	18	20	23	27
	KG 363 € netto	9,6	14,9	16,8	19,3	22,9
58	**Einblasdämmung, Zellulose 040, 200mm**				
	Einblasdämmung, DZ; Zellulosefasern, WLG 040, E; Dicke 200mm; inkl. verdichten				
	m² € brutto	13	20	22	26	30
	KG 363 € netto	11	17	19	21	25
59	**Einblasdämmung, Zellulose 040, bis 300mm**				
	Einblasdämmung, DZ; Zellulosefasern, WLG 040, E; Dicke 260/280/300mm; inkl. verdichten				
	m² € brutto	18	23	25	29	38
	KG 363 € netto	15	19	21	24	32
60	**Akustikvlies, Glasfaser**				
	Akustikvlies; Glasfaser, schwarz, A2; Flächengewicht: 75-80g/m²				
	m² € brutto	2,1	3,7	4,4	5,4	7,0
	KG 363 € netto	1,8	3,1	3,7	4,5	5,9
61	**Vordeckung, Bitumenbahn V13**				
	Vordeckung; Glasvlies-Bitumendachbahn V 13; mechanisch befestigen; auf Holzwerkstoffplatten				
	m² € brutto	4,5	6,8	7,5	7,9	9,9
	KG 363 € netto	3,8	5,8	6,3	6,6	8,3
62	**Insektenschutz, Lochblech**				
	Insektenschutzgitter; Lochblech; zweifach gekantet				
	m € brutto	3,6	6,6	7,7	11,6	19,8
	KG 363 € netto	3,1	5,5	6,5	9,7	16,6

Zimmer- und Holzbauarbeiten						Preise €

Nr.	**Kurztext** / Stichworte			**brutto ø**		
	Einheit / Kostengruppe ▶		▷	netto ø	◁	◀
63	**Traglattung, Nadelholz, 30x50mm**					
	Trag-/Konterlattung; Nadelholz, S10TS, sägerau; 30x50mm; auf Holzunterkonstruktion					
	m	€ brutto	1,5	2,4	2,7	3,4	4,9
	KG 363	€ netto	1,3	2,0	2,3	2,8	4,1
64	**Traglattung, Nadelholz, 40x60mm**					
	Trag-/Konterlattung; Nadelholz, S10TS, sägerau; 40x60mm; auf Holzunterkonstruktion					
	m	€ brutto	1,8	3,4	4,3	5,7	9,0
	KG 363	€ netto	1,5	2,8	3,6	4,8	7,5
65	**Dachlattung, Nadelholz, 30x50mm**					
	Dachlattung; Nadelholz, S10TS, sägerau; 30x50mm; auf Holzunterkonstruktion					
	m²	€ brutto	2,2	4,1	5,2	6,2	8,8
	KG 363	€ netto	1,8	3,5	4,4	5,2	7,4
66	**Dachlattung, Nadelholz, 40x60mm**					
	Dachlattung; Nadelholz, S10TS, sägerau; 40x60mm					
	m²	€ brutto	4,2	6,9	7,3	8,8	11,6
	KG 363	€ netto	3,6	5,8	6,2	7,4	9,8
67	**Nageldichtband**					
	Nageldichtband; unter Konterlattung					
	m	€ brutto	1,7	2,4	2,9	3,5	4,7
	KG 363	€ netto	1,4	2,0	2,4	3,0	4,0
68	**Wohndachfenster, bis 1,00m², Uw=1,4**					
	Wohndachfenster; Nadelholz, Uw=1,4W/(m²K), Rw, R=35dB; 780x1180mm; Klapp-Schwing-Fenster; inkl. Eindeck- und Dämmrahmen					
	St	€ brutto	569	816	944	1.100	1.392
	KG 362	€ netto	478	686	793	924	1.170
69	**Außenwand, Holzrahmen, 16cm, OSB, WF**					
	Außenwand, Holzrahmenkonstruktion; Nadelholz, S10TS, OSB/2-Platte, Holzfaserplatte, WLG 040; OSB/2 Dicke 15mm, Holzfaserplatte Dicke 160mm; Beplankung innen OSB/2 Platte, außen Holzfaserplatte					
	m²	€ brutto	46	92	107	142	231
	KG 337	€ netto	39	77	90	120	194
70	**Außenwand, Holzstegträger, 2xOSB, Zellulose, WF**					
	Wandelement, Doppelstegträger; Holzfaserdämmplatte, WLS 051/045, Schüttung Zellulosefasern WLG 040, OSB/4-Platte; Beplankung innen OSB/2 Platte, außen Holzfaserplatte					
	m²	€ brutto	49	110	136	175	236
	KG 337	€ netto	41	93	115	147	198

► min
▷ von
ø Mittel
◁ bis
◄ max

016
Zimmer- und Holzbau-arbeiten

Kosten: Stand 3.Quartal 2015, Bundesdurchschnitt

Zimmer- und Holzbauarbeiten					Preise €

Nr.	Kurztext / Stichworte		**brutto ø**			
	Einheit / Kostengruppe ►	▷	netto ø	◁	◄	
71	**Innenwand, Holzständer, 11,5cm, Sperrholz, WF**					
	Innenwand, Holzrahmenkonstruktion, nichttragend; Nadelholz, S10TS, Holzfaserdämmschicht, WLG 040, Sperrholzplatte; Nadelholz Dicke 115mm, Sperrholz Dicke 15mm; einseitig beplankt					
	m² **€ brutto**	39	71	84	103	144
	KG 342 € netto	33	60	71	86	121
72	**Türöffnung, Holz-Innenwand**					
	Öffnung herstellen, Holzständerinnenwand; bxh=1.000x2.000/ 1.000x2.125mm, Dicke 100-150mm; einflügliges Türelement					
	St **€ brutto**	36	50	56	65	87
	KG 340 € netto	31	42	47	54	73
73	**Lattenverschlag, Nadelholz, 30/50mm**					
	Lattenverschlag; Nadelholz, gehobelt GKL 2; Kantholz 60x60mm, Latten 30x50mm; oben, unten verschraubt					
	m² **€ brutto**	21	39	46	55	78
	KG 346 € netto	17	33	39	47	66
74	**Beplankung, Wand, GK 12,5mm**					
	Wandbeplankung; Gipsplatte; Dicke 12,5mm, Höhe bis 3,00m; einlagig, verschraubt; Holzunterkonstruktion					
	m² **€ brutto**	7,3	17,5	19,7	25,4	40,5
	KG 345 € netto	6,1	14,7	16,5	21,3	34,1
75	**Brettstapeldecke, 16cm, gehobelt**					
	Brettstapeldecke; Nadelholz, S10TS, gehobelt; Breite 140-150cm, Dicke 16cm; sichtbar/nicht sichtbar; inkl. Aussparungen, Anschluss-ausformungen, Verbindungsmittel					
	m² **€ brutto**	107	124	128	134	155
	KG 351 € netto	90	104	107	113	130
76	**Brettstapeldecke, bis 22cm, gehobelt**					
	Brettstapeldecke; Nadelholz, S10TS, gehobelt; Breite 140-150cm, Dicke bis 22cm; sichtbar/nicht sichtbar; inkl. Aussparungen, Anschluss-ausformungen, Verbindungsmittel					
	m² **€ brutto**	104	162	168	184	220
	KG 351 € netto	88	136	141	155	185
77	**Holzrost außen, Bohlen-Belag**					
	Holzrost, außen; Bangkirai, C24, S10; Bohlenbreite 150mm, Fugen-breite 4-6mm; Oberfläche geriffelt					
	m² **€ brutto**	55	103	119	203	309
	KG 520 € netto	46	87	100	171	260

Zimmer- und Holzbauarbeiten					Preise €

Nr.	Kurztext / Stichworte		brutto ø			
	Einheit / Kostengruppe ▶	▷	netto ø	◁	◀	

78 Holztreppe, Wangentreppe
Wangentreppe, Holz; Eiche; Stufen 15 St, Stg.175x280mm, Breite 800mm; einläufig, mit/ohne Setzstufe; zwischen Gebälk/Betondecke

St	€ brutto	1.965	4.146	5.277	5.483	7.643
KG 351	€ netto	1.651	3.484	4.434	4.607	6.422

79 Einschubtreppe, gedämmt
Einschubtreppe, Holz; Hartholzstufen; Öffnung Breite 600/700mm; zwei-/dreiteilig, gedämmt, mit/ohne einseitigem Handlauf, mit/ohne Schutzgeländer; Gebälk/Holzplattenschalung

St	€ brutto	560	1.039	1.148	2.053	3.623
KG 359	€ netto	471	873	964	1.726	3.044

80 Holztreppe, Einschubtreppe
Einschubtreppe, Holz; Hartholzstufen; Treppenöffnung 700x1.400mm; zweiteilig, einseitiger Handlauf

St	€ brutto	484	692	778	1.149	1.811
KG 351	€ netto	407	581	654	965	1.522

81 Scherentreppe, Aluminium
Scherentreppe, Aluminium; Hartholzstufen; Öffnungsbreite 600/700mm; zwei-/dreiteilig, mit/ohne einseitigem Handlauf, mit/ohne Schutz-geländer; Gebälk/Holzplattenschalung

St	€ brutto	718	1.400	1.504	1.648	2.076
KG 359	€ netto	604	1.177	1.264	1.385	1.745

82 Windrispenband, 40/2mm
Windrispenband; 40x2mm; Dachschalung; inkl. Befestigungsmaterial

m	€ brutto	1,5	4,3	5,0	5,9	7,8
KG 361	€ netto	1,3	3,6	4,2	4,9	6,6

83 Windrispenband, 60/3mm
Windrispenband; 60x3mm; Dachschalung; inkl. Befestigungsmittel

m	€ brutto	2,9	5,0	6,0	6,7	8,4
KG 361	€ netto	2,4	4,2	5,1	5,7	7,0

84 Aussteifungsverband, diagonal
Aussteifungsverband; S355J0; Durchmesser 16-30mm; geschraubt/ geschweißt

m	€ brutto	–	29	32	35	–
KG 361	€ netto	–	24	27	29	–

85 Knoten/Stützenfußpunkt, Formteil, Flachstahl
Knoten/Stützenfußpunkt, Formteil; Flachstahl, S235JR, feuerverzinkt

kg	€ brutto	4,0	7,2	8,5	11,7	18,3
KG 361	€ netto	3,4	6,0	7,2	9,9	15,4

▶ min
▷ von
ø Mittel
◁ bis
◀ max

016
Zimmer- und Holzbau-arbeiten

Kosten: Stand 3.Quartal 2015, Bundesdurchschnitt

Zimmer- und Holzbauarbeiten					Preise €

Nr.	Kurztext / Stichworte		**brutto ø**			
	Einheit / Kostengruppe ▶	▷	netto ø	◁	◀	

86 Verbindungen, Kleineisenteile, Winkel/Knaggen
Kleineisenteile, Verbindungsmittel; BMF-Winkelverbinder,
feuerverzinkter Stahl; inkl. Bohr- und Stemmarbeiten

kg	€ brutto	2,9	5,7	6,9	8,7	13,6
KG 361	€ netto	2,5	4,8	5,8	7,3	11,4

87 Verankerung, Profilanker, Schwelle
Verankerung Holzschwelle; Profilanker; Ankernägel 4x40mm

St	€ brutto	2,3	5,3	6,7	10,5	20,4
KG 361	€ netto	1,9	4,5	5,6	8,8	17,1

88 Befestigung, Stabdübel, Edelstahl
Kleineisenteile, Befestigungsmittel; Stabdübel, Edelstahl;
Durchmesser 12mm; inkl. Bohrung

St	€ brutto	0,9	3,5	4,5	8,8	16,0
KG 361	€ netto	0,7	2,9	3,8	7,4	13,5

89 Befestigung, Klebeanker, Edelstahl
Kleineisenteile, Befestigungsmittel; Klebeanker, nicht rostender Stahl;
M6/M8/M12

St	€ brutto	4,3	9,1	10,9	14,1	20,4
KG 361	€ netto	3,6	7,6	9,2	11,8	17,1

90 Befestigung, Gewindestange
Kleineisenteile, Befestigungsmittel; Gewindestange, feuerverzinkt;
M12; inkl. Bohrung, Unterlegscheiben, Muttern

St	€ brutto	1,7	6,1	8,3	11,6	17,0
KG 361	€ netto	1,4	5,2	6,9	9,8	14,3

91 Baustellenschweißen
Schweißarbeiten auf der Baustelle; Abrechnung nach Stunden

h	€ brutto	43	49	53	56	61
KG 399	€ netto	36	41	44	47	51

92 Schüttung, Sand, in Decken
Schüttung; Sand, A1; Dicke 60-80mm; einlagig, trocken; zwischen
Deckensparren

m²	€ brutto	8,2	11,5	12,3	13,1	19,7
KG 351	€ netto	6,9	9,7	10,3	11,0	16,6

93 Schüttung, Splitt, in Decken
Schüttung; Splitt, A1; einlagig, trocken; zwischen Deckensparren

m²	€ brutto	12	15	20	22	28
KG 351	€ netto	10	12	17	18	24

Zimmer- und Holzbauarbeiten					Preise €

Nr.	Kurztext / Stichworte		brutto ø		
	Einheit / Kostengruppe ▶	▷	netto ø	◁	◀
94	**Bodenbelag, Holz, Innenraum**				
	Bodenbelag, Dielen; Massivholz, gehobelt/geschliffen;				
	Dicke bis 45mm, Breite bis 280mm; geschraubt/verklebt, NF				
	m² € brutto	22	56	76	84	111
	KG 352 € netto	19	47	64	71	93
95	**Stundensatz Facharbeiter, Holzbau**				
	Stundenlohnarbeiten, Vorarbeiter, Facharbeiter; Holzbau				
	h € brutto	46	53	56	59	68
	€ netto	39	45	47	50	57
96	**Stundensatz Helfer, Holzbau**				
	Stundenlohnarbeiten, Werker, Helfer; Holzbau				
	h € brutto	24	36	43	45	49
	€ netto	20	30	36	38	41

017
Stahlbauarbeiten

Stahlbauarbeiten					Preise €

Nr.	Kurztext / Stichworte		brutto ø		
	Einheit / Kostengruppe ▶	▷	netto ø	◁	◀

1 Handlauf, Rohrprofil, beschichtet
Handlauf; Stahlrohr, S235JR, verzinkt/beschichtet; Durchmesser 25-60mm, Wandhalterung 12-16mm; Wandabstand 50cm

m	€ brutto	57	74	81	85	101
KG 359	€ netto	48	62	68	71	85

2 Profilstahl-Konstruktion, Profile UNP/UPE
Stahlträger, Walzprofil U; S235JR, grundiert/beschichtet; Decke; inkl. Kopfplatten, Steifen Bohrungen, Verschraubungsmittel

kg	€ brutto	1,7	3,5	3,7	4,4	6,0
KG 351	€ netto	1,5	3,0	3,1	3,7	5,0

3 Profilstahl-Konstruktion, Profile IPE
Stahlträger, HEB/IPE/HEA/HEM; S235JR, grundiert/beschichtet; Deckenkonstruktion

kg	€ brutto	2,3	3,5	3,9	5,0	7,0
KG 351	€ netto	1,9	2,9	3,3	4,2	5,9

4 Profilstahl-Konstruktion, Profile HEA
Stahlträger, HEA; S235JR, grundiert/beschichtet; Deckenkonstruktion; inkl. Kopfplatten, Steifen, Bohrungen, Verbindungsmittel

kg	€ brutto	1,5	2,6	3,1	4,1	6,7
KG 351	€ netto	1,3	2,2	2,6	3,4	5,7

5 Rundstahl, Zugstange, bis 36mm
Zugstange, Rundstahl; S355J0, grundiert/beschichtet; Dicke bis 36mm; mit Gewindeschloss als Diagonalaussteifung; Außenwand-/Decke; inkl. Anschlussbleche, Steifungen, Verbindungsmittel und Bohrungen

kg	€ brutto	3,7	4,5	4,7	5,7	10,7
KG 361	€ netto	3,1	3,8	4,0	4,8	9,0

6 Stahlstütze, Rundrohrprofil
Stahlstütze; Rundstahl, S235 J2, grundiert/beschichtet; Deckenkonstruktion; inkl. Kopfplatten, Steifungen, Verbindungsmittel, Bohrungen

kg	€ brutto	2,8	4,3	5,0	7,5	12,0
KG 333	€ netto	2,4	3,6	4,2	6,3	10,1

7 Stahlkonstruktion, nicht rostend
Stahlkonstruktion; nicht rostend, gebürstet/geschliffen; Steifungen, Verbindungsmittel, Bohrungen

kg	€ brutto	5,0	11,0	11,5	12,6	15,3
KG 339	€ netto	4,2	9,2	9,7	10,6	12,9

▶	min
▷	von
ø	Mittel
◁	bis
◀	max

017
Stahlbauarbeiten

Kosten: Stand 3.Quartal 2015, Bundesdurchschnitt

Stahlbauarbeiten					Preise €

Nr.	Kurztext / Stichworte		brutto ø		
	Einheit / Kostengruppe ▶	▷	netto ø	◁	◀
8	**Verzinken, Stahlprofile**				
	Feuerverzinkung; Stahlkonstruktion, Korrosivitätskategorie C4; inkl. Entrostung				
	kg € brutto	0,3	0,5	0,6	0,7	1,3
	KG 333 € netto	0,3	0,4	0,5	0,6	1,1
9	**Kleineisenteile, Einbauteile/Hilfskonstruktionen**				
	Kleineisenteile, Hilfskonstruktionen, Stahl; S235JR, feuerverzinkt; 2-5kg/St; inkl. Steifungen, Verbindungsmittel, Bohrungen				
	kg € brutto	2,6	4,9	5,6	8,2	12,7
	KG 351 € netto	2,2	4,1	4,7	6,9	10,7
10	**Dachdeckung, Trapezblech, Stahl**				
	Dachdeckung, Trapezblech; Stahl; Dicke 0,75/0,88mm, Höhe 140-60mm, Länge bis 5,50m; als Ein-/Zwei-/Drei-/Fünffeldträger				
	m² € brutto	18	33	40	51	75
	KG 363 € netto	15	28	33	43	63
11	**Dachdeckung, Trapezblech, Stahl, gewölbt**				
	Dachdeckung, Trapezblech; Stahl; Dicke 0,75-0,88mm, Höhe 140-160mm, Länge bis 5,50m; als Einfeldträger				
	m² € brutto	–	51	58	68	–
	KG 363 € netto	–	43	48	57	–
12	**Randverstärkung, Übergangsblech, Trapezblechdeckung**				
	Randverstärkung; Stahl-Blech; Dicke 0,75/0,88mm, Abwicklung 333-1.000mm; gekantet				
	m € brutto	13	27	33	35	46
	KG 363 € netto	11	23	27	29	39
13	**Bohrungen, Stahl bis 16 mm**				
	Bohrung; Durchmesser bis 35mm, Materialstärke bis 16mm; Stahlblech, Stege, Flansche				
	St € brutto	2,5	9,3	10,4	18,4	27,9
	KG 359 € netto	2,1	7,8	8,7	15,4	23,4
14	**Ramm-/Anfahrschutz**				
	Anfahrschutz; Rundrohr; Höhe 1.000mm, Breite 600				
	St € brutto	164	412	484	721	1.133
	KG 559 € netto	138	347	407	606	952
15	**Treppe, einläufig, eingeschossig**				
	Treppe, als Stahlwangentreppe; S235JR; 16x17,2x28cm; innen/außen; einläufig, inkl. Bohrungen, Verankerungsmittel				
	St € brutto	1.820	3.672	4.511	4.914	6.005
	KG 351 € netto	1.530	3.086	3.791	4.130	5.046

Stahlbauarbeiten					Preise €

Nr.	Kurztext / Stichworte	**brutto ø**			
	Einheit / Kostengruppe ▶	▷ netto ø ◁			◀
16	**Steigleiter, Notausstieg**				
	Steigleiter, Not-/Feuerleiter; Stahlrohr, S235JR; Sprossen 25x25x1,5mm, Breite 500mm				
	m € brutto	192	255	279	342	433
	KG 339 € netto	161	214	234	288	364
17	**Gitterroste, verzinkt, rutschhemmend, verankert**				
	Gitterrost; feuerverzinkt; Maschenteilung 33,3x11,1mm; rutschhemmend, verankern				
	m² € brutto	72	102	108	121	161
	KG 339 € netto	61	85	91	102	135
18	**Brandschutzbeschichtung, F30, Stahlbauteile**				
	Brandschutzbeschichtung F30; Stahlkonstruktion; reinigen, entrosten; Stahlträger/Fachwerkbinder/Stützen/....				
	m² € brutto	41	57	62	80	125
	KG 333 € netto	34	48	52	68	105
19	**Brandschutzbeschichtung, Stahlbauteile, Decklack**				
	Brandschutzbeschichtung F30/F60/F90; Überzugslack; Stahlträger/Fachwerkbinder/Stützen				
	m² € brutto	10	21	22	32	42
	KG 333 € netto	8,5	17,5	18,6	26,5	35,6
20	**Stundensatz Facharbeiter, Stahlbau**				
	Stundenlohnarbeiten, Vorarbeiter, Facharbeiter; Stahlbau				
	h € brutto	45	54	58	63	72
	€ netto	38	45	49	53	61
21	**Stundensatz Helfer, Stahlbau**				
	Stundenlohnarbeiten, Werker, Helfer; Stahlbau				
	h € brutto	32	41	46	50	59
	€ netto	27	35	38	42	49

018
Abdichtungsarbeiten

Abdichtungsarbeiten					Preise €

Nr.	Kurztext / Stichworte		brutto ø		
	Einheit / Kostengruppe ▶	▷	netto ø	◁	◀
1	**Untergrund reinigen**				
	Untergrund reinigen; Staub, grobe Verschmutzungen, lose Teile; besenrein abkehren, entsorgen				
	m² € brutto	0,2	1,1	1,5	2,8	5,4
	KG 325 € netto	0,1	1,0	1,3	2,3	4,5
2	**Voranstrich, Abdichtung, Betonbodenplatte**				
	Voranstrich, Abdichtung; Bitumen-Voranstrich/Bitumen-Emulsion; 300g/m²; vollflächig; Stahlbetonbodenplatte				
	m² € brutto	1,1	2,1	2,6	3,6	6,0
	KG 325 € netto	0,9	1,8	2,2	3,0	5,0
3	**Wandanschluss, Bitumen-Dichtbahn**				
	Abdichtungsanschluss, Wand; Bitumendichtbahn; zwischen Bodenplatte und aufgehender Wand				
	m € brutto	3,7	5,0	5,3	6,4	7,9
	KG 326 € netto	3,1	4,2	4,5	5,4	6,6
4	**Dichtungsanschluss, Anschweißflansch**				
	Abdichtungsanschluss, Durchdringungen; Anschweißflansch; DN100-250; gegen Bodenfeuchte; Bodenplatte				
	St € brutto	8,2	12,8	15,2	17,3	22,2
	KG 325 € netto	6,9	10,7	12,7	14,6	18,6
5	**Dichtungsanschluss, Klemm-/Klebeflansch**				
	Abdichtungsanschluss, Durchdringungen; Klemm-/Klebeflansch; DN100; gegen Bodenfeuchte; Bodenplatte				
	St € brutto	10	29	36	43	61
	KG 325 € netto	8,5	24,6	30,4	36,1	50,9
6	**Perimeterdämmung, XPS bis 60mm, Bodenplatte**				
	Perimeterdämmung; Polystyrolplatten, extrudiert, E; Dicke bis 60mm; umlaufendem Falz, dicht gestoßen; unter Bodenplatte				
	m² € brutto	14	18	21	23	31
	KG 326 € netto	11	15	17	20	26
7	**Perimeterdämmung, XPS bis 100mm, Bodenplatte**				
	Perimeterdämmung; Polystyrolplatten, extrudiert, E; Dicke 60-100mm; umlaufendem Falz, dicht gestoßen; unter Bodenplatte				
	m² € brutto	19	23	25	28	35
	KG 326 € netto	16	19	21	24	29
8	**Perimeterdämmung, XPS bis 240mm, Bodenplatte**				
	Perimeterdämmung; Polystyrolplatten, extrudiert, E; Dicke 150-240mm; umlaufendem Falz, dicht gestoßen; unter Bodenplatte				
	m² € brutto	45	51	52	54	59
	KG 326 € netto	38	43	43	45	50

▶ min
▷ von
ø Mittel
◁ bis
◀ max

018
Abdichtungsarbeiten

Kosten: Stand 3.Quartal 2015, Bundesdurchschnitt

Abdichtungsarbeiten				Preise €

Nr.	Kurztext / Stichworte		brutto ø		
	Einheit / Kostengruppe ▶	▷	netto ø	◁	◀
9	**Perimeterdämmung, XPS, bis 60mm, Fundament**				
	Perimeterdämmung; Polystyrolplatten, extrudiert, E; Dicke 60mm; umlaufendem Falz, dicht gestoßen, geklebt; Fundament				
	m² € brutto	16	21	22	26	31
	KG 326 € netto	14	18	19	22	26
10	**Perimeterdämmung, XPS 80mm, Wand**				
	Perimeterdämmung; Polystyrolplatten, extrudiert, WLG 040, E; Dicke 80mm; umlaufendem Falz, dicht gestoßen, geklebt; Außenwand				
	m² € brutto	–	22	28	34	–
	KG 335 € netto	–	19	24	29	–
11	**Perimeterdämmung, XPS 100mm, Wand**				
	Perimeterdämmung; Polystyrolplatten, extrudiert, WLG 040, E; Dicke 100mm; umlaufendem Falz, dicht gestoßen, geklebt; Außenwand				
	m² € brutto	–	24	31	38	–
	KG 335 € netto	–	20	26	32	–
12	**Perimeterdämmung, XPS 120mm, Wand**				
	Perimeterdämmung; Polystyrolplatten, extrudiert, WLG 040, E; Dicke 120mm; umlaufendem Falz, dicht gestoßen, geklebt; Außenwand				
	m² € brutto	–	29	36	46	–
	KG 335 € netto	–	24	30	39	–
13	**Perimeterdämmung, XPS 160mm, Wand**				
	Perimeterdämmung; Polystyrolplatten, extrudiert, WLG 040, E; Dicke 160mm; umlaufendem Falz, dicht gestoßen, geklebt; Außenwand				
	m² € brutto	26	35	37	46	60
	KG 335 € netto	22	30	31	39	50
14	**Perimeterdämmung, CG, 120mm, Wand**				
	Perimeterdämmung; Schaumglasplatten, WLG 040, A; Dicke 120mm; umlaufendem Falz, dicht gestoßen, geklebt; Außenwand				
	m² € brutto	53	57	72	80	90
	KG 335 € netto	45	48	60	67	76
15	**Perimeterdämmung, CG, 140mm, Wand**				
	Perimeterdämmung; Schaumglasplatten, WLG 040, A; Dicke 140mm; umlaufendem Falz, dicht gestoßen, geklebt; Außenwand				
	m² € brutto	57	61	77	85	96
	KG 335 € netto	48	51	64	71	80

Abdichtungsarbeiten						Preise €
Nr.	**Kurztext** / Stichwrte			**brutto ø**		
	Einheit / Kostengruppe ▶	▷		netto ø	◁	◀
16	**Perimeterdämmung, CG, 160mm, Wand**					
	Perimeterdämmung; Schaumglasplatten, WLG 040, A; Dicke 160mm; umlaufendem Falz, dicht gestoßen, geklebt; Außenwand					
	m² € brutto	62	66	83	92	104
	KG 335 € netto	52	56	70	78	87
17	**Perimeterdämmung, CG, 200mm, Wand**					
	Perimeterdämmung; Schaumglasplatten, WLG 040, A; Dicke 200mm; umlaufendem Falz, dicht gestoßen, geklebt; Außenwand					
	m² € brutto	71	76	96	106	119
	KG 335 € netto	59	64	80	89	100
18	**Trennlage, PE-Folie, unter Bodenplatte**					
	Trennlage; PE-Folie, 0,2mm; einlagig					
	m² € brutto	0,9	1,5	1,8	2,4	3,5
	KG 326 € netto	0,7	1,3	1,5	2,0	3,0
19	**Querschnittsabdichtung G200DD, Mauerwerk bis 11,5cm**					
	Querschnittsabdichtung, Wand; Bitumen-Dachdichtungsbahn G200DD; Mauerdicke bis 11,50cm; einlagig, gegen aufsteigende Feuchtigkeit; in/unter Mauerwerk					
	m € brutto	0,8	1,5	1,9	3,0	4,7
	KG 342 € netto	0,7	1,3	1,6	2,5	3,9
20	**Querschnittsabdichtung G200DD, Mauerwerk bis 17,5cm**					
	Querschnittsabdichtung, Wand; Bitumen-Dachdichtungsbahn G200DD; Mauerdicke bis 17,5cm; einlagig, gegen aufsteigende Feuchtigkeit; in/unter Mauerwerk					
	m € brutto	1,2	3,4	4,2	6,4	9,8
	KG 341 € netto	1,0	2,9	3,5	5,4	8,3
21	**Querschnittsabdichtung G200DD, Mauerwerk bis 24cm**					
	Querschnittsabdichtung, Wand; Bitumen-Dachdichtungsbahn G200DD; Mauerdicke bis 24cm; einlagig, gegen aufsteigende Feuchtigkeit; in/unter Mauerwerk					
	m € brutto	3,3	5,0	5,8	8,8	12,4
	KG 341 € netto	2,8	4,2	4,9	7,4	10,4
22	**Querschnittsabdichtung G200DD, Mauerwerk bis 36,5cm**					
	Querschnittsabdichtung, Wand; Bitumen-Dachdichtungsbahn G200DD; Mauerdicke bis 36,5cm; einlagig, gegen aufsteigende Feuchtigkeit; in/unter Mauerwerk					
	m € brutto	4,4	10,3	11,0	13,7	22,8
	KG 331 € netto	3,7	8,7	9,2	11,5	19,1

► min
▷ von
ø Mittel
◁ bis
◄ max

018
Abdichtungsarbeiten

Kosten: Stand 3.Quartal 2015, Bundesdurchschnitt

Abdichtungsarbeiten				Preise €	

Nr.	Kurztext / Stichworte		brutto ø		
	Einheit / Kostengruppe ►	▷	netto ø	◁	◄
23	**Bodenabdichtung, Bodenfeuchte, PMBC**				
	Bodenabdichtung gegen Bodenfeuchte; kunststoffmodifizierte Bitumendickbeschichtung; Schichtdicke 3mm; zwei Arbeitsgänge; Kellersohle, Beton				
	m² **€ brutto**	17	19	21	23	26
	KG 326 € netto	14	16	18	19	22
24	**Bodenabdichtung, Bodenfeuchte, MDS starr**				
	Bodenabdichtung gegen Bodenfeuchte; Dichtungsschlämme, mineralisch, starr; Schichtdicke 3mm; zwei Arbeitsgänge; Kellersohle, Beton				
	m² **€ brutto**	17	18	20	22	24
	KG 326 € netto	14	15	17	19	21
25	**Bodenabdichtung, Bodenfeuchte, MDS flexibel**				
	Bodenabdichtung gegen Bodenfeuchte; Dichtungsschlämme, mineralisch, flexibel; Schichtdicke 3mm; zwei Arbeitsgänge; Kellersohle, Beton				
	m² **€ brutto**	22	23	27	30	33
	KG 326 € netto	18	20	22	25	28
26	**Bodenabdichtung, Bodenfeuchte, PV200 DD**				
	Bodenabdichtung gegen Bodenfeuchte; Bitumendachdichtungsbahn PV200 DD; Kellersohle, Beton				
	m² **€ brutto**	16	18	20	22	25
	KG 326 € netto	14	15	17	19	21
27	**Bodenabdichtung, Bodenfeuchte, PYE G200S4**				
	Bodenabdichtung gegen Bodenfeuchte; Bitumendachdichtungsbahn PYE G200 S4; Kellersohle, Beton				
	m² **€ brutto**	17	18	21	23	26
	KG 326 € netto	14	15	18	20	22
28	**Bodenabdichtung, n.dr.Wasser, PMBC**				
	Bodenabdichtung gegen nicht drückendes Wasser; Bitumendickbeschichtung, kunststoffmodifiziert; Schichtdicke 3mm; zwei Arbeitsgänge, mit Gewebeeinlage; Nassraum, Beton				
	m² **€ brutto**	25	27	33	37	41
	KG 326 € netto	21	22	28	31	34
29	**Bodenabdichtung, n.dr.Wasser, MDS starr**				
	Bodenabdichtung gegen nicht drückendes Wasser; Dichtungsschlämme, mineralisch, starr; Schichtdicke 4mm; zwei Arbeitsgänge; Nassraum, Beton				
	m² **€ brutto**	24	26	28	31	35
	KG 326 € netto	20	21	24	26	29

Abdichtungsarbeiten				Preise €	

Nr.	Kurztext / Stichworte		brutto ø		
	Einheit / Kostengruppe ▶	▷	netto ø	◁	◀

30 Bodenabdichtung, n.dr.Wasser, MDS flexibel

Bodenabdichtung gegen nicht drückendes Wasser; Dichtungsschlämme, mineralisch, flexibel; Schichtdicke 4mm; zwei Arbeitsgänge;
Nassraum, Beton

m²	€ brutto	28	31	32	36	40
KG 326	€ netto	24	26	27	30	33

31 Hohlkehle, Dichtungsschlämme

Hohlkehle; Dichtungsschlämme; in Flächendichtung eingebunden;
zwischen Fundament und Wand

m	€ brutto	2,5	6,0	7,1	10,2	20,0
KG 335	€ netto	2,1	5,0	6,0	8,6	16,8

32 Voranstrich, Wandabdichtung

Voranstrich, Haftgrund; Bitumenlösung/Bitumen-Emulsion; vollflächig
aufbringen; Betonwand

m²	€ brutto	0,8	2,5	3,1	4,3	6,9
KG 335	€ netto	0,7	2,1	2,6	3,6	5,8

33 Wandabdichtung, Bodenfeuchte, MDS starr

Wandabdichtung gegen Bodenfeuchte, nicht stauendes Sickerwasser;
Dichtungsschlämme, zementgebunden, starr; Schichtdicke 2mm;
zwei Arbeitsgänge; Kelleraußenwand; Beton/Mauerwerk

m²	€ brutto	15	16	19	21	24
KG 335	€ netto	12	13	16	18	20

34 Wandabdichtung, Bodenfeuchte, MDS flexibel

Wandabdichtung gegen Bodenfeuchte, nicht stauendes Sickerwasser;
Dichtungsschlämme, zementgebunden, flexibel; Schichtdicke 2mm;
zwei Arbeitsgänge; Kelleraußenwand; Beton/Mauerwerk

m²	€ brutto	18	19	23	26	28
KG 335	€ netto	15	16	19	22	24

35 Wandabdichtung, Bodenfeuchte, PMBC

Wandabdichtung gegen Bodenfeuchte, nicht stauendes Sickerwasser;
Bitumendickbeschichtung, kunststoffmodifiziert; Schichtdicke mind.
3mm; zwei Arbeitsgänge; Kelleraußenwand; Beton/Mauerwerk

m²	€ brutto	17	18	22	24	27
KG 335	€ netto	14	15	18	20	22

36 Wandabdichtung, Sickerwasser, MDS starr

Wandabdichtung gegen aufstauendes Sickerwasser; Dichtungsschlämme, zementgebunden, starr; Schichtdicke mind. 3mm;
zwei Arbeitsgänge; Kelleraußenwand; Beton/Mauerwerk

m²	€ brutto	17	19	24	26	29
KG 335	€ netto	15	16	20	22	24

► min
▷ von
ø Mittel
◁ bis
◄ max

018
Abdichtungsarbeiten

Kosten: Stand 3.Quartal 2015, Bundesdurchschnitt

Abdichtungsarbeiten					Preise €

Nr.	Kurztext / Stichworte		brutto ø		
	Einheit / Kostengruppe ►	▷	netto ø	◁	◄
37	**Wandabdichtung, Sickerwasser, MDS flexibel**				
	Wandabdichtung gegen aufstauendes Sickerwasser; Dichtungs-				
	schlämme, zementgebunden, flexibel; Schichtdicke mind. 3mm;				
	zwei Arbeitsgänge; Kelleraußenwand; Beton/Mauerwerk				
	m² **€ brutto**	24	26	26	28	32
	KG 335 € netto	21	22	22	24	27
38	**Wandabdichtung, Sickerwasser, PMBC**				
	Wandabdichtung gegen aufstauendes Sickerwasser; Bitumendick-				
	beschichtung, kunststoffmodifiziert; Schichtdicke mind. 4mm;				
	zwei Arbeitsgänge mit Gewebeeinlage; Kelleraußenwand;				
	Beton/Mauerwerk				
	m² **€ brutto**	23	25	26	28	31
	KG 335 € netto	20	21	21	24	26
39	**Wandabdichtung, Sickerwasser, KSP**				
	Wandabdichtung gegen aufstauendes Sickerwasser; Bitumendach-				
	dichtungsbahn PYE KTG KSP 2,8; vollflächig kleben; Kelleraußenwand;				
	Untergrund Beton/Mauerwerk				
	m² **€ brutto**	18	19	23	26	28
	KG 335 € netto	15	16	19	22	24
40	**Wandabdichtung, Sickerwasser, G200DD/PYE-PV200DD**				
	Abdichtung gegen von außen aufstauendes Sickerwasser; Bitumen-				
	dachdichtungsbahn G 200DD, Polymerbitumenschweißbahn				
	PV200DD; zweilagig, überlappend, vollflächig verkleben; Kelleraußen-				
	wand				
	m² **€ brutto**	18	20	32	36	40
	KG 335 € netto	15	16	27	30	33
41	**Wandabdichtung, Sickerwasser, PYE-PV200S5**				
	Abdichtung gegen von außen aufstauendes Sickerwasser; Polymer-				
	bitumenschweißbahn PV200DD; einlagig, überlappend, vollflächig				
	verkleben; Kelleraußenwand				
	m² **€ brutto**	17	18	26	28	31
	KG 335 € netto	14	15	21	24	26
42	**Wandabdichtung, drückendes Wasser, R500N Kupfer**				
	Abdichtung gegen von außen drückendes Wasser und aufstauendes				
	Sickerwasser; Bitumenbahn R500N mit Kupfereinlage; zweilagig,				
	überlappend, vollflächig verkleben; Kelleraußenwand				
	m² **€ brutto**	29	32	43	48	53
	KG 335 € netto	25	27	36	40	44

Abdichtungsarbeiten						Preise €

Nr.	Kurztext / Stichworte		brutto ø			
	Einheit / Kostengruppe ▶	▷	netto ø		◁	◀
43	**Wandabdichtung, drückendes Wasser, R500N, 3-lagig**					
	Abdichtung gegen von außen drückendes Wasser und aufstauendes Sickerwasser; Bitumenbahn R500N mit Kupfereinlage; dreilagig, überlappend, vollflächig verkleben; Kelleraußenwand					
	m² € **brutto**	**33**	**36**	**46**	**51**	**56**
	KG 335 € netto	28	30	38	43	47
44	**Fugenabdichtung, Wand, Feuchte, Dichtmasse**					
	Bewegungsfugenabdichtung, Bodenfeuchte; Dichtungsschlämme, mineralisch, flexibel; Fugenbreite 15mm; inkl. Fugen verbreiten, hinterfüllen; Wand, erdberührt					
	m € **brutto**	**7,2**	**8,1**	**10,9**	**12,1**	**13,4**
	KG 326 € netto	6,1	6,8	9,2	10,2	11,3
45	**Fugenabdichtung, Wand, Feuchte, Fugenband**					
	Abdichtung über Fuge, Bodenfeuchte; Fugenband, elastisch; Wand, erdberührt					
	m € **brutto**	**18**	**20**	**27**	**30**	**33**
	KG 326 € netto	15	17	23	25	28
46	**Fugenabdichtung, Wand, Feuchte, Kunststoffbahn**					
	Abdichtung über Fuge, Bodenfeuchte; Streifen Kunststoffdichtungsbahn mit Vlies/Gewebekaschiert; in Bitumendickbeschichtung einbetten; Außenwand, erdberührt					
	m € **brutto**	**13**	**14**	**19**	**21**	**24**
	KG 326 € netto	11	12	16	18	20
47	**Fugenabdichtung, Bodenfeuchte, Schweißbahn**					
	Abdichtung über Fuge, Bodenfeuchte; Bitumenschweißbahn PYE-PV 200 S4; Breite 300mm; Abdichtung mit Streifen über Fuge verstärken; Bodenplatte					
	m € **brutto**	**18**	**20**	**27**	**30**	**33**
	KG 326 € netto	15	17	23	25	28
48	**Bewegungsfuge, Bodenfeuchte, KSP-Streifen**					
	Abdichtung über Bewegungsfuge, Bodenfeuchte; Polymerbitumenbahn, selbstklebend; Breite 300mm; Abdichtung mit Streifen über Fuge verstärken; Bodenplatte					
	m € **brutto**	**12**	**13**	**18**	**20**	**22**
	KG 326 € netto	10	11	15	17	19
49	**Fugenabdichtung, Wand, Sickerwasser, Schweißbahn**					
	Abdichtung über Fuge, aufstauendes Sickerwasser; Bitumenschweißbahn PYE-PV 200 S5; Breite 300mm; Abdichtung mit Streifen über Fuge verstärken; Bodenplatte					
	m € **brutto**	**15**	**17**	**23**	**25**	**28**
	KG 326 € netto	13	14	19	21	24

► min
▷ von
ø Mittel
◁ bis
◄ max

018
Abdichtungsarbeiten

Kosten: Stand 3.Quartal 2015, Bundesdurchschnitt

Abdichtungsarbeiten					Preise €

Nr.	Kurztext / Stichworte		brutto ø		
	Einheit / Kostengruppe ►	▷	netto ø	◁	◄
50	**Bewegungsfuge, dr. Wasser, Kupferband**				
	Abdichtung über Bewegungsfuge gegen von außen drückendes Wasser/Stauendes Sickerwasser; Kupferband, 0,2mm, geriffelt; Breite 300mm; Abdichtung mit Streifen über Fuge verstärken				
	m **€ brutto** **17**	**19**	**26**	**29**	**32**
	KG 326 € netto 15	16	22	24	27
51	**Bewegungsfuge, dr. Wasser, Kunststoffbahn**				
	Abdichtung über Bewegungsfuge gegen von außen drückendes Wasser/Stauendes Sickerwasser; Kunststoffbahn, 0,2mm; Breite 300mm; Abdichtung mit Streifen über Fuge verstärken				
	m **€ brutto** **15**	**17**	**22**	**25**	**28**
	KG 326 € netto 12	14	19	21	23
52	**Bewegungsfuge, dr. Wasser, Kupferband/Bitumen**				
	Abdichtung über Bewegungsfuge gegen von außen drückendes Wasser/Stauendes Sickerwasser; Kupferband CU-DHP,01mm, geriffelt, Bitumenschweißbahn G 200 S4; Breite 300mm				
	m **€ brutto** **20**	**23**	**31**	**34**	**38**
	KG 326 € netto 17	19	26	29	32
53	**Bewegungsfuge, dr. Wasser, 4-stegiges Fugenband**				
	Abdichtung über Bewegungsfuge gegen von außen drückendes Wasser/Stauendes Sickerwasser; Fugenband, 4-stegig verschweißt, Kunststoffbahn; Kunststoffbahn lose verlegen				
	m **€ brutto** **23**	**26**	**35**	**39**	**43**
	KG 326 € netto 20	22	29	33	36
54	**Bewegungsfuge, dr. Wasser, Los-Festflansch**				
	Abdichtung über Bewegungsfuge bei drückendem Wasser; Los-Festflansch; doppelte Ausführung				
	m **€ brutto** **28**	**31**	**43**	**47**	**52**
	KG 326 € netto 24	26	36	40	44
55	**Rohrdurchführung, Los-/Festflansch, Faserzementrohr**				
	Durchführung Abdichten; Faserzementrohr, Los-/Festflansch; DN100, Länge 200-300mm, Bauteildicke 25cm; Betonwand/Decke				
	St **€ brutto** **116**	**211**	**246**	**249**	**383**
	KG 335 € netto 97	178	207	209	322
56	**Abdichtungsanschluss, Anschweißflansch DN100**				
	Abdichtungsanschluss Durchdringungen, Oberflächenwasser; Anschweißflansch; DN100; Decke				
	St **€ brutto** **7,0**	**17,3**	**22,9**	**27,9**	**42,2**
	KG 335 € netto 5,9	14,6	19,3	23,4	35,5

Abdichtungsarbeiten					Preise €

Nr.	Kurztext / Stichworte		brutto ø		
	Einheit / Kostengruppe ▶	▷	netto ø	◁	◀
57	**Abdichtungsanschluss, Anschweißflansch DN250**				
	Abdichtungsanschluss Durchdringungen, gegen Bodenfeuchte und nicht stauendes Sickerwasser/nicht drückendes Wasser; Anschweißflansch; DN100-250				
	St € brutto	16	28	35	42	57
	KG 335 € netto	13	23	30	36	48
58	**Sickerschicht, EPS-Polystyrolplatte/Vlies**				
	Sickerschicht; Polystyrolplatte, EPS, Filtervliesvorlage; Dicke bis 65mm; dicht gestoßen, in Kiesfilter eingebunden; Außenwand, erdberührt				
	m² € brutto	8,0	15,6	18,2	21,3	29,6
	KG 335 € netto	6,7	13,1	15,3	17,9	24,8
59	**Sickerschicht, Kunststoffnoppenbahn/Vlies**				
	Sickerschicht; Noppenbahn, Filtervlieskaschierung; dicht gestoßen, in Kiesfilter eingebunden; Außenwand, erdberührt				
	m² € brutto	3,9	8,0	9,9	12,7	19,6
	KG 335 € netto	3,2	6,8	8,3	10,7	16,5
60	**Sickerschicht, poröse Sickersteine**				
	Sickerschicht; Sickersteine; 50x25x10cm; senkrecht aufmauern; vor Dämmung, Außenwandbeschichtung				
	m² € brutto	–	22	25	28	–
	KG 335 € netto	–	18	21	24	–
61	**Deckenabdichtung, n. dr. Wasser, Bitumenbahn**				
	Deckenabdichtung gegen nicht drückendes Wasser; Bitumenbahn; vollflächig verkleben; unter intensive Dachbegrünung				
	m² € brutto	9,1	16,7	20,2	25,5	50,4
	KG 363 € netto	7,6	14,1	17,0	21,4	42,4
62	**Stundensatz Facharbeiter, Abdichtungsarbeiten**				
	Stundenlohnarbeiten, Vorarbeiter, Facharbeiter; Abdichtungsarbeiten				
	h € brutto	42	46	48	49	55
	€ netto	35	39	41	41	46
63	**Stundensatz Helfer, Abdichtungsarbeiten**				
	Stundenlohnarbeiten, Werker, Helfer; Abdichtungsarbeiten				
	h € brutto	–	43	32	47	–
	€ netto	–	36	27	39	–

Dachdeckungsarbeiten						Preise €

Nr.	Kurztext / Stichworte Einheit / Kostengruppe ▶		brutto ø ▷ netto ø		◁	◀
1	**Witterungsschutz, Dachplane**					
	Witterungsschutz; Plane; Windzone 1/2/3/4/; sturmsicher anbringen; offenes Dach					
	m² **€ brutto**	0,8	4,9	6,3	8,9	13,1
	KG 397 € netto	0,6	4,1	5,3	7,5	11,0
2	**Einblasdämmung, Zellulosefaser**					
	Einblasdämmung; Zellulosefaser, WLG 040, E; zwischen Sparren, Wandpfosten					
	m³ **€ brutto**	66	81	91	91	101
	KG 363 € netto	56	68	76	76	85
3	**Vordeckung, Bitumenbahn V13**					
	Vordeckung; Glasvlies-Bitumendachbahn V13, Nadelholzlattung, S10; Lattung 30x50mm; mechanisch befestigen; Durchbrüche, aufgehende Bauteile					
	m² **€ brutto**	2,3	4,8	5,9	7,0	9,9
	KG 363 € netto	2,0	4,0	5,0	5,9	8,3
4	**Vordeckung, Stehfalzdeckung**					
	Vordeckung; Glasvlies-Bitumendachbahn V13; unter Stehfalzdeckungen; inkl. Anschluss an Durchbrüche					
	m² **€ brutto**	4,3	6,0	6,8	7,4	8,9
	KG 363 € netto	3,6	5,0	5,7	6,2	7,5
5	**Dampfbremse, Unterspannbahn, feuchtevariabel**					
	Dampfbremsbahn; Polyethylenfolie, gewebeverstärkt, feuchtevariabel; Wohnräume/Nassräume/.....; inkl. Anschlüsse					
	m² **€ brutto**	3,1	5,7	6,5	8,8	15,8
	KG 363 € netto	2,6	4,8	5,4	7,4	13,3
6	**Anschluss, Unterspannbahn, Klebeband**					
	Anschluss Unterspannbahn; Klebeband; inkl. Nebenarbeiten					
	m **€ brutto**	1,2	3,9	5,2	9,8	17,2
	KG 363 € netto	1,0	3,3	4,3	8,2	14,4
7	**Dampfbremse, sd 2,3m**					
	Dampfbremsbahn; sd 2,30m; inkl. Seitenüberdeckung, überlappend verlegen					
	m² **€ brutto**	3,0	5,8	7,1	8,2	11,6
	KG 363 € netto	2,5	4,9	5,9	6,9	9,7
8	**Unterdeckung, WF, regensicher, bis 22mm**					
	Unterdeckung; Holzfaserplatte, bituminiert/paraffiniert/latexiert, E; Dicke bis 22mm; regensicher, Platten dicht gestoßen; Dachkonstruktion					
	m² **€ brutto**	15	17	18	22	26
	KG 363 € netto	12	14	16	18	22

▶ min
▷ von
ø Mittel
◁ bis
◀ max

020
Dachdeckungsarbeiten

Kosten: Stand 3.Quartal 2015, Bundesdurchschnitt

Dachdeckungsarbeiten					Preise €

Nr.	Kurztext / Stichworte		**brutto ø**		
	Einheit / Kostengruppe ▶	▷	netto ø	◁	◀
9	**Unterdeckung, WF, regensicher, bis 40mm**				
	Unterdeckung; Holzfaserplatte, bituminiert/paraffiniert/latexiert, E; Dicke bis 40mm; regensicher, Platten dicht gestoßen; Dachkonstruktion				
	m² € brutto	22	24	25	26	26
	KG 363 € netto	19	20	21	21	22
10	**Unterspannbahn, belüftetes Dach**				
	Unterdach, Unterspannbahn; Überlappend; belüftete Dächer				
	m² € brutto	3,5	5,6	5,9	6,4	7,6
	KG 363 € netto	3,0	4,7	4,9	5,4	6,3
11	**Anschluss, Dampfsperre/-bremse, Klebeband**				
	Dampfsperrbahn, Anschluss; Klebeband; Dachfenster/Kehlen/Grate/.....; inkl. Nebenarbeiten				
	m € brutto	1,4	5,6	7,5	11,4	17,2
	KG 363 € netto	1,1	4,7	6,3	9,6	14,4
12	**Konterlattung, 30x50mm, Dach**				
	Konterlattung; Nadelholz, S10, gehobelt/sägerau; 30x50mm; verschraubt/genagelt; Dach				
	m € brutto	0,8	1,7	2,0	2,3	3,0
	KG 363 € netto	0,6	1,4	1,7	1,9	2,5
13	**Konterlattung, 40x60mm, Dach**				
	Konterlattung; Nadelholz, S10, gehobelt/sägerau; 40x60mm; verschraubt/genagelt; Dach				
	m € brutto	1,7	2,7	3,2	4,1	5,7
	KG 363 € netto	1,4	2,3	2,7	3,4	4,8
14	**Konterlattung, 30x50mm, Dach**				
	Konterlattung; Nadelholz, S10, gehobelt/sägerau; 30x50mm; verschraubt/genagelt; Dach				
	m² € brutto	1,6	3,0	3,5	6,7	11,1
	KG 363 € netto	1,4	2,5	3,0	5,6	9,3
15	**Konterlattung, 40x60mm, Dach**				
	Konterlattung; Nadelholz, S10, gehobelt/sägerau; 40x60mm; verschraubt/genagelt; Dach				
	m² € brutto	2,6	6,1	7,4	9,8	14,7
	KG 363 € netto	2,2	5,1	6,2	8,3	12,4
16	**Dachlattung, 30x50mm, Dachziegel/Betondachstein**				
	Dachlattung; Nadelholz, S10, sägerau; 30x50mm; verschraubt/genagelt; Dachziegel/Betondachstein				
	m² € brutto	2,6	5,0	5,7	6,3	7,8
	KG 363 € netto	2,2	4,2	4,8	5,3	6,6

Dachdeckungsarbeiten					Preise €

Nr.	Kurztext / Stichworte		brutto ø		
	Einheit / Kostengruppe ▶	▷	netto ø	◁	◀

17 Dachlattung, 40x60mm, Dachziegel/Betondachstein
Dachlattung; Nadelholz, S10, sägerau; 40x60mm; verschraubt/genagelt; Dachziegel/Betondachstein

m²	€ brutto	5,6	7,6	8,4	12,4	18,5
KG 363	€ netto	4,7	6,3	7,1	10,4	15,6

18 Dachlattung, 30x50mm, Biberschwanzdeckung
Dachlattung; Nadelholz, S10, sägerau; 30x50mm; Doppeldeckung, verschraubt/genagelt; Biberschwanz-Doppeldeckung

m²	€ brutto	7,5	10,1	11,1	12,6	15,4
KG 363	€ netto	6,3	8,4	9,3	10,5	13,0

19 Dachlattung, 40x60mm, Biberschwanzdeckung
Dachlattung; Nadelholz, S10, sägerau; 40x60mm; verschraubt/genagelt; Biberschwanz-Doppeldeckung

m²	€ brutto	–	11	13	16	–
KG 363	€ netto	–	9,4	11	13	–

20 Nagelabdichtung, Konterlattung
Nageldichtstreifen; Elastomerbitumenstreifen, selbstklebend; Breite 60mm; unter Konterlattung

m	€ brutto	1,7	2,4	2,9	3,5	4,7
KG 363	€ netto	1,4	2,0	2,4	3,0	4,0

21 Dachschalung, Nadelholz, Rauspund 24mm
Dachschalung; Nadelholz, Rauspund; Dicke 24mm, Breite 120-160mm; geschraubt, genagelt

m²	€ brutto	15	20	22	25	31
KG 363	€ netto	13	16	18	21	26

22 Dachschalung, Nadelholz, Rauspund 28mm
Dachschalung; Nadelholz, Rauspund; d=28mm, b=120-160mm; geschraubt, genagelt

m²	€ brutto	17	22	24	30	37
KG 363	€ netto	15	18	20	25	31

23 Dachschalung, Holzspanplatte P5, bis 25mm
Dachschalung; Holzspanplatte P5; Dicke 22-25mm; NF-Profil, mechanisch befestigen; als Unterlage Dachdeckung

m²	€ brutto	18	21	23	25	30
KG 363	€ netto	15	18	19	21	25

24 Schalung, OSB/3 Feuchtebereich, 22mm
Schalung; OSB 3-Platte, ungeschliffen/geschliffen; Dicke 22mm; genagelt; Feuchtebereich; als Unterlage Dachdeckung

m²	€ brutto	19	23	24	25	27
KG 352	€ netto	16	19	20	21	23

► min
▷ von
ø Mittel
◁ bis
◄ max

020
Dachdeckungsarbeiten

Kosten: Stand 3.Quartal 2015, Bundesdurchschnitt

Dachdeckungsarbeiten					Preise €

Nr.	Kurztext / Stichworte		**brutto ø**		
	Einheit / Kostengruppe ►	▷ netto ø	◁		◄
25	**Traufbohle, Nadelholz, bis 60/240mm**				
	Traufbohle; Nadelholz, S10; Höhe 20-60mm, Breite 160-240mm; genagelt; auf Holzkonstruktion; inkl. Höhenausgleich				
	m € brutto	2,4	7,4	8,8	12,7	25,9
	KG 363 € netto	2,1	6,2	7,4	10,7	21,7
26	**Kantholz, Nadelholz S10TS, 60/120mm, scharfkantig**				
	Kantholz; Nadelholz, S10 TS, scharfkantig, gehobelt; 60x120mm; scharfkantig, gehobelt				
	m € brutto	6,7	10,0	10,7	12,2	15,4
	KG 361 € netto	5,7	8,4	9,0	10,3	12,9
27	**Trauf-/Ortgangschalung, N+F, bis 28mm, gehobelt**				
	Trauf-/Ortgangschalung; Nadelholz, gehobelt; Dicke 24-28mm; imprägniert mit chemischem Holzschutz, NF-Profil				
	m² € brutto	18	27	30	36	47
	KG 363 € netto	15	22	25	30	39
28	**Ortgangbrett, Windbrett, bis 28 mm, gehobelt**				
	Ortgangbrett; Nadelholz, gehobelt; Dicke 24/28mm; imprägniert mit chemischem Holzschutz				
	m € brutto	7,4	15,4	18,2	27,0	44,1
	KG 363 € netto	6,2	12,9	15,3	22,7	37,0
29	**Zuluft-/Insektenschutzgitter, Traufe**				
	Insektenschutzgitter; Titanzink/Kupfer/Edelstahl; Breite 166mm; dreifach gekantet; Traufe; inkl. Befestigungsmittel				
	m € brutto	2,4	5,6	6,9	10,0	20,9
	KG 363 € netto	2,0	4,7	5,8	8,4	17,5
30	**Zahnleiste, Nadelholz, gehobelt**				
	Ortgangbrett, Zahnleiste; Nadelholz, gehobelt; Dicke 30mm; imprägniert mit chemischem Holzschutz; Ortgang				
	m € brutto	11	24	30	36	51
	KG 363 € netto	9,5	20,0	25,0	30,3	43,0
31	**Dachdeckung, Falzziegel, Ton**				
	Dachdeckung, Tonziegel; Falzziegel, feinrau/glasiert; auf vorhandene Lattung				
	m² € brutto	19	28	31	41	73
	KG 363 € netto	16	23	26	34	62
32	**Dachdeckung, Biberschwanz-/Flachziegel**				
	Dachdeckung, Tonziegel; Biberschwanz, glatt/gerillt, feinrau/glasiert; Kronen-/Doppeldeckung; auf vorhandene Lattung				
	m² € brutto	36	46	50	55	67
	KG 363 € netto	31	38	42	46	56

Dachdeckungsarbeiten					Preise €

Nr.	Kurztext / Stichworte		brutto ø		
	Einheit / Kostengruppe ▶	▷	netto ø	◁	◀
33	**Dachdeckung, Dachsteine**				
	Dachdeckung, Dachstein; feinrau/glasiert; auf vorhandene Lattung				
	m² € brutto	15	22	24	27	36
	KG 363 € netto	13	18	20	22	30
34	**Dachdeckung, Faserzement, Wellplatte**				
	Dachdeckung; Faserzementwellplatte; auf vorhandene Pfetten				
	m² € brutto	21	33	39	50	70
	KG 363 € netto	17	28	32	42	59
35	**Dachdeckung, Schiefer**				
	Dachdeckung, Schiefer; Dachplatten; Neigung 50-55°; Deutsche Deckung/Rechteckdeckung, geschraubt/genagelt; auf vorhandene Schalung				
	m² € brutto	68	76	79	80	91
	KG 363 € netto	57	64	66	68	76
36	**Dachdeckung, Bitumenschindel**				
	Dachdeckung, Bitumenschindeln; Dicke größer 3mm; Doppeldeckung				
	m² € brutto	22	26	29	35	47
	KG 363 € netto	18	22	24	30	40
37	**Ortgang, Ziegeldeckung, Formziegel**				
	Ortgangdeckung, Ziegel; Doppelwulstziegel/Ortgangziegel				
	m € brutto	25	33	37	48	76
	KG 363 € netto	21	28	31	40	64
38	**Ortgang, Biberschwanzdeckung, Formziegel**				
	Ortgangdeckung; Ziegel, glatt/gerillt, feinrau/glasiert; Kronen-/Doppeldeckung				
	m € brutto	16	29	36	38	44
	KG 363 € netto	14	24	30	32	37
39	**Kehle Ziegel, Biberschwanz**				
	Kehlausbildung, Biberschwanzdeckung; deutsch eingebundene Kehle; inkl. allen Nebenarbeiten				
	m € brutto	26	87	96	115	150
	KG 363 € netto	22	73	81	96	126
40	**Ortgang, Dachsteindeckung, Formziegel**				
	Ortgangdeckung, Dachstein; Formstein/Ortgangstein feinrau/glasiert				
	m € brutto	22	32	35	40	57
	KG 363 € netto	19	27	29	34	48
41	**Ortgang Schiefer**				
	Ortgangdeckung Schieferdach; als eingebundener Anfangs-/Endort für Schieferdach				
	m € brutto	13	24	31	49	77
	KG 363 € netto	11	20	26	42	65

▶ min
▷ von
ø Mittel
◁ bis
◀ max

020
Dachdeckungsarbeiten

Kosten: Stand 3.Quartal 2015, Bundesdurchschnitt

Dachdeckungsarbeiten					Preise €

Nr.	Kurztext / Stichworte		brutto ø		
	Einheit / Kostengruppe ▶	▷	netto ø	◁	◀
42	**Firstanschluss, Ziegeldeckung, Formziegel**				
	Firstanschluss, Formziegel; Biberschwanz/Flachziegel; Länge 260mm; geklammert				
	m € brutto	11	17	19	19	33
	KG 363 € netto	9,0	13,9	15,9	16,3	27,4
43	**First, Firstziegel, mörtellos, inkl. Lüfter**				
	Firstdeckung, trocken verlegt; Falzziegel; geklammert; inkl. Anfängerziegel, Lüfterelement				
	m € brutto	30	45	52	66	102
	KG 363 € netto	26	38	44	55	85
44	**First, Firstziegel, vermörtelt, inkl. Lüfter**				
	Firstdeckung, Firstziegel; Biberschwanz-/Flachziegel; vermörtelt; inkl. Anfängerziegel				
	m € brutto	32	44	51	56	65
	KG 363 € netto	27	37	43	47	55
45	**First, Firststein, geklammert, Dachstein**				
	Firstdeckung, Firststein; Betondachstein; geklammert; inkl. Anfängerziegel, Lüfterelement				
	m € brutto	21	40	46	53	71
	KG 363 € netto	18	34	39	45	60
46	**Pultdachabschluss, Abschlussziegel**				
	Pultdachabschluss, Pultfirstziegel; Falzziegel; geklammert				
	m € brutto	37	57	64	69	97
	KG 363 € netto	31	48	54	58	82
47	**Pultdachanschluss, Metallblech Z333**				
	Pultdachabschlussausbildung; Titanzink/Kupfer/Edelstahl; Zuschnitt 333mm; dreifach gekantet, mechanisch befestigen				
	m € brutto	18	37	42	46	57
	KG 363 € netto	15	31	35	39	48
48	**Grateindeckung, Ziegel, mörtellos**				
	Gratdeckung, Formziegel; Biberschwanz-/Falzziegel; geklammert; inkl. Anfängerziegel, Lüfterelement				
	m € brutto	42	51	54	65	80
	KG 363 € netto	35	43	46	54	67
49	**Grateindeckung, Ziegel, vermörtelt**				
	Gratdeckung, gemörtelt; Grat-Formziegel; auf vorhandener/ zu liefernder Gratlatte				
	m € brutto	36	54	62	82	115
	KG 363 € netto	30	46	52	69	97

Dachdeckungsarbeiten					Preise €
Nr.	**Kurztext** / Stichworte		**brutto ø**		
	Einheit / Kostengruppe ▶	▷	netto ø	◁	◀
50	**Grat Schiefer**				
	Grat, Schieferdeckung; Anfangsort als Stichort, Endort als Doppelort				
	m € brutto	13	38	38	68	106
	KG 363 € netto	11	32	32	57	89
51	**Dunstrohr-Durchgangsziegel, DN100**				
	Dunstrohr-Durchgangsziegel; Ton; DN100; inkl. Anschlussarbeiten				
	St € brutto	59	108	127	153	219
	KG 363 € netto	49	91	106	129	184
52	**Dunstrohr-Durchgangsformstück, Kunststoff; DN100**				
	Dunstrohr-Durchgangsformstück; Kunststoff/PVC; DN100; inkl. Abdeckhaube				
	St € brutto	31	63	76	93	131
	KG 363 € netto	26	53	64	78	110
53	**Lüfterziegel, trocken verlegt**				
	Lüfterziegel; trocken verlegt, geklammert; inkl. Insektenschutzgitter				
	St € brutto	8,1	15,5	18,5	22,0	28,3
	KG 363 € netto	6,8	13,0	15,6	18,5	23,8
54	**Leitungsdurchgang, Formziegel**				
	Antennenanschluss, Formziegel; Tonziegel, PVC Aufsatz				
	St € brutto	30	69	84	114	175
	KG 363 € netto	25	58	71	96	147
55	**Tonziegel, Reserve**				
	Reserveziegel; Ton; liefern, lagern				
	St € brutto	0,5	4,6	5,2	8,0	13,0
	KG 363 € netto	0,4	3,8	4,4	6,7	10,9
56	**Ziegel beidecken, Dachdeckung**				
	Beidecken, Ziegeldachdeckung; Zuschneiden/Fräsen; Dachfenster, Kehlen, Kamin, Dachgauben				
	m € brutto	4,2	12,8	15,5	23,3	44,6
	KG 363 € netto	3,6	10,7	13,0	19,6	37,4
57	**Verklammerung, Dachdeckung**				
	Verklammerung, Dachdeckung; korrosionsgeschütztem/nichtrostendem Material; sturmsicher				
	m² € brutto	0,9	3,2	4,4	7,8	15,1
	KG 363 € netto	0,7	2,7	3,7	6,5	12,7
58	**Wandbekleidung Holzschindel**				
	Außenwandbekleidung Holzschindel; Nadelholz, spaltrau; Fußdicke mind. 8mm, Höhe bis 8,00m; als vorgehängte, hinterlüftete Fassade; Unterkonstruktion, Rauspund mit Bitumenpappe				
	m² € brutto	82	121	139	178	229
	KG 335 € netto	69	102	117	150	192

▶ min
▷ von
ø Mittel
◁ bis
◀ max

020
Dachdeckungsarbeiten

Kosten: Stand 3.Quartal 2015, Bundesdurchschnitt

Dachdeckungsarbeiten					Preise €

Nr.	Kurztext / Stichworte		brutto ø			
	Einheit / Kostengruppe ▶	▷	netto ø	◁	◀	
59	**Eckausbildung Holzschindelbekleidung**					
	Eckausbildung Holzschindelbekleidung; Eckprofil, Nadelholz, allseitig gehobelt; Befestigung mit korrosionsbeständige Schrauben					
	m €brutto	9,7	22,1	23,0	26,3	38,8
	KG 335 € netto	8,1	18,6	19,4	22,1	32,6
60	**Randanschluss Holzschindelbekleidung**					
	Randanschluss Holzschindelbekleidung; Außenecken					
	m €brutto	8,0	22,0	22,8	24,8	38,8
	KG 335 € netto	6,7	18,5	19,2	20,9	32,6
61	**Schornstein-Einfassung, Blech**					
	Schornsteinverwahrung; 400x600mm; dreiseitige Blecheinfassung, fünffach gekantet					
	St €brutto	73	147	169	220	318
	KG 363 € netto	61	124	142	185	267
62	**Dachfenster/Dachausstieg, ESG, 490x760mm**					
	Dachausstieg; ESG 4,00mm; 490x760mm; 180° Öffnungswinkel und Schwingfunktion					
	St €brutto	160	288	371	457	811
	KG 362 € netto	134	242	312	384	681
63	**Wohndachfenster**					
	Wohndachfenster; Nadelholz, Isolierverglasung; Blendrahmen 1,14x1,60m/1,34x1,40m; Klapp-Schwingflügel; inkl. Eindeckrahmen					
	St €brutto	473	763	886	1.026	1.509
	KG 362 € netto	398	641	745	862	1.268
64	**Stundensatz Facharbeiter, Dachdeckung**					
	Stundenlohnarbeiten, Vorarbeiter, Facharbeiter; Dachdeckung					
	h €brutto	43	53	57	62	70
	€ netto	36	44	48	52	59
65	**Stundensatz Helfer, Dachdeckung**					
	Stundenlohnarbeiten, Werker, Helfer; Dachdeckung					
	h €brutto	39	44	46	47	53
	€ netto	33	37	39	40	45

021
Dachabdichtungsarbeiten

Dachabdichtungsarbeiten					Preise €

Nr.	Kurztext / Stichworte Einheit / Kostengruppe ▶		brutto ø ▷ netto ø		◁	◀
1	**Dachfläche reinigen**					
	Dachfläche reinigen; Verschmutzungen, festsitzende Mörtelreste; aufnehmen, entsorgen					
	m² € brutto	0,1	0,6	0,8	1,3	2,4
	KG 363 € netto	0,1	0,5	0,7	1,1	2,0
2	**Voranstrich, Dampfsperre, inkl. Reinigung**					
	Voranstrich Dampfsperre inkl. Reinigung; vollflächig aufbringen; Beton-/Holzwerkstofffläche; inkl. Reinigung					
	m² € brutto	0,6	1,7	2,0	2,9	5,3
	KG 363 € netto	0,5	1,4	1,7	2,4	4,5
3	**Trennlage/untere Lage, V13, auf Holz**					
	Trennlage/Vordeckung; Glasvlies-Bitumendachbahn V 13; überlappend, mechanisch befestigen auf Holzuntergrund; Dach					
	m² € brutto	1,5	3,5	4,1	4,8	6,7
	KG 363 € netto	1,3	2,9	3,4	4,1	5,7
4	**Trennlage/untere Lage, G200 DD, auf Holz**					
	Trennlage/Vordeckung; Bitumendachdichtungsbahn G200 DD; Nähte überlappend, mechanisch befestigen auf Holzwerkstoffplatten; Dach					
	m² € brutto	2,6	6,2	8,4	10,1	12,1
	KG 363 € netto	2,2	5,2	7,1	8,5	10,2
5	**Dampfsperre hochführen, aufgehende Bauteile**					
	Dampfsperre hochführen; bis OK Dämmung, starr anschließen; aufgehende Bauteile					
	m € brutto	1,6	3,9	4,9	6,2	9,1
	KG 363 € netto	1,3	3,3	4,1	5,2	7,6
6	**Abdichtung, Bodenfeuchte, PYE G200S4**					
	Abdichtung gegen Bodenfeuchte; Elastomerbitumen-Schweißbahn G 200 S4; verkleben, Nähte überlappend; Betonboden					
	m² € brutto	5,8	10,0	11,6	14,2	19,6
	KG 363 € netto	4,9	8,4	9,7	11,9	16,4
7	**Dampfsperre, V60S4 Al01, auf Beton**					
	Dampfsperre; Bitumenschweißbahn mit Glasvlieseinlage V 60 S4; punktförmig verkleben, Stöße Überlappend; Betondecke					
	m² € brutto	2,9	8,8	10,3	12,6	20,6
	KG 363 € netto	2,4	7,4	8,6	10,6	17,3
8	**Dampfsperre, Polyolefin-Kunststoffbahn**					
	Dampfsperre; Polyolefin-Kunststoffdichtbahn; punktförmig verkleben, Stöße Überlappend; Betondecke					
	m² € brutto	1,6	3,8	4,6	5,7	8,3
	KG 363 € netto	1,4	3,2	3,9	4,8	7,0

▶ min
▷ von
ø Mittel
◁ bis
◀ max

021
Dachabdichtungsarbeiten

Kosten: Stand 3.Quartal 2015, Bundesdurchschnitt

Dachabdichtungsarbeiten					**Preise €**

Nr.	Kurztext / Stichworte	brutto ø			
	Einheit / Kostengruppe ▶	▷ netto ø	◁		◀
9	**Wärmedämmung DAA, EPS 035, bis 80mm**				
	Wärmedämmung DAA; Polystyrol-Hartschaumplatte, expandiert, WLG 035, E; Dicke bis 80mm; einlagig, dicht gestoßen, streifenweise verklebt; nichtbelüftetes Flachdach				
	m² **€ brutto** 9,8	16,1	17,8	20,9	27,0
	KG 363 € netto 8,3	13,5	15,0	17,6	22,7
10	**Wärmedämmung DAA, EPS 035, bis 140mm**				
	Wärmedämmung DAA; Polystyrol-Hartschaumplatte, expandiert, WLG 035, E; Dicke bis 140mm; einlagig, dicht gestoßen, streifenweise verklebt; nichtbelüftetes Flachdach				
	m² **€ brutto** 15	20	23	25	33
	KG 363 € netto 12	17	19	21	27
11	**Wärmedämmung, DAA, PUR 025, bis 120mm**				
	Wärmedämmung DAA; Polyurethan-Hartschaumplatten, beidseitig Alukaschiert, WLG 025, E; Dicke 80/100/120mm; einlagig, dicht gestoßen, streifenweise verklebt; nichtbelüftetes Flachdach				
	m² **€ brutto** 19	24	27	30	35
	KG 363 € netto 16	20	23	25	29
12	**Gefälledämmung DAA, EPS, i. M. bis 160mm**				
	Gefälledämmung DAA; Polystyrol-Hartschaumplatte expandiert, WLG 035, E; Dicke i. M. bis 160mm; einlagig, dicht gestoßen, verkleben; nichtbelüftetes Flachdach				
	m² **€ brutto** 14	24	28	34	50
	KG 363 € netto 12	20	24	29	42
13	**Gefälledämmung DAA, EPS, i. M. bis 200mm**				
	Gefälledämmung DAA; Polystyrol-Hartschaumplatte expandiert, WLG 035, E; Dicke i. M. bis 200mm; einlagig, dicht gestoßen, verkleben; nichtbelüftetes Flachdach				
	m² **€ brutto** 23	27	28	29	31
	KG 363 € netto 19	23	24	25	26
14	**Gefälledämmung DAA, PUR, i. M. bis 160mm**				
	Gefälledämmung DAA; Polystyrol-Hartschaumplatte expandiert, WLG 035, E; Dicke i. M. 160mm; einlagig, dicht gestoßen, verkleben; nichtbelüftetes Flachdach				
	m² **€ brutto** 27	38	43	50	68
	KG 363 € netto 23	32	36	42	57

Dachabdichtungsarbeiten				Preise €

Nr.	Kurztext / Stichworte		brutto ø		
	Einheit / Kostengruppe ▶	▷	netto ø	◁	◀
15	**Wärmedämmung DAA, CG-Schaumglas, 140mm**				
	Wärmedämmung DAA; Schaumglas-Dämmplatte, WLG 045, A1; Dicke 140mm; einlagig, dicht gestoßen, vollflächig verkleben; Rohbetondecke				
	m² € brutto	**30**	**61**	**75**	**89**	**114**
	KG 363 € netto	25	51	63	75	96
16	**Wärmedämmung DAA, CG-Schaumglas, 180mm**				
	Wärmedämmung DAA; Schaumglas-Dämmplatte, WLG 045, A1; Dicke 180mm; einlagig, dicht gestoßen, vollflächig verkleben; Rohbetondecke				
	m² € brutto	**–**	**78**	**93**	**105**	**–**
	KG 363 € netto	–	65	78	89	–
17	**Wärmedämmung DUK, XPS, Umkehrdach**				
	Wärmedämmung DUK; Polystyrol-Hartschaumplatten, extrudiert, WLG 040, E; einlagig verlegen; Flachdach				
	m² € brutto	**15**	**26**	**30**	**42**	**59**
	KG 363 € netto	13	22	25	36	50
18	**Wärmedämmung DAA, Mineralwolle, 120-160mm**				
	Wärmedämmung DAA; Mineralwolle-Platte, A1; Dicke 120-160mm; einlagig, dicht gestoßen, punktweise verkleben				
	m² € brutto	**–**	**19**	**26**	**31**	**–**
	KG 363 € netto	–	16	21	26	–
19	**Übergang, Dämmkeile, Hartschaum, 60x60mm**				
	Dämmkeil; PUR/EPS Hartschaum; 60x60mm, Zuschnitt 45°; Ecken mit Gehrungsschnitt; Übergang Flachdachdämmung an aufgehende Bauteile				
	m € brutto	**1,2**	**2,8**	**3,5**	**5,8**	**12,5**
	KG 363 € netto	1,0	2,4	3,0	4,9	10,5
20	**Dachrandanschluss, Abdichtung, komplett**				
	Randausbildung Dachrand, Anschluss, Dachdichtung; Nadelholz, S10; komplette Leistung				
	m € brutto	**11**	**19**	**21**	**23**	**30**
	KG 363 € netto	9,6	15,8	17,6	19,3	25,2
21	**Unterkonstruktion, Kanthölzer, bis 100x60mm**				
	Unterkonstruktion, Kantholz; Nadelholz, S10; 60x60 bis 100x60mm; in Dachabdichtung/Attika/Brüstung; Holzschutz Iv, P, W, St-farbig imprägniert				
	m € brutto	**6,1**	**8,3**	**9,2**	**9,9**	**11,4**
	KG 363 € netto	5,1	7,0	7,7	8,3	9,5

► min
▷ von
ø Mittel
◁ bis
◄ max

021
Dachabdichtungsarbeiten

Kosten: Stand 3.Quartal 2015, Bundesdurchschnitt

Dachabdichtungsarbeiten					Preise €

Nr.	Kurztext / Stichworte		**brutto ø**		
	Einheit / Kostengruppe ►	▷	netto ø	◁	◄
22	**Unterkonstruktion, Holzbohlen, 40x120mm**				
	Unterkonstruktion, Holzbohlen; Nadelholz, S10; 40x120mm; mechanisch befestigen; Flachdachrand/Attika/Brüstung; Holzschutz Iv, P, W, St-farbig imprägniert				
	m € brutto	9,2	14,7	17,0	22,2	35,8
	KG 363 € netto	7,7	12,3	14,3	18,7	30,1
23	**Fugenabdichtung, Silikon**				
	Fugenabdichtung, elastisch; Silikon; inkl. Flankenbehandlung, Hinterlegung Fugenhohlräume				
	m € brutto	1,6	4,4	5,6	6,8	9,6
	KG 363 € netto	1,4	3,7	4,7	5,7	8,1
24	**Bewegungsfuge, Typ I/II**				
	Bewegungsfuge, Flachdach; Typ I/II				
	m € brutto	7,1	20,5	28,3	40,1	61,8
	KG 363 € netto	6,0	17,2	23,7	33,7	52,0
25	**Dachabdichtung PYE G200, S4/S5, untere Lage**				
	Dachabdichtung, untere Lage; Polymerbitumenschweißbahn PYE-G 200, S4/S5; Stöße überlappen, verschweißen; extensive Dachnutzung				
	m² € brutto	4,3	10,7	12,7	15,8	24,5
	KG 363 € netto	3,6	9,0	10,7	13,3	20,6
26	**Aufstockelement, bauseitigen Dachablauf**				
	Aufstockelement, Flachdachablauf; Gusseisen/Polyurethan; DN70/DN100; Höhenausgleichstück, Dichtring, Dichtmanschetten, Schraubflansch				
	St € brutto	47	59	68	79	108
	KG 363 € netto	40	49	57	66	91
27	**Dachabdichtung PYE PV200 S5, obere Lage**				
	Dachabdichtung, obere Lage; Polymerbitumenschweißbahn PYE-PV 200 S5; Stöße überlappen, verschweißen; extensiv/intensiv Dachnutzung				
	m² € brutto	6,2	12,2	14,4	18,9	28,4
	KG 363 € netto	5,2	10,3	12,1	15,9	23,9
28	**Dachabdichtung PYE PV 200 S5 Cu01, Wurzelschutz, obere Lage**				
	Dachabdichtung, obere Lage, als Wurzelschutzbahn; Polymerbitumen-schweißbahn PYE-PV 200 Cu01 S5; Flachdachgefälle über 2°; Stöße überlappen, verschweißen				
	m² € brutto	–	16	22	27	–
	KG 363 € netto	–	13	19	22	–

Dachabdichtungsarbeiten				Preise €

Nr.	Kurztext / Stichworte		brutto ø		
	Einheit / Kostengruppe ▶	▷	netto ø	◁	◀
29	**Dachabdichtung zweilagig, Polymerbitumen-Schweißbahnen**				
	Dachabdichtung, zweilagig; Polymerbitumenschweißbahn untere Lage PYE-G 200 S4/S5, obere Lage PYE-PV 200 S5; zweilagig, Stöße überlappend, vollflächig verschweißen				
	m² **€ brutto**	**20**	**23**	**24**	**29**	**34**
	KG 363 € netto	17	19	20	24	29
30	**Wandanschluss, gedämmt, zweilagige Abdichtung**				
	Wandanschluss, gedämmt; EPS-Dämmstoffkeile, WLG 035, Kantholz S10; Dämmung 60x60mm, Kantholz 80x60mm; mechanische Befestigung				
	m **€ brutto**	**9,9**	**30,8**	**36,6**	**51,3**	**78,4**
	KG 363 € netto	8,3	25,9	30,7	43,1	65,9
31	**Attikaabschluss, gedämmt, zweilagige Abdichtung**				
	Attikaanschluss, gedämmt; EPS-Dämmstoffkeile, WLG 035; Dämmkeil 60x60, Dämmung 80mm; zweilagig, mechanisch befestigen				
	m **€ brutto**	**11**	**27**	**36**	**44**	**62**
	KG 363 € netto	9,4	22,6	30,1	36,7	52,2
32	**Dachabdichtung, Kunststoffbahn, einlagig, Wurzelschutz**				
	Dachabdichtung mit Wurzelschutz; PVC-P Kunststoffbahn mit Glasvlies 2,4mm; einlagig, verschweißen				
	m² **€ brutto**	**7,4**	**21,6**	**25,2**	**31,9**	**58,1**
	KG 363 € netto	6,2	18,1	21,2	26,8	48,8
33	**Dachabdichtung, EVA-Kunststoffbahn, einlagig, Wurzelschutz**				
	Dachabdichtung mit Wurzelschutz; EVA-Kunststoffbahn mit Polyestervlieskaschierung 2,0mm; einlagig, mechanisch befestigen				
	m² **€ brutto**	**15**	**25**	**28**	**32**	**47**
	KG 363 € netto	13	21	23	27	39
34	**Dachabdichtung, mechanische Befestigung**				
	Dachabdichtung, mechanische Befestigung; Kunststoffdichtungsbahn; Linien-/Punktbefestiger; im Eck- und Randbereich/Feldmitte				
	m² **€ brutto**	**4,1**	**7,9**	**8,8**	**11,0**	**14,0**
	KG 363 € netto	3,4	6,6	7,4	9,2	11,8
35	**Wandanschluss, gedämmt, Kunststoffbahn, einlagig**				
	Wandanschluss, gedämmt; Kunststoffdichtungsbahn, PUR-Wärmdämmung, Kantholz S10, Klemmschiene, Abdeckprofil; Flachdachgefälle über 2°; einlagig; aufgehende Bauteile				
	m **€ brutto**	**11**	**29**	**35**	**46**	**80**
	KG 363 € netto	9,6	24,7	29,6	39,0	67,0

▶ min
▷ von
ø Mittel
◁ bis
◀ max

021

Dachabdichtungsarbeiten

Kosten: Stand 3.Quartal 2015, Bundesdurchschnitt

Dachabdichtungsarbeiten					Preise €

Nr.	Kurztext / Stichworte		brutto ø		
	Einheit / Kostengruppe ▶	▷	netto ø	◁	◀
36	**Attikaanschluss, Kunststoffbahn, einlagig**				
	Attikaanschluss, gedämmt; Kunststoffdichtungsbahn, PUR-Wärm-				
	dämmung, Verbundblech; Flachdachgefälle über 2°; einlagig,				
	mechanisch befestigen				
	m € brutto	15	27	32	36	45
	KG 363 € netto	13	23	27	30	38
37	**Bodenabdichtung, Balkon, PYE PV 200 S5, zweilagig**				
	Abdichtung Balkon; untere Lage PYE-PV 200 S5, E1, IA, obere Lage				
	PYE-G 200 S5, E1, IA; zweilagig, vollflächig abdichten; inkl. Vor-				
	anstrich Bitumen/Emulsion, 300 g/m²				
	m² € brutto	17	31	37	53	83
	KG 352 € netto	14	26	31	44	70
38	**Wandanschluss, Balkon, gedämmt, Abdichtung, zweilagig**				
	Balkon-Wandanschluss; Polymerbitumenbahn, Polystyrol-Dämmung,				
	Dämmkeil, Kantholz S10, Abdeckung; Dämmung 80mm, Dämmkeil				
	50x50mm, Kantholz 80x60mm; zweilagig, mechanisch befestigen				
	m € brutto	18	36	46	66	98
	KG 352 € netto	15	31	38	55	82
39	**Flüssigabdichtung, Dach, Anschluss**				
	Abdichtungsbeschichtung, flüssig; Polyurethanharz mit Vliesarmierung;				
	punktförmig/linear				
	m € brutto	18	38	45	65	104
	KG 363 € netto	15	32	38	55	88
40	**Flüssigabdichtung, PU-Harz/Vlies**				
	Flüssigabdichtung; Pu-Harz, Vlies, lösemittelfrei, UV-Stabil;				
	Dicke mind. 2,0mm, Vlies 165/200g; Dachfläche mit Wurzelfestigkeit				
	m² € brutto	64	86	102	114	136
	KG 363 € netto	53	72	86	96	114
41	**Abdichtungsanschluss, Fenstertür, Abdeckblech**				
	Fenstertüranschluss; Abdeckblech, Titanzink/Kupfer; hochführen				
	ein-/mehrlagig; inkl. obenliegende Fuge verfugen				
	m € brutto	21	47	56	69	104
	KG 363 € netto	18	39	47	58	87
42	**Wandanschluss, Dachabdichtung, Aluminiumprofil**				
	Wandanschlussprofil; Aluminium, eloxiert; Anschluss Dachdichtung				
	einlagig/zweilagig				
	m € brutto	4,5	15,6	19,2	29,8	51,4
	KG 363 € netto	3,8	13,1	16,1	25,1	43,2

Dachabdichtungsarbeiten			Preise €	

Nr.	Kurztext / Stichworte		brutto ø		
	Einheit / Kostengruppe ▶	▷	netto ø	◁	◀

43 Notüberlauf, Attika
Notüberlauf; Rohr mit 5° Gefälle; DN50-125; Attika; inkl. integrierter Anschlussmanschette

St	€ brutto	63	187	231	338	622
KG 363	€ netto	53	157	194	284	522

44 Flachdachablauf, Wassereinlauf, PE, DN70
Flachdachablauf; Polyesterharz, glasfaserverstärkt; DN70; zweiteilig, wärmegedämmt; inkl. Klebeflansch, Aufstockelement

St	€ brutto	48	78	103	110	132
KG 363	€ netto	40	66	86	92	111

45 Flachdachablauf, Wassereinlauf, PE, DN100
Flachdachablauf; Polyesterharz, glasfaserverstärkt; DN100; zweiteilig, wärmegedämmt; inkl. Klebeflansch, Aufstockelement

St	€ brutto	69	196	234	357	591
KG 363	€ netto	58	165	196	300	496

46 Trennlage, PE Folie
Trennlage; PE-Folie; Dicke 0,2mm; auf Holzwerkstoff

m²	€ brutto	–	1,8	2,8	3,4	–
KG 363	€ netto	–	1,5	2,3	2,9	–

47 Flachdachdurchdringung, Dunstrohr, bis 150mm
Anschluss Rohrdurchführung; Abdeckung bis 150mm; wärmegedämmt; Flachdach; inkl. Klemmring, elastisch versiegeln

St	€ brutto	22	77	96	127	233
KG 363	€ netto	18	64	80	107	196

48 Rohreinfassung, Manschette/Dichtring, Dach
Anschluss, Rohrdurchführung; Edelstahl, Manschette, Dichtring; DN100, Höhe 150mm; Anschluss Dampfsperre, Dachdichtbahn

St	€ brutto	14	54	68	102	190
KG 363	€ netto	12	46	57	86	159

49 Aufsetzkranz, eckig, Lichtkuppel, Kunststoff, gedämmt
Lichtkuppel-Aufsetzkranz; Kunststoff, glasfaserverstärkt; 1.000x1.000mm, Höhe 400mm; mit Klebeflansch; inkl. Wärmedämmung

St	€ brutto	94	262	360	433	607
KG 362	€ netto	79	220	302	364	510

50 Lichtkuppel, rund, zweischalig Acrylglas, Aufsetzkranz
Lichtkuppel, rund, mit Öffnungsmotor; Acrylglas, zweischalig, Metallaufsetzkranz; Durchmesser 800m, Höhe 500mm; Wärmedämmung

St	€ brutto	504	1.267	1.471	1.979	2.899
KG 362	€ netto	423	1.064	1.236	1.663	2.436

► min
▷ von
ø Mittel
◁ bis
◄ max

021
Dachabdichtungsarbeiten

Kosten: Stand 3.Quartal 2015, Bundesdurchschnitt

Dachabdichtungsarbeiten					Preise €

Nr.	Kurztext / Stichworte			brutto ø		
	Einheit / Kostengruppe ►		▷ netto ø	◁		◄
51	**Lichtkuppel, eckig, zweischalig Acrylglas, Aufsetzkranz**					
	Lichtkuppel, rechteckig, mit Öffnungsmotor; Acrylglas, Metallaufsetz- kranz; 1.200x1.200mm, Höhe 500mm; zweischalig, Wärmedämmung					
	St	€ brutto	516	1.173	1.364	2.363	5.112
	KG 362	€ netto	433	985	1.147	1.985	4.296
52	**Schutzmatte, PU-Kautschuk, Dachabdichtung**					
	Bautenschutzmatte; Polyurethan-Kautschuk; Dicke 10mm; ganz- flächig, lose verlegen; begrünendes Flachdach					
	m²	€ brutto	6,1	10,4	12,1	15,8	25,9
	KG 363	€ netto	5,2	8,7	10,2	13,3	21,7
53	**Kiesfangleiste, Lochblech, verzinktes Stahlblech**					
	Kiesfangleiste; Stahlblech, verzinkt, gelocht; mit Montagehaltern fixieren; Randbereich der Kiesschüttung					
	m	€ brutto	7,3	15,6	19,7	22,9	32,2
	KG 363	€ netto	6,2	13,1	16,6	19,2	27,1
54	**Kiesschüttung 16/32, Dach**					
	Kiesschüttung; Rollkies 16/32, gewaschen					
	m²	€ brutto	3,8	9,6	11,4	18,1	36,1
	KG 363	€ netto	3,2	8,1	9,6	15,2	30,3
55	**Trennlage, PE-Folie, Dach**					
	Trennlage; PE-Folie; Dicke 0,2mm; zweilagig, lose, überlappend verlegen; begrünende Dachfläche					
	m²	€ brutto	0,6	2,3	3,2	4,1	6,8
	KG 363	€ netto	0,5	2,0	2,7	3,5	5,7
56	**Dachbegrünung, Schutz-/Speichermatte**					
	Dränschicht; Synthesefasern, verrottungsfest; stoßüberlappend verlegen					
	m²	€ brutto	3,8	10,6	13,5	18,4	32,9
	KG 363	€ netto	3,2	8,9	11,4	15,4	27,6
57	**Dachbegrünung, Filtervlies**					
	Schutzlage; Vlies aus Propylen; 500g/m²; überlappend, mechanisch befestigen					
	m²	€ brutto	0,8	3,0	3,7	6,7	14,4
	KG 363	€ netto	0,7	2,5	3,1	5,6	12,1
58	**Dachbegrünung, Vegetationsschicht, Substrat**					
	Dachbegrünung, Vegetationssubstrat; Gesteinsgemisch 2/8; Tritt-, Wind- und Abriebefestigkeit					
	m²	€ brutto	8,1	12,2	13,4	14,9	19,3
	KG 363	€ netto	6,8	10,3	11,3	12,5	16,2

Nr.	Kurztext / Stichworte	brutto ø				
	Einheit / Kostengruppe ▶	▷ netto ø		◁		◀
59	**Kiesstreifen, 50cm**					
	Kiesrandstreifen; Rollkies 8/16, gewaschen; Breite 500mm, Höhe 50/60/80mm					
	m € brutto	3,3	8,4	10,5	14,9	22,4
	KG 363 € netto	2,8	7,1	8,8	12,6	18,8
60	**Plattenbelag, Betonwerkstein, 40x40cm**					
	m² € brutto	40	63	71	86	117
	KG 363 € netto	33	53	60	72	98
61	**Absturzsicherung, Stahlstütze/Seilsicherung**					
	Absturzsicherung; Stahlstütze rostfrei; Anschluss für Seilsicherungssystem					
	St € brutto	92	161	193	234	347
	KG 369 € netto	77	135	162	197	292
62	**Flachdach-Sekurant, eingebunden**					
	Verankerungspunkt; als Systemstütze mit Anschlagöse, korrosionsbeständiger Stahl; in Dachaufbau eingebunden, eingedichtet; inkl. Dämmhaube, Befestigungsset					
	St € brutto	148	176	185	195	223
	KG 369 € netto	124	148	156	164	188
63	**Schallschutz, MW, Trapezblechdeckung**					
	Schallschutzdämmung, Sickenfüller; Mineralwolle, nicht brennbar A2					
	m € brutto	5,1	8,1	9,7	10,1	17,1
	KG 363 € netto	4,3	6,8	8,2	8,5	14,4
64	**RWA-Anlage, Lichtkuppel**					
	RWA-Anlage für Lichtkuppel; 1x RWA-Zentrale, 1x RWA-Hauptbedienstelle, 1x Streulichtrauchmelder; bxhxt=125x125x36mm					
	St € brutto	401	765	902	1.074	1.568
	KG 362 € netto	337	642	758	902	1.318
65	**Dichtheitsprüfung, Flachdachabdichtung**					
	Dichtheitsprobe; Prüfmedium Wasser; Wasserstand 24h halten; Flachdachabdichtungen					
	psch € brutto	61	294	391	644	1.030
	KG 363 € netto	52	247	328	541	866
66	**Stundensatz Facharbeiter, Dachdichtung**					
	Stundenlohnarbeiten, Vorarbeiter, Facharbeiter; Dachabdichtungsarbeiten					
	h € brutto	45	52	55	56	63
	€ netto	38	44	46	47	53

▶ min
▷ von
ø Mittel
◁ bis
◀ max

021
Dachabdichtungsarbeiten

Kosten: Stand 3.Quartal 2015, Bundesdurchschnitt

Dachabdichtungsarbeiten				Preise €

Nr.	Kurztext / Stichworte		brutto ø		
	Einheit / Kostengruppe ▶	▷	netto ø	◁	◀
67	**Stundensatz Helfer, Dachdichtung**				
	Stundenlohnarbeiten, Werker, Helfer; Dachabdichtungsarbeiten				
	h **€ brutto**	**40**	**45**	**48**	**51**	**56**
	€ netto	34	38	40	43	47

Klempnerarbeiten					Preise €

Nr.	Kurztext / Stichworte	brutto ø				
	Einheit / Kostengruppe ▶	▷ netto ø ◁				◀
1	**Lüftungsblech, Insektenschutz**					
	Insektenschutzgitter; Lochblech; Zuschnitt 167mm; zweifach gekantet, an Holzunterkonstruktion					
	m € brutto	3,7	8,4	10,7	13,9	20,6
	KG 363 € netto	3,1	7,1	9,0	11,7	17,3
2	**Traufblech, Titanzink, Z 333**					
	Traufblech, Rinneneinhang; Titanzink; Zuschnitt 333mm; dreifach gekantet					
	m € brutto	6,9	13,6	15,9	22,4	47,9
	KG 363 € netto	5,8	11,4	13,4	18,8	40,2
3	**Traufblech, Kupfer, Z 333**					
	Traufblech, Rinneneinhang; Kupfer; Zuschnitt 333mm; dreifach gekantet					
	m € brutto	15	20	22	30	41
	KG 363 € netto	12	17	18	25	35
4	**Traufblech, Aluminium, Z 333**					
	Traufblech, Rinneneinhang; Aluminium; Zuschnitt 333mm; dreifach gekantet					
	m € brutto	–	12	17	21	–
	KG 363 € netto	–	10	14	17	–
5	**Dachrinne, Titanzink, Z 250**					
	Hängedachrinne, halbrund; Titanzink; Zuschnitt 250mm; Wulst und Falz, mit Rinnenhalter					
	m € brutto	11	24	28	38	75
	KG 363 € netto	9,6	20,2	23,4	31,5	62,8
6	**Dachrinne, Titanzink, Z 400**					
	Hängedachrinne, halbrund; Titanzink; Zuschnitt 400mm; Wulst und Falz, mit Rinnenhalter					
	m € brutto	20	30	34	43	67
	KG 363 € netto	17	26	29	36	56
7	**Dachrinne, Titanzink, Kastenrinne, Z 285**					
	Hängedachrinne, kastenförmig; Titanzink; Zuschnitt 285mm; Wulst und Falz, mit Rinnenhalter					
	m € brutto	20	36	41	53	77
	KG 363 € netto	17	30	35	44	65
8	**Dachrinne, Kupfer, Z 250**					
	Hängedachrinne, halbrund; Kupfer; Zuschnitt 250mm; Wulst und Falz, mit Rinnenhalter					
	m € brutto	13	27	32	38	61
	KG 363 € netto	11	22	26	32	51

▶ min
▷ von
ø Mittel
◁ bis
◀ max

022
Klempnerarbeiten

Kosten: Stand 3.Quartal 2015, Bundesdurchschnitt

Klempnerarbeiten					Preise €

Nr.	Kurztext / Stichworte		brutto ø		
	Einheit / Kostengruppe ▶	▷	netto ø	◁	◀
9	**Dachrinne, Aluminium, Z 333**				
	Hängedachrinne, halbrund; Aluminium; Zuschnitt 333mm; Wulst und Falz, mit Rinnenhalter				
	m € brutto	24	33	37	40	48
	KG 363 € netto	20	28	31	34	40
10	**Rinnenstutzen, Titanzink**				
	Rinnenstutzen, halbrund; Titanzink; in Dachrinne und Fallrohr eingepasst				
	St € brutto	11	18	21	27	41
	KG 363 € netto	9,2	15,2	17,6	22,3	34,5
11	**Rinnenstutzen, Kupfer**				
	Rinnenstutzen, halbrund; Kupfer; in Dachrinne und Fallrohr eingepasst				
	St € brutto	17	23	25	28	36
	KG 363 € netto	14	19	21	24	30
12	**Rinnenkessel, Titanzink**				
	Rinnenkessel, rund/kastenförmig; Titanzink; Ornament ein-/ausgeschwungen				
	St € brutto	31	116	142	211	395
	KG 363 € netto	26	97	119	178	332
13	**Wasserspeier, bis DN120**				
	Wasserspeier; Kupfer/Zink/Edelstahl/Alu; bis DN120; Dachrinne/Attikablech				
	St € brutto	15	54	71	112	212
	KG 363 € netto	12	45	60	94	178
14	**Rinnenendstück, Rinnenboden, Titanzink**				
	Rinnenendstück, halbrund/kastenförmig; Titanzink; in Rinne eingepasst, eingelötet				
	St € brutto	2,9	7,0	8,7	12,3	21,5
	KG 363 € netto	2,4	5,9	7,3	10,4	18,1
15	**Rinnenendstück, Rinnenboden, Kupfer**				
	Rinnenendstück, halbrund/kastenförmig; Kupfer; in Rinne eingepasst, eingelötet				
	St € brutto	4,1	7,3	8,7	13,8	21,8
	KG 363 € netto	3,4	6,1	7,3	11,6	18,3
16	**Rinnenendstück, Rinnenboden, Aluminium**				
	Rinnenendstück, halbrund/kastenförmig; Aluminium; in Rinne eingepasst, eingelötet				
	St € brutto	–	6,3	9,0	12	–
	KG 363 € netto	–	5,3	7,5	9,9	–

Klempnerarbeiten					Preise €

Nr.	Kurztext / Stichworte			brutto ø		
	Einheit / Kostengruppe ►		▷	netto ø	◁	◀
17	**Eckausbildung Dachrinne**					
	Eckausbildung Dachrinne; Innen- und Außen ecke					
	St	€ brutto	18	25	30	34	42
	KG 411	€ netto	15	21	25	29	36
18	**Fallrohr, Titanzink, bis DN80**					
	Regenfallrohr, rund; Titanzink; DN60/DN80					
	m	€ brutto	16	23	25	34	58
	KG 411	€ netto	13	20	21	28	49
19	**Fallrohr, Titanzink, DN100**					
	Regenfallrohr, rund; Titanzink; DN100					
	m	€ brutto	11	24	27	38	87
	KG 411	€ netto	9,0	20,2	22,7	31,8	73,4
20	**Fallrohr, Titanzink, bis DN150**					
	Regenfallrohr, rund; Titanzink; DN120/DN150					
	m	€ brutto	23	26	28	34	48
	KG 411	€ netto	19	22	24	29	40
21	**Fallrohr, Kupfer, bis DN100**					
	Regenfallrohr, rund; Kupfer; DN60/DN80/DN100					
	m	€ brutto	14	25	29	38	56
	KG 411	€ netto	11	21	25	32	47
22	**Fallrohr, Aluminium, bis DN100**					
	Regenfallrohr, rund; Aluminium; DN80/DN100					
	m	€ brutto	20	30	33	45	64
	KG 411	€ netto	16	25	28	37	53
23	**Fallrohrbogen, Titanzink, bis DN100**					
	Fallrohrbogen; Titanzink; DN60/DN80/DN100; geschweißt					
	St	€ brutto	4,0	13,2	15,6	21,4	38,3
	KG 411	€ netto	3,3	11,1	13,1	17,9	32,2
24	**Fallrohrbogen, Kupfer, bis DN100**					
	Fallrohrbogen; Kupfer; DN60/DN80/DN100; geschweißt					
	St	€ brutto	3,3	13,6	20,7	23,2	28,6
	KG 411	€ netto	2,7	11,4	17,4	19,5	24,0
25	**Etagen-/Sockelknie, Regenfallrohr**					
	Sockelknie; DN80/DN87/DN100, Ausladung 60mm					
	St	€ brutto	13	23	28	36	49
	KG 411	€ netto	11	19	23	30	41
26	**Standrohrkappe, Fallrohr, Titanzink/Kupfer**					
	Standrohrkappe; Titanzink/Kupfer; mit/ohne Muffe					
	St	€ brutto	1,4	5,8	7,3	10,9	22,2
	KG 411	€ netto	1,2	4,9	6,2	9,2	18,6

► min
▷ von
ø Mittel
◁ bis
◄ max

022
Klempnerarbeiten

Kosten: Stand 3.Quartal 2015, Bundesdurchschnitt

Klempnerarbeiten					Preise €

Nr.	Kurztext / Stichworte		brutto ø			
	Einheit / Kostengruppe ►		▷ netto ø	◁	◄	
27	**Laubfangkörbe, Abläufe, Titanzink/Kupfer**					
	Laubfangkorb; Titanzink/Kupfer; Dachrinnenablauf					
	St € brutto	2,6	7,1	8,5	13,7	27,7
	KG 363 € netto	2,2	5,9	7,1	11,5	23,3
28	**Standrohr, Guss/SML**					
	Standrohr; Gusseisen/SML-Rohr; DN60/DN80/DN100; Sockelbereich; inkl. Anschluss an Rohrleitungsnetz.					
	St € brutto	37	66	75	101	159
	KG 363 € netto	31	56	63	85	134
29	**Standrohr, Titanzink/Kupfer**					
	Standrohr; rund/rechteckig; Titanzink/Kupfer 0,8mm; Gebäudesockel; inkl. Revisionsöffnung, Deckel und Schrauben					
	St € brutto	46	74	80	97	145
	KG 363 € netto	39	62	67	81	122
30	**Notüberlauf, Flachdach**					
	Notüberlauf, Flachdach; Zuschnitt 500mm; halbrund/rechteckig; inkl. erf. Materialien und Nebenarbeiten					
	St € brutto	46	125	163	274	468
	KG 363 € netto	39	105	137	231	393
31	**Traufstreifen, Kupfer, Z 333**					
	Traufstreifen; Kupfer; Zuschnitt 333mm; dreifach gekantet; inkl. Haftstreifen, Befestigungsmittel					
	m € brutto	12	18	21	27	40
	KG 363 € netto	10	16	18	22	34
32	**Traufstreifen, Titanzink, Z 333**					
	Traufstreifen; Titanzink; Zuschnitt 333mm; dreifach gekantet; inkl. Haftstreifen, Befestigungsmittel					
	m € brutto	6,9	14,1	16,9	22,9	37,5
	KG 363 € netto	5,8	11,8	14,2	19,3	31,5
33	**Verbundblech, gekantet, Abwicklung 500mm**					
	Verbundblech; Stahl, folienkaschiert, verzinkt; Zuschnitt 500mm; Dachrinne/Kehlblech					
	m € brutto	46	62	72	79	92
	KG 363 € netto	39	52	61	67	77
34	**Kiesfangleiste, Lochblech**					
	Kiesfangleiste; Stahl/Aluminium/Edelstahl, gelocht; mit Montagehaltern fixiert; Anschluss, Dachdichtbahn					
	m € brutto	9,3	18,1	20,9	23,5	30,9
	KG 363 € netto	7,8	15,2	17,6	19,7	25,9

Klempnerarbeiten				Preise €

Nr.	Kurztext / Stichworte		brutto ø			
	Einheit / Kostengruppe ▶	▷	netto ø	◁		◀
35	**Blechkehle, Titanzink, bis Z 667**					
	Kehlblech; Titanzink; Zuschnitt 400/500/667mm; auf Holzunterkonstruktion					
	m € brutto	22	28	30	33	42
	KG 363 € netto	18	23	25	28	36
36	**Blechkehle, Kupfer, bis Z 667**					
	Kehlblech; Kupfer; Zuschnitt 400/500/667mm; auf Holzunterkonstruktion					
	m € brutto	19	27	31	40	56
	KG 363 € netto	16	23	26	34	47
37	**Ortgangblech, Titanzink, Z 333**					
	Ortgangblech; Titanzink; Zuschnitt 333mm; gefalzt/glatt, gekantet; auf Holzunterkonstruktion					
	m € brutto	13	28	33	43	66
	KG 363 € netto	11	24	28	36	56
38	**Ortgangblech, Kupfer, Z 333**					
	Ortgangblech; Kupfer; Zuschnitt 333mm; gefalzt/glatt, gekantet; auf Holzunterkonstruktion					
	m € brutto	19	28	32	46	70
	KG 363 € netto	16	24	27	39	59
39	**Trauf-/Ortgangblech, Verbundblech, Z 500**					
	Trauf-/Ortgangblech; Verbundblech, folienkaschiert; Zuschnitt 500mm; mehrfach gekantet; auf Holzunterkonstruktion					
	m € brutto	8,4	17,4	20,1	26,3	38,9
	KG 363 € netto	7,1	14,7	16,9	22,1	32,7
40	**Attikaabdeckung, Titanzink, bis Z 500**					
	Attika/Mauerabdeckung; Titanzink; Zuschnitt 333/400/500mm; gekantet; Stahlbeton/Mauerwerk					
	m € brutto	22	44	53	67	107
	KG 363 € netto	18	37	45	56	90
41	**Attikaabdeckung, Kupfer, bis Z 500**					
	Attika-/Mauerabdeckung; Kupfer; Zuschnitt 333/400/500mm; gekantet; Stahlbeton/Mauerwerk					
	m € brutto	30	54	73	84	108
	KG 363 € netto	26	46	61	71	91
42	**Firstanschlussblech, Titanzink, gekantet, Z 500**					
	Firstanschlussblech; Titanzink; Zuschnitt 500mm; mehrfach gekantet; auf Holzunterkonstruktion					
	m € brutto	13	36	45	67	99
	KG 363 € netto	11	31	38	56	83

► min
▷ von
ø Mittel
◁ bis
◄ max

022
Klempnerarbeiten

Kosten: Stand 3.Quartal 2015, Bundesdurchschnitt

Klempnerarbeiten					Preise €

Nr.	Kurztext / Stichworte		**brutto ø**		
	Einheit / Kostengruppe ►	▷	netto ø ◁		◄
43	**Firsthaube, mehrfach gekantet**				
	Firstabdeckung; mehrfach gekantet; auf Holzunterkonstruktion				
	m € brutto	26	59	69	84	121
	KG 363 € netto	22	50	58	71	101
44	**Überhangblech, bis Z 400**				
	Überhangblech; Titanzink/Kupfer; Zuschnitt 200-400mm; mehrfach gekantet; Stahlbeton/Mauerwerk				
	m € brutto	17	21	23	27	39
	KG 363 € netto	14	18	19	23	33
45	**Wandanschlussblech, Titanzink**				
	Wandanschluss; Titanzink; Anschluss 500mm; mehrfach gekantet				
	m € brutto	12	21	26	31	44
	KG 363 € netto	9,9	18,0	21,6	25,8	37,2
46	**Wandanschlussblech, Kupfer**				
	Wandanschluss; Kupfer; Anschluss 500mm, Überhang bis 200mm; mehrfach gekantet				
	m € brutto	20	30	36	43	53
	KG 363 € netto	17	25	31	36	44
47	**Wandanschluss, Verbundblech**				
	Wandanschluss; Verbundblech, folienkaschiert, vorbewittert; Zuschnitt 500mm; mehrfach gekantet				
	m € brutto	20	31	34	48	68
	KG 363 € netto	17	26	29	41	57
48	**Fassadenrinne, Stahlblech**				
	Fassadenrinne; Stahlblech, verzinkt, beidseitige Kiesleiste; Dränschlitze 3-5mm; begehbar, rollstuhlbefahrbar				
	m € brutto	51	133	162	175	272
	KG 363 € netto	43	112	136	147	228
49	**Wandanschluss, Nocken**				
	Nockenblech, Wandanschluss; Titanzink; altdeutscher Verbund				
	m € brutto	14	30	36	45	58
	KG 363 € netto	12	25	30	38	49
50	**Fensterbankabdeckung, Titanzink, Z 250**				
	Fensterbankabdeckung; Titanzink; Zuschnitt 250mm; gekantet, Tropfkante mit/ohne Wulst				
	m € brutto	8,6	26,9	32,7	41,0	63,0
	KG 334 € netto	7,2	22,6	27,5	34,5	52,9

Klempnerarbeiten					Preise €

Nr.	Kurztext / Stichworte	brutto ø				
	Einheit / Kostengruppe ▶	▷ netto ø ◁ ◀				
51	**Antennenmasteinfassung, Titanzink/Kupfer, mind. 300mm**					
	Antennenmasteinfassung Einzelblechen; Titanzink/Kupfer; Höhe 300mm; Dachneigung unter 7°					
	St € brutto	63	81	87	98	145
	KG 363 € netto	53	68	73	83	122
52	**Fensterbankabdeckung, Kupfer, Z 250**					
	Fensterbankabdeckung; Kupfer; Zuschnitt 250mm; gekantet, Tropfkante mit/ohne Wulst					
	m € brutto	27	28	29	30	33
	KG 334 € netto	22	24	24	25	28
53	**Schornsteinverwahrung, Titanzink, mind.150mm**					
	Schornsteinverwahrung; Titanzink; Höhe 150mm; verputzter/verblendet gemauerter Kamin					
	m € brutto	17	45	60	83	142
	KG 363 € netto	14	38	50	70	120
54	**Schornsteinverwahrung, Kupfer, mind.150mm**					
	Schornsteinverwahrung; Kupfer; Anschlusshöhe 150mm; Befestigungsmittel und Überhangblech mit elastischer Fugenabdichtung					
	St € brutto	96	166	197	229	318
	KG 363 € netto	81	139	165	192	267
55	**Schornsteinbekleidung, Winkel-/Stehfalzdeckung, Titanzink**					
	Schornsteinbekleidung; Titanzink; Breite 720mm Achsmaß 600/ Breite 620mm für Achsmaß 500mm; Winkel-Stehfalzdeckung als hinterlüftete Konstruktion					
	m² € brutto	78	136	155	214	307
	KG 363 € netto	66	114	131	180	258
56	**Walzbleianschluss, Blechstreifen**					
	Walzbleianschluss; Anschlusshöhe 150mm; aufgehende Bauteile; inkl. verzinkter Kappleiste					
	m² € brutto	24	48	61	100	146
	KG 363 € netto	20	40	51	84	123
57	**Trennlage, Blechflächen, V13**					
	Vordeckung/Trennlage/Notdeckung; Bitumen-Dachdichtungsbahn V13, besandet; genagelt; Holzschalung					
	m² € brutto	3,5	7,0	8,3	9,8	14,5
	KG 363 € netto	3,0	5,9	6,9	8,2	12,2
58	**Gaubendeckung, Doppelstehfalz, Titanzink / Kupfer**					
	Doppelstehfalzdecke Gaube/Erker; Titanzink/Kupfer; Untergrund Holzschalung mit Trennlage					
	m² € brutto	44	94	117	143	211
	KG 363 € netto	37	79	98	120	177

► min
▷ von
ø Mittel
◁ bis
◄ max

022
Klempnerarbeiten

Kosten: Stand 3.Quartal 2015, Bundesdurchschnitt

Klempnerarbeiten					Preise €

Nr.	Kurztext / Stichworte Einheit / Kostengruppe ►	brutto ø ▷ netto ø ◁			◄
59	**Gaubendeckung, Doppelstehfalz, Edelstahl** Doppelstehfalzdecke Gaube/Erker; Edelstahl; Untergrund Holzschalung mit Trennlage				
	m² € brutto	81	87	99	114	156
	KG 363 € netto	68	73	84	96	131
60	**Dachdeckung, Doppelstehfalz, Titanzink** Doppelstehfalzdeckung Dach; Titanzink; Untergrund Holzschalung mit Trennlage; inkl. Befestigungsmittel				
	m² € brutto	34	74	86	101	147
	KG 363 € netto	29	62	72	85	123
61	**Dachdeckung, Doppelstehfalz, Kupfer** Doppelstehfalzdeckung Dach; Kupfer; Untergrund Holzschalung mit Trennlage; inkl. Befestigungsmittel				
	m² € brutto	64	101	124	149	193
	KG 363 € netto	54	85	104	125	162
62	**Dachdeckung, Bandblech, Aluminium** Dachdeckung, Bandblechelemente; Aluminium, gefalzt; auf Holzpfetten; inkl. Befestigungsmittel				
	m² € brutto	32	51	53	62	83
	KG 363 € netto	27	42	45	52	69
63	**Anschlüsse Blechdach, Titanzink** Anschluss Blechdachdeckung; Titanzink; Untergrund Holzschalung mit Trennlage; aufgehende Bauteile				
	m € brutto	30	37	44	47	53
	KG 363 € netto	25	31	37	39	44
64	**Traufe, Blechdach, Titanzink** Traufe, Blechdachdeckung; Titanzink; Untergrund Holzschalung mit Trennlage				
	m € brutto	14	31	34	50	82
	KG 363 € netto	12	26	28	42	69
65	**Ortgang, Blechdach, Titanzink** Ortgang, Blechdachdeckung; Titanzink; Untergrund Holzschalung mit Trennlage				
	m € brutto	20	37	40	49	66
	KG 363 € netto	17	31	34	41	56
66	**Vorhangfassade, Bandblechscharen, Titanzink** Wandbekleidung; Titanzink; als vorgehängte, hinterlüftete Fassade				
	m² € brutto	56	88	101	126	167
	KG 363 € netto	47	74	85	106	140

Klempnerarbeiten					Preise €

Nr.	Kurztext / Stichworte		brutto ø			
	Einheit / Kostengruppe ▶	▷	netto ø	◁	◀	
67	**Schneefangrohr, Stehfalzdeckung**					
	Schneefangrohr; Aluminium/Rundholzprofil; auf Stehfalzdeckung					
	m € brutto	21	32	35	39	47
	KG 369 € netto	18	27	29	33	39
68	**Schneefangrohr, Rundprofil**					
	Schneefangrohr; Stahlrohr; Befestigungsabstand 80mm					
	m € brutto	23	41	47	74	115
	KG 369 € netto	19	34	39	62	97
69	**Schneefanggitter, Titanzink**					
	Schneefanggitter; Titanzink; Höhe 200mm; Steildach					
	m € brutto	15	31	39	60	98
	KG 369 € netto	13	26	32	50	82
70	**Schneefanggitter, Kupfer**					
	Schneefanggitter; Kupfer; Höhe 200mm; Steildach					
	m € brutto	45	49	52	54	58
	KG 369 € netto	38	41	43	45	49
71	**Leiterhaken, Dachsicherung, verzinkter Stahl**					
	Leiterhaken, Dachsicherung; Stahl, verzinkt; 25x6mm					
	St € brutto	8,0	13,9	16,4	22,2	37,2
	KG 369 € netto	6,8	11,7	13,8	18,6	31,2
72	**Sicherheitstritt, PVC-Standziegel**					
	Sicherheitstritt; PVC-Standziegel; Trittlänge 41cm					
	St € brutto	23	62	81	91	120
	KG 369 € netto	19	52	68	76	101
73	**Dachleiter, Aluminium**					
	Dachleiter; Aluminium; Breite 350mm; mit Sicherheitshaken befestigen					
	St € brutto	85	202	239	261	416
	KG 369 € netto	72	170	201	219	350
74	**Solarträgerelement, Edelstahlblech**					
	Solarträgerelement; Schwerlastdachhaken Edelstahl					
	St € brutto	92	113	139	160	412
	KG 363 € netto	77	95	117	134	346
75	**Stundensatz Facharbeiter, Flaschnerarbeiten**					
	Stundenlohnarbeiten, Vorarbeiter, Facharbeiter; Klempnerarbeiten					
	h € brutto	43	50	52	57	67
	€ netto	36	42	44	48	56
76	**Stundensatz Helfer, Flaschnerarbeiten**					
	Stundenlohnarbeiten, Werker, Helfer; Klempnerarbeiten					
	h € brutto	31	36	38	40	44
	€ netto	26	30	32	34	37

B

Ausbau

Putz- und Stuckarbeiten, Wärmedämmsysteme				Preise €

Nr.	Kurztext / Stichworte		brutto ø		
	Einheit / Kostengruppe ▶	▷	netto ø	◁	◀
1	**Untergrund prüfen**				
	Untergrund prüfen; Klopfprobe/Hohlstellensonde; verputzte Wandflächen				
	m² **€ brutto**	0,1	0,8	0,9	1,5	3,0
	KG 335 € netto	0,1	0,6	0,8	1,3	2,5
2	**Untergrundvorbereitung, Hochdruckreinigen, 300bar**				
	Untergrund reinigen, Hochdruckreiniger; 300bar; Putz, Beschichtungen entfernen; Wand, Deckenflächen				
	m² **€ brutto**	0,3	1,8	2,6	3,6	5,8
	KG 335 € netto	0,2	1,5	2,2	3,0	4,9
3	**Haftbrücke, Betonfläche, für Gipsputze**				
	Haftbrücke; organisch gebundenen, quarzgefüllt, wasserverdünnbar; für Gipsputze; Betonflächen				
	m² **€ brutto**	0,9	4,0	5,0	7,7	14,5
	KG 336 € netto	0,7	3,4	4,2	6,4	12,2
4	**Haftbrücke, Betonfläche, für Kalk-/Kalkzementputz**				
	Haftbrücke; mineralisch, kunststoffvergütet; für Kalk- und Kalkzementputze; Betonflächen				
	m² **€ brutto**	1,5	6,4	8,8	12,5	22,2
	KG 336 € netto	1,3	5,3	7,4	10,5	18,7
5	**Spritzbewurf, Putzgrund**				
	Spritzbewurf, Putzgrundvorbereitung; MG P III/CS IV; netzförmig aufbringen; Ziegelmauerwerk				
	m² **€ brutto**	0,7	4,9	6,2	7,4	10,8
	KG 335 € netto	0,6	4,1	5,2	6,2	9,1
6	**Aufbrennsperre, Putzuntergrund**				
	Aufbrennsperre; Regulierung der Saugfähigkeit; auf Putzgrund				
	m² **€ brutto**	0,4	1,4	2,0	2,4	3,2
	KG 335 € netto	0,4	1,2	1,7	2,0	2,7
7	**Tiefengrund, sandende Untergründe**				
	Tiefengrund; verfestigen sandende Untergründe				
	m² **€ brutto**	1,1	1,8	2,0	2,5	3,1
	KG 335 € netto	0,9	1,5	1,7	2,1	2,6
8	**Untergrund abkehren**				
	Untergrund reinigen; Staub, Schmutz und losen Bestandteile; abkehren, entsorgen; Wand, Deckenflächen				
	m² **€ brutto**	0,2	0,5	0,6	0,8	1,4
	KG 335 € netto	0,1	0,4	0,5	0,7	1,2

▶ min
▷ von
ø Mittel
◁ bis
◀ max

023
Putz- und Stuckarbeiten,
Wärmedämmsysteme

Kosten: Stand 3.Quartal 2015, Bundesdurchschnitt

Putz- und Stuckarbeiten, Wärmedämmsysteme						Preise €
Nr.	**Kurztext** / Stichworte			**brutto ø**		
	Einheit / Kostengruppe ▶		▷	netto ø	◁	◀
9	**Fluatieren, Wände**					
	Untergrundvorbereitung, Fluatieren; Schalölresten entfernen; Wand; inkl. Nachwäsche mit Wasser					
	m² € brutto	0,6	1,3	1,7	2,2	3,8
	KG 335 € netto	0,5	1,1	1,5	1,8	3,2
10	**Installationsschlitz schließen, spachteln**					
	Installationsschlitz schließen; Mineralwolle, verzinkter Putzträger, Grundputz; ausstopfen, überspannen, spachteln; Wand					
	m € brutto	3,5	9,6	11,5	17,4	30,7
	KG 345 € netto	2,9	8,0	9,7	14,6	25,8
11	**Installationsschlitz schließen, bis 150mm**					
	Installationsschlitz schließen; Mineralwolle, verzinkter Putzträger, Grundputz; Breite bis 150mm; ausstopfen, überspannen, spachteln; Wand					
	m € brutto	4,4	9,4	11,6	17,5	27,5
	KG 345 € netto	3,7	7,9	9,7	14,7	23,1
12	**Installationsschlitz schließen, bis 250mm**					
	Installationsschlitz schließen; Mineralwolle, verzinkter Putzträger, Grundputz; Breite über 150-250mm; ausstopfen, überspannen, spachteln; Wand					
	m € brutto	7,0	12,3	15,9	20,4	28,3
	KG 345 € netto	5,9	10,4	13,3	17,1	23,8
13	**Installationsschlitz schließen, bis 400mm**					
	Installationsschlitz schließen; Mineralwolle, verzinkter Putzträger, Grundputz; Breite über 250-400mm; ausstopfen, überspannen, spachteln; Wand					
	m € brutto	7,6	12,9	15,7	22,5	30,7
	KG 345 € netto	6,4	10,8	13,2	18,9	25,8
14	**Installationsschlitz schließen, über 400mm**					
	Installationsschlitz schließen; Mineralwolle, verzinkter Putzträger, Grundputz; Breite über 400mm; ausstopfen, überspannen, spachteln; Wand					
	m € brutto	12	22	27	35	46
	KG 345 € netto	10	18	23	29	38
15	**Putzarmierung, Glasfasergewebe, bis 500mm**					
	Putzträger, innen/außen; Glasfasergewebe; Breite bis 500m; Beton- und Mauerwerkswänden					
	m € brutto	1,7	3,3	3,8	4,9	6,8
	KG 345 € netto	1,4	2,7	3,2	4,1	5,7

Putz- und Stuckarbeiten, Wärmedämmsysteme					Preise €

Nr.	Kurztext / Stichworte		brutto ø		
	Einheit / Kostengruppe ▶	▷ netto ø	◁		◀
16	**Putzarmierung, Glasfaser, innen, Teilbereich**				
	Putzarmierung, Innenwand; Glasfasergewebe; Breite bis 200mm; in Teilbereichen einbetten				
	m € brutto	1,1	2,3	2,9	5,4	8,2
	KG 345 € netto	0,9	2,0	2,4	4,5	6,9
17	**Putzarmierung, Glasfaser, innen**				
	Putzarmierung, Innenwand; Glasfasergewebe; vollflächig, einbetten; Innenwand				
	m² € brutto	2,6	5,7	7,1	10,7	20,5
	KG 345 € netto	2,1	4,8	6,0	9,0	17,2
18	**Putzträger, Metallgittergewebe**				
	Putzträger; Metallgittergewebe; Schlitze überdecken; Beton- und Mauerwerk				
	m² € brutto	5,1	10,0	12,3	16,5	25,6
	KG 345 € netto	4,3	8,4	10,3	13,8	21,5
19	**Putzträger, Metallgittergewebe, bis 250mm**				
	Putzträger; Metallgittergewebe; Breite bis 250mm; Schlitze überdecken; Beton- und Mauerwerk				
	m € brutto	9,1	20,5	24,8	31,8	41,8
	KG 345 € netto	7,6	17,2	20,8	26,7	35,1
20	**Putzträger, Metallgittergewebe, über 250mm**				
	Putzträger; Metallgittergewebe; Breite über 250m; Schlitze überdecken; Beton- und Mauerwerk				
	m € brutto	14	28	37	40	59
	KG 345 € netto	12	23	31	34	49
21	**Putzträger verzinkt, Fachwerk**				
	Putzträger; verzinkt; Fachwerk-Holzbalken				
	m € brutto	2,7	6,6	8,6	9,3	13,4
	KG 345 € netto	2,3	5,6	7,2	7,8	11,3
22	**Ausgleichsputz, bis 10mm**				
	Ausgleichsputz; MG P II; Dicke 5-10mm, Höhe bis 3,00m				
	m² € brutto	3,0	7,2	8,9	11,7	17,8
	KG 345 € netto	2,5	6,0	7,5	9,8	15,0
23	**Ausgleichsputz, bis 20mm**				
	Ausgleichsputz; MG P II; Dicke 10-20mm				
	m² € brutto	3,2	10,0	12,6	16,9	26,3
	KG 345 € netto	2,7	8,4	10,6	14,2	22,1
24	**Glattstrich, Fensteranschlussfolie, Leibung**				
	Glattstrich Fensterleibungen; für überputzbare Anschlussfolie				
	m € brutto	3,5	8,6	11,2	15,2	23,7
	KG 335 € netto	3,0	7,2	9,4	12,8	20,0

▶ min
▷ von
ø Mittel
◁ bis
◀ max

023
Putz- und Stuckarbeiten,
Wärmedämmsysteme

Kosten: Stand 3.Quartal 2015, Bundesdurchschnitt

Putz- und Stuckarbeiten, Wärmedämmsysteme					Preise €

Nr.	Kurztext / Stichworte			brutto ø		
	Einheit / Kostengruppe ▶		▷	netto ø	◁	◀
25	**Unterputzprofil, verzinkt, Unterputz, innen**					
	Unterputzprofil; Stahl, verzinkt; Putzdicke bis 15mm; anbringen mit Ansetzmörtel; Innenraum					
	m	€ brutto	2,5	4,7	5,7	6,7	9,6
	KG 345	€ netto	2,1	4,0	4,8	5,6	8,0
26	**Unterputzprofil, Edelstahl, Unterputz, innen**					
	Unterputzprofil; Edelstahl; Putzdicke bis 15mm; anbringen mit Ansetzmörtel; Innenraum					
	m	€ brutto	5,6	7,5	8,0	9,2	11,2
	KG 345	€ netto	4,7	6,3	6,8	7,8	9,4
27	**Eckprofil, verzinkt**					
	Eckprofil; Stahl, verzinkt; anbringen mit Ansetzmörtel					
	m	€ brutto	1,6	3,3	4,1	4,9	6,6
	KG 345	€ netto	1,4	2,7	3,5	4,1	5,6
28	**Eckprofil, Edelstahl**					
	Eckprofil; Edelstahl; anbringen mit Ansetzmörtel					
	m	€ brutto	3,3	7,8	9,1	10,3	12,5
	KG 345	€ netto	2,8	6,5	7,7	8,6	10,5
29	**Eckprofil, Kunststoff**					
	Eckprofil; Kunststoff; anbringen mit Ansetzmörtel					
	m	€ brutto	1,2	3,4	4,9	5,9	9,0
	KG 345	€ netto	1,0	2,9	4,1	5,0	7,6
30	**Abschlussprofil, innen, verzinkt**					
	Abschlussprofil; Stahl, verzinkt; Dicke bis 15mm; Innenwand					
	m	€ brutto	2,8	6,1	7,3	10,3	17,5
	KG 345	€ netto	2,3	5,2	6,2	8,6	14,7
31	**Abschlussprofil, innen, Edelstahl**					
	Abschlussprofil; Edelstahl; Dicke bis 15mm; Innenwand					
	m	€ brutto	6,5	12,8	14,5	17,0	34,1
	KG 345	€ netto	5,5	10,7	12,2	14,3	28,7
32	**Innenputz, einlagig, Q3, geglättet**					
	Innenputz, einlagig; Dicke 10mm; Q3, geglättet; Innenwand					
	m²	€ brutto	10	15	17	20	24
	KG 345	€ netto	8,4	12,2	13,9	16,4	20,4
33	**Innenputz, einlagig, Q3, gefilzt**					
	Innenputz, einlagig; Dicke 10mm; Q3, gefilzt; Innenwand					
	m²	€ brutto	13	17	19	21	26
	KG 345	€ netto	11	14	16	18	21

Putz- und Stuckarbeiten, Wärmedämmsysteme					Preise €

Nr.	Kurztext / Stichworte		**brutto ø**		
	Einheit / Kostengruppe ▶	▷	netto ø	◁	◀
34	**Mehrdicke, 5mm, Putz**				
	Mehrdicke, Innenputz, einlagig; Dicke bis 5mm; Innenwand				
	m² € brutto	2,1	3,6	4,6	5,6	7,5
	KG 345 € netto	1,8	3,1	3,9	4,7	6,3
35	**Mehrdicke, 10mm, Putz**				
	Mehrdicke, Innenputz, einlagig; Dicke bis 10mm; Innenwand				
	m² € brutto	3,1	5,0	6,1	7,8	10,4
	KG 345 € netto	2,6	4,2	5,2	6,6	8,8
36	**Leibung, innen, bis 150mm**				
	Leibungen verputzen; Innenputz; Tiefe bis 150mm				
	m € brutto	3,0	5,2	6,3	7,7	11,1
	KG 336 € netto	2,6	4,4	5,3	6,4	9,4
37	**Leibung, innen, 150-250mm**				
	Leibungen verputzen; Innenputz; Tiefe über 150-250mm				
	m € brutto	4,9	7,8	8,8	9,0	12,4
	KG 336 € netto	4,1	6,6	7,4	7,6	10,4
38	**Leibung, innen, 250-400mm**				
	Leibungen verputzen; Innenputz; Tiefe über 250-400mm				
	m € brutto	6,2	11,1	13,7	15,5	21,3
	KG 345 € netto	5,2	9,3	11,5	13,0	17,9
39	**Kalk-Gipsputz, Innenwand, einlagig, Q2**				
	Innenputz, einlagig; Kalk-Gipsputz; Dicke 15mm; Q2; Innenwand				
	m² € brutto	10	14	15	17	22
	KG 345 € netto	8,6	11,7	12,7	14,2	18,6
40	**Kalk-Gipsputz, Innenwand, einlagig, Q2, gefilzt**				
	Innenputz, einlagig; Kalk-Gipsputz; Dicke 15mm; Q2, gefilzt; Innenwand				
	m² € brutto	11	13	14	15	18
	KG 345 € netto	8,8	10,9	12,1	12,7	15,5
41	**Kalk-Gipsputz, Innenwand, einlagig, Q2, geglättet**				
	Innenputz, einlagig; Kalk-Gipsputz; Dicke 15mm; Q2, geglättet; Innenwand				
	m² € brutto	11	14	14	15	17
	KG 345 € netto	8,9	11,8	11,8	12,7	14,4
42	**Ebenheit, Mehrpreis**				
	Mehrpreis, Innenputz; erhöhte Anforderung an Ebenheit				
	m² € brutto	2,9	3,4	3,5	3,7	4,3
	KG 345 € netto	2,4	2,9	2,9	3,1	3,6

► min
▷ von
ø Mittel
◁ bis
◄ max

023
Putz- und Stuckarbeiten,
Wärmedämmsysteme

Kosten: Stand 3.Quartal 2015, Bundesdurchschnitt

Putz- und Stuckarbeiten, Wärmedämmsysteme					Preise €

Nr.	Kurztext / Stichworte		brutto ø		
	Einheit / Kostengruppe ►	▷	netto ø	◁	◄
43	**Kalk-Gipsputz, Innenwand, einlagig, Q3, geglättet**				
	Innenputz, einlagig; Kalk-Gipsputz; Dicke 15mm; Q3, geglättet; Innenwand				
	m² € brutto	**11**	**15**	**16**	**19**	**23**
	KG 345 € netto	9,1	12,5	13,1	15,9	19,3
44	**Kalk-Zementputz, Innenwand, einlagig, Q3, abgezogen**				
	Innenputz, einlagig; Kalk-Zementputz, CS II; Dicke 15mm; Q3, abgezogen; Innenwand				
	m² € brutto	**11**	**16**	**17**	**19**	**24**
	KG 345 € netto	9,6	13,5	14,6	16,2	20,3
45	**Kalk-Zementputz, innen, einlagig, Q2, gefilzt**				
	Innenputz, einlagig; Kalk-Zementputz, CS II; Dicke 15mm; Q2, gefilzt; Innenwand				
	m² € brutto	**5,1**	**11,0**	**14,0**	**16,3**	**20,8**
	KG 345 € netto	4,3	9,3	11,8	13,7	17,5
46	**Kalk-Zementputz, Innenwand, zweilagig, Q2, gefilzt**				
	Innenputz, zweilagig; Kalk-Zementputz, CS II; Dicke 15mm; Q3, gefilzt; Innenwand				
	m² € brutto	**13**	**16**	**18**	**21**	**29**
	KG 345 € netto	11	14	15	17	24
47	**Kalk-Zementputz, innen, linear, einlagig, Q2, abgezogen**				
	Innenputz, einlagig; Kalk-Zementputz, CS II; Dicke 15mm; Q2, abgezogen; Unterzüge/Pfeiler/Stützen/Leibungen				
	m € brutto	**4,8**	**8,1**	**10,0**	**12,6**	**18,0**
	KG 345 € netto	4,0	6,8	8,4	10,6	15,1
48	**Gipsputz, Innenwand, einlagig, Q2, gefilzt**				
	Innenputz, einlagig; Gipsputz, MG P IV; Dicke 15mm, Höhe bis 3,00m; Q2, gefilzt; Innenwand				
	m² € brutto	**9,9**	**14,4**	**16,1**	**18,6**	**26,5**
	KG 345 € netto	8,3	12,1	13,5	15,6	22,2
49	**Gipsputz, Innenwand, einlagig, Q2, geglättet**				
	Innenputz, einlagig; Gipsputz, MG P IV; Dicke bis 15mm; Q2, geglättet; Innenwand				
	m² € brutto	**2,1**	**11,6**	**14,7**	**16,6**	**23,8**
	KG 345 € netto	1,8	9,7	12,3	14,0	20,0
50	**Gipsputz, Innenwand, Dünnlage, Q3, geglättet**				
	Innenputz, einlagig; Dünnlagenputz, C6/20/2; Dicke 3-5mm; Q3, geglättet; Unterzüge/Pfeiler/Stützen/Leibungen				
	m² € brutto	**7,6**	**13,5**	**14,4**	**16,5**	**20,0**
	KG 345 € netto	6,3	11,3	12,1	13,8	16,8

Putz- und Stuckarbeiten, Wärmedämmsysteme					Preise €

Nr.	Kurztext / Stichworte		brutto ø			
	Einheit / Kostengruppe ▶	▷	netto ø	◁	◀	
51	**Gipsputz, innen, linear, Q2, abgezogen**					
	Innenputz, einlagig; Gipsputz, MG P IV; Dicke bis 15mm; Q2, abgezogen; Unterzüge/Pfeiler/Stützen/Leibungen					
	m € brutto	3,0	7,4	9,0	12,5	22,6
	KG 345 € netto	2,6	6,2	7,5	10,5	19,0
52	**Gipsputz, Leibungen, innen**					
	Leibungen verputzen, innen; Gipsputz; Q2/Q3/Q4					
	m € brutto	1,3	6,8	8,7	11,9	21,7
	KG 336 € netto	1,1	5,7	7,3	10,0	18,2
53	**Lehmputz, innen, Maschinenputz, einlagig**					
	Innenputz; Lehmputz bis 1,2mm; Dicke 10mm; Maschinenputz; Innenwand/Decke					
	m² € brutto	18	24	27	35	47
	KG 345 € netto	15	20	23	29	39
54	**Beiputzen, Tür-/Türzarge**					
	Stahlzarge beiputzen, nachträglich; Gipsputz/Gips-Kalkputz/.....					
	m € brutto	4,7	9,4	11,9	16,3	29,1
	KG 345 € netto	3,9	7,9	10,0	13,7	24,5
55	**Kleinflächen verputzen**					
	Kleinflächen angleichen, nachträglich; Putzarmierung					
	m² € brutto	6,2	23,6	29,5	39,3	58,3
	KG 345 € netto	5,3	19,8	24,8	33,0	49,0
56	**Stuckprofil, innen**					
	Stuckprofil innen; poliert, mehrfach profiliert; Breite bis 150mm; als Gesims; an Übergang Wand/Decke.					
	m € brutto	30	49	59	83	116
	KG 345 € netto	25	41	49	70	98
57	**Putzbänder, Faschen, Putzdekor**					
	Putzfaschen herstellen; Breite 100mm; Fensteröffnungen, außen					
	m € brutto	6,2	14,4	18,0	31,7	61,0
	KG 335 € netto	5,2	12,1	15,1	26,7	51,3
58	**Akustikputz, Decke, innen, einlagig**					
	Akustikputz, einlagig; MG P III; Dicke 10mm; Decke					
	m² € brutto	15	67	79	102	159
	KG 353 € netto	12	56	67	86	133
59	**Kalk-Gipsputz, Decken, einlagig, Q2, gefilzt**					
	Innenputz, einlagig; Kalk-Gipsputz; Dicke 15mm; Q2, gefilzt; Decke					
	m² € brutto	11	17	19	22	31
	KG 353 € netto	9,1	13,9	15,7	18,7	25,7

▶ min
▷ von
ø Mittel
◁ bis
◀ max

023
Putz- und Stuckarbeiten,
Wärmedämmsysteme

Kosten: Stand 3.Quartal 2015, Bundesdurchschnitt

Putz- und Stuckarbeiten, Wärmedämmsysteme					Preise €

Nr.	Kurztext / Stichworte	▶	brutto ø ▷ netto ø	◁	◀
	Einheit / Kostengruppe				
60	**Kalk-Gipsputz, Decken, einlagig, Q3, geglättet**				
	Innenputz, einlagig; Kalk-Gipsputz; Dicke 15mm; Q3, geglättet; Decke				
	m² € brutto	8,0	16,9 20,2	24,5	31,1
	KG 353 € netto	6,7	14,2 17,0	20,6	26,1
61	**WDVS, Wärmedämmung, EPS 035, 100mm**				
	WDVS-Wärmedämmung; Polystyrol-Hartschaumplatte, expandiert, WLG 035, E; Dicke 100mm; kleben, im Verband, press gestoßen, Fugen ausschäumen				
	m² € brutto	19	28 33	35	40
	KG 335 € netto	16	23 28	30	34
62	**WDVS, Wärmedämmung, EPS 035, 120mm**				
	WDVS-Wärmedämmung; Polystyrol-Hartschaumplatte, expandiert, WLG 035,E; Dicke 120mm; kleben, im Verband, press gestoßen, Fugen ausschäumen				
	m² € brutto	25	30 35	37	45
	KG 335 € netto	21	25 29	31	38
63	**WDVS, Wärmedämmung, EPS 035, 140mm**				
	WDVS-Wärmedämmung; Polystyrol-Hartschaumplatte, expandiert, WLG 035, E; Dicke 140mm; kleben, im Verband, press gestoßen, Fugen ausschäumen				
	m² € brutto	28	33 40	44	52
	KG 335 € netto	24	28 34	37	43
64	**WDVS, Wärmedämmung, EPS 035, 200mm**				
	WDVS-Wärmedämmung; Polystyrol-Hartschaumplatte, expandiert, WLG 035, E; Dicke 200mm; kleben, im Verband, press gestoßen, Fugen ausschäumen				
	m² € brutto	40	47 54	58	66
	KG 335 € netto	34	39 45	48	56
65	**WDVS, Wärmedämmung, EPS 035, 280mm**				
	WDVS-Wärmedämmung; Polystyrol-Hartschaumplatte, expandiert, WLG 035, E; Dicke 280mm; kleben, im Verband, press gestoßen, Fugen ausschäumen				
	m² € brutto	54	59 63	67	70
	KG 335 € netto	45	50 53	56	59
66	**WDVS, Wärmedämmung, EPS 035, 300mm**				
	WDVS-Wärmedämmung; Polystyrol-Hartschaumplatte, expandiert, WLG 035, E; Dicke 300mm; kleben, im Verband, press gestoßen, Fugen ausschäumen				
	m² € brutto	47	70 72	79	85
	KG 335 € netto	39	59 61	66	71

Putz- und Stuckarbeiten, Wärmedämmsysteme				Preise €

Nr.	Kurztext / Stichworte		brutto ø		
	Einheit / Kostengruppe ▶	▷	netto ø	◁	◀
67	**WDVS, Wärmedämmung, MW 035, 180mm**				
	WDVS-Wärmedämmung; Mineralwolle-Lamellenplatte, WLG 035, A2;				
	Dicke 180mm; dübeln, im Verband, press gestoßen, Fugen ausschäumen				
	m² € brutto	**41**	**47**	**50**	**54**	**60**
	KG 335 € netto	35	40	42	45	50
68	**WDVS, Brandbarriere, bis 300mm**				
	WDVS-Brandbarriere; Mineralwolle, WLG 035/040, A1;				
	Dicke 100-300mm; Sturzbereich über Fenstern				
	m € brutto	**5,0**	**10,8**	**13,3**	**19,7**	**33,6**
	KG 353 € netto	4,2	9,1	11,2	16,6	28,2
69	**WDVS, Montagequader Druckplatte**				
	WDVS, Montagequader; EPS-/PU-Hartschaum; für wärmebrückenfreie				
	Befestigung				
	St € brutto	**8,8**	**35,5**	**45,8**	**61,5**	**105,5**
	KG 335 € netto	7,4	29,8	38,5	51,7	88,6
70	**WDVS, Dübelung, Wärmedämmung**				
	WDVS-Wärmedämmung, Dübelung; Polystyrol-Hartschaumplatten				
	m² € brutto	**3,5**	**8,4**	**10,5**	**13,1**	**21,1**
	KG 335 € netto	2,9	7,1	8,8	11,0	17,7
71	**WDVS, Armierungsputz, Glasfasereinlage**				
	WDVS-Armierungsputz, Glasfasergewebe; vollflächig auftragen				
	m² € brutto	**2,5**	**12,6**	**16,0**	**20,3**	**38,5**
	KG 335 € netto	2,1	10,6	13,5	17,1	32,4
72	**WDVS, Eckausbildung**				
	WDVS-Eckausbildung; Eckprofil, Kunststoff-/Leichtmetallprofil;				
	in Armierungsschicht einbetten				
	m € brutto	**3,5**	**5,7**	**6,8**	**8,1**	**11,7**
	KG 335 € netto	2,9	4,8	5,7	6,8	9,8
73	**WDVS, Sockelausbildung**				
	WDVS-Sockelausbildung; extrudierten Polystyrol-Hartschaumplatten;				
	inkl. Sockelabschlussprofil; inkl. Kunststoff-/Leichtmetallprofil				
	m € brutto	**22**	**37**	**38**	**43**	**51**
	KG 335 € netto	18	31	32	36	43
74	**WDVS, Sockelausbildung, XPS**				
	WDVS-Sockelausbildung; extrudierten Polystyrol-Hartschaumplatten,				
	WLG 035, E; kleben, im Verband, press gestoßen, Fugen ausschäumen,				
	inkl. Sockelprofil in wärmebrückenfreier Ausführung				
	m² € brutto	**57**	**94**	**105**	**121**	**170**
	KG 335 € netto	48	79	88	102	143

▶ min
▷ von
ø Mittel
◁ bis
◀ max

023
Putz- und Stuckarbeiten,
Wärmedämmsysteme

Kosten: Stand 3.Quartal 2015, Bundesdurchschnitt

Putz- und Stuckarbeiten, Wärmedämmsysteme					Preise €

Nr.	Kurztext / Stichworte		brutto ø			
	Einheit / Kostengruppe ▶	▷	netto ø	◁	◀	
75	**WDVS, Sockeldämmung, XPS**					
	WDVS, Sockeldämmung; extrudierten Polystyrol-Hartschaumplatten, E; auf bauseitigen Untergrund geklebt					
	m² € brutto	32	40	43	47	56
	KG 335 € netto	27	34	36	39	47
76	**WDVS, Sockelprofil**					
	WDVS-Sockelabschlussprofil; Kunststoff; Sockeldämmung XPS					
	m € brutto	5,0	10,7	12,9	16,2	24,1
	KG 335 € netto	4,2	9,0	10,9	13,6	20,3
77	**WDVS, Fensteranschluss**					
	WDVS-Fensteranschlussprofil; Kunststoff-/Leichtmetallprofil; inkl. Anschluss-, Kantenschutzprofil					
	m € brutto	2,2	5,2	6,3	15,4	33,3
	KG 335 € netto	1,9	4,4	5,3	12,9	28,0
78	**Mineralischer Oberputz, WDVS**					
	Oberputz, Wärmedämmverbundsystem; mineralisch, Körnung 3mm; gerieben, auf Amierungsputz; Wand					
	m² € brutto	9,0	13,6	16,2	21,4	33,4
	KG 335 € netto	7,5	11,4	13,6	18,0	28,1
79	**Organischer Oberputz, WDVS**					
	Oberputz, Wärmedämmverbundsystem; organisch, Körnung 3mm; gerieben, auf Amierungsputz; Wand					
	m² € brutto	7,2	14,0	16,8	19,9	26,3
	KG 335 € netto	6,1	11,8	14,2	16,7	22,1
80	**WDVS, MW 035, 120mm, Silikat-Reibeputz**					
	Wärmedämm-Verbundsystem; Mineralwolle-Platte, WLG 035, A1, Silikat-Reibeputz, Körnung 3mm; Dämmdicke 120mm; Platte press gestoßen, gedübelt; Wand					
	m² € brutto	68	72	75	78	85
	KG 335 € netto	57	61	63	66	72
81	**WDVS, EPS, bis 120mm, Silikatputz**					
	Wärmedämm-Verbundsystem; Polystyrol-Hartschaumplatte, WLG 035, A1, Silikatputz-Reibeputz, Körnung 3mm; Dämmdicke bis 120mm; Platte press gestoßen, gedübelt; Wand; inkl. Armierungsgewebe, Silikatputz, Grundierung					
	m² € brutto	42	55	66	71	79
	KG 335 € netto	35	46	56	60	67

Putz- und Stuckarbeiten, Wärmedämmsysteme — Preise €

Nr.	Kurztext / Stichworte Einheit / Kostengruppe ▶	brutto ø ▷ netto ø ◁ ◀				
82	**Außenputz, zweilagig, Wand** Außenputz, zweilagig; Normalmörtel GP, CS I, Normalmörtel GP, Körnung 3mm; Unterputz 20mm; gerieben; Ziegelmauerwerk					
	m² € brutto	16	28	34	40	51
	KG 335 € netto	13	24	29	33	43
83	**Kunstharzputz, außen** Außenputz; Kunstharzputz P Org 1, Körnung 1,5/3,0mm; Kratz-/Rillenputzstruktur					
	m² € brutto	13	16	18	21	26
	KG 335 € netto	11	14	15	18	22
84	**Schlämmputz, außen** Schlämmputz, Außenwand; Kalk-Zementputz P II; Dicke 20mm, Höhe 4,00m; Ziegelmauerwerk					
	m² € brutto	6,2	10,0	12,3	15,0	19,7
	KG 335 € netto	5,2	8,4	10,3	12,6	16,5
85	**Außenputz, zweilagig, Leibungen** Außenputz, zweilagig, Leibungen; MG P II, CS II, mineralischer Edelputz 2,5mm; Unterputz 20mm, Breite 300mm; gerieben					
	m € brutto	6,5	13,0	15,3	21,3	35,4
	KG 335 € netto	5,5	10,9	12,9	17,9	29,7
86	**Außenputz, zweilagig, Leibungen, bis 150mm** Außenputz, zweilagig, Leibungen; MG P II, CS II, mineralischer Edelputz 2,5mm; Unterputz 15mm, Breite bis 150mm; gerieben					
	m € brutto	10	11	14	16	18
	KG 335 € netto	8,8	9,3	12,0	13,1	15,0
87	**Außenputz, zweilagig, Leibungen, bis 250mm** Außenputz, zweilagig, Leibungen; MG P II, CS II, mineralischer Edelputz 2,5mm; Unterputz 15mm, Breite bis 250mm; gerieben					
	m € brutto	12	13	17	19	22
	KG 335 € netto	10	11	14	16	18
88	**Außenputz, zweilagig, Leibungen, bis 400mm** Außenputz, zweilagig, Leibungen; MG P II, CS II, mineralischer Edelputz 2,5mm; Unterputz 15mm, Breite bis 400mm; gerieben; Fenster					
	m € brutto	14	15	19	22	26
	KG 335 € netto	12	12	16	18	22
89	**Beschichtung, Dispersionssilikatfarbe, Außenputz** Beschichtung, Außenwand; Dispersionssilikatfarbe; Grund-, Zwischen- und Schlussbeschichtung; Fassade					
	m² € brutto	4,4	7,0	8,0	9,5	12,5
	KG 335 € netto	3,7	5,9	6,7	8,0	10,5

► min
▷ von
ø Mittel
◁ bis
◄ max

023
Putz- und Stuckarbeiten,
Wärmedämmsysteme

Kosten: Stand 3.Quartal 2015, Bundesdurchschnitt

Putz- und Stuckarbeiten, Wärmedämmsysteme					Preise €

Nr.	Kurztext / Stichworte		brutto ø			
	Einheit / Kostengruppe ►	▷	netto ø	◁	◄	
90	**Beschichtung, außen, selbstreinigend, weiß**					
	Beschichtung, Außenwand; Fassadenfarbe, selbstreinigend wasser-dampfdurchlässig; Grund- Zwischen- und Schlussbeschichtung					
	m² **€ brutto**	**4,2**	**7,1**	**8,6**	**10,9**	**14,5**
	KG 335 € netto	3,6	6,0	7,3	9,1	12,2
91	**Fensteranschluss, Putzprofil**					
	Fensteranschlussprofil; Kunststoff; Übergang Fensterprofil					
	m **€ brutto**	**2,9**	**5,4**	**5,9**	**6,8**	**8,9**
	KG 335 € netto	2,5	4,6	5,0	5,7	7,4
92	**Dämmung, Kellerdecke, EPS 040**					
	Wärmedämmung, Kellerdecke; Polystyrol-Hartschaumplatten, WLG 040; dicht gestoßen, geklebt					
	m² **€ brutto**	**21**	**40**	**50**	**64**	**87**
	KG 353 € netto	17	33	42	54	73
93	**Dämmung, Kellerdecke, EPS 040, bis 100mm**					
	Wärmedämmung, Kellerdecke; Polystyrol-Hartschaumplatte, WLG 040; Dicke 100mm; dicht gestoßen, geklebt					
	m² **€ brutto**	**25**	**26**	**34**	**37**	**42**
	KG 353 € netto	21	22	28	31	35
94	**Dämmung, Kellerdecke, EPS 040, bis 140mm**					
	Wärmedämmung, Kellerdecke; Polystyrol-Hartschaumplatte, WLG 040; Dicke 120/140mm; dicht gestoßen, geklebt					
	m² **€ brutto**	**34**	**36**	**46**	**50**	**60**
	KG 353 € netto	28	30	39	42	50
95	**Dämmung, Kellerdecke, MW 032, bis 140mm**					
	Wärmedämmung, Kellerdecke; Mineralwolle-Platte, WLS 032; Dicke 120/140mm; dicht gestoßen, geklebt					
	m² **€ brutto**	**43**	**45**	**58**	**63**	**79**
	KG 353 € netto	36	38	49	53	66
96	**Mehrschichtplatten, bis 100mm**					
	Wärmedämmung; Holzwolle-Mehrschichtplatte mit PS-Dämmkern, WLG 040, E; dicht gestoßen, geklebt; Stb-Bauteile					
	m² **€ brutto**	**22**	**35**	**43**	**52**	**72**
	KG 336 € netto	19	30	36	44	61
97	**Mehrschichtplatte, bis 35mm**					
	Wärmedämmung; Holzwolle-Mehrschichtplatte mit PS-Dämmkern, WLG 040, E; Dicke 25-35mm; dicht gestoßen, geklebt; Stb-Bauteile					
	m² **€ brutto**	**13**	**16**	**16**	**19**	**22**
	KG 335 € netto	11	13	14	16	19

Putz- und Stuckarbeiten, Wärmedämmsysteme					Preise €

Nr.	Kurztext / Stichworte	brutto ø			
	Einheit / Kostengruppe ▶	▷ netto ø ◁			◀
98	**Mehrschichtplatte, 50mm**				
	Wärmedämmung; Holzwolle-Mehrschichtplatte mit PS-Dämmkern, WLG 040, E; Dicke 50mm; dicht gestoßen, geklebt; Stb-Bauteile				
	m² **€ brutto**	**12**	**24**	**29**	**36**	**50**
	KG 335 € netto	11	20	24	30	42
99	**Mehrschichtplatte, 75mm**				
	Wärmedämmung; Holzwolle-Mehrschichtplatte mit PS-Dämmkern, WLG 040, E; Dicke 75mm; dicht gestoßen, geklebt; Stb-Bauteile				
	m² **€ brutto**	**25**	**36**	**39**	**45**	**55**
	KG 335 € netto	21	30	33	38	46
100	**Gerüstankerlöcher schließen und beschichten**				
	Gerüstankerlöcher schließen; Oberfläche angleichen und mit Oberputz beschichten				
	St **€ brutto**	**0,9**	**3,0**	**4,0**	**6,2**	**12,0**
	KG 335 € netto	0,8	2,5	3,4	5,2	10,1
101	**Stundensatz Facharbeiter, Putzarbeiten**				
	Stundenlohnarbeiten, Vorarbeiter, Facharbeiter; Putzarbeiten				
	h **€ brutto**	**41**	**48**	**51**	**56**	**68**
	€ netto	35	40	43	47	57
102	**Stundensatz Helfer, Putzarbeiten**				
	Stundenlohnarbeiten, Werker, Helfer; Putzarbeiten				
	h **€ brutto**	**29**	**39**	**45**	**46**	**51**
	€ netto	25	33	38	39	43

Fliesen- und Plattenarbeiten					Preise €

Nr.	Kurztext / Stichworte		**brutto ø**		
	Einheit / Kostengruppe ▶	▷	netto ø	◁	◀
1	**Feuchtemessung**				
	Feuchtemessung, Fliesenuntergrund; Messung mit CM-Prüfinstrument				
	St € brutto	24	29	33	34	38
	KG 352 € netto	21	24	28	28	32
2	**Haftbrücke, Fliesenbelag**				
	Haftbrücke, Fliesenbelag; Wand-/Bodenfläche; für Fliesenbelag				
	m² € brutto	1,2	2,5	3,1	4,3	7,1
	KG 352 € netto	1,0	2,1	2,6	3,6	6,0
3	**Grundierung, Fliesenbelag**				
	Grundierung, Fliesenbelag; Tiefengrund; Wand-/Bodenfläche; für Fliesenbelag				
	m² € brutto	0,5	1,6	2,0	3,4	9,1
	KG 352 € netto	0,4	1,3	1,7	2,9	7,6
4	**Spachtelung, Wand, Teilflächen**				
	Untergrundvorbereitung; Spachtelmasse; Höhe bis 2,50m; Teilspachteln, Schleifen, Untergrund Putz, Gipskartonfläche; Wandfläche				
	m² € brutto	1,8	5,0	6,4	9,8	16,2
	KG 345 € netto	1,5	4,2	5,4	8,3	13,6
5	**Spachtelung, Wand**				
	Untergrundvorbereitung; Spachtelmasse; Dicke bis 5mm; Spachteln, Schleifen, Untergrund Kalkzementputz; Wandfläche				
	m² € brutto	1,5	4,5	5,8	9,0	15,4
	KG 345 € netto	1,2	3,8	4,9	7,6	12,9
6	**Spachtelung, Boden, Fliesenbelag**				
	Untergrundvorbereitung; Spachtelmasse; Spachteln, Schleifen, Untergrund Zementestrich; Bodenfläche				
	m² € brutto	0,8	7,1	8,3	11,4	19,9
	KG 352 € netto	0,6	5,9	6,9	9,6	16,8
7	**Spachtelung, Boden, Mosaikbelag**				
	Untergrundvorbereitung; Dicke bis 5mm; Spachteln, Schleifen, Untergrund Zementestrich; Bodenfläche				
	m² € brutto	1,1	4,8	7,0	9,6	16,7
	KG 352 € netto	1,0	4,0	5,9	8,0	14,0
8	**Verbundabdichtung, streichbar, Wand**				
	Verbundabdichtung, Wand; Kunstharz, Polymerdispersion; zweilagig streichen; inkl. Untergrundvorbereitung				
	m² € brutto	6,1	13,3	15,7	22,9	52,9
	KG 345 € netto	5,1	11,2	13,2	19,3	44,5

► min
▷ von
ø Mittel
◁ bis
◄ max

024
Fliesen- und Plattenarbeiten

Kosten: Stand 3.Quartal 2015, Bundesdurchschnitt

Fliesen- und Plattenarbeiten					Preise €

Nr.	Kurztext / Stichworte			**brutto ø**		
	Einheit / Kostengruppe ►		▷	netto ø	◁	◄
9	**Verbundabdichtung, streichbar, Boden**					
	Verbundabdichtung, Boden; Kunstharz, Polymerdispersion; zweilagig streichen; inkl. Untergrundvorbereitung					
	m² € brutto	4,4	12,3	15,4	23,2	52,0
	KG 352 € netto	3,7	10,4	12,9	19,5	43,7
10	**Abdichtung, Nassräume, KH/Quarz**					
	Abdichtung, Nassräume; Kunstharz inkl. Quarzsand; Wand-/Boden-fläche					
	m² € brutto	35	50	55	81	116
	KG 352 € netto	30	42	46	68	98
11	**Dichtband, Ecken, Wand/Boden**					
	Abdichtung, Übergang Wand/Boden; Dichtband mit Randgewebe; Breite 12cm					
	m € brutto	1,7	6,1	7,6	9,9	18,3
	KG 352 € netto	1,4	5,1	6,3	8,3	15,4
12	**Dichtmanschette, Rohre, bis 42mm**					
	Abdichtung, Rohrdurchdringung; Dichtmanschette; Durchmesser bis 42mm; Wand-/Bodenbereich; inkl. Nebenarbeiten					
	St € brutto	0,8	4,9	6,3	11,2	31,6
	KG 352 € netto	0,6	4,1	5,3	9,4	26,5
13	**Dichtmanschette, Bodeneinlauf, bis 100mm**					
	Abdichtung, Bodenablauf; Dichtmanschetten; Durchmesser bis 100mm; inkl. Nebenarbeiten					
	St € brutto	7,6	19,9	26,3	31,1	45,0
	KG 325 € netto	6,4	16,7	22,1	26,1	37,8
14	**Revisionstür, 20x20**					
	Revisionstür; Aluminiumrahmen; 20x20cm; Aussparung herstellen, Beplanung und Verspachtelung; Wandbekleidung/Vorsatzschale					
	St € brutto	6,5	26,3	34,2	46,3	71,7
	KG 345 € netto	5,5	22,1	28,7	38,9	60,2
15	**Revisionstür, 30x30**					
	Revisionsöffnung; Aluminiumrahmen; 30x30cm; Aussparung herstellen, Beplanung und Verspachtelung; Wandbekleidung/Vorsatzschale					
	St € brutto	13	27	31	47	75
	KG 345 € netto	11	22	26	39	63
16	**Dusche, bodengleich, fliesbar**					
	Duschwannen-Element; Polystyrol-Hartschaum extrudiert mit Spezial-beschichtung; Tiefe 40mm; bodengleich einbauen					
	St € brutto	220	321	371	398	521
	KG 352 € netto	185	270	311	335	438

Fliesen- und Plattenarbeiten					Preise €

Nr.	Kurztext / Stichworte		brutto ø			
	Einheit / Kostengruppe ▶	▷	netto ø	◁	◀	
17	**Duschwanne einmauern, Porenbeton, 0,80/0,30m**					
	Duschwanne einmauern, einseitig; Porenbeton-Planstein; Dicke 60mm, 0,80x0,30m; Dünnbettverfahren; inkl. Öffnung Revisionstür					
	St € brutto	23	36	42	47	60
	KG 345 € netto	19	30	35	39	51
18	**Duschwanne einmauern, zweiseitig, Porenbeton**					
	Duschwanne einmauern, zweiseitig; Porenbetonstein; Dicke 60mm, 0,85x0,30m; Dünnbettverfahren; inkl. Öffnung Revisionstür					
	St € brutto	44	69	79	102	137
	KG 345 € netto	37	58	66	85	115
19	**Auffütterung, XPS-Platte, armiert**					
	Auffütterung; Polystyrol-Hartschaumplatten, extrudiert, beidseitig mit Glasfasergewebe; Dicke 10mm; Dünnbettverfahren					
	m² € brutto	4,6	34,5	49,0	78,2	153,4
	KG 345 € netto	3,9	29,0	41,2	65,7	128,9
20	**Trennschiene, Messing**					
	Trennschiene; Messing; Höhe 6mm; in Fliesenbelag; Abschluss/Übergang					
	m € brutto	8,7	12,1	14,6	15,5	18,8
	KG 352 € netto	7,3	10,2	12,2	13,0	15,8
21	**Trennschiene, Aluminium**					
	Trennschiene; Aluminium; Höhe 6mm; in Fliesenbelag; Abschluss/Übergang					
	m € brutto	4,5	10,9	13,1	19,2	33,8
	KG 352 € netto	3,8	9,1	11,0	16,1	28,4
22	**Trennschiene, Edelstahl**					
	Trennschiene; Edelstahl; Höhe 6mm; in Fliesenbelag; Abschluss/Übergang					
	m € brutto	9,1	15,0	16,9	27,7	51,4
	KG 352 € netto	7,6	12,6	14,2	23,3	43,2
23	**Eckschutzschiene, Aluminium**					
	Eckschutzschiene; Aluminium; in Wandfliesenbelag; Außenecken					
	m € brutto	4,0	8,5	12,4	13,2	15,3
	KG 345 € netto	3,4	7,2	10,4	11,1	12,8
24	**Eckschutzschiene, Edelstahl**					
	Eckschutzschiene; Edelstahl; in Wandfliesenbelag; Außenecken					
	m € brutto	7,0	13,4	14,9	21,6	40,8
	KG 345 € netto	5,9	11,3	12,5	18,2	34,3

► min
▷ von
ø Mittel
◁ bis
◄ max

024
Fliesen- und Plattenarbeiten

Kosten: Stand 3.Quartal 2015, Bundesdurchschnitt

Fliesen- und Plattenarbeiten					Preise €

Nr.	Kurztext / Stichworte		brutto ø			
	Einheit / Kostengruppe ►	▷	netto ø	◁	◄	
25	**Eckschutzschiene, Kunststoff**					
	Fliesenschiene; Kunststoff; in Wandfliesenbelag; Außenecken					
	m € brutto	2,4	6,8	8,2	10,1	15,6
	KG 345 € netto	2,0	5,7	6,9	8,5	13,1
26	**Wandfliesen, 10x10cm**					
	Wandbelag, Fliesen; Steingut/Steinzeug/Feinsteinzeug; 10x10cm; Dünnbettverfahren, inkl. Verfugung					
	m² € brutto	40	54	59	65	83
	KG 345 € netto	34	45	49	55	70
27	**Wandfliesen, 20x20cm**					
	Wandbelag, Fliesen; 20x20cm; Dünnbettverfahren, inkl. Verfugung					
	m² € brutto	37	47	50	57	69
	KG 345 € netto	31	39	42	48	58
28	**Wandfliesen, 30x30cm**					
	Wandbelag, Fliesen; Steingut/Steinzeug/Feinsteinzeug; 30x30cm; Dünnbettverfahren, inkl. Verfugung					
	m² € brutto	42	56	61	67	85
	KG 345 € netto	36	47	51	57	71
29	**Wandbelag, Glasmosaik, Dünnbett**					
	Wandbelag; Glasmosaik; Dicke 3,0mm; Dünnbettmörtel					
	m² € brutto	97	157	168	181	217
	KG 345 € netto	82	132	141	152	182
30	**Spiegelfläche**					
	Wandbelag, Spiegelfliesen; Keramikfliese, glasbeschichtet, frostbeständig; 15x15cm; Dünnbettverfahren					
	m² € brutto	59	151	169	218	312
	KG 345 € netto	50	127	142	183	262
31	**Sockelfliesen, entspr. Fliesenbelag**					
	Sockelfliesenbelag; Steingut/Steinzeug/Feinsteinzeug; Dünnbettverfahren, inkl. Verfugung					
	m € brutto	5,4	13,0	15,2	19,3	32,4
	KG 352 € netto	4,5	10,9	12,8	16,2	27,2
32	**Hohlkehlsockel, entspr. Fliesenbelag**					
	Hohlkehlsockel, Fliesenbelag; Steingut/Steinzeug/Feinsteinzeug; Dünnbettverfahren, inkl. Verfugung					
	m € brutto	13	25	29	37	60
	KG 352 € netto	11	21	25	31	51

Fliesen- und Plattenarbeiten					Preise €

Nr.	Kurztext / Stichworte		brutto ø		
	Einheit / Kostengruppe ▶	▷	netto ø	◁	◀
33	**Bordürestreifen, Fliesen**				
	Wandbelag, Bordüre; Steingut/Steinzeug/Feinsteinzeug; Dünnbettverfahren, inkl. Verfugung				
	m € brutto	4,1	11,8	14,4	22,4	47,8
	KG 345 € netto	3,5	9,9	12,1	18,8	40,2

34	**Bodenfliesen, 10x10cm**				
	Bodenbelag, Fliesen; Steingut/Steinzeug/Feinsteinzeug; 10x10cm; Papier-/Kunststoffnetz, Dünnbettverfahren; inkl. farblich abgestimmter Verfugung				
	m² € brutto	48	71	83	98	141
	KG 352 € netto	41	59	70	82	118

35	**Bodenfliesen, 15x15cm**				
	Bodenbelag, Fliesen; Steingut/Steinzeug/Feinsteinzeug; 15x15cm; Papier-/Kunststoffnetz, Dünnbettverfahren, inkl. Verfugung				
	m² € brutto	40	57	64	74	102
	KG 352 € netto	34	48	54	62	86

36	**Bodenfliesen, 20x20cm**				
	Bodenbelag, Fliesen; Steingut/Steinzeug/Feinsteinzeug; 20x20cm; Dünnbettverfahren, inkl. Verfugung				
	m² € brutto	45	57	63	73	97
	KG 352 € netto	37	48	53	62	81

37	**Bodenfliesen, 30x30cm**				
	Bodenbelag, Fliesen; Steingut/Steinzeug/Feinsteinzeug; 30x30cm; Dünnbettverfahren, inkl. Verfugung				
	m² € brutto	33	52	56	65	84
	KG 352 € netto	28	44	47	55	70

38	**Bodenfliesen, Großküche, 30/30cm, R11**				
	Bodenbelag, Fliesen, Großküche; Feinsteinzeug/Keramik, Ia, unglasiert, profiliert, R11, frostbeständig; 30x30cm; Dünnbettverfahren, inkl. öl- und säurebeständige Verfugung				
	m² € brutto	45	67	75	82	98
	KG 352 € netto	38	56	63	69	82

39	**Bodenfliesenbeläge, Treppen**				
	Stufenbelag, Fliesen; Feinsteinzeug/Keramik, BIa, R11, frostbeständig; Dickbett-/Dünnbettmörtel, inkl. Verfugung				
	m € brutto	78	96	102	111	132
	KG 352 € netto	66	81	86	93	111

▶ min
▷ von
ø Mittel
◁ bis
◀ max

024

Fliesen- und Plattenarbeiten

Kosten: Stand 3.Quartal 2015, Bundesdurchschnitt

Fliesen- und Plattenarbeiten						**Preise €**

Nr.	Kurztext / Stichworte	**brutto ø**				
	Einheit / Kostengruppe ▶	▷ netto ø	◁			◀
40	**Sockelfliesenbeläge, Treppen**					
	Sockelfliesen, Treppe; Feinsteinzeug/Keramik, Bias, frostbeständig; Dickbett-/Dünnbettmörtel, inkl. Verfugung					
	m € brutto	8,8	16,7	19,8	24,0	31,5
	KG 352 € netto	7,4	14,0	16,7	20,1	26,4
41	**Fliesen, BIa-Feinsteinzeug, 15-20cm**					
	Wand-/Bodenbelag, Fliesen; Feinsteinzeug, Bias, frostbeständig; 15x15cm/20x20cm; Dünnbettmörtel, inkl. Verfugung; Innen-/Außenbereich					
	m² € brutto	44	53	55	67	87
	KG 345 € netto	37	45	47	56	73
42	**Fliesen, BIIa/BIIb-Steinzeug, glasiert, 15-20cm**					
	Wand-/Bodenbelag, Fliesen; Steinzeug, frostbeständig; 15x15cm/20x20cm; Dünnbettmörtel, inkl. Verfugung; Innen-/Außenbereich					
	m² € brutto	26	46	53	66	89
	KG 345 € netto	22	39	44	55	75
43	**Fliesen, BIII-Steingut, glasiert, 15-20cm**					
	Wandbelag, Fliesen; Steingut, BIII; 15x15cm/20x20cm; Dünnbettmörtel, inkl.Verfugung					
	m² € brutto	34	52	57	64	79
	KG 345 € netto	29	43	48	54	66
44	**Fliesen, AI/AII-Spaltplatte, frostsicher, 15-20cm**					
	Boden-/Wandbelag, Spaltplatte; AI/AII, frostbeständig; 15x15cm-20x20cm; inkl. Verfugung; Außenbereich					
	m² € brutto	50	71	74	83	103
	KG 352 € netto	42	59	62	69	87
45	**Fliesen, AI/AII-Klinker, frostsicher, 15-20cm**					
	Bodenbelag, Klinkerplatte; AI/AII, frostbeständig; 15x15cm/20x20cm; inkl. Verfugung; Außenbereich					
	m² € brutto	40	53	59	64	75
	KG 352 € netto	34	44	49	54	63
46	**Fliesen, Schwimmbad, 20x20cm**					
	Schwimmbadbelag, Fliesen; strangepresst, AIa, frostbeständig; 20x20cm; mit Spezialkleber verlegt, inkl. Verfugung					
	m² € brutto	80	94	129	141	162
	KG 345 € netto	67	79	109	119	136
47	**Badewannenträger einfliesen**					
	Badewannenträger einfliesen; Wandfliesen; inkl. Zuschnitt, Verfugung					
	St € brutto	47	62	68	95	126
	KG 345 € netto	39	52	57	80	106

Fliesen- und Plattenarbeiten					Preise €

Nr.	Kurztext / Stichworte		**brutto ø**		
	Einheit / Kostengruppe ▶	▷	netto ø	◁	◀
48	**Revisionsöffnung, nur belegen, 30x30**				
	Revisionsöffnung belegen; Fliesen; 30x30cm; inkl. Zuschnitt, Verfugung				
	St **€ brutto**	7,9	17,7	22,2	27,3	35,1
	KG 345 € netto	6,6	14,9	18,7	22,9	29,5
49	**Gehrungsschnitt, Fliesen**				
	Gehrungsschnitt; Fliesen; alle Winkel				
	m **€ brutto**	0,2	5,8	8,8	12,2	21,3
	KG 352 € netto	0,2	4,9	7,4	10,3	17,9
50	**Fensterbänke, innen, Naturstein**				
	Fensterbank, innen; Naturstein, geschliffen/poliert; Dicke 20mm; Dick-/Dünnbettverfahren, inkl. Verfugung				
	m **€ brutto**	26	51	60	62	139
	KG 334 € netto	22	43	50	52	117
51	**Untergrund reinigen, Boden**				
	Untergrund reinigen; Staub, Schmutz; abkehren, entsorgen				
	m² **€ brutto**	0,1	1,8	2,4	4,9	11,7
	KG 352 € netto	0,1	1,5	2,0	4,1	9,8
52	**Fußabstreifer, Rahmen, Edelstahl, 2.000x2.000m**				
	Fußabstreifer, Einbaurahmen; Edelstahl; Stegbreite 5mm, 2.000x2.000mm; höhen-/fluchtgenau eingepasst				
	St **€ brutto**	283	458	493	711	961
	KG 352 € netto	237	385	414	597	807
53	**Fußabstreifer, Rahmen, bis 2,00m²**				
	Fußabstreiferanlage; Rahmen Aluminium/Messing, Reinstreifen Gummiprofil; Anlagengröße bis 2,00m²; Innen-/Außenbereich				
	St **€ brutto**	140	396	517	668	994
	KG 352 € netto	118	333	434	561	835
54	**Fußabstreifer, Rahmen, über 2,00m²**				
	Fußabstreiferanlage; Rahmen Aluminium/Messing, Reinstreifen Gummiprofil; Anlagengröße über 2,00m²; Innen-/Außenbereich				
	St **€ brutto**	832	1.353	1.562	1.720	2.135
	KG 352 € netto	699	1.137	1.313	1.445	1.794
55	**Elastische Verfugung, Fliesen, Silikon**				
	Fuge, elastisch, Fliesenbelag; Silikon; hinterlegen der Hohlräume, glatt gestrichen				
	m **€ brutto**	3,0	4,8	5,5	7,2	11,9
	KG 345 € netto	2,5	4,0	4,6	6,1	10,0

► min
▷ von
ø Mittel
◁ bis
◄ max

024
Fliesen- und Plattenarbeiten

Kosten: Stand 3.Quartal 2015, Bundesdurchschnitt

Fliesen- und Plattenarbeiten				Preise €	

Nr.	Kurztext / Stichworte Einheit / Kostengruppe ►		brutto ø ▷ netto ø ◁		◄
56	**Randstreifen abschneiden**				
	Randdämmstreifen abschneiden; entsorgen; Bodenbelag				
	m	€ brutto	<0,1	0,6	0,8	1,7	4,9
	KG 352	€ netto	<0,1	0,5	0,7	1,5	4,1
57	**Stundensatz Facharbeiter, Fliesenarbeiten**				
	Stundenlohnarbeiter, Vorarbeiter, Facharbeiter; Fliesenarbeiten				
	h	€ brutto	35	46	51	54	60
		€ netto	29	39	43	45	51
58	**Stundensatz Helfer, Fliesenarbeiten**				
	Stundenlohnarbeiten, Werker, Helfer; Fliesenarbeiten				
	h	€ brutto	38	43	45	46	51
		€ netto	32	36	38	39	43

Estricharbeiten				Preise €

Nr.	Kurztext / Stichworte	brutto ø			
	Einheit / Kostengruppe ▶	▷ netto ø	◁	◀	
1	**Untergrundreinigung, Estricharbeiten**				
	Untergrund reinigen; Staub, grobe Verschmutzungen, losen Teile; abkehren, aufnehmen, entsorgen				
	m² € brutto	<0,1	0,5	0,6	1,2	2,9
	KG 352 € netto	<0,1	0,4	0,5	1,0	2,4
2	**Untergrundvorbereitung, Kugelstrahlen**				
	Untergrundvorbereitung Verbundestrich; Kugelstrahlen, inkl. Absaugen				
	m² € brutto	1,8	2,7	3,3	4,6	6,9
	KG 352 € netto	1,5	2,3	2,8	3,8	5,8
3	**Betonoberfläche fräsen, Verbundestrich**				
	Betonoberfläche fräsen; entfernte Schichten aufnehmen, Fläche absaugen; Bauschutt entsorgen				
	m² € brutto	3,6	8,9	11,0	27,3	49,3
	KG 352 € netto	3,1	7,5	9,3	22,9	41,4
4	**Estrich abstellen, bis 70mm**				
	Estrich abstellen; Dicke 45-70mm				
	m € brutto	2,9	5,1	6,2	7,5	11,2
	KG 352 € netto	2,5	4,3	5,2	6,3	9,4
5	**Voranstrich, Abdichtung**				
	Voranstrich, Abdichtung; Bitumen-Voranstrich/Bitumen-Emulsion; 300g/m²; vollflächig auftragen				
	m² € brutto	0,8	1,3	1,5	2,5	4,2
	KG 352 € netto	0,7	1,1	1,3	2,1	3,5
6	**Bodenabdichtung, Bodenfeuchte, G 200 S4 Al**				
	Bodenabdichtung, gegen Bodenfeuchte; Bitumenschweißbahn G 200 S4+Al; vollflächig verkleben; Betonbodenplatten				
	m² € brutto	4,6	12,3	15,0	35,6	72,2
	KG 325 € netto	3,9	10,3	12,6	29,9	60,7
7	**Trockenschüttung, 10mm**				
	Ausgleichsschüttung; gebundene Form; Dicke 10mm; Rohdecke				
	m² € brutto	2,2	2,6	2,9	3,3	4,3
	KG 352 € netto	1,8	2,2	2,4	2,8	3,6
8	**Trockenschüttung, 15mm**				
	Ausgleichsschüttung; gebundene Form; Dicke 15mm; Rohdecke				
	m² € brutto	2,4	7,7	8,6	13,3	21,6
	KG 352 € netto	2,0	6,5	7,2	11,2	18,2
9	**Trockenschüttung, bis 30mm**				
	Ausgleichsschüttung; gebundene Form; bis 30mm; Rohdecke				
	m² € brutto	4,2	9,5	10,5	16,4	26,3
	KG 352 € netto	3,6	8,0	8,8	13,8	22,1

► min
▷ von
ø Mittel
◁ bis
◄ max

025
Estricharbeiten

Kosten: Stand 3.Quartal 2015, Bundesdurchschnitt

Estricharbeiten					Preise €

Nr.	**Kurztext** / Stichworte		**brutto ø**		
	Einheit / Kostengruppe ►	▷	netto ø	◁	◄
10	**Trittschalldämmung MW 15-5mm 035 DES sh**				
	Trittschalldämmung, DES sh; Mineralwolle, WLG 035, A1; Dicke 15-5mm; Rohdecke				
	m² **€ brutto**	3,0	4,0	4,3	5,3	7,4
	KG 352 € netto	2,5	3,4	3,6	4,4	6,2
11	**Trittschalldämmung MW 20-5mm 035 DES sh**				
	Trittschalldämmung, DES sh; Mineralwolle, WLG 035, A1; Dicke 20-5mm; Rohdecke				
	m² **€ brutto**	3,4	5,0	5,4	9,2	14,7
	KG 352 € netto	2,9	4,2	4,5	7,7	12,4
12	**Trittschalldämmung MW 30-5mm 035 DES sh**				
	Trittschalldämmung, DES sh; Mineralwolle, WLG 035, A1; Dicke 30-5mm; zweilagig; Rohdecke; inkl. Randdämmstreifen				
	m² **€ brutto**	4,3	6,9	7,8	10,5	18,0
	KG 352 € netto	3,7	5,8	6,5	8,8	15,2
13	**Trittschalldämmung EPS 20-2mm 045 DES sm**				
	Trittschalldämmung, DES sm; Polystyrol-Hartschaum, WLG 045, E; Dicke 20-2mm; einlagig; Rohdecke				
	m² **€ brutto**	1,8	3,1	3,8	5,8	10,0
	KG 352 € netto	1,5	2,6	3,2	4,9	8,4
14	**Trittschalldämmung EPS 30-3mm 045 DES sm**				
	Trittschalldämmung, DES sm; Polystyrol-Hartschaum, WLG 045, E; Dicke 30-3mm; einlagig; Rohdecke				
	m² **€ brutto**	1,8	3,2	3,7	4,8	7,5
	KG 352 € netto	1,5	2,7	3,1	4,1	6,3
15	**Fußbodenheizung, PE-Träger/PS-Dämmung**				
	Wärmedämmung DEO, Fußbodenheizung; Systemplatte, Polystyrol-Hartschaum, WLG 045, E, PE-Rasterfolie 0,2mm; Rohdecke				
	m² **€ brutto**	7,2	8,4	9,5	10,8	11,9
	KG 352 € netto	6,0	7,0	7,9	9,1	10,0
16	**Systemplatte FB-Heizung, ohne Dämmmaterial**				
	Rohrträgerplatte, Fußbodenheizung; Kunststoff; Dicke bis 1,0mm; unter schwimmendem Estrich; ohne Dämmung				
	m² **€ brutto**	9,5	10,6	11,3	11,8	12,9
	KG 352 € netto	8,0	8,9	9,5	9,9	10,8
17	**Wärmedämmung, Estrich EPS 40mm 040 DEO dm**				
	Wärmedämmung, DEO dm; EPS-Hartschaumplatte, WLG 040, E; Dicke 40mm; Rohdecke				
	m² **€ brutto**	4,3	6,0	7,1	7,6	10,4
	KG 352 € netto	3,7	5,0	5,9	6,4	8,8

Estricharbeiten · Preise €

Nr.	Kurztext / Stichworte Einheit / Kostengruppe ▶		brutto ø ▷ netto ø ◁		◀
18	**Wärmedämmung, Estrich EPS 60mm 040 DEO dm**				
	Wärmedämmung, DEO dm; EPS-Hartschaumplatte, WLG 040, E; Dicke 60mm; Rohdecke				
	m² **€ brutto**	**4,6**	**6,3**	**7,7**	**8,1**	**11,0**
	KG 352 € netto	3,9	5,3	6,5	6,8	9,3
19	**Wärmedämmung, Estrich EPS 80mm 040 DEO dm**				
	Wärmedämmung, DEO dm; EPS-Hartschaumplatte, WLG 040, E; Dicke 80mm; Rohdecke				
	m² **€ brutto**	**5,0**	**6,7**	**8,2**	**8,6**	**12,4**
	KG 352 € netto	4,2	5,6	6,9	7,2	10,4
20	**Wärmedämmung, Estrich EPS 100mm 040 DEO dm**				
	Wärmedämmung, DEO dm; EPS-Hartschaumplatte, WLG 040, E; Dicke 100mm; Rohdecke				
	m² **€ brutto**	**5,5**	**7,3**	**8,7**	**9,6**	**13,7**
	KG 352 € netto	4,6	6,2	7,3	8,0	11,5
21	**Wärmedämmung, Estrich EPS 120mm 040 DEO dm**				
	Wärmedämmung, DEO dm; EPS-Hartschaumplatte, WLG 040, E; Dicke 120mm; Rohdecke				
	m² **€ brutto**	**6,1**	**7,9**	**9,7**	**10,4**	**14,9**
	KG 352 € netto	5,1	6,7	8,1	8,8	12,5
22	**Wärmedämmung, Estrich PUR 20mm 025 DEO dh**				
	Wärmedämmung, DEO dh; PUR-Hartschaumplatte, Aluminiumka- schiert, WLS 025; Dicke 20mm; Rohdecke				
	m² **€ brutto**	**3,8**	**7,4**	**9,7**	**11,0**	**13,3**
	KG 352 € netto	3,2	6,2	8,2	9,3	11,2
23	**Wärmedämmung, Estrich PUR 40mm 025 DEO dh**				
	Wärmedämmung, DEO dh; PUR-Hartschaum, WLS 025; Dicke 40mm; beidseitig Aluminiumkaschierung; unter schwimmenden Estrich				
	m² **€ brutto**	**7,8**	**12,3**	**13,4**	**14,7**	**17,7**
	KG 352 € netto	6,6	10,3	11,2	12,4	14,8
24	**Wärmedämmung, Estrich PUR 60mm 025 DEO dh**				
	Wärmedämmung, DEO dh; PUR-Hartschaum, WLS 025; Dicke 60mm; beidseitig Aluminiumkaschierung; unter schwimmenden Estrich				
	m² **€ brutto**	**11**	**14**	**17**	**20**	**24**
	KG 352 € netto	9,5	11,6	14,3	16,5	19,8

▶ min
▷ von
ø Mittel
◁ bis
◀ max

025
Estricharbeiten

Kosten: Stand 3.Quartal 2015, Bundesdurchschnitt

Estricharbeiten					Preise €

Nr.	Kurztext / Stichworte		brutto ø		
	Einheit / Kostengruppe ▶	▷	netto ø	◁	◀
25	**Wärmedämmung, Estrich PUR 80mm 025 DEO dh**				
	Wärmedämmung, DEO dh; PUR-Hartschaum, WLS 025, E; Dicke 80mm; beidseitig Aluminiumkaschierung; unter schwimmenden Estrich				
	m² **€ brutto**	13	16	19	22	28
	KG 352 € netto	11	13	16	18	23
26	**Wärmedämmung, Estrich CG bis 120mm 045 DEO ds**				
	Wärmedämmung, DEO ds; Schaumglas-Dämmplatte, WLG 045, A1; 4,0kg/m²; einlagig, dicht gestoßen, in Heißbitumen				
	m² **€ brutto**	18	46	60	60	97
	KG 352 € netto	15	39	50	51	82
27	**Abdeckung, Dämmung, Estrich**				
	Trennlage; PE-Folie; Dicke 0,1mm; einlagig verlegen; zwischen Dämmung und Zement-/Calciumsulfatestrich				
	m² **€ brutto**	0,1	0,7	0,9	1,5	2,7
	KG 352 € netto	0,1	0,6	0,8	1,2	2,3
28	**Abdeckung, Dämmung, Gussasphalt**				
	Trennlage; einlagig; zwischen Dämmung und Gussasphaltestrich				
	m² **€ brutto**	0,5	1,0	1,2	1,6	2,3
	KG 352 € netto	0,4	0,8	1,1	1,3	1,9
29	**Randdämmstreifen, Polystyrol**				
	Randdämmstreifen; Polystyrol; Höhe 40mm, Tiefe 12mm; an Wänden, aufgehende Bauteile				
	m **€ brutto**	0,1	0,8	1,1	1,6	3,1
	KG 352 € netto	0,1	0,6	0,9	1,4	2,6
30	**Randdämmstreifen, PE-Schaum**				
	Randdämmstreifen; PE-Schaum; Höhe 40mm, Tiefe 10mm; an Wänden, aufgehende Bauteile				
	m **€ brutto**	0,1	0,6	0,8	1,4	2,6
	KG 352 € netto	0,1	0,5	0,7	1,2	2,2
31	**Estrich, schwimmend, CT C25 F4 S45**				
	Estrich; Zementestrich C25 F4 S45; Dicke 45mm; schwimmend; auf Dämmschicht				
	m² **€ brutto**	12	15	17	19	27
	KG 352 € netto	9,9	12,9	13,9	16,3	22,6
32	**Estrich, schwimmend, CT C25 F4 S45**				
	Estrich; Zementestrich C25 F4 S45; Dicke 45mm; schwimmend; auf Dämmschicht				
	m² **€ brutto**	18	24	26	33	50
	KG 352 € netto	15	20	21	27	42

Estricharbeiten					Preise €

Nr.	Kurztext / Stichworte		brutto ø		
	Einheit / Kostengruppe ▶	▷	netto ø	◁	◀
33	**Estrich, schwimmend, CT C25 F4 S65 H45**				
	Heizestrich; Zementestrich C25 F4-S65 H45; Dicke 45mm; schwimmend; auf Dämmschicht				
	m² **€ brutto**	**14**	**20**	**22**	**41**	**81**
	KG 352 € netto	12	17	19	35	68
34	**Schnellestrich, schwimmend, CT C40 F7 S45**				
	Schnellestrich; Zementestrich C40 F7 S45; Dicke 45mm; schwimmend; auf Dämmschicht				
	m² **€ brutto**	**19**	**26**	**30**	**34**	**44**
	KG 352 € netto	16	22	25	29	37
35	**Estrich, schwimmend, CA C25 F4 S45**				
	Estrich; Calciumsulfatestrich C25 F4 S45; Dicke 45mm; schwimmend; auf Dämmschicht				
	m² **€ brutto**	**14**	**17**	**18**	**21**	**26**
	KG 352 € netto	11	14	15	17	22
36	**Estrich, schwimmend, CA C25 F4 S65 H45**				
	Heizestrich; Calciumsulfatestrich C25 F4 S65 H45; Dicke 65mm; schwimmend; auf Dämmschicht				
	m² **€ brutto**	**15**	**19**	**20**	**23**	**29**
	KG 352 € netto	13	16	17	20	24
37	**Estrich, schwimmend, CAF C25 F4 S50**				
	Estrich; Calciumsulfat-Fließestrich C25 F4 S50; Dicke 50mm; schwimmend; auf Dämmschicht				
	m² **€ brutto**	**13**	**16**	**18**	**19**	**26**
	KG 352 € netto	11	14	15	16	22
38	**Estrich, schwimmend, CAF C25 F4 S65 H45**				
	Heizestrich; Calciumsulfat-Fließestrich C25 F4 S65 H45; Dicke 65mm; schwimmend; auf Dämmschicht; inkl. Auf- und Abheizen				
	m² **€ brutto**	**15**	**19**	**21**	**27**	**37**
	KG 352 € netto	13	16	18	23	31
39	**Estrich, schwimmend, AS IC10 S25**				
	Estrich; Gussasphalt IC10 S25; Dicke 25mm; schwimmend; auf Dämmschicht				
	m² **€ brutto**	**18**	**28**	**31**	**42**	**63**
	KG 352 € netto	16	23	26	35	53
40	**Nutzestrich, schwimmend, CT C25 F4 S45**				
	Nutzestrich; Zementestrich C25-F4-A15; Dicke 45mm; auf Dämmschicht				
	m² **€ brutto**	**11**	**16**	**16**	**22**	**32**
	KG 352 € netto	9,6	13,1	13,7	18,1	27,3

► min
▷ von
ø Mittel
◁ bis
◄ max

025
Estricharbeiten

Kosten: Stand 3.Quartal 2015, Bundesdurchschnitt

Estricharbeiten					Preise €

Nr.	Kurztext / Stichworte		**brutto ø**		
	Einheit / Kostengruppe ►	▷	netto ø	◁	◄
41	**Verbundestrich, CT C25 F4 V45**				
	Verbundestrich; Zementestrich C25 F4 V45; Dicke 45mm				
	m² € brutto	11	17	20	26	44
	KG 352 € netto	9,5	14,3	16,6	21,9	37,4
42	**Verbundestrich, MA C30 RWA20 V30**				
	Verbundestrich; Magnesiaestrich C30-RWA20 V30; Dicke 30mm				
	m² € brutto	–	18	21	27	–
	KG 352 € netto	–	15	18	22	–
43	**Estrich glätten, maschinell**				
	Estrichoberfläche, glätten; Abscheiben, Flügelglätten; maschinell				
	m² € brutto	0,2	1,4	2,1	2,2	3,8
	KG 325 € netto	0,1	1,2	1,7	1,9	3,2
44	**Trockenestrich, GF-Platte einlagig**				
	Trockenestrich; Gipsfaserplatte, A1; Estrichnenndicke 18-23mm; einlagig				
	m² € brutto	33	42	44	49	54
	KG 352 € netto	28	35	37	41	45
45	**Trockenestrich, Verbundplatte**				
	Trockenestrich; Verbundplatte aus Gipsfaserplatte mit Trittschall-dämmung Holzweichfaser, E; Plattendicke 18/23mm, Dämmdicke 10mm				
	m² € brutto	37	47	51	55	60
	KG 352 € netto	31	39	43	46	51
46	**Sinterschicht abschleifen, Boden**				
	Estrichoberfläche schleifen; Calciumsulfatestrich; abschleifen, absaugen, abfahren, entsorgen				
	m² € brutto	0,5	1,0	1,4	1,6	2,5
	KG 352 € netto	0,4	0,8	1,1	1,4	2,1
47	**Estrichrisse/Fugen schließen, Harz**				
	Fugen, Risse, Estrich schließen; 2-Komponenten-Polyurethan-Masse; Stahleinlage einlegen, ausfüllen, mit Sand abstreuen; Zementestrich				
	m € brutto	5,0	9,5	10,9	13,0	19,8
	KG 352 € netto	4,2	7,9	9,1	11,0	16,7
48	**Bewegungsfuge, elastische Dichtmasse**				
	Bewegungsfug, Estrich; Dichtstoff, elastisch, öl-, säurebeständig				
	m € brutto	0,8	6,7	8,5	13,1	24,1
	KG 352 € netto	0,6	5,7	7,1	11,0	20,2

Estricharbeiten				Preise €

Nr.	Kurztext / Stichworte		brutto ø		
	Einheit / Kostengruppe ▶	▷	netto ø	◁	◀
49	**Bewegungsfuge, Metallprofil**				
	Bewegungsfugenprofil, Fliesenbelag; Aluminium, elastische Kunststoffeinlage				
	m €brutto	**26**	**60**	**66**	**101**	**185**
	KG 352 € netto	22	51	56	85	156
50	**Estrich spachteln, bis 5mm**				
	Estrich spachteln; Zementestrich; Dicke bis 5mm; inkl. Schleifen				
	m² €brutto	**3,7**	**5,0**	**5,3**	**6,1**	**8,3**
	KG 352 € netto	3,1	4,2	4,5	5,1	7,0
51	**Beschichtung, Acryl, Estrich**				
	Estrichoberfläche, Beschichten; 1-komponentiger Acryl-Bodenbeschichtungsstoff; inkl. Fläche säubern				
	m² €brutto	**12**	**17**	**19**	**22**	**26**
	KG 352 € netto	10	14	16	18	22
52	**Beschichtung, Polyurethanharz, Estrich**				
	Estrichoberfläche, Beschichten; Mehrkomponenten-Polyurethanharz; inkl. Grundierung				
	m² €brutto	**17**	**22**	**25**	**33**	**41**
	KG 352 € netto	14	18	21	28	34
53	**Beschichtung, Epoxidharz, Estrich**				
	Estrichoberfläche, Beschichten; Mehrkomponenten-Epoxidharz; inkl. Grundierung				
	m² €brutto	**12**	**21**	**24**	**28**	**36**
	KG 352 € netto	10	17	20	24	30
54	**Mattenrahmen, Fußabstreifer**				
	Mattenrahmen, Fußabstreifer; Rahmen, Aluminium/Messing/Edelstahl; 25x25x3mm; eben versetzen; Innen-/Außenbereich				
	St €brutto	**145**	**227**	**248**	**318**	**401**
	KG 352 € netto	122	190	208	268	337
55	**Markierung, Messstellen**				
	Estrich-Messstelle; für Restfeuchtigkeitsprüfung/Höhenkontrolle des Estrichs				
	St €brutto	**2,4**	**4,7**	**5,3**	**7,2**	**10,8**
	KG 352 € netto	2,0	4,0	4,5	6,1	9,1
56	**Messung, Feuchte**				
	Restfeuchtemessung, Estrich; Calciumcarbid-Messgerät				
	St €brutto	**13**	**39**	**47**	**65**	**96**
	KG 352 € netto	11	33	40	55	81

▶ min
▷ von
ø Mittel
◁ bis
◀ max

025
Estricharbeiten

Kosten: Stand 3.Quartal 2015, Bundesdurchschnitt

Estricharbeiten					Preise €

Nr.	Kurztext / Stichworte			brutto ø		
	Einheit / Kostengruppe	▶	▷	netto ø	◁	◀
57	**Stundensatz Facharbeiter, Estricharbeiten**					
	Stundenlohnarbeiten, Vorarbeiter, Facharbeiter; Estricharbeiten					
	h **€ brutto**	33	43	47	51	61
	€netto	28	36	40	43	51
58	**Stundensatz Helfer, Estricharbeiten**					
	Stundenlohnarbeiten, Werker, Helfer; Estricharbeiten					
	h **€ brutto**	43	46	48	51	56
	€netto	36	39	40	43	47

Fenster, Außentüren				Preise €

Nr.	Kurztext / Stichworte		brutto ø			
	Einheit / Kostengruppe ▶	▷	netto ø	◁		◀
1	**Haustürelement, wärmegedämmt, einflüglig**					
	Holzaußentürelement mit Glasfüllung; Nadelholz, Isolierverglasung, 2xVSG; einflüglig, wärmegedämmt					
	St € brutto	756	2.025	2.442	3.101	4.912
	KG 334 € netto	635	1.702	2.052	2.606	4.128
2	**Haustürelement, Holz, wärmegedämmt, mehrteilig**					
	Holzaußentürelement mit Glasfüllung; Nadelholz, Isolierverglasung, 2xESG; zweiflüglig, wärmegedämmt					
	St € brutto	1.510	4.050	4.777	6.857	10.697
	KG 334 € netto	1.269	3.403	4.015	5.762	8.989
3	**Haustürelement, Kunststoff, wärmegedämmt, mehrteilig**					
	Kunststoffaußentürelement; PVC-U; mehrteilig, wärmegedämmt					
	St € brutto	1.440	2.376	2.640	3.644	5.351
	KG 334 € netto	1.210	1.997	2.218	3.063	4.497
4	**Haustürelement, Passivhaus, einflüglig**					
	Holz/Kunststoffaußentürelement; Isolierverglasung; einflüglig mit Rahmen, wärmegedämmt					
	St € brutto	1.187	2.186	2.790	3.031	3.555
	KG 334 € netto	997	1.837	2.345	2.547	2.988
5	**Aluminium-Glas-Türelement, einflüglig**					
	Metallaußentürelement mit Glasfüllung; Aluminium, Isolierverglasung, ESG; einflüglig, wärmegedämmt					
	St € brutto	1.595	2.615	2.955	3.959	5.702
	KG 334 € netto	1.340	2.197	2.483	3.327	4.792
6	**Aluminium-Glas-Türelement, zweiflüglig**					
	Metallaußentürelement mit Glasfüllung; Aluminium, Isolierverglasung, ESG; zweiflüglig, wärmegedämmt					
	St € brutto	1.876	3.794	4.458	5.937	9.177
	KG 334 € netto	1.577	3.188	3.746	4.989	7.712
7	**Metall-Türelement, einflüglig**					
	Metallkellertürelement; Isolierverglasung, ESG; einflüglig					
	St € brutto	539	1.564	1.897	2.571	4.337
	KG 334 € netto	453	1.315	1.594	2.161	3.645
8	**Kunststofffenster, einflüglig, bis 0,70m²**					
	Kunststofffenster; PVC-U, Isolierverglasung; Fläche bis 0,70m²; einflüglig, Dreh-Kippfunktion					
	St € brutto	152	241	274	321	454
	KG 334 € netto	128	203	230	270	382

▶ min
▷ von
ø Mittel
◁ bis
◀ max

026
Fenster, Außentüren

Kosten: Stand 3.Quartal 2015, Bundesdurchschnitt

Fenster, Außentüren					Preise €

Nr.	Kurztext / Stichworte		brutto ø		
	Einheit / Kostengruppe ▶	▷	netto ø	◁	◀
9	**Kunststofffenster, einflüglig, 0,70-1,70m²**				
	Kunststofffenster; PVC-U, Isolierverglasung; Fläche 0,70-1,70m²; einflüglig, Dreh-Kippfunktion, wärmegedämmt				
	St € brutto	240	384	428	520	780
	KG 334 € netto	202	323	360	437	655
10	**Kunststofffenster, mehrflüglig, bis 1,70m²**				
	Kunststofffensterelement; PVC-U, Isolierverglasung; Fläche 1,70m²; mehrflüglig, wärmegedämmt				
	St € brutto	340	493	589	683	833
	KG 334 € netto	285	414	495	574	700
11	**Kunststofffenster, mehrflüglig, über 1,70m²**				
	Kunststofffenster; PVC-U, Isolierverglasung; Fläche über 1,70m²; mehrflüglig, Dreh-Kippfunktion				
	St € brutto	456	701	812	1.116	1.993
	KG 334 € netto	383	589	683	938	1.675
12	**Kunststofffenster, einflüglig, Passivhaus**				
	Kunststofffenster; PVC-U, Isolierverglasung; einflüglig, Dreh-Kippfunktion				
	St € brutto	339	412	461	515	752
	KG 334 € netto	285	346	387	433	632
13	**Holzfenster, einflüglig, bis 0,70m²**				
	Holzfenster; Isolierverglasung, Uw bis 1,3W/m²K; Fläche bis 0,70m²; einflüglig, Dreh-Kippfunktion				
	St € brutto	171	330	389	485	750
	KG 334 € netto	144	277	327	408	630
14	**Holzfenster, einflüglig, über 0,70m²**				
	Holzfenster; Isolierverglasung, Uw bis 1,3W/m²K; Fläche über 0,70m²; einflüglig, Dreh-Kippfunktion				
	St € brutto	234	506	595	768	1.430
	KG 334 € netto	196	425	500	645	1.202
15	**Holzfenster, dreiteilig, über 2,50m²**				
	Holzfensterelement; Isolierverglasung, Uw bis 1,3W/m²K; Fläche über 2,50m²; dreiteilig, 1x Dreh-Kippfunktion, 2x Festverglasung				
	St € brutto	654	1.307	1.568	2.064	3.412
	KG 334 € netto	549	1.098	1.318	1.734	2.868
16	**Holzfenster, einflüglig, Passivhaus, bis 1,00m²**				
	Holzfenster; Isolierverglasung, Uw bis 1,5W/m²K; Fläche bis 1,00m²; zweiteilig, Dreh-Kippfunktion / Festverglasung				
	St € brutto	437	592	663	735	855
	KG 334 € netto	367	497	557	618	719

Fenster, Außentüren				Preise €

Nr.	Kurztext / Stichworte		brutto ø		
	Einheit / Kostengruppe ▶	▷	netto ø	◁	◀
17	**Fenster, mehrteilig, Passivhaus, über 2,50m²**				
	Holzfensterelement; Isolierverglasung, Uw bis 1,5W/m²K; Fläche über 2,50m²; mehrteilig				
	St **€ brutto**	**1.128**	**1.743**	**1.986**	**2.156**	**2.692**
	KG 334 € netto	948	1.465	1.669	1.812	2.262
18	**Holz-Alu-Fenster, einflüglig, bis 0,70m²**				
	Holz-Alu-Fenster; Rahmen beschichtet, Holzprofil lasierend/deckend beschichtet; Fläche bis 0,70m²; einflüglig, Dreh-Kippfunktion				
	St **€ brutto**	**417**	**481**	**522**	**550**	**627**
	KG 334 € netto	350	405	438	462	527
19	**Holz-Alu-Fenster, einflüglig, bis 1,70m²**				
	Holz-Alu-Fenster; Rahmen beschichtet, Holzprofil lasierend/deckend beschichtet; Fläche 0,70-1,70m²; einflüglig, Dreh-Kippfunktion				
	St **€ brutto**	**444**	**660**	**750**	**951**	**1.305**
	KG 334 € netto	373	554	630	799	1.097
20	**Holz-Alu-Fenster, zweiflüglig**				
	Holz-Alu-Fenster; Rahmen beschichtet, Holzprofil lasierend/deckend beschichtet; zweiflüglig, Dreh-Kippfunktion				
	St **€ brutto**	**1.077**	**1.659**	**1.856**	**2.137**	**3.267**
	KG 334 € netto	905	1.394	1.559	1.796	2.746
21	**Holz-Alu-Fenstertür, zweiflüglig**				
	Holz-Alu-Fenstertür; Rahmen beschichtet, Holzprofil lasierend/deckend beschichtet; zweiflüglig, Dreh-Kippfunktion				
	St **€ brutto**	**1.492**	**2.064**	**2.349**	**2.734**	**3.447**
	KG 334 € netto	1.254	1.735	1.974	2.298	2.897
22	**Metall-Glas-Fenster, einflüglig**				
	Metallfensterelement; Aluminium, Isolierverglasung, Nasslackierung/ Pulverbeschichtung; einflüglig				
	St **€ brutto**	**270**	**680**	**797**	**991**	**1.389**
	KG 334 € netto	227	571	670	833	1.167
23	**Metall-Glas-Fenster, zweiflüglig**				
	Metallfenster; Aluminium, Isolierverglasung, ESG, Nasslackierung/ Pulverbeschichtung; zweiflüglig				
	St **€ brutto**	**852**	**1.572**	**1.845**	**2.388**	**3.650**
	KG 334 € netto	716	1.321	1.550	2.007	3.067
24	**Metall-Glas-Fenstertür, einflüglig**				
	Metallfenstertür; Aluminium, Isolierverglasung, Nasslackierung/Pulver- beschichtung; einflüglig				
	St **€ brutto**	**853**	**1.929**	**2.501**	**2.976**	**3.815**
	KG 334 € netto	717	1.621	2.102	2.501	3.206

► min
▷ von
ø Mittel
◁ bis
◄ max

026
Fenster, Außentüren

Kosten: Stand 3.Quartal 2015, Bundesdurchschnitt

Fenster, Außentüren				Preise €

Nr.	Kurztext / Stichworte		brutto ø		
	Einheit / Kostengruppe ►	▷	netto ø	◁	◄
25	**Metall-Glas-Fenster, mehrteilig, außen, 5,00m²**				
	Metallfenster; Aluminium, Isolierverglasung, Nasslackierung/Pulver-beschichtung; Fläche 5,00m²; mehrteilig				
	St € brutto	1.725	2.378	2.674	4.110	6.674
	KG 334 € netto	1.449	1.998	2.247	3.454	5.608
26	**Pfosten-Riegel-Fassade, Holz/Holz-Aluminium**				
	Pfosten-Riegel-Konstruktion mit Glasfüllung; Nadelholz, Isolierver-glasung/Wärmeschutzverglasung; Profilbreite 50/60mm; selbst-tragend, wärmegedämmt				
	m² € brutto	363	612	681	871	1.173
	KG 337 € netto	305	514	572	732	986
27	**Pfosten-Riegel-Fassade, Metall**				
	Pfosten-Riegel-Konstruktion mit Glasfüllung; Stahl/Aluminium, Nass-lackierung/Pulverbeschichtung; Profilbreite 50/60mm; selbsttragend, wärmegedämmt				
	m² € brutto	225	570	697	937	1.458
	KG 337 € netto	189	479	586	787	1.225
28	**Einsatzelement, Türöffnungen**				
	Metalltürelement mit Glasfüllung; einflüglig/zweiflüglig, wärme-gedämmt; Pfosten-Riegel-Konstruktion				
	St € brutto	782	1.509	1.835	2.405	3.506
	KG 337 € netto	657	1.268	1.542	2.021	2.946
29	**Einsatzelement, Fensteröffnungsflügel**				
	Metallfenster; Aluminium, Isolierverglasung, Nasslackierung/Pulver-beschichtung; einflüglig, DK; Pfosten-Riegel-Fassade				
	St € brutto	292	543	668	793	1.126
	KG 337 € netto	245	457	561	666	946
30	**Einsatzelement, wärmegedämmtes Paneel**				
	Paneel, Metall-/Glas-Metall; Aluminium/Stahlblech, Füllung: Vakuum/Mineralwolle/Steinwolle/Polyurethan; wärmegedämmt; Pfosten-Riegel-Fassade				
	m² € brutto	74	176	202	214	261
	KG 337 € netto	62	148	170	179	219
31	**Schiebefenster, 8,00m²**				
	Schiebetürelement; Holz/Kunststoff/Aluminium, Isolierverglasung, Uw bis 1,2W/m²K; einflüglig, 1x Schiebe-Kipp 1x Festverglasung/2x Schiebe-Kipp				
	St € brutto	3.577	6.398	6.519	8.402	11.223
	KG 334 € netto	3.006	5.377	5.478	7.061	9.431

Fenster, Außentüren				Preise €

Nr.	Kurztext / Stichworte		brutto ø			
	Einheit / Kostengruppe ▶		▷ netto ø	◁	◀	
32	**Sicherheitsglas, ESG/VSG-Mehrpreis**					
	Sicherheitsverglasung; ESG/VSG; Pfosten-Riegel-Konstruktion					
	m²	€ brutto	24	52	61	74	103
	KG 334	€ netto	20	44	51	62	87
33	**Festverglasung, Floatglas 4/6mm**					
	Festverglasung; Floatglas 4/6mm, Ug 1,1/1,2W/m²K; Scheiben-zwischenraum 12/16mm; SKL III, Abstandshalter Aluminium/Edelstahl/Propylen					
	m²	€ brutto	144	298	374	537	1.149
	KG 334	€ netto	121	250	314	452	966
34	**Fensterbank, außen, Aluminium, beschichtet**					
	Fensterbank, außen; Aluminium-Strangpressprofil, farbig beschichtet/anodisch oxidiert; Gefälle mind. 8%; entdröhnt					
	m	€ brutto	13	31	37	58	125
	KG 334	€ netto	11	26	31	49	105
35	**Abdichtung, Fensteranschluss**					
	Fensteranschluss; dampfdichtes Klebeband; luftdicht und schlagregen-dicht; Fugeninnen- und Außenseite					
	m	€ brutto	3,5	7,1	9,4	16,1	24,2
	KG 334	€ netto	2,9	6,0	7,9	13,5	20,4
36	**Stundensatz Facharbeiter, Fensterbauarbeiten**					
	Stundenlohnarbeiten, Vorarbeiter, Facharbeiter; Fensterbauarbeiten					
	h	€ brutto	44	52	55	61	75
		€ netto	37	44	47	51	63
37	**Stundensatz Helfer, Fensterbauarbeiten**					
	Stundenlohnarbeiten, Werker, Helfer; Fensterbauarbeiten					
	h	€ brutto	38	43	47	51	58
		€ netto	32	36	39	43	49

Tischlerarbeiten						Preise €

Nr.	Kurztext / Stichworte		brutto ø				
	Einheit / Kostengruppe ▶		▷ netto ø		◁		◀
1	**Unterkonstruktion, Innenwandbekleidung**						
	Unterkonstruktion Innenwandbekleidung; Nadelholz, S10; 50x30mm; Mauerwerk						
	m²	€ brutto	22	27	33	39	53
	KG 345	€ netto	19	23	28	32	45
2	**Holz-Türelement, T-RS/Sm, einflüglig, 875x2.000/2.125**						
	Rauchschutztürelement; Holztüre, Stahlumfassungszarge; 875x2.000/2.125mm; einflüglig; Klimaklasse II						
	St	€ brutto	327	476	530	715	968
	KG 344	€ netto	275	400	445	601	813
3	**Holz-Türelement, T-RS/Sm, einflüglig, 1000x2.000/2.125**						
	Rauchschutztürelement; Holztüre, Stahlumfassungszarge; 1.000x2.000/2.125mm; einflüglig; Klimaklasse II						
	St	€ brutto	536	718	826	925	1.630
	KG 344	€ netto	451	604	694	777	1.369
4	**Holz-Türelement, T-RS/Sm, zweiflüglig**						
	Rauchschutztürelement; Holztüre, Stahlumfassungszarge; zweiflüglig; Klimaklasse II						
	St	€ brutto	2.313	4.273	5.209	5.813	8.910
	KG 344	€ netto	1.944	3.591	4.377	4.885	7.487
5	**Holz-Türelement, T30/EI30, einflüglig, 750x2.000/2.125**						
	Brandschutztürelement, T30; Holztüre, Stahlumfassungszarge; 750x2.000/2.125mm; einflüglig; Klimaklasse II						
	St	€ brutto	703	1.037	1.133	1.273	2.243
	KG 344	€ netto	591	871	953	1.070	1.885
6	**Holz-Türelement, T30/EI30, einflüglig, 875x2.000/2.125**						
	Brandschutztürelement, T30; Holztüre, Stahlumfassungszarge; 875x2.000/2.125mm; einflüglig; Klimaklasse II						
	St	€ brutto	992	1.381	1.515	1.872	2.515
	KG 344	€ netto	834	1.160	1.273	1.573	2.114
7	**Holz-Türelement, T30/EI 30, einflüglig, 1.000x2.000/2.125**						
	Brandschutztürelement, T30; Holztüre, Stahlumfassungszarge; 1.000x2.000/2.125mm; einflüglig; Klimaklasse II						
	St	€ brutto	1.005	1.493	1.602	1.868	3.052
	KG 344	€ netto	845	1.255	1.346	1.570	2.564
8	**Innen-Türelement, einflüglig, 750x2.000/2.125**						
	Innentürelement; Röhrenspan; 750x2.000/2.125mm; einflüglig; Klimaklasse I						
	St	€ brutto	235	358	412	502	701
	KG 344	€ netto	198	301	346	422	589

► min
▷ von
ø Mittel
◁ bis
◄ max

027
Tischlerarbeiten

Kosten: Stand 3.Quartal 2015, Bundesdurchschnitt

Tischlerarbeiten					Preise €

Nr.	Kurztext / Stichworte		**brutto ø**		
	Einheit / Kostengruppe ►		▷ netto ø	◁	◄
9	**Innen-Türelement, einflüglig, 875x2.000/2.125**				
	Innentürelement; Röhrenspan; 875x2.000/2.125mm; einflüglig;				
	Klimaklasse I				
	St €€ brutto	246	422	497	663	1.016
	KG 344 € netto	207	355	417	557	854
10	**Innen-Türelement, einflüglig, 1.000x2.000/2.125**				
	Innentürelement; Röhrenspan; 1.000x2.000/2.125mm; einflüglig;				
	Klimaklasse I				
	St € brutto	304	644	756	826	1.052
	KG 344 € netto	255	541	635	695	884
11	**Innen-Türelement, einflüglig, 1.125x2.000/2.125**				
	Innentürelement; Röhrenspan; 1.125x2.000/2.125mm; einflüglig;				
	Klimaklasse I				
	St € brutto	419	677	764	784	1.118
	KG 344 € netto	352	569	642	659	939
12	**Innen-Türelement, Röhrenspan, zweiflüglig**				
	Innentürelement; Röhrenspan; Türblattdicke 40mm; zweiflüglig;				
	Klimaklasse I				
	St € brutto	1.122	1.572	1.746	2.098	2.702
	KG 344 € netto	943	1.321	1.467	1.763	2.271
13	**Türblatt, einflüglig, kunststoffbeschichtet, 625x2.000/2.125**				
	Türblatt; Röhrenspan, Schichtpressstoffplatten; 625x2.000/2.125mm,				
	Dicke 42 mm; einflüglig; Klimaklasse II				
	St € brutto	92	211	234	275	352
	KG 344 € netto	77	177	197	231	295
14	**Türblatt, einflüglig, kunststoffbeschichtet, 750x2.000/2.125**				
	Türblatt; Röhrenspan, Schichtpressstoffplatten; 750x2.000/2.125mm,				
	Dicke 42 mm; einflüglig; Klimaklasse II				
	St € brutto	114	150	261	312	404
	KG 344 € netto	96	126	219	262	339
15	**Türblatt, einflüglig, kunststoffbeschichtet, 875x2.000/2.125**				
	Türblatt; Röhrenspan, Schichtpressstoffplatten; 875x2.000/2.125mm,				
	Dicke 42 mm; einflüglige; Klimaklasse II				
	St € brutto	126	176	287	321	436
	KG 344 € netto	106	148	241	270	367
16	**Türblatt, einflüglig, kunststoffbeschichtet, 1.000x2.000/2.125**				
	Türblatt; Röhrenspan, Schichtpressstoffplatten; 1.000x2.000/2.125mm,				
	Dicke 42 mm; einflüglig; Klimaklasse II				
	St € brutto	139	200	314	337	473
	KG 344 € netto	117	168	264	283	397

Tischlerarbeiten					Preise €

Nr.	Kurztext / Stichworte		brutto ø		
	Einheit / Kostengruppe ▶	▷	netto ø	◁	◀

17 Türblatt, einflüglig, kunststoffbeschichtet, 1.125x2.000/2.125
Türblatt; Röhrenspan, Schichtpressstoffplatten; 1.125x2.000/2.125mm, Dicke 42 mm; einflüglig; Klimaklasse II

St	€ brutto	152	217	338	364	533
KG 344	€ netto	127	182	284	306	448

18 Türblatt, einflüglige Tür, Vollspan, 875x2.000/2.125
Türblatt; Vollspan, Schichtpressstoffplatten; 875x2.000/2.125mm, Dicke 50 mm; einflüglig; Klimaklasse II

St	€ brutto	196	304	359	449	578
KG 344	€ netto	164	256	302	377	486

19 Türblatt, einflüglige Tür, Vollspan, 1.000x2.000/2.125
Türblatt; Vollspan, Schichtpressstoffplatten; 1.000x2.000/2.125mm, Dicke 50 mm; einflüglig; Klimaklasse II

St	€ brutto	204	314	388	509	653
KG 344	€ netto	171	264	326	428	549

20 Türblätter, zweiflüglig, Vollspan, Klima III
Türblatt; Vollspan, Schichtpressstoffplatten; 1.125x2.000/21.25mm; zweiflüglig; Klimaklasse II

St	€ brutto	661	836	946	1.000	1.273
KG 344	€ netto	555	703	795	840	1.070

21 Wohnungstür, Holz, Blockzarge, Klima III
Holztürelement, Blockzarge; Türblatt, Nadelholzbeplankung, Glaseinsatz, zweifach ESG; Türblattdicke 78mm; einflüglig; Klimaklasse III

St	€ brutto	751	1.256	1.442	2.022	2.795
KG 344	€ netto	631	1.055	1.212	1.699	2.348

22 Massivholzzarge, innen
Holzblockzarge; Massivholz; Türblattdicke 50mm; verschraubt/mit Anker; Hlz-Mauerwerkswand; innen

St	€ brutto	203	356	424	537	748
KG 344	€ netto	171	299	357	452	629

23 Holz-Umfassungszarge, innen, 750x2.000/2.125
Holzumfassungszarge; 750x2.000/2.125mm; Innenwand

St	€ brutto	137	164	180	220	291
KG 344	€ netto	115	138	152	185	245

24 Holz-Umfassungszarge, innen, 875x2.000/2.125
Holzumfassungszarge; 875x2.000/2.125mm; Innenwand

St	€ brutto	139	196	212	269	363
KG 344	€ netto	116	165	178	226	305

► min
▷ von
ø Mittel
◁ bis
◄ max

027
Tischlerarbeiten

Kosten: Stand 3.Quartal 2015, Bundesdurchschnitt

Tischlerarbeiten					Preise €

Nr.	Kurztext / Stichworte		brutto ø		
	Einheit / Kostengruppe ►	▷	netto ø	◁	◄
25	**Holz-Umfassungszarge, innen, 1.000x2.000/2.125**				
	Holzumfassungszarge; 1.000x2.000/2.125mm; Innenwand				
	St € brutto	273	353	395	410	521
	KG 344 € netto	230	296	332	344	438
26	**Holz-Umfassungszarge, Oberlicht**				
	Holzumfassungszarge mit Oberlicht; ESG 8mm/VSG 8mm, Türblattdicke 42mm; Innenwand				
	St € brutto	299	440	508	721	974
	KG 344 € netto	252	370	427	606	819
27	**Stahl-Umfassungszarge, innen, 750x2.000/2.125**				
	Stahlumfassungszarge; 750x2.000/2.125mm; für einflüglige Tür; KS-Mauerwerkswand				
	St € brutto	120	163	189	207	239
	KG 344 € netto	101	137	159	174	200
28	**Stahl-Umfassungszarge, innen, 875x2.000/2.125**				
	Stahlumfassungszarge; 875x2.000/2.125mm; für einflüglige Tür; KS-Mauerwerkswand				
	St € brutto	125	173	191	210	251
	KG 344 € netto	105	146	161	176	211
29	**Stahl-Umfassungszarge, innen, 1.000x2.000/2.125**				
	Stahlumfassungszarge; 1.000x2.000/2.125mm; für einflüglige Tür; KS-Mauerwerkswand				
	St € brutto	152	210	236	260	317
	KG 344 € netto	128	176	199	219	266
30	**Stahl-Umfassungszarge, innen, 1.125x2.000/2.125**				
	Stahlumfassungszarge; 1.125x2.000/2.125mm; für einflüglige Tür; KS-Mauerwerkswand				
	St € brutto	158	258	296	327	392
	KG 344 € netto	133	217	248	275	330
31	**Stahl-Umfassungszarge, innen, mit Oberlicht**				
	Stahlumfassungszarge, Oberlicht; 875x2.400/145mm; für einflüglige Tür; KS-Mauerwerkswand				
	St € brutto	256	310	319	370	475
	KG 344 € netto	215	261	268	311	399
32	**Ganzglas-Türblatt, innen**				
	Ganzglastürblatt; ESG; Türblattdicke 8-10mm; Einbau in bauseitige Zarge				
	St € brutto	139	525	599	825	1.271
	KG 344 € netto	117	441	504	693	1.068

Tischlerarbeiten					Preise €

Nr.	Kurztext / Stichworte		brutto ø		
	Einheit / Kostengruppe ►	▷	netto ø	◁	◀
33	**Schiebetürelement, innen**				
	Schiebetürelement; Holztür-/Glastürblatt; Wanddicke 100-150mm, Ständertiefe 75-100mm; einflüglig				
	St € brutto	478	854	977	1.289	2.009
	KG 344 € netto	402	718	821	1.083	1.688
34	**Fensterbank, innen, Holz; bis 875mm**				
	Fensterbank, innen; Holz; Länge bis 875mm				
	St € brutto	48	70	75	90	113
	KG 344 € netto	40	59	63	75	95
35	**Fensterbank, innen, Holz; über 875 bis 1.500 mm**				
	Fensterbank, innen; Holz; Länge über 875 bis 1.500mm				
	St € brutto	66	86	97	122	155
	KG 344 € netto	55	73	82	102	130
36	**Fensterbank, innen, Holz; über 1.500 bis 2.500 mm**				
	Fensterbank, innen; Holz; Länge über 1.500 bis 2.500mm				
	St € brutto	97	146	171	193	242
	KG 344 € netto	81	123	143	162	203
37	**Holz-/Abdeckleisten, Fichte**				
	Deckleisten; Fichte, Klasse J2; 20x50mm, Länge 2,80m; unsichtbar befestigen; gehobelt, feingeschliffen, Kanten gefast				
	m € brutto	7,1	16,6	20,3	25,6	38,5
	KG 334 € netto	6,0	14,0	17,1	21,5	32,4
38	**Bohrungen, Hohlraumdosen, Holz**				
	Bohrung; Hohlraumdosen; Durchmesser 68mm; Holzbauteile				
	St € brutto	2,2	16,0	20,5	34,8	63,7
	KG 342 € netto	1,9	13,5	17,2	29,3	53,5
39	**Verfugung, elastisch**				
	Verfugung, elastisch; Silikon-/Acryldichtmasse; glatt gestrichen				
	m € brutto	3,1	5,3	6,2	9,2	13,4
	KG 334 € netto	2,6	4,5	5,2	7,8	11,3
40	**Sockel-/Fußleisten, Holz**				
	Sockelleiste; Eiche/Buche; Viertelstab-/Rechteckprofil; Ecken mit Gehrungsschnitt, genagelt				
	m € brutto	5,2	16,7	21,4	42,0	73,6
	KG 352 € netto	4,4	14,0	18,0	35,3	61,9
41	**Bodentreppe; gedämmt**				
	Bodentreppe Holz, gedämmt; einschiebbar				
	St € brutto	453	591	654	884	1.182
	KG 359 € netto	380	497	550	743	993

▶ min
▷ von
ø Mittel
◁ bis
◀ max

027
Tischlerarbeiten

Kosten: Stand 3.Quartal 2015, Bundesdurchschnitt

Tischlerarbeiten					Preise €

Nr.	Kurztext / Stichworte		brutto ø		
	Einheit / Kostengruppe ▶	▷	netto ø	◁	◀
42	**Bodentreppe; F30/EI30**				
	Bodentreppe, F30/EI30; Holz; Decke				
	St € brutto	987	1.261	1.542	2.000	2.964
	KG 359 € netto	829	1.060	1.296	1.681	2.491
43	**Innenwandbekleidung, Sperrholz**				
	Innenwandbekleidung; Sperrholzplatte, Sichtseite A-Qualität;				
	Dicke 15mm; sichtbar verschrauben; auf Holzunterkonstruktion				
	m² € brutto	12	99	140	165	274
	KG 345 € netto	10	83	118	139	230
44	**Innenwandbekleidung, Sperrholzplatten, mit UK**				
	Innenwandbekleidung; Sperrholzplatten, Stahlblechstütze, verzinkt;				
	sichtbar verschrauben; inkl. Holzunterkonstruktion				
	m² € brutto	64	149	196	263	353
	KG 345 € netto	54	125	164	221	297
45	**Schalung, Spanplatten**				
	Schalung; Spanplatten, P7; Dicke 22mm; NF-Profil				
	m² € brutto	22	48	61	80	113
	KG 346 € netto	19	40	52	67	95
46	**Unterkonstruktion, Büroraumwände**				
	Unterkonstruktion Trennwand; Stahlblechstützen, verzinkt;				
	Höhe bis 3,00m, Dicke 100mm; für einlagige/zweilagige Beplankung				
	m² € brutto	–	59	70	86	–
	KG 346 € netto	–	49	59	72	–
47	**Büro-Trennwand, Tragprofile/Paneele**				
	Trennwand mit Glasfüllung, F30, G30; Dekorspanplatte/beschichtete				
	Stahlblechpaneele; Breite 900/1.200, Höhe bis 3,00m, Spanplatte-/				
	Paneele 13mm				
	m² € brutto	104	135	169	228	378
	KG 346 € netto	88	113	142	192	318
48	**Mobile Trennwandanlage, 20-25m²**				
	Trennwandelement, beweglich; Stahlkonstruktion; Fläche=20-25m²;				
	beidseitig beplankt				
	St € brutto	–	11.805	16.368	18.257	–
	KG 346 € netto	–	9.921	13.755	15.342	–
49	**WC-Trennwand, Metallrahmen/Vollkernverbundplatten**				
	Sanitärtrennwand; Metallrohr, Verbundplatten; Raumhöhe 2,15m,				
	Dicke 30mm; wasserfest, fäulnissicher				
	m² € brutto	89	127	128	231	356
	KG 346 € netto	75	107	107	194	299

Tischlerarbeiten					Preise €

Nr.	Kurztext / Stichworte	brutto ø			
	Einheit / Kostengruppe ▶	▷ netto ø ◁ ◀			

50 WC-Schamwand Urinale
WC-Scharmwand; Ausführung und Oberflächen hergestellt im System der WC-Trennwandanlagen

St	€ brutto	83	141	163	227	308
KG 346	€ netto	70	119	137	191	259

51 Prallwand-Unterkonstruktion, Holzziegel
Unterkonstruktion, Prallwand; Massivholzriegel, GKL I/II; 40x60mm; an Metallwinkelaufständerung montieren

m²	€ brutto	26	37	41	46	60
KG 345	€ netto	22	31	35	39	50

52 Prallwandbekleidung, ballwurfsicher
Prallwandbekleidung, ballwurfsicher; Funierschichtholzplatte; Dicke 20/26mm; sichtbar verschrauben; inkl. Gerüststellung

m²	€ brutto	39	67	87	103	133
KG 345	€ netto	33	56	73	87	112

53 Prallwandkonstruktion, komplett
Prallwandkonstruktion; Sperrholzplatte; Dicke 20/26mm; kraftabbauende, ballwurfsichere Wandbekleidung

m²	€ brutto	–	195	240	265	–
KG 345	€ netto	–	164	202	223	–

54 Akustikvlies-Abdeckung, schwarz
Akustikvlies-Abdeckung; Glasfaser, A2; Gewicht 75-80g/m², Luftdurchlässigkeit 2.300l/m²s

m²	€ brutto	2,9	5,5	6,9	8,4	12,1
KG 345	€ netto	2,4	4,6	5,8	7,1	10,1

55 Geräteraum-Schwingtor, Metall/Holz
Schwingtor; Stahlrechteckrohr, Fichte; Breite 4,50m, Höhe 2,85m, Dicke 56mm; Holzrahmenkonstruktion

St	€ brutto	1.838	2.978	3.380	3.921	5.446
KG 344	€ netto	1.545	2.503	2.840	3.295	4.577

56 Sporthallentüren, zweiflüglig, Zarge
Sporthallentürelement; MDF-Platte, Sperrholzplatte; Breite 2,50m, Höhe 2,35m; zweiflüglig

St	€ brutto	4.345	5.312	5.474	7.180	9.589
KG 344	€ netto	3.651	4.464	4.601	6.034	8.058

57 Garderobenleiste
Garderobenleiste; Holz/Stahl, Einzel-/Doppelhaken; Durchmesser 42mm; unsichtbar verschrauben

m	€ brutto	24	74	100	134	191
KG 371	€ netto	20	62	84	113	161

► min
▷ von
ø Mittel
◁ bis
◄ max

027
Tischlerarbeiten

Kosten: Stand 3.Quartal 2015, Bundesdurchschnitt

Tischlerarbeiten					Preise €

Nr.	Kurztext / Stichworte		**brutto ø**		
	Einheit / Kostengruppe ►	▷	netto ø	◁	◄
58	**Garderobenschrank**				
	Garderobenschrank-Wertschrank; Korpus-/Türen aus HPL-Vollkern-platten, Türbänder aus Edelstahl; Tiefe 525mm, Breite 300mm; Schraubfüße Höhe 100-150mm				
	St € brutto	260	363	426	508	624
	KG 371 € netto	218	305	358	427	525
59	**Gardinen-/Vorhangschiene**				
	Vorhangschiene; Kunststoff-U-Profile, Tischlerplatte mit Deckfurnier; 1/2/3 Gardinenläufe				
	m € brutto	30	38	46	56	64
	KG 371 € netto	25	32	39	47	54
60	**Einbauküche, melaminharzbeschichtet**				
	Einbaumöblierung, Küche; Spanplatte, beschichtet; Höhe 860mm, Tiefe 630mm, Arbeitsplatte 3.000x630mm; Unterschränke, Ober-schränke				
	St € brutto	947	2.713	3.457	4.162	5.609
	KG 371 € netto	795	2.280	2.905	3.497	4.714
61	**Teeküche, melaminharzbeschichtet**				
	Einbaumöblierung, Teeküche; Spanplatte, beschichtet; Höhe 860mm, Tiefe 630mm, Arbeitsplatte 2.400x630mm; Unterschränke, Ober-schränke				
	St € brutto	835	2.926	3.714	5.088	8.001
	KG 371 € netto	702	2.458	3.121	4.276	6.724
62	**Unterschrank, Küche, bis 600mm**				
	Einbaumöblierung, Unterschrank; Spanplatte, beschichtet; 600x600mm, Höhe 860mm; Kochfeld				
	St € brutto	173	354	434	532	737
	KG 371 € netto	145	297	365	447	620
63	**Oberschrank, Küche, bis 600mm**				
	Einbaumöblierung, Oberschrank; Spanplatte, beschichtet; 600x450mm, Höhe 700mm				
	St € brutto	139	212	226	267	348
	KG 371 € netto	116	178	190	225	293
64	**Treppenstufe, Holz**				
	Treppenstufe/Tritt- und Setzstufe; Eiche massiv, gehobelt, geschliffen; 42mm; schallentkoppelt				
	St € brutto	57	125	156	238	417
	KG 352 € netto	48	105	131	200	350

Tischlerarbeiten					Preise €

Nr.	Kurztext / Stichworte		brutto ø		
	Einheit / Kostengruppe ▶	▷	netto ø	◁	◀
65	**Handlauf-Profil, Holz**				
	Handlauf; Holz, geschliffen, poliert, natur/transparent lackiert; DN 30/40mm				
	m **€ brutto**	**20**	**48**	**56**	**75**	**116**
	KG 359 € netto	16	40	47	63	97
66	**Geländer, gerade, Rundstabholz**				
	Geländer; Hartholz, Rundstab, geschliffen, poliert, lackiert; Durchmesser 42,4mm, Höhe 1,00m; verschrauben				
	m **€ brutto**	**192**	**296**	**325**	**384**	**534**
	KG 359 € netto	161	249	273	323	449
67	**Holzbohlenbelag, Außenbereich, Bangkirai**				
	Holzrost; Bangkirai, S10, Nadelholz C24, S10; Fläche 3,50-4,00m²; Oberfläche geriffelt; Balkon-/Terrassenrost				
	m² **€ brutto**	**73**	**98**	**109**	**120**	**138**
	KG 339 € netto	61	82	92	100	116
68	**Stundensatz Tischler-Facharbeiter**				
	Stundenlohnarbeiter Vorarbeiter, Facharbeiter; Tischlerarbeiten				
	h **€ brutto**	**41**	**49**	**53**	**56**	**66**
	€ netto	34	41	45	47	55
69	**Stundensatz Tischler-Helfer**				
	Stundenlohnarbeiten Werker, Helfer; Tischlerarbeiten				
	h **€ brutto**	**20**	**33**	**39**	**43**	**51**
	€ netto	17	28	33	36	43

Parkettarbeiten, Holzpflasterarbeiten					Preise €
Nr.	**Kurztext** / Stichworte		**brutto ø**		
	Einheit / Kostengruppe ▶	▷	netto ø	◁	◀
1	**Untergrund reinigen**				
	Untergrund, reinigen; Staub, Verschmutzungen, lose Teile; abkehren, entsorgen; inkl. Deponiegebühr				
	m² **€ brutto**	0,1	0,7	0,8	1,8	4,2
	KG 352 € netto	0,1	0,6	0,7	1,5	3,5
2	**Fugen im Estrich verharzen**				
	Estrichfuge verschließen; 2-Komponenten-Polyurethan-Masse, Stahleinlage; Stahleinlage einlegen, ausfüllen, mit Sand abstreuen; Zementestrich				
	m **€ brutto**	7,9	11,9	13,7	17,7	24,5
	KG 352 € netto	6,7	10,0	11,5	14,9	20,6
3	**Untergrund vorstreichen, Haftgrund**				
	Untergrund vorstreichen; Voranstrich/Haftgrund; vollflächig; inkl. Reinigung				
	m² **€ brutto**	0,5	1,7	2,2	2,7	4,2
	KG 352 € netto	0,4	1,4	1,8	2,3	3,5
4	**Untergrund spachteln, als Höhenausgleich**				
	Untergrund spachteln; Spachtelmasse; vollflächig Überspachteln; inkl. Estrich säubern				
	m² **€ brutto**	2,3	5,8	6,7	12,1	21,0
	KG 352 € netto	1,9	4,8	5,6	10,2	17,7
5	**Untergrundvorbereitung komplett**				
	Untergrundvorbereitung; besenrein abkehren, Haftgrund aufbringen, vollflächig spachteln; inkl. erf. Material und Deponiegebühr				
	m² **€ brutto**	2,0	3,3	3,9	5,1	8,0
	KG 352 € netto	1,7	2,8	3,2	4,3	6,7
6	**Trennlage, Baumwollfilz**				
	Trittschallunterlage; Baumwollfilz; 5mm; einlagig verlegen; zwischen Bodenbelag und Zement-/Calciumsulfatestrich				
	m² **€ brutto**	1,0	2,0	2,4	2,9	4,2
	KG 352 € netto	0,8	1,6	2,0	2,5	3,5
7	**Unterboden, Holzspanplatte, 21mm**				
	Unterboden; Holzspanplatte, P4; Dicke 21mm; mit versetzten Stößen einbauen; NF-Profil; befestigen mit Schrauben				
	m² **€ brutto**	6,0	14,0	18,6	25,4	36,1
	KG 352 € netto	5,1	11,8	15,6	21,4	30,4

► min
▷ von
ø Mittel
◁ bis
◄ max

028
Parkettarbeiten,
Holzpflasterarbeiten

Kosten: Stand 3.Quartal 2015, Bundesdurchschnitt

Parkettarbeiten, Holzpflasterarbeiten					Preise €

Nr.	Kurztext / Stichworte		**brutto ø**		
	Einheit / Kostengruppe ►	▷	netto ø	◁	◄
8	**Blindboden, Nadelholz**				
	Blindboden; Nadelholz, S10, einseitig gehobelt; Dicke 24mm, Breite 150mm; gespundener Schalung; inkl. chemischem Holzschutz, Prüfprädikat Iv, P, W				
	m² € brutto	38	46	50	55	65
	KG 352 € netto	32	39	42	47	55
9	**Dielenbodenbelag, Eiche**				
	Dielenboden, Vollholz; Eiche; Dicke 25mm, lxb=1250x250mm; Parallelverband; auf Calciumsulfatestrich				
	m² € brutto	90	125	138	158	214
	KG 352 € netto	76	105	116	133	179
10	**Stabparkett, Buche, bis 22mm, roh**				
	Vollholz, Stabparkett; Buche; Dicke 14-22mm, bxl=40x250mm; Schiffsbodenverband/Fischgrät, verkleben; auf Calciumsulfatestrich				
	m² € brutto	86	92	96	98	103
	KG 352 € netto	72	77	80	83	87
11	**Lamellenparkett, Eiche, bis 25mm, roh**				
	Vollholz, Lamellenparkett; Eiche; Dicke 15-25mm, bxl=18x120-160mm; Parallelverband, verkleben; auf Calciumsulfatestrich				
	m² € brutto	33	42	46	50	65
	KG 352 € netto	28	35	39	42	54
12	**Vollholzparkett schleifen**				
	Oberflächenbearbeitung, schleifen; Vollholz-Parkett; Schleifkörnung bis 180; inkl. Entstauben mit Besen und Sauger				
	m² € brutto	6,5	9,2	9,9	12,6	16,7
	KG 352 € netto	5,4	7,7	8,3	10,6	14,1
13	**Vollholzparkett beschichten, versiegeln**				
	Oberflächenbearbeitung, versiegeln; Öl-Kunstharzsiegel/Wasserlack/PU-Wassersiegel; imprägnieren, antirutschend wachsen, inkl. Zwischenschliff; Stabparkett/Lamellenparkett				
	m² € brutto	7,8	13,6	15,2	20,7	32,8
	KG 352 € netto	6,6	11,4	12,8	17,4	27,5
14	**Vollholzparkett schleifen und versiegeln**				
	Oberflächenbearbeitung; schleifen, entstauben, rutschhemmend versiegeln				
	m² € brutto	4,5	15,9	20,9	23,3	34,7
	KG 352 € netto	3,8	13,4	17,5	19,6	29,2

Parkettarbeiten, Holzpflasterarbeiten					Preise €

Nr.	Kurztext / Stichworte		brutto ø		
	Einheit / Kostengruppe ▶ . ▷ netto ø ◁ ◀				
15	**Stabparkett, Buche, bis 22mm, versiegelt**				
	Vollholz, Stabparkett; Buche; Dicke 14-22mm, lxb=250x40mm; NF-Profil; auf Calciumsulfatestrich				
	m² € brutto	68	92	97	109	128
	KG 352 € netto	57	77	81	91	107
16	**Stabparkett, Eiche, bis 22mm, versiegelt**				
	Vollholz, Stabparkett; Eiche; Dicke 14-22mm, lxb=250x40mm; NF-Profil; auf Calciumsulfatestrich				
	m² € brutto	67	83	93	112	142
	KG 352 € netto	56	70	78	94	120
17	**Fertigparkett, Ahorn, bis 15mm, beschichtet**				
	Fertigparkett; Ahorn; Nutzschicht mind. 4mm, bxl=240x2.000mm; Schiffsbodenverband/Fischgrät, NF-Profil; auf Calciumsulfatestrich				
	m² € brutto	57	71	78	88	111
	KG 352 € netto	48	60	65	74	93
18	**Lamellenparkett, Vollholz, 22mm, versiegelt**				
	Vollholz, Lamellenparkett; Eiche; Dicke 22mm, Breite 18mm; inkl. schleifen, versiegeln; auf Calciumsulfatestrich				
	m² € brutto	44	60	69	78	95
	KG 352 € netto	37	50	58	66	80
19	**Lamellenparkett, Vollholz, bis 12mm, versiegelt**				
	Vollholz, Lamellenparkett; Eiche; Dicke 10-12mm, Breite 18mm; inkl. schleifen, versiegeln; auf Calciumsulfatestrich				
	m² € brutto	47	53	57	62	69
	KG 352 € netto	40	45	48	52	58
20	**Lamparkett, Eiche, 10mm, versiegelt**				
	Vollholz, Lamparkett; Eiche; Dicke 10mm; NF-Profil; Calciumsulfat-estrich				
	m² € brutto	44	66	92	107	135
	KG 352 € netto	37	56	77	90	113
21	**Mosaikparkett, Eiche, 8mm, beschichtet**				
	Mosaikparkett; Eiche; Dicke 8mm, lxb=115-165mm; NF-Profil; Calciumsulfatestrich				
	m² € brutto	34	51	61	69	88
	KG 352 € netto	28	43	51	58	74
22	**Mehrschichtparkett, beschichtet**				
	Mehrschichtparkettelement; NF-Profil, fertig beschichtet; Calciumsulfatestrich				
	m² € brutto	54	70	75	86	110
	KG 352 € netto	45	59	63	72	92

► min
▷ von
ø Mittel
◁ bis
◄ max

028
Parkettarbeiten,
Holzpflasterarbeiten

Kosten: Stand 3.Quartal 2015, Bundesdurchschnitt

Parkettarbeiten, Holzpflasterarbeiten					Preise €

Nr.	Kurztext / Stichworte		brutto ø			
	Einheit / Kostengruppe ►	▷	netto ø	◁	◄	
23	**Holzpflaster, versiegelt**					
	Holzpflasterbelag; Kiefer/Fichte/Eiche/Lärche; parallel zu den Längs-wänden; auf Zementestrich; Fußbodenheizung ja/nein					
	m² **€ brutto**	68	74	75	76	84
	KG 352 € netto	57	62	63	63	70
24	**Randstreifen abschneiden**					
	Randstreifen abschneiden; Rippenpappe/Mineralwolle/Polystyrol; aufnehmen, laden, entsorgen; inkl. Deponiegebühr					
	m **€ brutto**	0,1	0,3	0,4	0,6	0,9
	KG 352 € netto	0,1	0,3	0,3	0,5	0,7
25	**Sockelleiste, Buche**					
	Sockelleiste; Hartholz/Buche, lackiert, Viertelstab-Profil; 16x16mm; Ecken mit Gehrungsschnitt, befestigen mit Nägel					
	m **€ brutto**	4,9	8,4	9,9	13,1	19,4
	KG 352 € netto	4,1	7,1	8,3	11,0	16,3
26	**Sockelleiste, Eiche**					
	Sockelleiste; Eiche, Rechteckprofil, lackiert; Ecken mit Gehrungsschnitt, befestigen mit Senkkopf-Schrauben					
	m **€ brutto**	4,2	9,5	11,7	15,4	28,9
	KG 352 € netto	3,6	8,0	9,9	12,9	24,3
27	**Sockelleiste, Esche/Ahorn**					
	Sockelleiste; Ahorn, Esche, Schmetterlingsprofil, lackiert; 25x25mm; Ecken mit Gehrungsschnitt, befestigen mit Senkkopf-Schrauben					
	m **€ brutto**	4,9	8,8	10,8	12,5	16,4
	KG 352 € netto	4,1	7,4	9,0	10,5	13,8
28	**Sockelleiste, Eckausbildung**					
	Sockelleiste; ablängen, Stoß mit Gehrungsschnitt					
	St **€ brutto**	<0,1	0,7	1,0	1,6	3,1
	KG 352 € netto	<0,1	0,6	0,9	1,4	2,6
29	**Randabschluss, Korkstreifen, Dehnfuge**					
	Korkstreifen; Breite 10mm; Höhe oberflächengleich; Abschluss/Über-gang Materialwechsel/Wandanschluss					
	m **€ brutto**	1,6	5,7	7,4	12,3	23,0
	KG 352 € netto	1,4	4,8	6,2	10,4	19,3
30	**Parkettbelag anarbeiten, gerade**					
	Anschluss; Stabparkett/Fertigparkett; Randfries/raumhohe Fenster					
	m **€ brutto**	0,3	8,7	12,6	30,5	58,0
	KG 352 € netto	0,2	7,3	10,6	25,6	48,8

Parkettarbeiten, Holzpflasterarbeiten				Preise €		
Nr.	**Kurztext** / Stichworte			**brutto ø**		
	Einheit / Kostengruppe ▶		▷	netto ø	◁	◀
31	**Parkett anarbeiten, schräg**					
	Parkett schräg anarbeiten					
	m € brutto	5,2	9,7	11,0	12,9	17,2
	KG 352 € netto	4,4	8,2	9,2	10,9	14,5
32	**Parkettbelag anarbeiten, rund**					
	Anschluss; Stabparkett/Fertigparkett; Radius 2500mm; gekrümmte Bauteile					
	m € brutto	2,4	5,6	7,3	11,4	17,3
	KG 352 € netto	2,0	4,7	6,1	9,5	14,5
33	**Aussparung, Parkett**					
	Öffnung/Aussparung; Parkett; rechteckig					
	St € brutto	2,4	13,7	17,5	22,6	35,4
	KG 352 € netto	2,0	11,5	14,7	19,0	29,7
34	**Trennschiene, Metall**					
	Trennschiene; Belagdicke 12/18/24mm; mit/ohne Anker; Abschluss/Übergang					
	m € brutto	9,1	16,7	19,7	24,9	36,1
	KG 352 € netto	7,6	14,1	16,6	20,9	30,3
35	**Übergangsprofil/Abdeckschiene; Edelstahl**					
	Übergangsprofil; Edelstahl; Belagwechsel					
	m € brutto	5,0	11,1	14,3	19,9	27,8
	KG 352 € netto	4,2	9,4	12,0	16,7	23,4
36	**Übergangsprofil/Abdeckschiene; Aluminium**					
	Übergangsprofil; Aluminium; Belagwechsel					
	m € brutto	11	16	18	19	24
	KG 352 € netto	9,3	13,4	14,7	15,9	20,0
37	**Übergangsprofil/Abdeckschiene; Messing**					
	Übergangsprofil; Messing; Belagwechsel					
	m € brutto	8,2	16,8	19,0	20,3	37,5
	KG 352 € netto	6,9	14,1	15,9	17,0	31,5
38	**Verfugung, elastisch, Silikon**					
	Fuge, elastisch; Silikondichtstoff; glatt gestrichen; inkl. Anschlussarbeiten, Hinterstopfmaterial					
	m € brutto	1,3	5,0	6,5	7,7	10,1
	KG 352 € netto	1,1	4,2	5,5	6,5	8,5
39	**Erstpflege, Parkettbelag**					
	Erstpflege, Parkett; Pflegemittel Oberflächeneigenschaft R9/R11					
	m² € brutto	0,2	2,4	2,8	3,9	6,6
	KG 352 € netto	0,1	2,0	2,4	3,3	5,5

▶ min
▷ von
ø Mittel
◁ bis
◀ max

028
Parkettarbeiten,
Holzpflasterarbeiten

Kosten: Stand 3.Quartal 2015, Bundesdurchschnitt

Parkettarbeiten, Holzpflasterarbeiten					Preise €	
Nr.	**Kurztext** / Stichworte		**brutto ø**			
	Einheit / Kostengruppe ▶		▷ netto ø	◁	◀	
40	**Schutzabdeckung, Platten/Folie**					
	Schutzabdeckung; Hartfaserplatten/Folie; vollflächig abdecken; Bodenfläche; inkl. entfernen und entsorgen					
	m² **€ brutto**	1,7	3,2	3,9	4,4	5,4
	KG 352 € netto	1,4	2,6	3,3	3,7	4,5
41	**Schutzabdeckung Tetra Pak**					
	Schutzabdeckung; Tetra Pak-Verbundfolie; vollflächig abdecken, abkleben; Bodenbelag; inkl. Entfernen, Entsorgen					
	m² **€ brutto**	0,6	3,2	4,0	6,3	9,8
	KG 352 € netto	0,5	2,6	3,3	5,3	8,2
42	**Stundensatz Parkettleger-Facharbeiter**					
	Stundenlohnarbeiten, Vorarbeiter, Facharbeiter; Parkettleger					
	h **€ brutto**	42	50	53	58	70
	€ netto	36	42	45	49	59
43	**Stundensatz Parkettleger-Helfer**					
	Stundenlohnarbeiten, Werker, Helfer; Parkettleger					
	h **€ brutto**	31	38	41	46	55
	€ netto	26	32	35	39	46

Beschlagarbeiten				Preise €

Nr.	Kurztext / Stichworte		brutto ø			
	Einheit / Kostengruppe ▶		▷ netto ø	◁	◀	

1 Fenstergriff, Aluminium
Fensterolive; Aluminium; Vier-Punkt-Kugelrastung, unsichtbar befestigt; Verschraubung M5

St	€ brutto	14	33	39	57	93
KG 334	€ netto	12	28	33	48	78

2 Drückergarnitur, Metall
Drückergarnitur; Edelstahl/Aluminium; Normalgarnitur/Wechselgarnitur; für Feuer- und Rauchschutztür

St	€ brutto	34	150	189	246	360
KG 344	€ netto	29	126	159	206	302

3 Drückergarnitur, Stahl-Nylon
Drückergarnitur; Kern aus Stahl, Oberfläche Nylon; für Türe d=42mm; Metallrosette

St	€ brutto	19	59	74	116	310
KG 344	€ netto	16	49	62	98	261

4 Drückergarnitur, Aluminium
Drückergarnitur; Aluminium; Metallrosette; Feuer-/Rauchschutztür

St	€ brutto	18	55	69	91	156
KG 344	€ netto	15	46	58	77	131

5 Drückergarnitur, Edelstahl
Drückergarnitur; Edelstahl, matt, gebürstet/spiegelpoliert; Metallrosette; für Feuer-/Rauchschutztür

St	€ brutto	59	157	189	237	363
KG 344	€ netto	50	132	159	199	305

6 Türdrückergarnitur, provisorisch
Türdrückergarnitur, provisorisch; einbauen, vorhalten, demontieren

St	€ brutto	–	10	19	28	–
KG 349	€ netto	–	8,5	16	24	–

7 Bad-/WC-Garnitur, Aluminium
Bad-WC-Garnitur; Aluminium, eloxiert/anodisiert; Türdicke 42mm; Metallrosette; inkl. beidseitiger Drücker

St	€ brutto	27	61	75	97	137
KG 344	€ netto	22	52	63	82	115

8 Bad-/WC-Garnitur, Edelstahl
Bad-WC-Garnitur; Edelstahl matt gebürstet/Spiegelpoliert; Türdicke 42mm; Metallrosette; inkl. beidseitiger Drücker

St	€ brutto	43	97	133	172	237
KG 344	€ netto	36	81	112	145	200

► min
▷ von
ø Mittel
◁ bis
◄ max

029
Beschlagarbeiten

Kosten: Stand 3.Quartal 2015, Bundesdurchschnitt

Beschlagarbeiten					Preise €

Nr.	Kurztext / Stichworte		brutto ø			
	Einheit / Kostengruppe ►	▷	netto ø	◁	◄	
9	**Stoßgriff, Tür, Aluminium**					
	Türstange; Aluminium; Durchmesser 200mm; verdeckt verschraubt					
	St € brutto	70	196	221	332	620
	KG 344 € netto	59	165	185	279	521
10	**Obentürschließer, einflügige Tür**					
	Obentürschließer; einflügige Tür; Schließgröße EN 2-4, Türflügel bis max. 1.100mm; Basisschließer, Normalgestänge; für Rauch-/Feuerschutztür					
	St € brutto	61	202	254	418	836
	KG 344 € netto	52	169	214	351	702
11	**Obentürschließer, zweiflügige Tür**					
	Obentürschließer; zweiflügige Türanlage; Größe 2-6; für zweiflügliges Türblatt, Normalmontage/Bandseite; Schließgeschwindigkeit und Endschlag regulierbar, inkl. Montageplatte					
	St € brutto	342	509	523	593	836
	KG 344 € netto	287	428	439	498	702
12	**Bodentürschließer, einflügige Tür**					
	Bodentürschließer; Edelstahl/Aluminium, eloxiert/Messing, matt; Größe 3, Bauhöhe 42mm; einflügige Pendel- und Anschlagtür, Schließgeschwindigkeit einstellbar; innen					
	St € brutto	360	394	449	491	538
	KG 344 € netto	303	331	377	413	452
13	**Türantrieb, kraftbetätigte Tür, einflüglig**					
	Türantrieb, automatisch; für einflügige Tür, behindertengerecht, geräuscharm; Innen- und Außentüren					
	St € brutto	2.686	3.623	3.998	4.671	5.775
	KG 344 € netto	2.257	3.044	3.360	3.925	4.853
14	**Türantrieb, kraftbetätigte Tür, zweiflüglig**					
	Türantrieb, automatisch; für zweiflügige Tür, behindertengerecht, geräuscharm; Innen- und Außentüren					
	St € brutto	2.451	3.563	4.311	4.677	6.038
	KG 344 € netto	2.060	2.995	3.622	3.930	5.074
15	**Fingerschutz Türkante**					
	Fingerschutz Türkante; Aluminium, eloxiert/farbbeschichtet, feuerhemmend; Länge bis 2.500mm; für handbetätigte/kraftbetätigte Türflügel; Bandseite/Gegenbandseite					
	St € brutto	76	115	153	166	193
	KG 344 € netto	64	96	128	139	162

Beschlagarbeiten					Preise €

Nr.	Kurztext / Stichworte		brutto ø		
	Einheit / Kostengruppe ▶	▷	netto ø	◁	◀

16 Türstopper, Wandmontage
Türstopper, Wandmontage; Metall, poliert/gebürstet mit Gummipuffer; geschraubt; Außen-/Innenbereich

St	€ brutto	5,2	18,1	24,7	31,4	46,4
KG 344	€ netto	4,4	15,2	20,8	26,4	39,0

17 Türstopper, Bodenmontage
Türstopper, Bodenmontage; Metall, poliert/gebürstet mit Gummipuffer; geschraubt; Außen-/Innenbereich

St	€ brutto	5,9	21,4	26,9	41,8	79,5
KG 344	€ netto	5,0	18,0	22,6	35,1	66,8

18 Türspion, Aluminium
Türspion; Aluminium; Durchmesser 15mm; inkl. Deckklappe

St	€ brutto	9,5	16,4	20,4	23,5	30,3
KG 344	€ netto	8,0	13,8	17,1	19,7	25,4

19 Lüftungsprofil, Fenster
Lüftungsprofil; Aluminium, Kunststoff, G2; schallgedämmt

St	€ brutto	48	134	175	190	281
KG 334	€ netto	40	112	147	160	236

20 Lüftungsgitter, Türblatt
Lüftungsgitter; Aluminium/Kunststoff; stufenlos regulierbar, verschließbar; Holztürblatt; inkl. beidseitiger Verfugung

St	€ brutto	16	33	39	62	102
KG 344	€ netto	14	28	33	52	86

21 Doppel-Schließzylinder
Profil-Doppelzylinder; Messing, matt vernickelt; Länge A 30,5mm, Länge B 30,5mm; verschieden-/gleichschließend, inkl. Stulpschraube M5 vernickelt,

St	€ brutto	19	53	66	110	211
KG 344	€ netto	16	45	55	92	177

22 Halb-Schließzylinder
Profil-Halbzylinder; Messing, matt vernickelt; Länge A 10mm, Länge B 30,5mm; verschieden-/gleichschließend, inkl. Stulpschraube M5 vernickelt

St	€ brutto	18	45	55	93	223
KG 344	€ netto	15	38	47	78	187

23 Profilzylinderverlängerung, je 5mm
Profilzylinder verlängern; je Seite und angefangene 5mm

St	€ brutto	0,8	3,3	4,2	5,4	8,1
KG 344	€ netto	0,7	2,8	3,5	4,6	6,8

▶ min
▷ von
ø Mittel
◁ bis
◀ max

029
Beschlagarbeiten

Kosten: Stand 3.Quartal 2015, Bundesdurchschnitt

Beschlagarbeiten					Preise €

Nr.	Kurztext / Stichworte		brutto ø			
	Einheit / Kostengruppe ▶	▷	netto ø	◁	◀	
24	**Profilzylinderverlängerung, je 10mm**					
	Profil-Zylinder, Verlängerung; je angefangene 10mm					
	St € brutto	1,9	3,6	4,4	6,0	9,4
	KG 344 € netto	1,6	3,0	3,7	5,1	7,9
25	**Profilblindzylinder**					
	Profil-Blindzylinder; Messing, matt vernickelt; Länge 30,5mm/30,5mm; inkl. Stulpschraube M5 vernickelt					
	St € brutto	3,3	10,8	13,4	21,4	40,5
	KG 344 € netto	2,8	9,1	11,3	18,0	34,1
26	**Generalhaupt-, Generalschlüssel**					
	Generalhauptschlüssel; Profilzylinder; Schließanlage					
	St € brutto	2,2	8,3	10,4	14,8	25,6
	KG 344 € netto	1,9	7,0	8,7	12,5	21,5
27	**Schlüssel, Buntbart**					
	Schlüssel, Buntbart; Messing, verchromt, poliert; gleichschließend; Zimmertür					
	St € brutto	2,5	6,6	8,1	12,6	22,4
	KG 344 € netto	2,1	5,5	6,8	10,6	18,8
28	**Gruppen-, Hauptschlüssel**					
	Gruppen-, Hauptschlüssel; Profilzylinder					
	St € brutto	2,2	6,7	8,2	12,1	21,6
	KG 344 € netto	1,9	5,6	6,9	10,1	18,1
29	**Schlüsselschrank, wandhängend**					
	Schlüsselschrank, wandhängend; Aluminium/Kunststoff; Türöffnung über 90°; inkl. zwei Schlüssel, farbig sortierte Musterbeutel					
	St € brutto	81	205	281	401	587
	KG 344 € netto	68	172	236	337	493
30	**Riegelschloss, Profil-Halbzylinder**					
	Riegelschloss; vorgerichtet für Profil-Halbzylinder; inkl. Bohr- und Fräsarbeiten					
	St € brutto	42	99	106	114	183
	KG 344 € netto	35	84	89	96	153
31	**Absenkdichtung, Tür**					
	Bodendichtung; Druckplatte, PVC-Dichtprofil, Befestigungswinkel; Zimmertür/Schallschutztür					
	St € brutto	14	64	86	100	143
	KG 344 € netto	12	54	73	84	120
32	**Hausbriefkasten**					
	Briefkasten; Edelstahl, geschliffen; Schlitz 240x32mm					
	St € brutto	632	937	1.159	1.200	1.332
	KG 611 € netto	531	788	974	1.008	1.119

030
Rollladenarbeiten

Rollladenarbeiten					Preise €

Nr.	Kurztext / Stichworte		brutto ø		
	Einheit / Kostengruppe ▶	▷	netto ø	◁	◀
1	**Rollladen-/Raffstorekasten**				
	Rollladenkasten; Leichtbeton/PS-Kunststoff, PUR, WLG025; gurtbetrieben; außen				
	m € brutto	**50**	**58**	**62**	**65**	**80**
	KG 338 € netto	42	49	52	54	67
2	**Deckel, Rollladenkasten**				
	Rollladenkastendeckel; PVC-U, PUR, WLG025; als sichtbare, revisionierbare Abdeckung				
	m € brutto	**11**	**18**	**22**	**27**	**35**
	KG 338 € netto	9,2	15,2	18,3	23,0	29,7
3	**Vorbaurollladen, Führungsschiene**				
	Vorbau-Rollladen; Aluminiumkasten, Ecken gerundet/scharfkantig, Aluminiumschiene; Profil hxb=50x35-50mm, WK 1/2				
	St € brutto	**157**	**312**	**364**	**426**	**610**
	KG 338 € netto	132	262	306	358	513
4	**Rollladen, inkl. Führungsschiene, Gurt**				
	Rollladen; Kunststoff /Aluminiumschiene, Abdeckplatte Kunststoff/ Aluminium; WK 1/2				
	St € brutto	**90**	**187**	**224**	**282**	**404**
	KG 338 € netto	75	157	188	237	339
5	**Elektromotor, Rollladen**				
	Elektromotor, Rollladen; Entfall von Gurt und Gurtwickler einrechnen				
	St € brutto	**61**	**139**	**158**	**193**	**285**
	KG 338 € netto	51	117	133	162	240
6	**Jalousie/Raffstore/Lamellen, außen**				
	Außenjalousie; Aluminiumlamellen, Aluminium-/Edelstahlschiene; Lamellen 35mm, Dicke 0,22-0,30mm; elektrisch betrieben				
	St € brutto	**163**	**465**	**550**	**713**	**1.091**
	KG 338 € netto	137	391	463	599	917
7	**Markise ausstellbar, Textil, bis 2,50m²**				
	Markise; Acryl, reißfest, Aluminiumschiene; Rohrmotor/Kurbelbetrieb				
	St € brutto	**494**	**755**	**792**	**826**	**1.067**
	KG 338 € netto	415	634	665	694	897
8	**Gelenkarmmarkise, Terrassenmarkise**				
	Gelenkarmmarkise; korrosionsgeschützte Konsolen, Gelenkarme Aluminium, Behang aus Acrylfaser/Polyester/ .....; Einbauhöhe bis 3,00m; elektrisch/Kurbelbetrieb				
	St € brutto	**2.369**	**2.652**	**2.669**	**2.799**	**3.082**
	KG 338 € netto	1.991	2.228	2.243	2.352	2.590

▶ min
▷ von
ø Mittel
◁ bis
◀ max

030
Rollladenarbeiten

Kosten: Stand 3.Quartal 2015, Bundesdurchschnitt

Rollladenarbeiten					Preise €

Nr.	Kurztext / Stichworte		brutto ø			
	Einheit / Kostengruppe ▶	▷	netto ø	◁		◀
9	**Verdunkelung, innen, bis 3,50m²**					
	Verdunkelungsanlage; Abdeckplatte: Kunststoff/Aluminium, Welle: Stahlrohr, Einfallschiene: Stahl/Aluminium					
	St € brutto	118	169	191	233	311
	KG 372 € netto	100	142	161	196	262
10	**Schiebeladen, manuell**					
	Schiebeladen; Rohrprofil: Aluminium/Stahl, Füllung: Stahlblech/ Lamellen Nadelholz; Breite 45mm, Dicke 20-25mm; Trag-/Führungs- schiene					
	St € brutto	703	969	1.046	1.192	1.601
	KG 338 € netto	591	814	879	1.001	1.345
11	**Fensterladen, Holz, zweiteilig**					
	Klappladen; Nadelholz/Eiche, S10, Aluminium-/Edelstahlschiene; Lamellen 45mm, Dicke 20-25mm					
	St € brutto	239	492	581	820	1.328
	KG 338 € netto	201	413	488	689	1.116
12	**Windwächter-Anlage, Sonnenschutz**					
	Windwarnanlage; pulverbeschichtet/einbrennlackiert; Außenwand; inkl. Steuerung					
	St € brutto	269	639	821	935	1.334
	KG 338 € netto	226	537	690	785	1.121
13	**Sonnenschutz-Wetterstation**					
	Sonnenschutz-Wetterstation; Kunststoff, witterungsbeständig, UV-beständig					
	St € brutto	415	793	893	1.069	1.719
	KG 338 € netto	349	666	750	898	1.444
14	**Rollgitteranlage, elektrisch**					
	Rollgitteranlage; Flachstahl/Aluminium, Führungsschiene Aluminium; WK 1					
	St € brutto	4.304	5.257	5.912	6.421	7.283
	KG 334 € netto	3.617	4.418	4.968	5.396	6.121
15	**Rolltoranlage, elektrisch**					
	Rolltor, elektrisch; Aluminiumpanzer, Rolltorkasten Aluminium/Stahl- blech; Dicke 14/18mm, WK 1; mehrfach gekantet					
	St € brutto	3.238	7.920	8.501	9.406	12.345
	KG 334 € netto	2.721	6.656	7.144	7.904	10.374
16	**Stundensatz Facharbeiter, Rollladenarbeiten**					
	Stundenlohnarbeiten, Vorarbeiter, Facharbeiter; Rollladenarbeiten					
	h € brutto	36	47	53	55	61
	€ netto	30	39	45	46	52

Rollladenarbeiten					Preise €

Nr.	Kurztext / Stichworte		brutto ø		
	Einheit / Kostengruppe ▶	▷ netto ø	◁		◀
17	**Stundensatz Helfer, Rollladenarbeiten**				
	Stundenlohnarbeiten, Werker, Helfer; Rollladenarbeiten				
	h	**€ brutto**	**31**	**38**	**42**	**44**	**49**
		€ netto	26	32	35	37	41

Metallbauarbeiten					Preise €

Nr.	Kurztext / Stichworte		brutto ø		
	Einheit / Kostengruppe ▶	▷	netto ø	◁	◀
1	**Handlauf, Stahl, außen, verzinkt, Rundrohr: 33,7mm**				
	Handlauf; Stahl S 235 JR+AR; Durchmesser 33,7mm; Wandmontage; Außenbereich				
	m € brutto	27	38	42	46	57
	KG 359 € netto	23	32	36	39	48
2	**Handlauf, Stahl, außen, verzinkt, Rundrohr: 42,4 mm**				
	Handlauf; Stahl S 235 JR+AR; Durchmesser 42,4mm; Wandmontage; Außenbereich				
	m € brutto	41	52	58	67	83
	KG 359 € netto	34	44	49	56	70
3	**Handlauf, nichtrostend, Rundrohr: 33,7 mm**				
	Handlauf; Edelstahl; Durchmesser 33,7mm; Wandmontage; Innen-/Außenbereich				
	m € brutto	28	59	84	93	129
	KG 359 € netto	23	50	70	78	108
4	**Handlauf, nichtrostend, Rundrohr: 42,4 mm**				
	Handlauf; Edelstahl; Durchmesser 42,4mm; Wandmontage; Innen-/Außenbereich				
	m € brutto	32	70	87	106	137
	KG 359 € netto	27	59	73	89	115
5	**Handlauf, nichtrostend, Rundrohr: 48,3 mm**				
	Handlauf; Edelstahl; Durchmesser 48,3mm; Wandmontage; Innen-/Außenbereich				
	m € brutto	58	84	107	139	176
	KG 359 € netto	49	70	90	117	148
6	**Handlauf, Stahl, gebogen**				
	Handlauf gebogen, komplett; Stahl S235JR+AR, verzinkt; Durchmesser 25/33,7/42,4/60mm; Außen-/Innenbereich				
	m € brutto	92	114	131	144	164
	KG 359 € netto	77	96	110	121	138
7	**Handlauf, Holz**				
	Handlauf; Eiche, geschliffen, poliert; Durchmesser 25-60mm; Außen-/Innenbereich				
	m € brutto	21	61	78	93	145
	KG 359 € netto	18	52	65	78	122
8	**Handlauf, Stahl, Wandhalterung**				
	Handlaufhalter; Stahl S235JR/Flachstahl, beschichtet/feuerverzinkt; Durchmesser 12/16mm/Flachstahl 10mm; Wandmontage				
	St € brutto	12	45	61	105	177
	KG 359 € netto	10	38	51	89	148

▶ min
▷ von
ø Mittel
◁ bis
◀ max

031
Metallbauarbeiten

Kosten: Stand 3.Quartal 2015, Bundesdurchschnitt

Metallbauarbeiten						Preise €

Nr.	Kurztext / Stichworte Einheit / Kostengruppe ▶	brutto ø ▷ netto ø		◁		◀
9	**Handlauf, Enden in diverse Ausführungen** Handlauf-Endstück; Stahl/Edelstahl; Durchmesser 25/33,7/42,4/60mm; Kappe					
	St **€ brutto**	7,7	29,0	37,6	45,8	66,5
	KG 359 € netto	6,5	24,4	31,6	38,4	55,9
10	**Handlauf, Bogenstück** Handlaufbogen, Eck-/Übergangswinkel; Stahl/Edelstahl/Holz					
	St **€ brutto**	15	37	51	64	95
	KG 359 € netto	13	31	42	54	80
11	**Handlauf, Ecken/Gehrungen** Handlauf-Eckstück; Stahl/Edelstahl/Holz					
	St **€ brutto**	9,8	26,4	33,1	43,7	74,0
	KG 359 € netto	8,2	22,2	27,8	36,7	62,1
12	**Balkon-/Terrassengeländer, Außenbereich** Balkon/Terrassengeländer; Handlauf Stahl, Nasslack/pulverbeschichtet; Höhe 1,00m, Handlauf Durchmesser 42,4mm, Füllstäbe d=12,0mm; Außenbereich					
	m **€ brutto**	159	259	302	414	709
	KG 359 € netto	133	217	254	348	596
13	**Brüstungs-/Treppengeländer, Flachstahlfüllung** Treppengeländer; Stahlkonstruktion, Handlauf Rundrohr, Flachstab- stahl; Höhe 1,10m, Handlauf 42,4mm; Innenbereich					
	m **€ brutto**	157	305	353	430	662
	KG 359 € netto	132	256	297	361	556
14	**Brüstungs-/Treppengeländer, Lochblechfüllung** Treppengeländer; Stahlkonstruktion, Rundrohr, Flachstabstahl; Höhe 1,10m, Handlauf 33,7mm; Normalraum/Nassraum					
	m **€ brutto**	153	235	267	301	386
	KG 359 € netto	129	197	224	253	325
15	**Geländerausfachung, Edelstahlseil** Geländerausfachung; Edelstahlseil; Durchmesser 4mm; Spiralseil/ Litzenseil; inkl. Spannschloss und Seilfixierung					
	m **€ brutto**	1,8	8,7	10,8	12,8	24,4
	KG 359 € netto	1,5	7,3	9,1	10,8	20,5
16	**Brüstung, VSG-Ganzglas/Edelstahl** Brüstung; VSG, Edelstahlhandlauf gebürstet, Edelstahlklemmen; Höhe 1200mm					
	m **€ brutto**	804	1.018	1.063	1.064	1.278
	KG 359 € netto	675	855	893	894	1.074

Metallbauarbeiten					Preise €

Nr.	Kurztext / Stichworte		brutto ø		
	Einheit / Kostengruppe ▶	▷	netto ø	◁	◀
17	**Stahl-Umfassungszarge, 625x2000/2125**				
	Stahlumfassungszarge; brandverzinkt/grundiert; 625x2,00/2,125m, MW 145mm, Tiefe 115mm; KS-Mauerwerk				
	St € brutto	104	165	199	236	247
	KG 344 € netto	88	139	167	199	208
18	**Stahl-Umfassungszarge, 750x2.000/2.125**				
	Stahlumfassungszarge; brandverzinkt/grundiert; 750x2.000/2.125mm, MW 145mm, Tiefe 115mm; KS-Mauerwerk				
	St € brutto	109	170	209	245	317
	KG 344 € netto	91	143	176	206	266
19	**Stahl-Umfassungszarge, 875x2.000/2.125**				
	Stahlumfassungszarge; brandverzinkt/grundiert; 875x2.000/2.125mm, MW 145mm, Tiefe 115mm; KS-Mauerwerk				
	St € brutto	29	155	212	265	360
	KG 344 € netto	24	130	178	222	303
20	**Stahl-Umfassungszarge, 1.000x2.000/2.125**				
	Stahlumfassungszarge; brandverzinkt/grundiert; 1.000x2.000/2.125mm, MW 145mm, Tiefe 115mm; KS-Mauerwerk				
	St € brutto	174	270	305	351	452
	KG 344 € netto	146	227	256	295	379
21	**Stahl-Umfassungszarge, 1.125x2.000/2.125**				
	Stahlumfassungszarge; brandverzinkt/grundiert; 1.125x2.000/2.125mm, MW 145mm, Tiefe 115mm; KS-Mauerwerk				
	St € brutto	187	312	361	395	612
	KG 344 € netto	157	262	304	332	514
22	**Stahltür, einflüglig, 1.000x2.130**				
	Metalltürelement; Stahl; 1.010x2.130mm, Dicke 50mm; einflüglig, gefalzt/flächenbündig; Normalraum/Nassraum				
	St € brutto	303	831	1.032	1.466	2.527
	KG 344 € netto	255	698	868	1.232	2.124
23	**Stahltür, zweiflüglig**				
	Metalltürelement; Stahl; Dicke 50mm; zweiflüglig, gefalzt/flächenbündig; Normalraum/Nassraum				
	St € brutto	1.247	1.920	2.382	3.086	4.377
	KG 344 € netto	1.048	1.614	2.002	2.593	3.678
24	**Stahltür, Rauchschutz, Sm, 875x2.000/2.125**				
	Rauchschutztürelement, Sm; Stahl; 875x2.000/2.125mm, MW 230mm, Türblattdicke 50mm; zweiteilig, einflüglig				
	St € brutto	843	1.064	1.395	1.673	1.932
	KG 344 € netto	708	894	1.173	1.406	1.624

▶ min
▷ von
ø Mittel
◁ bis
◀ max

031
Metallbauarbeiten

Kosten: Stand 3.Quartal 2015, Bundesdurchschnitt

Metallbauarbeiten						Preise €

Nr.	Kurztext / Stichworte Einheit / Kostengruppe	▶	▷	**brutto ø** netto ø	◁	◀
25	**Stahltür, Rauchschutz, Sm, 1.000x2.000/2.125** Rauchschutztürelement, Sm; Stahl; 1.000x2.000/2.125mm, MW 230mm, Türblattdicke 50mm; zweiteilig, einflüglig					
	St € brutto	915	1.224	1.564	1.782	1.952
	KG 344 € netto	769	1.029	1.314	1.498	1.640
26	**Stahltür, Rauchschutz, Sm, 1.250x2.000/2.125** Rauchschutztürelement, Sm; Stahl; 1.250x2.000/2.125mm, MW 230mm, Türblattdicke 50mm; zweiteilig, einflüglig					
	St € brutto	1.104	1.761	1.992	2.594	3.251
	KG 344 € netto	928	1.480	1.674	2.180	2.732
27	**Stahltür, Rauchschutz, Sm, zweiflüglig** Rauchschutztürelement Sm; Stahl; 2,10x2,13m, Türblattdicke 50mm, MW 230mm; zweiflüglig					
	St € brutto	2.567	5.029	5.735	6.518	8.877
	KG 344 € netto	2.157	4.226	4.820	5.478	7.460
28	**Stahltür, Brandschutz, EI 30, 875x2.000/2.125** Rauchschutztürelement, EI 30; Stahl; 875x2.000/2.125mm, MW 230mm, Türdicke 50mm; zweiteilig, einflüglig					
	St € brutto	562	781	877	1.167	1.523
	KG 344 € netto	472	656	737	981	1.280
29	**Stahltür, Brandschutz, EI 30, 1.000x2.000/2.125** Brandschutztürelement, EI 30; Stahl; 1.000x2.000/2.125mm, MW 230mm, Türdicke 50mm; zweiteilig, einflüglig					
	St € brutto	663	887	971	1.200	1.567
	KG 344 € netto	557	746	816	1.009	1.317
30	**Stahltür, Brandschutz, EI 30, 1.125x2.000/2.125** Brandschutztürelement, EI 30; Stahl; 1.125x2.000/2.125mm, MW 230mm, Türdicke 50mm; zweiteilig, einflüglig					
	St € brutto	738	967	1.055	1.467	1.913
	KG 344 € netto	620	813	886	1.233	1.608
31	**Stahltür, Brandschutz, EI 30, 1.260x2.000/2.125** Brandschutztürelement, EI 30; Stahl; 1.260x2.000/2.125mm, MW 230mm, Türdicke 50mm; zweiteilig, einflüglig					
	St € brutto	774	1.203	1.378	1.676	2.510
	KG 344 € netto	650	1.011	1.158	1.408	2.109
32	**Stahltür, Brandschutz, EI30, zweiflüglig** Brandschutztürelement T30-2; Stahl; 2.100x2.130mm, Türblattdicke 50mm, MW 230mm; zweiflüglig					
	St € brutto	1.465	2.441	2.814	4.245	7.291
	KG 344 € netto	1.231	2.051	2.365	3.567	6.127

Metallbauarbeiten					Preise €

Nr.	Kurztext / Stichworte		brutto ø			
	Einheit / Kostengruppe ▶	▷	netto ø	◁	◀	

33 Stahlrahmentür, Glasfüllung, EI 30, innen
Brandschutztürelement T30-1 mit Glasfüllung; Stahl, Verglasung
EIW 30; 1135x2130mm; einflüglig; Innenraum

St	€ brutto	2.546	3.525	3.971	4.573	5.915
KG 344	€ netto	2.140	2.962	3.337	3.843	4.971

34 Stahlrahmentür, Glasfüllung, EI-30, zweiflüglig, innen
Brandschutztür EI 30, mit Glasfüllung; Stahl, Verglasung F30;
2.100x2.130m; Zweiflüglig; Innenraum

St	€ brutto	4.992	7.341	8.255	9.576	12.222
KG 344	€ netto	4.195	6.169	6.937	8.047	10.271

35 Stahltür, Brandschutz, EI 90, 875x2.000/2.125
Brandschutztürelement, EI 90; Stahl; 875x2.000x2.125mm,
MW 230mm, Türdicke 50mm; zweiteilig, einflüglig

St	€ brutto	–	1.188	1.376	1.637	–
KG 344	€ netto	–	998	1.156	1.375	–

36 Stahltür, Brandschutz, EI 90, 1.000x2.000/2.125
Brandschutztürelement, EI 90; Stahl; 1.000x2.000/2.0125mm,
MW 230mm, Türdicke 50mm; zweiteilig, einflüglig

St	€ brutto	1.237	1.709	2.158	2.423	2.655
KG 344	€ netto	1.039	1.436	1.813	2.036	2.231

37 Stahltür, EI 90, zweiflüglig
Brandschutztürelement EI 90; Stahl, verzinkt; 2.100x2.013mm,
Türblattdicke 50mm, MW 230mm; zweiflüglig

St	€ brutto	3.076	3.909	4.320	4.820	5.988
KG 344	€ netto	2.585	3.285	3.631	4.050	5.032

38 Stahlrahmen, Rolltor, grundiert
Stahlrahmen, Rolltor; Rostschutz, grundiert; einteilig

St	€ brutto	1.888	2.237	2.394	2.683	3.032
KG 334	€ netto	1.587	1.880	2.012	2.255	2.548

39 Vordach, Trägerprofile/ESG
Vordachkonstruktion, Aufnahmen ESG-Verglasung; zwei Konsolen,
zwei Hohlprofil-Querträger, vier Neoprenlager, punktförmige Halte-
rung; befestigen mit Edelstahlschrauben

St	€ brutto	1.192	2.409	2.948	3.595	4.742
KG 339	€ netto	1.002	2.025	2.478	3.021	3.985

40 Rolltor, Leichtmetall, außen
Rolltor, außen; Leichtmetall, wärmegedämmt; elektromechanischer
Antrieb; inkl. Verkabelungen

St	€ brutto	3.238	7.037	8.797	10.388	14.898
KG 334	€ netto	2.721	5.914	7.393	8.730	12.519

▶ min
▷ von
ø Mittel
◁ bis
◀ max

031
Metallbauarbeiten

Kosten: Stand 3.Quartal 2015, Bundesdurchschnitt

Metallbauarbeiten					Preise €

Nr.	Kurztext / Stichworte		brutto ø		
	Einheit / Kostengruppe ▶	▷	netto ø	◁	◀
41	**Sektionaltor, Leichtmetall, außen**				
	Sektionaltor, außen; Leichtmetall, PUR-Schaum; elektromechanischer				
	Antrieb; inkl. Verkabelungen				
	St € brutto	1.420	3.549	4.319	5.286	8.368
	KG 334 € netto	1.193	2.983	3.629	4.442	7.032
42	**Garagen-Schwingtor, Handbetrieb**				
	Schwingtor, Garage; Beplankung Fichte, gehobelt, geschliffen;				
	handbetätigt/kraftbetätigt				
	St € brutto	1.265	2.105	2.546	3.794	5.367
	KG 334 € netto	1.063	1.769	2.140	3.188	4.510
43	**Außenwandbekleidung, Glattblech, beschichtet**				
	Fassadenbekleidung, außen; Stahl-Glattblech, verzinkt;				
	1250x2500mm, 3mm; vertikal/horizontal; Außenwand bis 5,00m				
	m² € brutto	84	173	197	241	315
	KG 335 € netto	71	145	165	202	265
44	**Deckenabschluss, Flachstahl**				
	Deckenabschluss; Flachstahl; verschraubt; schützend grundiert/verzinkt				
	m € brutto	26	79	98	143	251
	KG 352 € netto	22	66	82	120	211
45	**Estrichabschluss, Flachstahlprofil**				
	Randabschlusswinkel; Flachstahl; verschraubt; Stahlbetondeckenrand;				
	schützend beschichtet				
	m € brutto	46	76	88	106	136
	KG 352 € netto	39	64	74	89	114
46	**Aluminiumprofile, Stahlkonstruktion**				
	Winkelprofil; Aluminium, natur/eloxiert; 40/60mm; L-/T-Profil;				
	auf Stahlkonstruktion				
	m € brutto	15	24	30	36	50
	KG 335 € netto	12	21	25	30	42
47	**Auflagerwinkel, Gitterroste, verzinkter Stahl**				
	Gitterrostrahmen; Stahl, feuerverzinkt, Schrauben M8; Lichtschacht				
	m € brutto	16	25	29	33	41
	KG 352 € netto	13	21	24	28	35
48	**Gitterroste, verzinkter Stahl, 33/11**				
	Gitterrost; Stahl, feuerverzinkt, R9/R10/R11; Maschenteilung				
	33,3x11,1mm; inkl. Bohrungen, Verbindungsmittel				
	m² € brutto	70	145	172	208	275
	KG 352 € netto	59	122	144	175	231

Metallbauarbeiten					Preise €

Nr.	Kurztext / Stichworte	brutto ø				
	Einheit / Kostengruppe ▶	▷ netto ø ◁				◀
49	**Stahltreppe, gerade, einläufig, Trittbleche**					
	Metalltreppe, einläufig; Stahl, S235JR, verzinkt; 17,2x28cm,					
	16 Stufen; freitragend					
	St **€ brutto**	**1.130**	**3.459**	**4.475**	**6.272**	**9.890**
	KG 351 € netto	949	2.907	3.761	5.271	8.311
50	**Stahltreppe, gerade, mehrläufig, Trittbleche**					
	Metalltreppe, mehrläufig; Stahl S235JR+AR; 16Stg, 17,2x28cm;					
	freitragend; 1 Geschoss					
	St **€ brutto**	**3.220**	**6.408**	**6.945**	**7.360**	**10.294**
	KG 351 € netto	2.706	5.385	5.836	6.185	8.651
51	**Spindeltreppe, Stahl, verzinkt, Trittroste, 2 Geschosse**					
	Spindeltreppe; Stahlrohr, feuerverzinkt; 2 Geschosse					
	St **€ brutto**	**4.381**	**6.566**	**7.575**	**10.281**	**16.147**
	KG 351 € netto	3.682	5.518	6.365	8.639	13.569
52	**Steigleiter, Stahl, verzinkt, bis 5,00m**					
	Steigleiter; Stahl, feuerverzinkt/; Breite 500mm, Durchmesser 48,3mm,					
	Sprossen 25x25x1,5mm; Außenbereich					
	St **€ brutto**	**158**	**466**	**593**	**983**	**1.659**
	KG 339 € netto	133	391	498	826	1.394
53	**Steigleiter mit Rückenschutz, Stahl, verzinkt, über 5,00m**					
	Steigleiter mit Rückenschutz; Stahl, feuerverzinkt; Breite 500mm,					
	Durchmesser 48,3mm, Sprossen 25x25x1,5mm; Außenbereich					
	St **€ brutto**	**811**	**1.502**	**1.880**	**2.639**	**3.973**
	KG 339 € netto	682	1.262	1.580	2.218	3.339
54	**Einfriedung, Stahlgitterzaun**					
	Stahlgitterzaun; S235JR, U-Profil-Gittermatten 200/5; Höhe 2,00m,					
	Länge 2,50m					
	m **€ brutto**	**54**	**92**	**108**	**142**	**201**
	KG 531 € netto	46	77	91	119	169
55	**Einfriedung; Maschendrahtzaun**					
	Maschendrahtzaun; Pfosten kunststoffummantelt, S235 JR;					
	Höhe 0,80m, MW 40mm; inkl. Fundamente					
	m **€ brutto**	**18**	**44**	**55**	**75**	**132**
	KG 531 € netto	15	37	46	63	111
56	**Einfriedung, Gittermattenzaun**					
	Stahlgittermatten; Einstab-/Doppelstäben, einfach/doppellagigen					
	Rundstäben, Rechteckpfosten, feuerverzinkt/pulverbeschichtet;					
	Höhe bis 2,00m, Elementlänge bis 2,00m, Pfosten 40x60mm;					
	Einbau auf bauseitigen Einzelfundamente					
	m **€ brutto**	**29**	**57**	**72**	**99**	**141**
	KG 531 € netto	24	48	61	84	118

▶ min
▷ von
ø Mittel
◁ bis
◀ max

031
Metallbauarbeiten

Kosten: Stand 3.Quartal 2015, Bundesdurchschnitt

Metallbauarbeiten						Preise €
Nr.	**Kurztext** / Stichworte			**brutto ø**		
	Einheit / Kostengruppe ▶		▷	netto ø	◁	◀
57	**Einfriedung, Eingangstor**					
	Tor; Stahl, S235JR, feuerverzinkt; 1,20x2,00m; einflüglig; inkl. Wechselgarnitur Aluminium					
	St	€ brutto	357	988	1.307	1.679	2.937
	KG 531	€ netto	300	830	1.099	1.411	2.468
58	**Briefkastenanlage, freistehend, bis 8 WE**					
	Briefkastenanlage; Stahlblech, verzinkt; bis acht Wohneinheiten; beleuchtete Klingeltaster mit Namensschild, Sprechstelle					
	St	€ brutto	1.226	2.359	2.856	5.380	8.600
	KG 551	€ netto	1.030	1.982	2.400	4.521	7.227
59	**Stundensatz Schlosser-Facharbeiter**					
	Stundenlohnarbeiten, Vorarbeiter, Facharbeiter; Schlosserarbeiten					
	h	€ brutto	51	57	59	66	80
		€ netto	43	48	50	55	67
60	**Stundensatz Schlosser-Helfer**					
	Stundenlohnarbeiten Werker, Helfer; Schlosserarbeiten					
	h	€ brutto	35	45	48	52	59
		€ netto	29	38	40	43	50

Verglasungsarbeiten					Preise €

Nr.	Kurztext / Stichworte		brutto ø			
	Einheit / Kostengruppe ▶	▷	netto ø	◁	◀	
1	**Glas-Duschwand**					
	Duschwand; ESG-Glas bis 12mm; Seitenteil und Drehtür; in Aluprofil					
	St	€ brutto	1.040	1.271	1.381	1.537	1.868
	KG 412	€ netto	874	1.068	1.160	1.291	1.570
2	**Innenwand, Glasbausteine**					
	Innenwandmauerwerk; Glasbausteine, klar/matt, ohne/mit Struktur, lxbxh=190x80x190mm; Sichtmauerwerk, dreiseitig gehalten; inkl. Bewehrungsstahl					
	m²	€ brutto	101	272	342	529	750
	KG 342	€ netto	85	229	287	445	630
3	**Isolierverglasung, Pfosten-Riegel-Fassade**					
	Isolierverglasung; Floatglas, Ug=0,5/0,6/0,7/1,1; Dicke 4/6mm; zweifach/dreifach Verglasung; Pfosten-Riegelverglasung; SKL 2 30-34dB					
	m²	€ brutto	58	195	248	300	373
	KG 337	€ netto	49	164	208	252	313
4	**Isolierverglasung, Fensterelemente**					
	Isolierverglasung; Floatglas, Ug=1,0 /1,1W/m²K; Dicke 4/6mm; zweifach Verglasung; Einzelfenster; SKL I, II, inkl. Einbau der Glashalteleisten und Verfugung					
	m²	€ brutto	52	59	68	86	109
	KG 334	€ netto	44	50	57	72	92
5	**Isolierverglasung, Türen**					
	Isolierverglasung, Türelement; ESG/VSG, Ug 1,0/1,1W/m²K; Dicke 4/8mm; Zwei-Scheibenverglasung; Türelemente; SKl II 30-34dB					
	m²	€ brutto	62	82	127	199	322
	KG 337	€ netto	52	69	107	167	271
6	**Ganzglastür**					
	Ganzglastür; ESG, Klarglas/satiniert; Dicke 10/12mm; in bauseitige Spezialzarge/ohne Zarge					
	St	€ brutto	449	610	730	791	911
	KG 344	€ netto	378	513	613	665	765
7	**Isolierverglasung, mit Sonnenschutz**					
	Isolierverglasung; Ug=0,5-1,2W/m²K; Dicke 4/6mm; zweifach/dreifach Verglasung; Fensterelement; inkl. Glashalteleisten, Glasabdichtung					
	m²	€ brutto	117	135	145	161	184
	KG 337	€ netto	98	114	122	135	155
8	**Brandschutzverglasung, Innenwände**					
	Brandschutzverglasung, F30/F60/F90; Einscheiben-Festverglasung					
	m²	€ brutto	145	315	346	376	472
	KG 346	€ netto	122	265	290	316	396

▶ min
▷ von
ø Mittel
◁ bis
◀ max

032
Verglasungsarbeiten

Kosten: Stand 3.Quartal 2015, Bundesdurchschnitt

Verglasungsarbeiten						Preise €

Nr.	Kurztext / Stichworte Einheit / Kostengruppe ▶		brutto ø ▷ netto ø		◁	◀
9	**Vordachverglasung, 1,5m²** Sicherheitsverglasung; VSG, Rahmenmaterial: Aluminium/Stahl; gemäß Zulassung und statischen Erfordernissen; TVG/ESG; Vordach; vorgebohrt					
	St € brutto	81	162	180	213	281
	KG 362 € netto	68	136	151	179	236
10	**Innenverglasung, Floatglas** Innenverglasung; Floatglas; Dicke 6mm; Einscheiben-Verglasung, Va3/Vf3; Innenbereich; inkl. Glasabdichtung, Glashalteleisten					
	m² € brutto	56	71	81	93	148
	KG 344 € netto	47	60	68	78	124
11	**Sicherheitsverglasung, ESG-Glas** Sicherheitsverglasung; ESG; Dicke 6/8mm; Einscheiben-Verglasung, Va3/Vf3; Innenbereich; inkl. Glasabdichtung, Glashalteleisten					
	m² € brutto	124	184	194	201	304
	KG 344 € netto	104	154	163	169	255
12	**Innenverglasung, Drahtglas** Drahtglas; Drahtspiegelglas; Dicke 7mm; System: Va3/Vf3; Innen- bereich; inkl. Glasabdichtung, Glashalteleisten					
	m² € brutto	22	58	74	83	165
	KG 346 € netto	18	48	62	70	139
13	**Geländerverglasung, VSG-Glas** Sicherheitsverglasung; VSG, Rahmen: Aluminium/Stahl; nach TRAV oder Zulassung; zweiseitige Befestigung; Geländer					
	m² € brutto	107	213	245	305	425
	KG 359 € netto	90	179	206	256	357
14	**Sichtschutz-/Sonnenschutzfolie, geklebt** Sichtschutzfolie; matt, UV- und kratzbeständig; Dicke 50nm; einseitig innen aufkleben					
	m² € brutto	64	92	99	109	154
	KG 334 € netto	54	77	84	91	129
15	**Stundensatz Glaser-Facharbeiter** Stundenlohnarbeiten Vorarbeiter, Facharbeiter; Verglasungsarbeiten					
	h € brutto	48	54	58	61	67
	€ netto	40	46	49	51	56

Baureinigungsarbeiten					Preise €

Nr.	Kurztext / Stichworte		brutto ø		
	Einheit / Kostengruppe ▶	▷	netto ø	◁	◀
1	**Baureinigung, bei Baubetrieb**				
	Bauzwischenreinigung; entfernen, grober Bauverschmutzung; inkl. Entsorgung				
	m²	**€ brutto**	**0,3**	**1,1**	**1,5**	**2,0**	**2,9**
	KG 397	€ netto	0,3	0,9	1,3	1,7	2,5
2	**Treppen/Podeste reinigen**				
	Treppen reinigen; Betonbau-/Malerrückstände; mit Spatel, sowie abkehren, saugen, mit Reinigungsmittel abschrubben; inkl. Nachwischen der Treppengeländer, Brüstung und Handläufe				
	m²	**€ brutto**	**0,4**	**1,0**	**1,3**	**1,5**	**2,5**
	KG 397	€ netto	0,3	0,9	1,1	1,3	2,1
3	**Bodenbelag reinigen, Hartbeläge Lino/Kautschuk**				
	Bodenbelag reinigen; Hartbelag; mit Reinigungs- und Pflegemitteln; inkl. Sockelleisten				
	m²	**€ brutto**	**0,4**	**0,8**	**1,0**	**1,5**	**2,5**
	KG 397	€ netto	0,3	0,6	0,8	1,2	2,1
4	**Bodenbelag reinigen, Betonflächen**				
	Bodenbelag reinigen; Betonbelag beschichtet; mit Reinigungs- und Pflegemitteln; inkl. Sockelleisten				
	m²	**€ brutto**	**0,1**	**0,6**	**0,9**	**1,9**	**2,9**
	KG 397	€ netto	0,1	0,5	0,7	1,6	2,5
5	**Bodenbelag reinigen, Parkett, Holzdielen**				
	Bodenbelag reinigen; Parkett beschichtet; mit Reinigungs- und Pflegemitteln; inkl. Sockelleisten				
	m²	**€ brutto**	**0,4**	**1,8**	**2,1**	**4,0**	**7,8**
	KG 397	€ netto	0,3	1,5	1,7	3,4	6,5
6	**Bodenbelag reinigen, Fliesen/Platten**				
	Bodenbelag reinigen; Fliesen/Platten; mit Reinigungsmittel wischen; inkl. Sockelleisten				
	m²	**€ brutto**	**0,4**	**1,1**	**1,4**	**2,8**	**6,2**
	KG 397	€ netto	0,3	0,9	1,1	2,4	5,2
7	**Bodenbelag reinigen, Teppich**				
	Bodenbelag reinigen; Teppich; mit Vakuum-/Bürstsaugen; inkl. Sockel				
	m²	**€ brutto**	**0,1**	**0,8**	**0,9**	**1,5**	**2,5**
	KG 397	€ netto	0,1	0,7	0,8	1,2	2,1
8	**Fassade reinigen, Hochdruckreiniger**				
	Wandbelag reinigen; Fassade; Hochdruckreiniger; inkl. erf. Schutz und Abdeckarbeiten, Passantenschutz ja/nein				
	m²	**€ brutto**	**12**	**16**	**18**	**19**	**26**
	KG 397	€ netto	9,7	13,2	14,8	16,3	21,6

▶ min
▷ von
ø Mittel
◁ bis
◀ max

033
Baureinigungsarbeiten

Kosten: Stand 3.Quartal 2015, Bundesdurchschnitt

Baureinigungsarbeiten					Preise €

Nr.	Kurztext / Stichworte Einheit / Kostengruppe ▶	brutto ø ▷ netto ø		◁	◀
9	**Decke reinigen, Metalldecke** Decke reinigen; Metall; mit/ohne Akustiklochung; Innenbereich; inkl. Einbauleuchten, Rauchmeldern				
	m² € brutto	0,4 1,2	1,5	1,8	2,7
	KG 397 € netto	0,4 1,0	1,3	1,5	2,2
10	**Decke reinigen, GK-/Gipsbauplatten, beschichtet** Decke reinigen; Gipskarton; gestrichen; inkl. Einbauleuchten, Rauch- meldern				
	m² € brutto	0,8 1,6	1,8	2,1	2,9
	KG 397 € netto	0,7 1,3	1,5	1,7	2,4
11	**Glasflächen reinigen, Fassadenelemente** Glasflächen reinigen; Fassadenelement; nass wischen, trocken ledern, polieren; außen/innen; inkl. Schutz- und Abdeckblechen				
	m² € brutto	0,7 2,4	3,0	5,5	10,0
	KG 397 € netto	0,6 2,0	2,5	4,6	8,4
12	**Wandflächen reinigen, beschichtet** Wandbelag reinigen; Gipskarton; gestrichen; Innenbereich				
	m² € brutto	0,7 1,5	1,7	1,9	2,4
	KG 397 € netto	0,6 1,2	1,4	1,6	2,0
13	**Wandbelag reinigen, Fliesen** Wandbelag reinigen; Fliesen/Platten; mit Reinigungsmitteln; Entfernen von Zementschleier, Aufklebern				
	m² € brutto	0,2 0,6	0,8	1,8	3,9
	KG 397 € netto	0,2 0,5	0,7	1,5	3,3
14	**Wandbelag reinigen, Hartbeläge; Holz, Schichtstoff** Wandbelag reinigen; Hartbelag/Holz/Schichtstoff; mit Reinigungs- und Pflegemitteln; Entfernen von Verunreinigungen und Aufklebern				
	m² € brutto	0,4 0,8	0,9	1,4	2,3
	KG 397 € netto	0,3 0,7	0,8	1,2	1,9
15	**Türen reinigen** Tür reinigen; Metall/Holz/Schichtstoff; mit Reinigungs- und Pflege- mitteln; Entfernen von Verunreinigungen und Aufklebern				
	St € brutto	0,6 2,2	2,9	4,4	7,5
	KG 397 € netto	0,5 1,9	2,5	3,7	6,3
16	**Heizkörper reinigen** Einrichtung reinigen; Heizkörper; mit Reinigungs- und Pflegemitteln; inkl. Armaturen, Zuleitungen				
	m² € brutto	0,4 1,1	1,4	1,8	2,4
	KG 397 € netto	0,3 0,9	1,1	1,5	2,0

Baureinigungsarbeiten				Preise €	

Nr.	Kurztext / Stichworte		brutto ø		
	Einheit / Kostengruppe ▶	▷	netto ø	◁	◀

17 Waschtisch/Duschwanne reinigen
Einrichtung reinigen; Waschtisch/Duschwanne; mit Reinigungs- und Pflegemitteln; inkl. Armaturen, Zu- und Abläufen

St	€ brutto	0,6	2,7	3,5	3,6	6,6
KG 397	€ netto	0,5	2,3	2,9	3,1	5,5

18 WC-Schüssel/Urinal reinigen
Einrichtung reinigen; WC-Schüssel/Urinal, Keramik; mit Reinigungs- und Pflegemitteln; inkl. Armaturen, Zu- und Abläufen

St	€ brutto	0,6	2,7	3,2	4,3	6,6
KG 397	€ netto	0,5	2,3	2,7	3,6	5,5

19 Rohre/Handläufe reinigen
Einrichtung reinigen; Rohrleitungen/Handläufe; mit Reinigungs- und Pflegemitteln

m	€ brutto	<0,1	0,4	0,5	0,8	1,3
KG 397	€ netto	<0,1	0,3	0,4	0,7	1,1

20 Geländer reinigen
Einrichtung reinigen; Geländer, Stahl/Holz; mit Reinigungs- und Pflegemitteln

m	€ brutto	0,2	0,9	1,1	1,6	2,5
KG 397	€ netto	0,2	0,7	1,0	1,3	2,1

21 Teeküche reinigen
Einbaumöblierung reinigen; Teeküche; innen und außen; inkl. Elektrogeräten, Belägen, Griffen

St	€ brutto	21	26	28	33	40
KG 397	€ netto	17	22	24	27	34

22 Einbauschrank reinigen
Einbaumöblierung reinigen; Einbauschränke; innen und außen

St	€ brutto	5,9	7,4	9,8	12,1	14,8
KG 397	€ netto	5,0	6,2	8,3	10,2	12,4

23 Einzelfenster reinigen
Fenster reinigen; nass wischen mit Reinigungsmitteln, trocken ledern; Innen-/Außenflächen; inkl. Entfernen aller Aufkleber

St	€ brutto	0,6	3,0	4,0	5,1	7,9
KG 397	€ netto	0,5	2,6	3,4	4,3	6,7

24 Sonnenschutz reinigen
Sonnenschutz reinigen; Raffstore/Markisen; mit Reinigungs- und Pflegemitteln; außenliegend

m²	€ brutto	–	2,2	2,5	2,8	–
KG 397	€ netto	–	1,8	2,1	2,4	–

▶ min
▷ von
ø Mittel
◁ bis
◀ max

033
Baureinigungsarbeiten

Kosten: Stand 3.Quartal 2015, Bundesdurchschnitt

Baureinigungsarbeiten					Preise €

Nr.	Kurztext / Stichworte Einheit / Kostengruppe ▶		brutto ø ▷ netto ø ◁		◀
25	**Aufzugsanlage reinigen**				
	Aufzugsanlage einigen; Reinigungsmittel; bis zur vollständigen schmutzfreie Oberfläche; inkl. Haltestellen				
	St **€ brutto**	**24**	**44**	**51**	**85**	**131**
	KG 397 € netto	20	37	43	71	110
26	**Baureinigung, Außenbereich**				
	Außenanlagen reinigen; Isolierungen, Belagsreste, Müll; aufsammeln, in bauseitigen Container deponieren				
	m² **€ brutto**	**0,1**	**0,4**	**0,6**	**0,7**	**1,2**
	KG 397 € netto	0,1	0,3	0,5	0,6	1,0
27	**Stundensatz Baureiniger-Facharbeiter**				
	Stundenlohnarbeiten Vorarbeiter, Facharbeiter; Baureinigungsarbeiten				
	h **€ brutto**	**22**	**27**	**29**	**31**	**34**
	€ netto	18	22	24	26	29
28	**Stundensatz Baureiniger-Helfer**				
	Stundenlohnarbeiten Werker, Helfer; Baureinigungsarbeiten				
	h **€ brutto**	**18**	**25**	**28**	**32**	**41**
	€ netto	15	21	24	27	34

Nr.	Kurztext / Stichworte	brutto ø				
	Einheit / Kostengruppe ▶	▷ netto ø ◁				◀
1	**Bauteile abkleben**					
	Bauteile abkleben; Fenster / Sockel / Holzprofil; für Beschichtungsarbeiten					
	St € brutto	0,3	1,3	1,6	2,6	4,3
	KG 397 € netto	0,3	1,1	1,3	2,2	3,6
2	**Boden abdecken, Folie**					
	Abdeckarbeiten; Folie; vollflächig abdecken und abkleben; Boden; inkl. Entfernen, Entsorgen					
	m² € brutto	0,3	1,2	1,6	2,4	4,8
	KG 397 € netto	0,2	1,0	1,3	2,0	4,0
3	**Boden abdecken, Platten**					
	Abdeckarbeiten; Hartfaserplatte; vollflächig abdecken; Boden; inkl. Entfernen, Entsorgen					
	m² € brutto	0,7	1,7	2,0	3,4	5,8
	KG 397 € netto	0,6	1,4	1,7	2,9	4,9
4	**Untergrund reinigen**					
	Untergrund reinigen; Staub, Schmutz, lose Teile; Abkehren, Entsorgen; Wand-, Deckenfläche					
	m² € brutto	0,1	0,9	1,3	1,9	3,0
	KG 345 € netto	0,1	0,8	1,1	1,6	2,5
5	**Dampf-/Hochdruckstrahlen**					
	Untergrund reinigen; Staub, Schmutz, lose Teile; 150bar; Hochdruckreiniger					
	m² € brutto	0,8	1,8	2,4	3,1	5,2
	KG 339 € netto	0,7	1,5	2,0	2,6	4,3
6	**Bodenflächen reinigen, Sand-/Kugelstrahlen**					
	Sandstrahlen/Kugelstrahlen; Rohbetonboden; inkl. absaugen					
	m² € brutto	1,8	3,2	3,6	4,4	5,7
	KG 359 € netto	1,5	2,7	3,0	3,7	4,8
7	**Risse schließen/Übergänge spachteln**					
	Risse/Fugen schließen; Spachtelmasse; Übergänge beispachteln					
	m € brutto	2,3	5,0	6,3	8,9	12,9
	KG 345 € netto	2,0	4,2	5,3	7,5	10,8
8	**Stoßfuge schließen, Fertigteil-Decke**					
	Stoßfuge schließen; Zementmörtel kunststoffmodifiziert; auffüllen, schließen, beispachteln; Betonfertigteil-Decken					
	m € brutto	2,7	4,3	5,2	8,2	15,2
	KG 353 € netto	2,2	3,6	4,3	6,9	12,7

Maler- und Lackierarbeiten - Beschichtungen — Preise €

▶ min
▷ von
ø Mittel
◁ bis
◀ max

034
Maler- und Lackierarbeiten - Beschichtungen

Kosten: Stand 3.Quartal 2015, Bundesdurchschnitt

Maler- und Lackierarbeiten - Beschichtungen						Preise €

Nr.	Kurztext / Stichworte		brutto ø			
	Einheit / Kostengruppe	▶	▷ netto ø		◁	◀
9	**Spachtelung, Gipskarton-/Gipsfaserflächen**					
	Spachtelung; Fugen füllen, spachteln, schleifen; Gipsfaser-/Gipskartonflächen; Q2/Q3/Q4					
	m² € brutto	1,3	4,0	5,2	6,2	7,9
	KG 345 € netto	1,1	3,4	4,3	5,2	6,6
10	**Spachtelung, Q2, Teilflächen bis 30%**					
	Spachtelung; bis 30%; Teilflächen; Wand-/Deckenflächen; Q2					
	m² € brutto	0,3	2,1	2,8	5,5	11,1
	KG 345 € netto	0,3	1,8	2,4	4,6	9,4
11	**Spachtelung, Q3, ganzflächig**					
	Spachtelung; vollflächig; Decken-/Wandflächen; Q3					
	m² € brutto	1,6	5,6	7,4	9,7	15,7
	KG 345 € netto	1,3	4,7	6,2	8,2	13,2
12	**Spachtelung, Q4, Innenputz**					
	Spachtelung; zwei Arbeitsgänge; vollflächig; Innenputz; Q3/Q4					
	m² € brutto	3,5	5,8	8,1	10,8	20,4
	KG 345 € netto	2,9	4,9	6,8	9,1	17,1
13	**Holzflächen vorbehandeln, innen**					
	Beschichtungen entfernen; Fehlstellen schleifen und grundieren; Holzfläche, innen					
	m² € brutto	2,1	4,1	5,0	5,6	10,7
	KG 335 € netto	1,8	3,4	4,2	4,7	9,0
14	**Grundierung, Gipskarton-/Gipsfaserflächen**					
	Grundierung; Gipsfaser-/Gipskarton-/Wand-/Deckenflächen					
	m² € brutto	0,4	1,2	1,5	2,5	4,3
	KG 345 € netto	0,3	1,0	1,3	2,1	3,6
15	**Grundierung, Betonflächen, innen**					
	Grundierung; Grundbeschichtungsstoff, wasserverdünnbar; Betonflächen innen					
	m² € brutto	0,4	1,4	1,8	2,5	4,0
	KG 336 € netto	0,3	1,1	1,5	2,1	3,4
16	**Beschichtung, Dispersions-Silikatfarbe, innen, weiß**					
	Beschichtung; Dispersions-Silikatfarbe, lösemittel-/weichmacherfrei; Grund-, Zwischen- und Schlussbeschichtung; Wandfläche; weiß					
	m² € brutto	1,7	4,2	4,9	6,4	10,3
	KG 345 € netto	1,4	3,5	4,1	5,4	8,6
17	**Beschichtung, Silikatfarbe, Putzflächen, innen**					
	Beschichtung; Silikatfarbe, pigmentiert, mineralisch; Zwischen- und Schlussbeschichtung; Wand-/Deckenfläche; Nassabriebbeständigkeit 3					
	m² € brutto	3,6	5,5	6,4	8,2	10,6
	KG 345 € netto	3,0	4,7	5,3	6,9	8,9

Maler- und Lackierarbeiten - Beschichtungen					Preise €

Nr.	Kurztext / Stichworte		brutto ø		
	Einheit / Kostengruppe ▶	▷	netto ø	◁	◀
18	**Beschichtung, Silikatfarbe, innen, linear**				
	Beschichtung; Silikatfarbe, pigmentiert, mineralisch; Grund- und Schlussbeschichtung; Pfeiler, Stützen, Lisenen; weiß/farbig				
	m € brutto	0,7	1,8	2,3	3,2	4,5
	KG 345 € netto	0,6	1,5	1,9	2,7	3,8
19	**Beschichtung, Dispersions-Silikatfarbe, Sichtbeton innen**				
	Beschichtung; Betonlasur, pigmentiert, mineralisch; Zwischen-, Schlussbeschichtung; Wand-, Deckenfläche aus Beton				
	m² € brutto	3,1	5,8	6,7	10,4	19,3
	KG 345 € netto	2,6	4,9	5,7	8,7	16,2
20	**Beschichtung, Dispersions-Silikatfarbe, Sichtbeton innen, linear**				
	Beschichtung; Dispersion Silikatfarbe, lösemittel-/weichmacherfrei; Breite bis 60cm; auf Holzbauteile; Laibungen, Pfeiler, Stützen				
	m € brutto	1,4	3,7	4,3	5,0	8,5
	KG 345 € netto	1,2	3,1	3,6	4,2	7,1
21	**Beschichtung, Dispersion, KS-Sichtmauerwerk, innen**				
	Beschichtung; Tiefengrund, Dispersionsfarbe, lösemittel-/weichmacherfrei; weiß/farbig; Grund-, Zwischen- und Schlussbeschichtung; KS-/Ziegel-Sichtmauerwerk				
	m² € brutto	2,8	4,7	5,5	7,8	12,6
	KG 345 € netto	2,4	3,9	4,7	6,6	10,6
22	**Beschichtung, Kalkfarbe, innen**				
	Beschichtung; Kalkfarbe; Zwischen- und Schlussbeschichtung; Wand-/Deckenflächen				
	m² € brutto	3,9	7,2	9,3	9,4	12,4
	KG 345 € netto	3,3	6,1	7,8	7,9	10,5
23	**Feinputzspachtelung, Glättetechnik**				
	Spachtelung; Feinputzspachtel; feinspachteln; Kalk-Zementputz- oder Betonwandfläche				
	m² € brutto	50	79	99	120	151
	KG 345 € netto	42	66	83	101	127
24	**Streichputz, innen**				
	Streichputz, innen; matt; als Zwischen- und Schlussbeschichtung				
	m² € brutto	4,2	7,9	9,7	10,6	13,4
	KG 345 € netto	3,6	6,7	8,1	8,9	11,3
25	**Beschichtung, Silikatfarbe, außen**				
	Beschichtung; Dispersions-Silikatfarbe; Grund-, Zwischen- und Schlussbeschichtung; Fassade, außen; inkl. Untergrundvorbereitung				
	m² € brutto	6,4	9,7	10,8	14,0	20,9
	KG 335 € netto	5,4	8,1	9,1	11,8	17,6

▶ min
▷ von
ø Mittel
◁ bis
◀ max

034
Maler- und Lackierarbeiten - Beschichtungen

Kosten: Stand 3.Quartal 2015, Bundesdurchschnitt

Maler- und Lackierarbeiten - Beschichtungen					Preise €
Nr.	**Kurztext** / Stichworte		**brutto ø**		
	Einheit / Kostengruppe ▶	▷	netto ø	◁	◀
26	**Beschichtung, Dispersionsfarbe, außen**				
	Beschichtung; Grundbeschichtungsstoff, Dispersionsfarbe; Grund-, Zwischen- und Schlussbeschichtung; Fassade, außen; inkl. Untergrundvorbereitung				
	m² € brutto	5,7	8,5	10,4	12,6	17,9
	KG 335 € netto	4,8	7,2	8,7	10,6	15,0
27	**Imprägnierung, Sichtbetonwand, außen**				
	Imprägnierung; Beton-Hydrophobierung, farblos; Flutverfahren; Betonwandflächen				
	m² € brutto	3,0	5,0	6,8	7,4	8,8
	KG 335 € netto	2,5	4,2	5,7	6,2	7,4
28	**Anti-Graffiti-Beschichtung, Wand**				
	Anti-Graffiti-Beschichtung; Wandflächen; inkl. Vorbehandlung der Flächen				
	m² € brutto	9,0	21,5	24,2	44,4	77,8
	KG 335 € netto	7,6	18,1	20,3	37,3	65,4
29	**Bodenbeschichtung, Beton, Acryl**				
	Bodenbeschichtung; Acryl-Bodenbeschichtungsstoff; 1-komponentig; inkl. Untergrundvorbereitung				
	m² € brutto	5,7	10,0	11,6	13,5	19,2
	KG 352 € netto	4,8	8,4	9,8	11,3	16,2
30	**Bodenbeschichtung, Beton, Epoxid**				
	Bodenbeschichtung; Epoxidharz-Bodensiegel, wasserverdünnbar; 2-komponentig; Grundierung, Zwischenbeschichtung, Versiegelung; Betonböden; rutschhemmend				
	m² € brutto	8,7	13,3	15,6	17,5	24,9
	KG 325 € netto	7,3	11,2	13,1	14,7	20,9
31	**Bodenbeschichtung, Beton, ölbeständig**				
	Bodenbeschichtung; 2-komponenten Beschichtungsstoff, heizölbeständig; Untergrund bauseits gereinigt; Betonfläche				
	m² € brutto	6,8	14,2	17,3	23,1	37,9
	KG 352 € netto	5,7	11,9	14,6	19,5	31,9
32	**Abschlussstrich, Sockelstreifen**				
	Schlussbeschichtung; Volltonfarbe; Sockelbegrenzung; Putz/Tapete				
	m € brutto	1,5	2,7	3,3	4,2	5,7
	KG 345 € netto	1,2	2,3	2,8	3,5	4,8
33	**Holzprofile beschichten**				
	Beschichtung; Acrylharzlackfarbe; Grund-, Schlussbeschichtung; Holzprofile				
	m € brutto	2,2	5,7	7,3	9,8	16,5
	KG 364 € netto	1,9	4,8	6,1	8,3	13,9

Maler- und Lackierarbeiten - Beschichtungen				Preise €

Nr.	Kurztext / Stichworte		**brutto ø**			
	Einheit / Kostengruppe ▶		▷ netto ø ◁			◀
34	**Erstbeschichtung, Holzfenster, deckend**					
	Beschichtung; Acrylharzlackfarbe; Zwischen-, Schlussbeschichtung, allseitig; Holzfenster-/-türen; inkl. Untergrundvorbereitung					
	m² **€ brutto**	**19**	**29**	**32**	**33**	**51**
	KG 334 € netto	16	24	27	28	43
35	**Schlussbeschichtung, Holzfenster**					
	Schlussbeschichtung; Acrylharzlackfarbe; Schlussbeschichtung innen und außen; Holzfenster-/-türen					
	m² **€ brutto**	**7,6**	**10,6**	**12,2**	**13,7**	**16,1**
	KG 334 € netto	6,4	8,9	10,2	11,5	13,6
36	**Überholungsbeschichtung, Holzfenster**					
	Überholungsbeschichtung; Imprägniergrund, Acrylharzlackfarbe; Grund-, Zwischen- und Schlussbeschichtung; Holzfenster; inkl. Altbeschichtung entfernen					
	m² **€ brutto**	**19**	**26**	**28**	**32**	**48**
	KG 334 € netto	16	22	24	27	40
37	**Imprägnierung, Holzbauteile, bläueschützend**					
	Imprägnierung; Holzimprägniermittel, bläueschützend; allseitig aufbringen; Holzbauteile im Außenbereich					
	m² **€ brutto**	**1,4**	**2,7**	**3,5**	**4,4**	**5,6**
	KG 335 € netto	1,2	2,3	2,9	3,7	4,7
38	**Lasur, Holzflächen, außen**					
	Lasur; Acrylfarbe; Zwischen-, Schlussbeschichtung allseitig/einseitig aufbringen; Holzbauteile im Außenbereich; inkl. Untergrundvorbereitung					
	m² **€ brutto**	**4,4**	**13,2**	**16,0**	**17,9**	**23,2**
	KG 364 € netto	3,7	11,1	13,5	15,0	19,5
39	**Lasur, Holzbauteile maßhaltig, innen**					
	Beschichtung; Alkydharzlasur, aromatenfrei, Imprägnierlasur; Grund-, Zwischen- und Schlussbeschichtung					
	m² **€ brutto**	**8,0**	**12,3**	**13,8**	**17,4**	**25,7**
	KG 345 € netto	6,7	10,4	11,6	14,6	21,6
40	**Beschichtung, Holzbauteile, außen, deckend**					
	Beschichtung; Dispersions-Lackfarbe; Zwischenbeschichtung, Schlussbeschichtung deckende Farbbeschichtung; Holzbauteile im Außenbereich; inkl. Untergrundvorbereitung					
	m² **€ brutto**	**14**	**17**	**19**	**24**	**34**
	KG 335 € netto	12	14	16	20	29

► min
▷ von
ø Mittel
◁ bis
◄ max

034
Maler- und Lackierarbeiten - Beschichtungen

Kosten: Stand 3.Quartal 2015, Bundesdurchschnitt

Maler- und Lackierarbeiten - Beschichtungen						Preise €

| Nr. | Kurztext / Stichworte
Einheit / Kostengruppe | | brutto ø | | | |
		►	▷ netto ø		◁	◄
41	**Holzfußboden beschichten**					
	Beschichtung; Öl-Kunstharzsiegel/Wasserlack/PUR-Wasserlack; inkl. Zwischenschliff; Stabparkett / Lamellenparkett					
	m² € brutto	9,7	15,8	20,6	24,2	35,2
	KG 352 € netto	8,2	13,2	17,3	20,4	29,5
42	**Handläufe/Pfosten beschichten, Kunstharz**					
	Beschichtung; Grundbeschichtungsstoff, Alkydharzlackbeschichtung; Grund-, und Schlussbeschichtung; Geländerprofile im Innenbereich					
	m € brutto	4,3	7,4	8,4	10,3	15,4
	KG 359 € netto	3,6	6,2	7,0	8,7	13,0
43	**Erstbeschichtung, Metallgeländer**					
	Beschichtung; Haftgrund, Alkydharzlack; Grund-, Zwischen- und Schlussbeschichtung; Stahlflächen, außen					
	m € brutto	11	24	28	38	60
	KG 359 € netto	9,4	19,8	23,8	32,0	50,4
44	**Überholungsbeschichtung, Röhrenheizkörper**					
	Überholungsbeschichtung; Heizkörperlack; Grund- und Schluss-beschichtung; Metall-Röhrenheizkörper					
	m² € brutto	9,8	14,6	15,0	20,3	27,2
	KG 423 € netto	8,2	12,3	12,6	17,0	22,9
45	**Schlussbeschichtung, grundierte Heizkörper**					
	Schlussbeschichtung; Heizkörperlack; Heizkörper; inkl. Halterungen, Anschlussleitungen					
	m² € brutto	7,4	11,3	12,9	16,7	25,0
	KG 423 € netto	6,2	9,5	10,9	14,0	21,0
46	**Beschichtung, Metallrohre/Heizungsrohre**					
	Beschichtung; Grundbeschichtungsstoff, Heizkörperlack; deckend beschichten; Metallrohr					
	m € brutto	1,7	3,3	3,9	5,6	11,3
	KG 422 € netto	1,4	2,8	3,2	4,7	9,5
47	**Beschichtung, Profilstahl**					
	Beschichtung, Profilstahl; Vorlack, Alkydharzlack deckend; Abwicklung bis 500mm; Grund-, Zwischen- und Schlussbeschichtung; Innen-bereich					
	m € brutto	5,0	7,8	8,4	13,2	21,7
	KG 461 € netto	4,2	6,5	7,5	11,1	18,2
48	**Beschichtung, Stahlbleche**					
	Beschichtung, Stahlflächen; Vorlack, Alkydharzlack deckend; Grund-, Zwischen- und Schlussbeschichtung					
	m² € brutto	7,5	18,4	21,3	28,9	41,0
	KG 345 € netto	6,3	15,4	17,9	24,3	34,4

Maler- und Lackierarbeiten - Beschichtungen					Preise €

Nr.	Kurztext / Stichworte Einheit / Kostengruppe ▶		brutto ø ▷ netto ø ◁			◀
49	**Beschichtung, Lüftungsrohre, Stahl**					
	Beschichtung, Lüftungsrohr; Vorlack, Alkydharzlack deckend; Grund-, Zwischen- und Schlussbeschichtung					
	m² **€ brutto**	**12**	**15**	**19**	**23**	**32**
	KG 431 € netto	10	13	16	19	27
50	**Beschichtung, Stahlzargen**					
	Beschichtung, Stahlzargen; Vorlack, Alkydharzlack, deckend; Grund-, Zwischen- und Schlussbeschichtung; Innenbereich					
	m **€ brutto**	**3,7**	**10,1**	**11,8**	**16,2**	**23,5**
	KG 344 € netto	3,1	8,5	9,9	13,6	19,7
51	**PKW-Stellplatzmarkierung, Farbe**					
	Stellplatzmarkierung; Zwei-Komponenten-Markierungsfarbe; Breite 120mm; Beton-/Gussasphaltbelag					
	m **€ brutto**	**2,3**	**5,5**	**8,1**	**11,0**	**21,6**
	KG 325 € netto	1,9	4,6	6,8	9,3	18,1
52	**Brandschutzbeschichtung, F30, Stahlbauteile**					
	Brandschutzbeschichtung F30; Grundbeschichtung, Decklack; Grund-, Zwischen- und Schlussbeschichtung; Stahlkonstruktionen, innen					
	m² **€ brutto**	**20**	**45**	**53**	**68**	**92**
	KG 361 € netto	17	38	44	57	78
53	**Decklack, Brandschutzbeschichtungen, Stahlteile**					
	Brandschutzbeschichtung; Decklack; Stahlträger/Fachwerkbinder/ Stützen					
	m² **€ brutto**	**7,0**	**8,7**	**10,8**	**13,0**	**15,6**
	KG 333 € netto	5,9	7,3	9,1	10,9	13,1
54	**Brandschutzbeschichtung Rund-/Profilstahl**					
	Brandschutzbeschichtung F30; Grundbeschichtung, Schutzlack; Grund-, Zwischen- und Schlussbeschichtung; Stahlbauteile					
	m **€ brutto**	**17**	**30**	**34**	**37**	**57**
	KG 345 € netto	14	25	29	31	48
55	**Fugenabdichtung elastoplastisch, Acryl, überstreichbar**					
	Fugenabdichtung; Acryldichtstoff; hinterfüllen, glattstreichen					
	m **€ brutto**	**0,5**	**2,1**	**2,6**	**3,8**	**7,5**
	KG 345 € netto	0,4	1,8	2,1	3,2	6,3
56	**Fugenabdichtung elastisch, Silikon**					
	Fugenabdichtung; Silikon; hinterfüllen, glattstreichen					
	m **€ brutto**	**1,5**	**3,1**	**3,7**	**4,4**	**6,0**
	KG 345 € netto	1,3	2,6	3,1	3,7	5,0

▶ min
▷ von
ø Mittel
◁ bis
◀ max

034
Maler- und Lackierarbeiten -
Beschichtungen

Kosten: Stand 3.Quartal 2015, Bundesdurchschnitt

Maler- und Lackierarbeiten - Beschichtungen					Preise €

Nr.	Kurztext / Stichworte Einheit / Kostengruppe ▶	brutto ø ▷ netto ø ◁			◀
57	**Beschriftung, geklebt**				
	Beschriftung; geklebt; Holztürblatt/Wandfläche mit Farbbeschichtung				
	St € brutto	**1,6** **4,9**	**7,7**	**10,0**	**13,6**
	KG 345 € netto	1,3 4,1	6,4	8,4	11,4
58	**Markierung, Kunststofffolie**				
	Markierung; Kunststofffolie, rutschhemmend, UV-beständig; Innenbereich				
	m € brutto	**1,5** **4,4**	**5,3**	**8,5**	**13,9**
	KG 352 € netto	1,2 3,7	4,4	7,2	11,7
59	**Stundensatz Geselle/Facharbeiter, Maler-/Lackierarbeiten**				
	Stundenlohnarbeiten Vorarbeiter, Facharbeiter; Maler- und Lackier- arbeiten				
	h € brutto	**34** **45**	**50**	**52**	**57**
	€ netto	28 38	42	44	48
60	**Stundensatz Helfer, Maler-/Lackierarbeiten**				
	Stundenlohnarbeiten, Maler und Lackierarbeiten; Maler- und Lackier- arbeiten				
	h € brutto	**23** **33**	**39**	**45**	**58**
	€ netto	20 28	33	38	49

Bodenbelagarbeiten				Preise €

Nr.	Kurztext / Stichworte		brutto ø		
	Einheit / Kostengruppe ▶	▷	netto ø	◁	◀
1	**Randstreifen abschneiden**				
	Randstreifen abschneiden; aufnehmen, laden, entsorgen				
	m € brutto	0,1	0,4	0,6	1,2	2,7
	KG 352 € netto	0,1	0,4	0,5	1,0	2,3
2	**Sinterschicht abschleifen, Calciumsulfatestrich**				
	Sinterschicht abschleifen; Calciumsulfatestrich; schleifen, absaugen, entsorgen				
	m² € brutto	0,3	1,2	1,6	2,1	3,4
	KG 352 € netto	0,3	1,0	1,3	1,7	2,8
3	**Untergrund reinigen**				
	Untergrund reinigen; Staub, Verschmutzungen, lose Teile; reinigen, Schutt aufnehmen, entsorgen				
	m² € brutto	0,2	0,8	1,1	2,4	6,1
	KG 352 € netto	0,1	0,7	0,9	2,0	5,1
4	**Boden kugelstrahlen**				
	Boden kugelstrahlen; Abtrag d=5mm; Zementestrich; inkl. absaugen				
	m² € brutto	2,0	3,5	4,3	5,5	7,3
	KG 352 € netto	1,7	2,9	3,6	4,6	6,2
5	**Haftgrund, Bodenbelag**				
	Voranstrich; Haftgrund; als Voranstrich				
	m² € brutto	0,7	1,5	1,8	2,9	5,3
	KG 352 € netto	0,6	1,2	1,5	2,4	4,4
6	**Untergrundvorbereitung, Belagsarbeiten**				
	Untergrundvorbereitung, Belagsarbeiten; Haftgrund; inkl. grobe Verschmutzungen lösen, aufnehmen, entsorgen				
	m² € brutto	2,8	4,5	5,2	6,4	9,6
	KG 352 € netto	2,4	3,8	4,4	5,4	8,0
7	**Estrichfugen/-risse verharzen**				
	Fugen/Risse schließen; 2-Komponenten-Polyurethan-Masse; Tiefe 20mm; Verharzen; inkl. Stahleinlage				
	m € brutto	5,0	7,7	8,8	12,9	23,1
	KG 352 € netto	4,2	6,5	7,4	10,9	19,4
8	**Metallband, leitfähiger Bodenbelag**				
	Metallband; Kupfer; in leitfähigen Kleber einbetten; unter Estrich; Potenzialausgleichsanschluss bauseits				
	m € brutto	1,2	1,4	1,6	1,9	2,3
	KG 325 € netto	1,0	1,1	1,4	1,6	1,9

▶ min
▷ von
ø Mittel
◁ bis
◀ max

036
Bodenbelagarbeiten

Kosten: Stand 3.Quartal 2015, Bundesdurchschnitt

Bodenbelagarbeiten				Preise €	
Nr.	**Kurztext** / Stichworte		**brutto ø**		
	Einheit / Kostengruppe ▶	▷	netto ø	◁	◀
9	**Hohlkehle, Bodenbelag**				
	Hohlkehle; Schenkellänge 30x30mm; Estrich; inkl. Untergrund vorbereiten				
	m € brutto	10	12	13	16	20
	KG 352 € netto	8,4	10,4	10,9	13,4	17,1
10	**Sportboden, elastische Zwischenschicht**				
	Sportboden, Zwischenschicht; Gesamtaufbau 38mm; flächenelastisch, Fußbodenheizung geeignet				
	m² € brutto	26	41	48	60	78
	KG 325 € netto	22	34	40	51	66
11	**Sportboden, Nutzschicht, Linoleum**				
	Sportboden, Nutzschicht; Linoleum, geklebt; Linoleum 3mm, Nutzschicht 2,4mm; Sporthalle				
	m² € brutto	25	29	31	32	35
	KG 325 € netto	21	24	26	27	29
12	**Sportboden, rutschhemmende Beschichtung, PUR**				
	Sportboden, Beschichtung; PUR, rutschhemmend; als Schutz- und Verschleißschicht				
	m² € brutto	0,4	3,4	5,0	6,2	8,9
	KG 325 € netto	0,3	2,8	4,2	5,2	7,5
13	**Gerätehülsenabdeckung, mit Rahmen/Deckel**				
	Gerätehülsenabdeckung; Alu-/Rotguss-Rahmen, Sicherheitsdeckel; mit Deckelbelag, bündig in Boden				
	St € brutto	19	42	59	78	114
	KG 325 € netto	16	36	49	65	96
14	**Spielfeldmarkierung, PUR-Spielfeldfarbe**				
	Spielfeldmarkierung; PUR-Spielfeldfarbe; Breite 20-50mm; inkl. Oberbelag vorbehandeln				
	m € brutto	3,0	3,6	3,9	4,4	5,1
	KG 325 € netto	2,6	3,0	3,3	3,7	4,3
15	**Textiler Belag, Kunstfaser/Nadelvlies**				
	Textilbelag; Nadelvlies, feinfasrig meliert, B1; Dicke 6mm; geklebt				
	m² € brutto	17	26	29	41	64
	KG 352 € netto	14	22	25	34	53
16	**Textiler Belag, Kunstfaser/Velour/Boucle**				
	Textilbelag; Velour, vollsynthetisch, B1; Dicke 4mm; geklebt				
	m² € brutto	16	36	41	55	82
	KG 352 € netto	14	30	35	46	69

Bodenbelagarbeiten					Preise €

Nr.	Kurztext / Stichworte		brutto ø		
	Einheit / Kostengruppe ▶	▷	netto ø	◁	◀
17	**Textiler Belag, Kunstfaser/Tuftingteppich**				
	Textilbelag; Tuftingteppich, vollsynthetisch, feinfasrig meliert, B1; Dicke 8mm; geklebt				
	m² **€ brutto**	**22**	**28**	**32**	**37**	**46**
	KG 352 € netto	18	24	27	31	39
18	**Textiler Belag, Naturfaser/Wolle/Sisal**				
	Textilbelag; Wolle, E; geklebt				
	m² **€ brutto**	**30**	**38**	**42**	**43**	**60**
	KG 352 € netto	26	32	35	36	51
19	**Korkunterlage, Linoleum**				
	Dämmunterlage; Kork; Dicke 2mm; verkleben				
	m² **€ brutto**	**12**	**17**	**19**	**20**	**24**
	KG 352 € netto	10	14	16	17	20
20	**Linoleumbelag, 2,5mm**				
	Bodenbelag; Linoleum, Cfl-s1; Dicke 2,5mm; verlegen, verkleben				
	m² **€ brutto**	**19**	**26**	**28**	**33**	**46**
	KG 352 € netto	16	21	24	28	38
21	**Linoleumbelag, über 2,5mm**				
	Bodenbelag; Linoleum, Cfl-s1; Dicke 3,2/4,0mm; verlegen, verkleben				
	m² **€ brutto**	**20**	**30**	**33**	**37**	**48**
	KG 352 € netto	17	25	27	31	40
22	**Linoleumbahnen verschweißen**				
	Linoleumbelag verschweißen; Schweißschnur; Dicke 4mm; fräsen, thermisch verschweißt				
	m² **€ brutto**	**0,1**	**1,4**	**1,8**	**2,6**	**4,2**
	KG 352 € netto	0,1	1,1	1,5	2,2	3,5
23	**Bodenbelag, PVC, 3,0mm**				
	Bodenbelag; PVC-Bahnen, gewerblich geeignet, Bfl-s1; Dicke 3mm; mit Dispersionskleber verlegen				
	m² **€ brutto**	**19**	**28**	**32**	**39**	**53**
	KG 352 € netto	16	24	27	33	45
24	**PVC-Bahnen verschweißen**				
	PVC-Belag verschweißen; Schweißschnur; Dicke 4,0mm; fräsen, thermisch verschweißt				
	m² **€ brutto**	**0,8**	**1,6**	**1,8**	**2,0**	**2,4**
	KG 352 € netto	0,7	1,3	1,5	1,7	2,1
25	**Bodenbelag, Kautschukplatten**				
	Bodenbelag; Kautschukplatten, gewerblich geeignet, Bfl-s1; Dicke 4-10mm; mit Dispersionskleber verlegen				
	m² **€ brutto**	**32**	**45**	**50**	**61**	**90**
	KG 352 € netto	27	38	42	51	76

► min
▷ von
ø Mittel
◁ bis
◄ max

036
Bodenbelagarbeiten

Kosten: Stand 3.Quartal 2015, Bundesdurchschnitt

Bodenbelagarbeiten					Preise €

Nr.	Kurztext / Stichworte		brutto ø		
	Einheit / Kostengruppe ►	▷	netto ø	◁	◄
26	**Bodenbelag, Naturkork, 4-10mm**				
	Bodenbelag; Naturkork, Wohnraum geeignet, E; Dicke über 4-10mm; mit Dispersionskleber verlegen				
	m² € brutto	30	44	54	60	69
	KG 352 € netto	25	37	45	50	58
27	**Bodenbelag, Laminat**				
	Bodenbelag; Laminat, HDF, Cfl-s1/E; kleben				
	m² € brutto	25	39	40	44	57
	KG 352 € netto	21	32	33	37	48
28	**Bodenbelag, Laminat, liefern**				
	Bodenbelag, liefern; Laminat, Cfl-s1/E				
	m² € brutto	15	21	26	29	38
	KG 352 € netto	12	18	22	24	32
29	**Bodenbeläge verlegen**				
	Bodenbelag verlegen; auf Zementestrich; bauseitig gestellt				
	m² € brutto	5,6	9,2	11,3	15,6	22,5
	KG 352 € netto	4,7	7,7	9,5	13,1	18,9
30	**Treppenstufe, Elastischer Bodenbelag**				
	Stufenbelag, elastisch; Stg. 17,5x28,0cm; verkleben, inkl. Kantenschutzprofil				
	St € brutto	13	28	34	35	73
	KG 352 € netto	11	24	29	29	61
31	**Treppenstufe, Textiler Belag**				
	Stufenbelag; Textil; Stg. 17,5x28,0cm; verkleben, inkl. Kantenschutzprofil				
	St € brutto	19	31	37	41	56
	KG 352 € netto	16	26	31	35	47
32	**Treppenkante, Kunststoffprofil**				
	Treppenkantenprofil; Kunststoff; Schenkellänge bis 45mm; verkleben				
	m € brutto	7,6	14,0	16,7	19,7	26,8
	KG 352 € netto	6,4	11,8	14,1	16,6	22,5
33	**Fußabstreifer, Reinstreifen**				
	Fußabstreiferanlage; Reinstreifen Gummiprofil, Aluminiumrahmen; bis 30x30x3mm; dämmend, unterspülbar; auf Zementestrich; aufrollbar				
	St € brutto	401	723	822	1.062	1.594
	KG 325 € netto	337	608	691	892	1.339
34	**Fußabstreifer, Kokosfasermatte**				
	Fußabstreifer; Kokosmatte, PVC-kaschiert; in bauseitige Aussparung				
	m² € brutto	76	151	166	179	225
	KG 325 € netto	64	127	140	150	189

Bodenbelagarbeiten					Preise €

Nr.	Kurztext / Stichworte		brutto ø			
	Einheit / Kostengruppe ▶	▷	netto ø	◁	◀	
35	**Rohrdurchführung anarbeiten, Bodenbelag**					
	Rohrdurchführung, anarbeiten; DN42					
	St **€ brutto**	1,8	3,7	4,5	5,4	7,9
	KG 352 € netto	1,5	3,1	3,8	4,6	6,6
36	**Abdeckschiene, Metall**					
	Abdeckschien; L-Metallprofil; Profilhöhe 3mm; bündig anarbeiten					
	m **€ brutto**	6,7	11,3	13,1	15,9	22,8
	KG 352 € netto	5,7	9,5	11,0	13,4	19,1
37	**Übergangsprofil, Metall**					
	Übergangsprofil; Metall; Belagwechsel unter Türe					
	m **€ brutto**	5,0	10,4	12,6	15,5	23,8
	KG 352 € netto	4,2	8,8	10,6	13,0	20,0
38	**Dehnfuge, Aluminiumprofil**					
	Bewegungsfugenprofil; Aluminium; bündig anarbeiten					
	m **€ brutto**	15	27	32	40	54
	KG 352 € netto	13	22	27	34	45
39	**Verfugung, elastisch, Silikon**					
	Fuge, elastisch; Silikon-Dichtstoff; hinterlegen der Hohlräume, glatt gestrichen					
	m **€ brutto**	1,6	3,6	4,2	5,7	10,0
	KG 352 € netto	1,4	3,0	3,6	4,8	8,4
40	**Sockelausbildung, Holzleiste**					
	Sockelleiste; Holzprofil, stoßfest farblos lackiert; 60x16mm; Ecken mit Gehrungsschnitt, Befestigung Senkkopfschraube					
	m **€ brutto**	2,7	8,6	10,8	16,7	40,6
	KG 352 € netto	2,3	7,2	9,1	14,0	34,1
41	**Sockelausbildung, textiler Belag**					
	Sockelleiste, textiler Belag; PVC-Profil, Nadelvlies/Velour/Bouclé; Höhe 60mm; Befestigung Senkkopfschraube					
	m **€ brutto**	2,1	4,2	4,9	6,8	11,4
	KG 352 € netto	1,8	3,6	4,1	5,7	9,6
42	**Sockelausbildung, Sporthalle**					
	Sockelleiste, Sportbodenbelag; Eiche, transparent beschichtet; 70x30mm; Befestigung Senkkopfschraube					
	m **€ brutto**	6,9	12,6	14,3	16,8	23,3
	KG 352 € netto	5,8	10,6	12,0	14,1	19,6
43	**Sockelausbildung, PVC**					
	Sockelleiste; PVC, weich; Höhe 60mm; Befestigung Senkkopfschraube, Ecke mit Gehrungsschnitt					
	m **€ brutto**	2,5	4,8	5,5	7,8	13,7
	KG 352 € netto	2,1	4,0	4,6	6,6	11,5

▶ min
▷ von
ø Mittel
◁ bis
◀ max

036
Bodenbelagarbeiten

Kosten: Stand 3.Quartal 2015, Bundesdurchschnitt

Bodenbelagarbeiten					Preise €

Nr.	Kurztext / Stichworte			brutto ø		
	Einheit / Kostengruppe ▶	▷	netto ø	◁	◀	
44	**Sockelausbildung, Lino-/Kautschuk**					
	Sockelleiste; Linoleum; Höhe 60mm; Befestigung Senkkopfschraube, Ecke mit Gehrungsschnitt					
	m € brutto	3,6	7,7	9,5	14,5	23,1
	KG 352 € netto	3,0	6,5	8,0	12,2	19,4
45	**Erstpflege, Bodenbelag**					
	Erstpflege Bodenbelag; Pflegemittel					
	m² € brutto	0,2	1,5	2,1	4,1	8,7
	KG 325 € netto	0,2	1,3	1,8	3,5	7,3
46	**Schutzabdeckung, Bodenbelag, Hartfaserplatte**					
	Schutzabdeckung Bodenbelag; Hartfaserplatte; vollflächig abdecken, abkleben; inkl. entfernen, entsorgen					
	m² € brutto	2,4	3,7	4,6	5,5	7,1
	KG 352 € netto	2,0	3,1	3,9	4,6	6,0
47	**Schutzabdeckung, Kunststofffolie**					
	Schutzabdeckung Bodenbelag; PE-Folie, 0,5mm; vollflächig abdecken; inkl. entfernen, entsorgen					
	m² € brutto	1,4	2,0	2,3	2,7	3,4
	KG 352 € netto	1,1	1,7	1,9	2,2	2,9
48	**Stundensatz Bodenleger-Facharbeiter**					
	Stundenlohnarbeiten Vorarbeiter, Facharbeiter; Bodenlegerarbeiten					
	h € brutto	36	47	51	55	66
	€ netto	31	39	43	46	55
49	**Stundensatz Bodenleger-Helfer**					
	Stundenlohnarbeiten Werker, Helfer; Bodenlegerarbeiten					
	h € brutto	23	33	40	46	54
	€ netto	19	28	34	39	46

Tapezierarbeiten						Preise €

Nr.	Kurztext / Stichworte		brutto ø			
	Einheit / Kostengruppe ▶	▷	netto ø	◁	◀	
1	**Schutzabdeckung, Inneneinrichtung**					
	Abdeckarbeiten; Textil/Folie; überlappt, staubdicht abkleben; Inneneinrichtung					
	m² € brutto	0,6	1,2	1,5	1,6	2,1
	KG 397 € netto	0,5	1,0	1,2	1,3	1,8
2	**Schutzabdeckung, Boden, Folie/Schutzvlies**					
	Bodenflächen abdecken; Folie, reißfest /Schutzvlies; überlappt, staubdicht abkleben					
	m² € brutto	1,0	1,7	1,8	2,5	3,5
	KG 397 € netto	0,8	1,4	1,5	2,1	2,9
3	**Schutzabdeckung, Boden, Pappe**					
	Bodenflächen abdecken; Pappe/Karton; überlappt, staubdicht abkleben					
	m² € brutto	0,9	1,6	2,1	2,4	3,0
	KG 397 € netto	0,8	1,3	1,7	2,0	2,5
4	**Putzuntergrund vorbehandeln, Armiervlies**					
	Haarrissüberdeckung; Armiervlies, Spachtelung; grundieren, tapezieren, feinspachteln; Innenwand/Decke					
	m² € brutto	3,1	4,9	6,0	6,5	8,1
	KG 345 € netto	2,6	4,1	5,0	5,5	6,8
5	**Untergrund vorbehandeln, Riss sanieren**					
	Einzelriss sanieren; Spachtelmasse, Gewebe; aufweiten, auffüllen, überdecken, feinspachteln					
	m € brutto	2,3	7,5	8,6	10,7	14,4
	KG 345 € netto	2,0	6,3	7,2	9,0	12,1
6	**Putzuntergrund vorbehandeln, spachteln/grundieren**					
	Spachtelung, Grundierung; für Tapezierarbeiten; Wand/Decke, Untergrund: Putz/Gipskarton					
	m² € brutto	0,6	1,8	2,3	5,8	11,1
	KG 345 € netto	0,5	1,5	1,9	4,9	9,3
7	**Gipskartonflächen vorbehandeln, spachteln/grundieren**					
	Wand-/Deckenfläche vorbehandeln; GK-Platten; spachteln, schleifen; für Tapezierung					
	m² € brutto	0,6	0,9	1,0	1,1	1,6
	KG 345 € netto	0,5	0,8	0,8	1,0	1,4
8	**Untergrund vorbehandeln, Vlies**					
	Spachtelung, Grundierung; Q3/Q4; für Wandbespannung; Wand, Untergrund: Gipskarton/Putz					
	m² € brutto	3,5	6,6	8,5	9,7	12,9
	KG 345 € netto	3,0	5,6	7,1	8,1	10,9

► min
▷ von
ø Mittel
◁ bis
◄ max

037
Tapezierarbeiten

Kosten: Stand 3.Quartal 2015, Bundesdurchschnitt

Tapezierarbeiten					Preise €

Nr.	Kurztext / Stichworte		brutto ø		
	Einheit / Kostengruppe ►	▷	netto ø	◁	◄
9	**Untergrund vorbehandeln, teilspachteln/schleifen**				
	Spachtelung; Teilflächen spachteln, schleifen; Wand/Decke, Untergrund: Putz, Gipskarton				
	m² € brutto	1,3	2,2	2,4	3,0	4,3
	KG 345 € netto	1,1	1,8	2,1	2,5	3,6
10	**Raufasertapete, lineare Bauteile**				
	Tapezieren, lineare Bauteile; Raufasertapete; Breite bis 15/30/60cm; auf Stoß kleben; Leibungen/Pfeiler/Stützen/Lisenen				
	m € brutto	0,8	1,8	2,0	6,2	10,6
	KG 345 € netto	0,7	1,5	1,7	5,2	8,9
11	**Raufaser, Dispersionsbeschichtung**				
	Tapezieren, Beschichtung; Raufasertapete, Dispersionsfarbe; inkl. Grundierung; Wand/Decke bis 2,75m				
	m² € brutto	5,2	6,9	7,6	8,7	11,9
	KG 345 € netto	4,4	5,8	6,4	7,3	10,0
12	**Glasfasergewebe, lineare Bauteile**				
	Tapezieren, Kleinflächen; Glasfasertapete; Breite bis 15/30/60cm; auf Stoß kleben; Laibungen/Pfeiler/Stützen/Lisenen				
	m € brutto	0,4	2,2	3,1	3,9	5,0
	KG 345 € netto	0,3	1,9	2,6	3,3	4,2
13	**Glasfasergewebe, Dispersionsbeschichtung**				
	Tapezieren, Beschichtung; Glasfasertapete, Dispersionsfarbe; auf Stoß kleben, inkl. Grundierung; Wand/Decke				
	m² € brutto	8,6	12,0	13,2	16,4	22,8
	KG 345 € netto	7,2	10,1	11,1	13,7	19,2
14	**Sondertapete, Wand**				
	Tapezieren; Prägetapete; kleben; Innenwandfläche				
	m² € brutto	8,8	12,0	15,2	19,2	29,1
	KG 345 € netto	7,4	10,1	12,7	16,1	24,5
15	**Tapezieren, Kleinflächen**				
	Tapezieren von Kleinflächen; bis 2,50m²; Nischenrückflächen, Pfeiler, Stützen, Lisenen				
	m² € brutto	0,4	1,1	1,4	1,7	2,4
	KG 345 € netto	0,3	1,0	1,2	1,5	2,0
16	**Verfugung, Acryl, überstreichbar**				
	Dehnungsfuge; Acryldispersionsdichtstoff; inkl. Flankenvorbehandlung, Hinterfüllung				
	m € brutto	2,2	4,7	5,5	7,0	9,0
	KG 345 € netto	1,9	4,0	4,6	5,9	7,5

Tapezierarbeiten						Preise €

Nr.	Kurztext / Stichworte			brutto ø		
	Einheit / Kostengruppe ▶		▷	netto ø	◁	◀
17	**Stundensatz Geselle/Facharbeiter, Tapezierarbeiten**					
	Stundenlohnarbeiten Vorarbeiter, Facharbeiter; Tapezierarbeiten					
	h	€ brutto	–	36	41	46	–
		€ netto	–	30	34	38	–

© **BKI** Baukosteninformationszentrum

Vorgehängte hinterlüftete Fassaden						Preise €

Nr.	Kurztext / Stichworte		brutto ø			
	Einheit / Kostengruppe ▶	▷	netto ø	◁	◀	
1	**Unterkonstruktion, Traglattung**					
	Unterkonstruktion, Traglattung; Nadelholz, S10; 30x50/40x60mm; Außenwandbekleidung					
	m² € brutto	3,0	7,1	9,1	12,8	23,0
	KG 335 € netto	2,5	6,0	7,6	10,8	19,3
2	**Unterkonstruktion, Holz-UK zweilagig**					
	Unterkonstruktion, Traglattung; Nadelholz, S10; 50x30mm; zweilagig; Außenwandbekleidung					
	m² € brutto	7,6	22,9	24,4	37,7	57,9
	KG 335 € netto	6,4	19,2	20,5	31,6	48,6
3	**Unterkonstruktion, Rauspund**					
	Unterkonstruktion Schalung; Nadelholz; Dicke 24mm; Rauspund; Außenwandbekleidung; inkl. chemischem Holzschutz					
	m² € brutto	7,9	19,7	24,5	31,7	43,6
	KG 335 € netto	6,6	16,5	20,6	26,6	36,6
4	**Unterkonstruktion, Leichtmetall**					
	Unterkonstruktion; Aluminium; Wandwinkel, Tragprofile					
	m² € brutto	18	45	56	77	109
	KG 335 € netto	15	38	47	65	91
5	**Fassadendämmung, MW 040, 80 mm**					
	Fassadendämmung, VHF; Mineralwolle, WLG 040, A1; Dicke 80mm; einlagig, wasserabweisend; zwischen Kanthölzern/Aluminium UK					
	m² € brutto	–	11	15	19	–
	KG 335 € netto	–	9,3	12	16	–
6	**Fassadendämmung, MW 040, 120 mm**					
	Fassadendämmung, VHF; Mineralwolle, WLG 040, A1; Dicke 120mm; einlagig, wasserabweisend; zwischen Kanthölzern/Aluminium UK					
	m² € brutto	–	14	20	25	–
	KG 335 € netto	–	12	17	21	–
7	**Fassadendämmung, MW 040, 160 mm**					
	Fassadendämmung, VHF; Mineralwolle, WLG 040, A1; Dicke 160mm; einlagig, wasserabweisend; zwischen Kanthölzern/Aluminium UK					
	m² € brutto	–	19	27	34	–
	KG 335 € netto	–	16	23	29	–
8	**Fassadendämmung, MW 035, 80 mm**					
	Fassadendämmung, VHF; Mineralwolle, WLG 035, A1/A2; Dicke 80mm; einlagig, wasserabweisend; zwischen Kanthölzern/ Aluminium UK					
	m² € brutto	–	14	17	21	–
	KG 335 € netto	–	12	14	17	–

▶ min
▷ von
ø Mittel
◁ bis
◀ max

038
Vorgehängte hinterlüftete
Fassaden

Kosten: Stand 3.Quartal 2015, Bundesdurchschnitt

Vorgehängte hinterlüftete Fassaden				Preise €	

Nr.	Kurztext / Stichworte		brutto ø		
	Einheit / Kostengruppe ▶	▷	netto ø	◁	◀
9	**Fassadendämmung, MW 035, 120 mm**				
	Fassadendämmung, VHF; Mineralwolle, WLG 035, A1/A2; Dicke 120mm; einlagig, wasserabweisend; zwischen Kanthölzern/ Aluminium UK				
	m² € brutto	–	14	21	27	–
	KG 335 € netto	–	12	18	23	–
10	**Fassadendämmung, MW 035, 160 mm**				
	Fassadendämmung, VHF; Mineralwolle, WLG 035, A1/A2; Dicke 160mm; einlagig, wasserabweisend; zwischen Kanthölzern/ Aluminium UK				
	m² € brutto	–	14	29	36	–
	KG 335 € netto	–	12	24	30	–
11	**Fassadendämmung, MW 035, 160 mm, 2-lagig**				
	Fassadendämmung, VHF; Mineralwolle, WLG 035, A1/A2; Dicke 160mm; einlagig, wasserabweisend; zwischen Kanthölzern/ Aluminium UK				
	m² € brutto	–	19	32	40	–
	KG 335 € netto	–	16	27	34	–
12	**Winddichtung, Polyestervlies**				
	Abdichtung, Fassade; Polyestervlies, UV-beständig, diffusionsoffen; verkleben, winddicht; Außenwandbekleidung				
	m² € brutto	5,4	8,7	10,1	10,9	13,8
	KG 335 € netto	4,5	7,3	8,5	9,2	11,6
13	**Fassadendämmung, MW 035, 80 mm, kaschiert**				
	Fassadendämmung, VHF; Mineralwolle, WLG 035, A1; Dicke 80mm; einlagig, wasserabweisend; zwischen Kanthölzern/Aluminium UK				
	m² € brutto	–	12	18	23	–
	KG 335 € netto	–	10	15	19	–
14	**Fassadendämmung, MW 035, 120 mm, kaschiert**				
	Fassadendämmung, VHF; Mineralwolle, WLG 035, A1; Dicke 120mm; einlagig, wasserabweisend; zwischen Kanthölzern/Aluminium UK				
	m² € brutto	–	14	23	29	–
	KG 335 € netto	–	12	19	24	–
15	**Fassadendämmung, MW 035, 160 mm, kaschiert**				
	Fassadendämmung, VHF; Mineralwolle, WLG 035, A1/A2; Dicke 160mm; einlagig, wasserabweisend; zwischen Kanthölzern/ Aluminium UK				
	m² € brutto	–	19	30	37	–
	KG 335 € netto	–	16	25	31	–

Vorgehängte hinterlüftete Fassaden				Preise €

Nr.	Kurztext / Stichworte		brutto ø		
	Einheit / Kostengruppe ▶	▷	netto ø	◁	◀
16	**Fassadendämmung, MW 035, 160 mm, 2-lagig, kaschiert**				
	Fassadendämmung, VHF; Mineralwolle, WLG 035, A1/A2; Dicke 160mm; einlagig, wasserabweisend; zwischen Kanthölzern/ Aluminium UK				
	m² € brutto	–	21	35	43	–
	KG 335 € netto	–	18	29	36	–
17	**Fassadenbekleidung, Holz, Boden-Deckelschalung**				
	Fassadenwandbekleidung; Nadelholz, sägerau/gehobelt; Boden-Deckel-Schalung, Befestigung: sichtbar mit Nägeln/Schrauben; inkl. Befestigungsmitteln				
	m² € brutto	35	61	71	84	116
	KG 335 € netto	30	51	60	70	97
18	**Fassadenbekleidung, Holz, Stülpschalung**				
	Fassadenwandbekleidung; Nadelholz, dreiseitig gehobelt/sägerau natur; als Stülpschalung, mit Nägeln/Schrauben sichtbar befestigen; inkl. Befestigungsmitteln				
	m² € brutto	38	67	77	103	163
	KG 335 € netto	32	57	65	86	137
19	**Fassadenbekleidung, HPL-Platte**				
	Fassadenwandbekleidung; HPL-Platten; befestigen mit Klammern/ Schrauben; inkl. Befestigungsmittel				
	m² € brutto	–	141	158	188	–
	KG 335 € netto	–	118	132	158	–
20	**Fassadenbekleidung, Harzkompositplatten**				
	Fassadenwandbekleidung; HPL-Platten; befestigen mit Klammern/ Schrauben; inkl. Befestigungsmittel				
	m² € brutto	–	165	182	212	–
	KG 335 € netto	–	139	153	178	–
21	**Fassadenbekleidung, Holzzementplatten**				
	Fassadenwandbekleidung; HPL-Platten; befestigen mit Klammern/ Schrauben; inkl. Befestigungsmittel				
	m² € brutto	–	70	86	104	–
	KG 335 € netto	–	59	72	88	–
22	**Fassadenbekleidung, Faserzement-Platten**				
	Fassadenwandbekleidung; Faserzement-Fassadenplatten, A; kleinformatig; geschraubt, kopfbeschichtet				
	m² € brutto	–	54	68	84	–
	KG 335 € netto	–	45	57	70	–

► min
▷ von
ø Mittel
◁ bis
◄ max

038
Vorgehängte hinterlüftete Fassaden

Kosten: Stand 3.Quartal 2015, Bundesdurchschnitt

Vorgehängte hinterlüftete Fassaden					Preise €

Nr.	Kurztext / Stichworte Einheit / Kostengruppe	brutto ø ►	▷	netto ø	◁	◄
23	**Fassadenbekleidung, Faserzement-Tafeln** Fassadenwandbekleidung; Faserzement-Fassadentafeln, A; 3100x1500/1250mm; geschraubt, kopfbeschichtet					
	m² € brutto	70	100	116	134	186
	KG 335 € netto	59	84	98	113	156
24	**Fassadenbekleidung, Metall, Bandblech** Fassadenwandbekleidung; Titanzink walzblank/vorbewittert; unsichtbar befestigt; inkl. Befestigungs-mitteln					
	m² € brutto	37	78	93	118	193
	KG 335 € netto	31	66	78	99	162
25	**Fassadenbekleidung, Metall, Wellblech** Fassadenwandbekleidung; Wellblech, feuerverzinkt, Sichtseite Kunststofffarbbeschichtet; 18x76mm; vertikal verlegen, sichtbar mit Schrauben befestigen; inkl. erf. Befestigungsmitteln					
	m² € brutto	45	54	57	59	66
	KG 335 € netto	38	45	48	50	56
26	**Fassadenbekleidung, Schindeln** Fassadenwandbekleidung; Schindeln, Schiefer/gespaltene Holzschindeln; Segmentbogen/rechteckig, Einfach-/ Doppel-/ Dreifachdeckung; inkl. nichtrostenden Befestigungsmitteln					
	m² € brutto	67	103	115	164	244
	KG 335 € netto	56	86	96	138	205
27	**Fassadenbekleidung, Ziegelplatten** Fassadenwandbekleidung; Ziegelplatten, Aluminium-Federprofil; waagrecht, verdeckt montieren; inkl. Befestigungmitteln					
	m² € brutto	92	138	156	161	191
	KG 335 € netto	78	116	131	135	160
28	**Gesimse/Fensterbänke, Aluminiumprofil, außen** Gesims / Fensterbank; Aluminiumprofil; im Gefälle mind. 8%; mit Bewegungsausgleich, entdröhnt; außen; inkl. Abhebeschutz					
	St € brutto	25	46	56	79	112
	KG 334 € netto	21	39	47	66	94
29	**Dauergerüstanker - nicht sichtbar** Dauergerüstanker; nicht rostend, Lasche/Ringschraube abnehmbar; nicht sichtbar; mehrschalige Fassade; inkl. Anker-Protokoll					
	St € brutto	6,5	30,6	38,2	65,8	114,7
	KG 392 € netto	5,4	25,7	32,1	55,3	96,4
30	**Stundensatz Facharbeiter, vorgehängte Fassaden** Stundenlohnarbeiten Vorarbeiter, Facharbeiter; vorgehängte Fassaden					
	h € brutto	50	56	58	64	72
	€ netto	42	47	49	53	61

Vorgehängte hinterlüftete Fassaden					Preise €

Nr.	Kurztext / Stichworte		brutto ø		
	Einheit / Kostengruppe ▶	▷ netto ø	◁		◀
31	**Stundensatz Helfer, vorgehängte Fassaden**				
	Stundenlohnarbeiten Werker, Helfer; vorgehängte Fassaden				
	h	**€ brutto**	**34**	**44**	**51**	**57**	**63**
		€ netto	28	37	43	48	53

Trockenbauarbeiten					Preise €

Nr.	Kurztext / Stichworte		brutto ø		
	Einheit / Kostengruppe ▶	▷ netto ø	◁		◀
1	**Unterdecke, abgehängt, Mineralfaserplatten, 15mm**				
	Rasterdecke, abgehängt; Mineralfaserplatten, glatt/gelocht; Dicke 15mm, 62,5x62,5cm				
	m² € brutto	20	28	32	45	76
	KG 353 € netto	16	24	27	38	64
2	**Randanschluss, Rasterdecke**				
	Randanschluss, Rasterdecke; Wandwinkel, L-förmig, beschichtet; 25x20mm; sichtbar				
	m € brutto	2,9	3,8	4,1	4,7	6,0
	KG 353 € netto	2,4	3,2	3,4	4,0	5,0
3	**Randausbildung, Anschnittplatte, Mineralwolledecke**				
	Randausbildung, Zuschnitt, Mineralwolledecke; Mineralwolleplatte; gerade/schräge				
	m € brutto	3,4	7,8	8,9	11,4	17,8
	KG 353 € netto	2,9	6,5	7,5	9,6	15,0
4	**Metall-Kassettendecke, abgehängt**				
	Metallkassettendecke, abgehängt; Metall, einbrennlackiert, Mineralwolle; bis 625x625mm, Blech 0,6mm, MW 40mm; abklappbar/abnehmbar; Abhanghöhe bis 1,00m				
	m² € brutto	42	56	61	77	100
	KG 353 € netto	35	47	51	65	84
5	**Decke, abgehängt, Gipsplatte, einlagig, Federschiene**				
	Decke abgehängt; GK-Platten Typ A, UK Federschiene, Stahlprofile, ohne Dämmung/akustische Mineralwolle; Platte 12,5mm, Hutprofil 98x15; einlagig; Abhanghöhe bis 0,50m				
	m² € brutto	38	39	40	43	47
	KG 353 € netto	32	33	34	36	39
6	**Decke, abgehängt, Gipsplatte, einlagig**				
	Decke abgehängt; GK-Platte Typ A, Metallunterkonstruktion, ohne Dämmung/Mineralwolle; Platte 12,5mm; einlagig; Abhanghöhe bis 0,50m				
	m² € brutto	20	39	45	55	85
	KG 353 € netto	17	33	38	46	71
7	**Decke, abgehängt, GK/GF, doppellagig**				
	Decke, abgehängt; GF/GK-Platten, Trägerrost, Mineralwolle; Dicke 12,5mm Mineralwolle Dicke 40mm; zweilagig; Abhanghöhe bis 0,50m				
	m² € brutto	35	46	52	65	95
	KG 353 € netto	29	39	43	55	80

▶ min
▷ von
ø Mittel
◁ bis
◀ max

039
Trockenbauarbeiten

Kosten: Stand 3.Quartal 2015, Bundesdurchschnitt

Trockenbauarbeiten					Preise €

Nr.	Kurztext / Stichworte Einheit / Kostengruppe ▶	brutto ø ▷ netto ø		◁	◀
8	**Decke, abgehängt, GK/GF, doppellagig, F90-A/EI-90** Decke, abgehängt; GK Platten F90A, Abhänger; Platte Dicke 18-25mm; doppelt beplankt				
	m² € brutto	55	99	110	129	147
	KG 353 € netto	46	84	93	108	123
9	**Decke, abgehängt, selbsttragend, EI-90** Unterdecke EI 90; Brandschutz-Bauplatten; selbsttragende abgehängte Decke, Q2; innen				
	m² € brutto	72	101	114	138	192
	KG 353 € netto	61	85	96	116	161
10	**Verstärkung, Unterkonstruktion, abgehängte Decke** Verstärkung, Unterkonstruktion; OSB-Holzplattenstreifen				
	m² € brutto	1,8	5,9	7,5	9,6	14,8
	KG 353 € netto	1,5	5,0	6,3	8,0	12,4
11	**Decke, abgehängt, Unterkonstruktion, Federschiene** Unterkonstruktion, Federschiene; Stahlblechprofil, verzinkt, Hutprofil 98x15mm				
	m² € brutto	7,0	10,2	14,4	17,2	22,9
	KG 353 € netto	5,9	8,6	12,1	14,5	19,3
12	**Decke, Weitspannträger** Decke, Weitspannträger; Unterkonstruktion, freitragende Decke				
	m² € brutto	6,6	12,3	16,1	17,9	22,5
	KG 353 € netto	5,5	10,3	13,6	15,0	18,9
13	**Randanschluss, Schattennutprofil** Randanschluss; Schattennut-Profil, F0/F30A/F90A; Breite 15mm, Tiefe 12,5mm; abgehängte Decke				
	m € brutto	2,4	8,3	10,4	14,1	24,1
	KG 353 € netto	2,0	7,0	8,7	11,9	20,2
14	**Verblendung, Deckensprung** Deckensprung-Verblendung; GK-Platten; Fläche 50-80mm, Dicke 12,5mm				
	m € brutto	9,4	27,9	35,8	54,5	104,7
	KG 353 € netto	7,9	23,4	30,1	45,8	88,0
15	**Öffnungen/Ausschnitte, bis DN200** Aussparung, Einbauleuchten; GP-/GF-/Mineralfaser-Decke; DN150; abgehängte Decke				
	St € brutto	2,6	10,8	13,9	27,9	56,7
	KG 353 € netto	2,2	9,1	11,7	23,5	47,6

Trockenbauarbeiten					Preise €

Nr.	Kurztext / Stichworte		brutto ø		
	Einheit / Kostengruppe ▶	▷	netto ø	◁	◀
16	**Aussparung, Langfeldleuchte**				
	Aussparung, Langfeldleuchte; GP-/GF-/Mineralfaser-Decke; Breite 150, Länge 2000mm; abgehängte Decke				
	m **€ brutto** **5,7**	**12,9**	**15,9**	**20,0**	**31,2**
	KG 353 € netto 4,8	10,8	13,4	16,8	26,2
17	**Ausschnitt, Schalterdosen**				
	Ausschnitt Schalterdosen; Trockenbauwand				
	St **€ brutto** **0,9**	**3,0**	**3,6**	**5,3**	**8,9**
	KG 353 € netto 0,8	2,5	3,1	4,5	7,5
18	**Ausschnitt, Stromschiene**				
	Aussparung, Stromschiene; Trockenbau-Decke; Breite 150mm; inkl. Verstärkung der Unterkonstruktion				
	m **€ brutto** **9,7**	**24,7**	**31,6**	**37,4**	**58,9**
	KG 353 € netto 8,2	20,7	26,5	31,4	49,5
19	**Bekleidung Dachgeschoss, GK, einlagig**				
	Bekleidung, Dachgeschoss; Gipsplatten; Platte 12,5mm; einfach beplankt, verspachteln; inkl. Abseiten				
	m² **€ brutto** **–**	**25**	**34**	**41**	**–**
	KG 353 € netto –	21	29	34	–
20	**Bekleidung Dachgeschoss, GK, doppellagig**				
	Bekleidung, Dachgeschoss; Gipsplatten; 2x12,5mm; doppelt beplankt, verspachteln; inkl. Abseiten				
	m² **€ brutto** **–**	**32**	**45**	**54**	**–**
	KG 353 € netto –	27	38	45	–
21	**Bekleidung Dachgeschoss, GK, Dämmung**				
	Bekleidung, Dachgeschoss; Gipsplatten, Mineralwolle; Platte 12,5mm; MW bis 180mm; einfach beplankt				
	m² **€ brutto** **–**	**39**	**54**	**64**	**–**
	KG 353 € netto –	33	45	54	–
22	**Bekleidung Dachgeschoss, Gipsfaserplatte**				
	Bekleidung Dachgeschoss; Gipsfaserplatte; Platte 12,5mm; einfach beplankt				
	m² **€ brutto** **–**	**30**	**42**	**51**	**–**
	KG 353 € netto –	26	35	43	–
23	**Bekleidung Dachgeschoss, Zementplatte, Feuchtraum**				
	Bekleidung Dachgeschoss; Zementplatte; Platte 12,5mm; einfach beplankt; Feuchtraum				
	m² **€ brutto** **–**	**54**	**75**	**89**	**–**
	KG 353 € netto –	45	63	75	–

▶ min
▷ von
ø Mittel
◁ bis
◀ max

039
Trockenbauarbeiten

Kosten: Stand 3.Quartal 2015, Bundesdurchschnitt

Trockenbauarbeiten			Preise €		

Nr.	Kurztext / Stichworte		brutto ø		
	Einheit / Kostengruppe ▶	▷	netto ø	◁	◀
24	**Montagewand, Holz, 100mm, GK einlagig, MW 40mm, EI 30**				
	Montagewand; Holz, GK-Platten, Mineralwolle; Dicke 100mm, Plattendicke 12,5mm, MW 40mm; beidseitig beplankt				
	m² € brutto	56	66	71	81	94
	KG 342 € netto	47	55	59	68	79
25	**Montagewand, Metall, 100mm, GK einlagig, MW 40mm, EI 0**				
	Montagewand, EI 0; Stahl, GK-Platten, Mineralwolle, WLG 040; Dicke 100mm, Plattendicke 12,5mm, MW 40mm; beidseitig, einlagig beplankt				
	m² € brutto	41	53	58	68	88
	KG 342 € netto	34	45	48	57	74
26	**Montagewand, Metall, 125mm, GK doppellagig, MW 60mm, bis EI 30**				
	Montagewand, EI 30; Stahl GK-Platten, Mineralwolle; Dicke 125mm, Plattendicke 12,5mm, MW 60mm; beidseitig, doppelt beplankt				
	m² € brutto	43	59	65	78	122
	KG 342 € netto	37	49	54	65	103
27	**Montagewand, Metall, 150mm, GK doppellagig, MW 40mm, bis EI 30**				
	Montagewand, EI 30; Stahl, GK-Platten, Mineralwolle; Dicke 150mm, Plattendicke 12,5mm, MW 40mm; beidseitig, doppelt beplankt				
	m² € brutto	43	58	63	74	100
	KG 342 € netto	36	49	53	62	84
28	**Montagewand, Metall, 100mm, GKF doppellagig, MW 50mm, EI 90**				
	Montagewand, EI 90; Stahl, GKF-Platten, Mineralwolle, WLG 040, MW 50mm; Dicke 100mm, Plattendicke 12,5mm; beidseitig, doppelt beplankt				
	m² € brutto	41	62	70	84	122
	KG 342 € netto	35	52	59	71	102
29	**Montagewand, Metall, 200mm, GK doppellagig, doppeltes Ständerwerk**				
	Montagewand, EI 90; Stahl, GK-Platten, Mineralwolle; Dicke 200mm, Plattendicke 12,50, MW 40; doppeltes Ständerwerk, beidseitig, doppelt beplankt				
	m² € brutto	43	64	74	85	108
	KG 342 € netto	36	53	62	71	91

Trockenbauarbeiten					Preise €

Nr.	Kurztext / Stichworte		brutto ø			
	Einheit / Kostengruppe ▶	▷	netto ø	◁	◀	
30	**Montagewand, Metall, 125mm, GKF einlagig, doppeltes Ständerwerk, MW80mm**					
	Montagewand; Stahl, GKF-Platten, Mineralwolle; Dicke 125mm, Plattendicke 12,5mm, MW 80mm; beidseitig, einlagig beplankt					
	m² € brutto	65	81	87	97	127
	KG 342 € netto	54	68	73	81	107
31	**Montagewand, Metall, 100mm, GK einlagig, Schallschutz**					
	Montagewand; Metallprofile, GKF-Platten, Mineralwolle; Wanddicke 100mm, Platte 12,5mm, MW 60mm; einlagig, Schallschutz					
	m² € brutto	–	53	57	68	–
	KG 342 € netto	–	45	48	57	–
32	**Montagewand, Metall, 150mm, GK doppellagig, Schallschutz**					
	Montagewand; Metallprofile, GKF-Platten, Mineralwolle; Wanddicke 150mm, Platte 12,5mm, MW 80mm; Schallschutz					
	m² € brutto	–	74	82	93	–
	KG 342 € netto	–	62	69	79	–
33	**Innenwand, Gipswandbauplatte, Mauerwerk**					
	Innenwandmauerwerk, nichttragend; GK-Platten; Dicke 80-100mm; Q2, für Putzauftrag					
	m² € brutto	43	51	54	60	69
	KG 342 € netto	36	43	46	51	58
34	**Anschluss, Montagewand, Dach-/Wandschräge**					
	Randanschluss, Montagewand; GK-Platten; GK-Platte 12,5mm; beidseitig einfach/doppelt beplankt					
	m € brutto	1,4	6,0	7,9	10,0	14,3
	KG 342 € netto	1,2	5,0	6,6	8,4	12,0
35	**Anschluss, gleitend, Montagewand**					
	Wandanschluss; bis 20mm; inkl. aller notwendiger Profilschienen					
	m € brutto	0,4	11,6	17,2	40,6	108,8
	KG 342 € netto	0,3	9,8	14,5	34,1	91,5
36	**Ecken, Kantenprofil, Montagewand**					
	Eckausbildung; Eck-/Kantenprofil; rechtwinklig; Montagewand					
	m € brutto	1,6	6,1	7,2	10,2	22,1
	KG 342 € netto	1,3	5,1	6,0	8,5	18,6
37	**Wandabschluss, frei, Montagewand**					
	Freie Wandenden; verspachtelt und geschliffen; Leichtbauwand; inkl. der Eck-/ Kantenprofile					
	m € brutto	1,5	13,3	16,5	25,7	48,1
	KG 342 € netto	1,3	11,2	13,9	21,6	40,4

► min
▷ von
ø Mittel
◁ bis
◄ max

039
Trockenbauarbeiten

Kosten: Stand 3.Quartal 2015, Bundesdurchschnitt

Trockenbauarbeiten				Preise €		
Nr.	**Kurztext** / Stichworte		**brutto ø**			
	Einheit / Kostengruppe ►	▷	netto ø	◁	◄	

38 Montagewand, T-Anschluss
T-Anschluss; mit starrer Verbindung und Beplankung unterbrochen / mit Inneneckprofilen

Einheit		►	▷	ø	◁	◄
m	€ brutto	0,8	7,0	8,3	13,0	22,1
KG 342	€ netto	0,7	5,9	7,0	10,9	18,6

39 Türöffnung, Montagewand
Öffnungen herstellen; Ständerwand, GK-Platten; bxh= bis 1.000x2.125mm, Dicke 75-150mm; Montagewand; als Türöffnung

St	€ brutto	18	49	60	81	154
KG 342	€ netto	15	41	50	68	130

40 Fensteröffnung, Montagewand
Öffnung herstellen; GK-Platten; bxh= bis 1.000x2.125mm, Dicke 75-150mm; Montagewand; als Fensteröffnung

St	€ brutto	10	46	61	82	125
KG 342	€ netto	8,5	38,7	51,4	69,2	105,3

41 Türzargen, Aluminium beschichtet
Umfassungszarge; Aluminium, beschichtet; Breite 625-1.000mm, Höhe 2.130mm; ein-/dreiteilig, nachträglich einbauen

St	€ brutto	90	141	159	201	335
KG 344	€ netto	76	118	134	169	281

42 Türzargen, Umfassungszarge, einbauen
Umfassungszarge; Stahl-/Aluminium; Breite 625-1.000mm, Höhe 2.130mm; ein-/dreiteilig, nachträglich einbauen

St	€ brutto	28	47	56	67	84
KG 344	€ netto	24	40	47	56	70

43 Türelement, Röhren-/Vollspan, einflüglig, Umfassungszarge
Türelement; Stahl-/Aluminium, Röhrenspan/Vollspan; Breite 760-1.010mm, Höhe 2.050-2.130mm, Türblattdicke 40mm; ein-/dreiteilig, nachträglich einbauen

St	€ brutto	243	496	556	716	1.148
KG 344	€ netto	204	417	467	602	965

44 Fensterelement, feststehend, Zarge, ESG-Verglasung
Fensterelement; ESG-Verglasung; Breite 625-1.000mm, Höhe 2.130mm; nachträglicher Einbauen; Innenwand

St	€ brutto	200	380	491	541	637
KG 344	€ netto	168	320	412	455	535

Trockenbauarbeiten					Preise €

Nr.	Kurztext / Stichworte		brutto ø		
	Einheit / Kostengruppe ▶	▷	netto ø	◁	◀

45 Schiebetür-Einbauelement, Montagewand
Schiebetür-Einbauelement; Stahlblechprofile, verzinkt; Wand 100/125/150mm; Laufwagen für Holztürblatt /Glastürblatt, ein-/zweiflüglig; Metallständerwand

St	€ brutto	555	744	813	1.061	1.543
KG 344	€ netto	466	626	683	891	1.297

46 Revisionsklappe 15x15
Revisionsöffnung; Einbau- und Klapprahmen aus Aluminium, F0; 15x15cm; einfach/doppelt beplankt, GK/GF; inkl. Herstellen der Aussparung und flächenbündiger Beplankung und Verspachtelung

St	€ brutto	20	43	49	57	92
KG 345	€ netto	17	37	41	48	77

47 Revisionsklappe 40x60
Revisionsöffnung; Einbau- und Klapprahmen aus Aluminium, F0; 40x60cm; einfach/doppelt beplankt, GK/GF; inkl. Herstellen der Aussparung und flächenbündiger Beplankung und Verspachtelung

St	€ brutto	44	57	63	71	89
KG 345	€ netto	37	48	53	60	75

48 Revisionsöffnung/-klappe, eckig, Brandschutz
Revisionsklappe; Aluminium, GK-/GF-Platten; hxb=200/300/400x200/300/400mm, Platte 12,5/25mm; Aussparung herstellen, Beplankung und Verspachtelung; Wand; EI 30/EI 90

St	€ brutto	82	256	320	425	677
KG 342	€ netto	69	215	269	357	569

49 Montagewand, Verstärkung UK, OSB-Platten
Unterkonstruktion, Verstärkung; OSB-Holzplattenstreifen; Breite 250mm; Oberschrankhöhe

m	€ brutto	7,2	14,7	16,4	21,3	30,4
KG 342	€ netto	6,0	12,3	13,8	17,9	25,6

50 Montagewand, Verstärkung UK, CW-Profile
Unterkonstruktion, Verstärkung; CW-Profilen; Dicke 0,6mm; Ständerwand

m	€ brutto	2,3	10,2	13,4	20,4	37,5
KG 342	€ netto	1,9	8,6	11,3	17,1	31,5

51 Tragständer/Traverse, wandhängende Lasten
Tragständer/Traverse; Stahl, verzinkt; Lasten bis 1,5kN/m; Befestigen mit Gewindestangen, U-Scheiben, Stahlmuttern, Schrauben

St	€ brutto	5,1	23,5	27,5	35,3	53,8
KG 342	€ netto	4,3	19,8	23,1	29,7	45,2

▶ min
▷ von
ø Mittel
◁ bis
◀ max

039
Trockenbauarbeiten

Kosten: Stand 3.Quartal 2015, Bundesdurchschnitt

Trockenbauarbeiten						Preise €

Nr.	**Kurztext** / Stichworte			**brutto ø**		
	Einheit / Kostengruppe ▶		▷	netto ø	◁	◀
52	**Vorsatzschale, GK/GF, Feuchträume**					
	Vorsatzschale; Stahlblechprofile, Mineralfaser, WLG 040, GK-/GF-Platten; Höhe 2,75m, d= bis 112,5mm, Platte d=12,5m, Dämmung 20-60mm; freistehend, einseitig, ein-/zweilagig beplankt; Nassbereich					
	m² **€ brutto**	30	50	56	73	121
	KG 345 € netto	25	42	47	61	102
53	**Vorsatzschale, GK/GF, Schallschutz, R>50dB**					
	Vorsatzschale; GK-/GF-Platten, Schall-und Dämmplatten, WLG 040; Platten d=12,5mm; ein-/zweilagig beplankt; frei gespannt zwischen Stb-Deck und Boden					
	m² **€ brutto**	30	44	49	72	111
	KG 345 € netto	25	37	42	60	93
54	**Vorsatzschale, GK/GF**					
	Vorsatzschale; GK-/GF-Platten; Platten d=12,5mm; ein-/zweilagig beplankt					
	m² **€ brutto**	25	44	50	57	81
	KG 345 € netto	21	37	42	48	68
55	**Installationswand, Gipsplatte, MW**					
	Bekleidung, Installationswand; Holz, GK-Platten, Mineralwolle; Dicke 82,25mm, GK-Platte 12,5mm MW 40/60mm; zweilagig beplankt					
	m² **€ brutto**	30	43	48	65	89
	KG 345 € netto	25	36	40	55	75
56	**Schachtwand, GK, EI 90**					
	Schachtwand; Stahlprofilen, GK-Brandschutzplatten; frei gespannt zwischen Stahlbeton-Boden und Stb-Decke/direkt befestigt					
	m² **€ brutto**	44	52	57	66	79
	KG 342 € netto	37	43	48	55	67
57	**Verkofferung/Bekleidung, Rohrleitungen**					
	Rohrbekleidung; Metall-/Holzunterkonstruktion, GK/GF Platten, Mineralfaser; Platte d=12,5mm					
	m **€ brutto**	30	53	63	105	219
	KG 345 € netto	25	45	53	88	184
58	**Trockenputz, GK-Verbundplatte, Dämmung**					
	Innenwandbekleidung; GK-Verbundplatte mit Wärmedämmung, Mineralwolle/Polystyrol; GP-Platte 12,5mm, Dämmung 40/60/80mm; Spachteln					
	m² **€ brutto**	27	36	40	51	69
	KG 345 € netto	22	30	33	43	58

Trockenbauarbeiten					Preise €

Nr.	Kurztext / Stichworte		brutto ø			
	Einheit / Kostengruppe ▶	▷	netto ø	◁	◀	
59	**Trockenputz, Gipsbauplatte 12,5 mm**					
	Trockenputz; GK-Platte; GK-Platte d=12,5mm; Einbauhöhe bis 3,50m; ein-/zweilagig beplankt; Mauerwerk/Stahlbeton					
	m² € brutto	**18**	**28**	**31**	**38**	**59**
	KG 345 € netto	15	23	26	32	50
60	**Untergrundausgleich, Grund- und Traglattung**					
	Untergrundausgleich; Lattung; Unebenheiten ausgleichen; Betonwände/Holzbalken/Mauerwerk					
	m² € brutto	**2,6**	**7,6**	**9,2**	**12,1**	**19,3**
	KG 364 € netto	2,2	6,3	7,7	10,2	16,3
61	**GK-/GF-Bekleidung, einlagig, auf Unterkonstruktion**					
	Bekleidung; GF-Platten/GK-Platten; Dicke 12,5mm; einlagig beplankt; Wand, Decke; sichtbar befestigen					
	m² € brutto	**13**	**23**	**28**	**35**	**54**
	KG 364 € netto	11	19	23	29	45
62	**GK-/GF-Bekleidung, doppelt, auf Unterkonstruktion**					
	Bekleidung; GF-Platten/GK-Platten/imprägnierten GK-Platten; Dicke 12,5mm, Einbauhöhe bis 3,00m; zweilagig beplankt, Q2/Q3/Q4; Wand, Decke; sichtbare Befestigungsmittel					
	m² € brutto	**14**	**32**	**42**	**54**	**75**
	KG 364 € netto	12	27	35	45	63
63	**GK-/GF-Bekleidung, doppelt, EI 90, auf Unterkonstruktion**					
	Bekleidung; GF-Platten/GK-Platten; Dicke 12,5mm; zweilagig beplankt; Wand, Decke; sichtbar befestigen, F90-B					
	m² € brutto	**62**	**83**	**89**	**113**	**164**
	KG 364 € netto	52	69	75	95	138
64	**GK-/GF-Bekleidung, Lüftungskanal**					
	Bekleidung; GK-/GF-Platten; Einbauhöhe 3,50m, Abhanghöhe 0,25m; Verkleidung ein-/zwei-/drei-/ vierseitig; Lüftungskanal					
	m² € brutto	**34**	**58**	**68**	**74**	**93**
	KG 353 € netto	29	49	57	62	78
65	**GF-Leibung, Fenster, Gipsfaser**					
	Leibungen Fenster; GF-Platten; Dicke 12,5mm; Q2					
	m € brutto	**14**	**15**	**15**	**16**	**17**
	KG 336 € netto	12	13	13	13	14
66	**GK-Leibung, Fenster, Gipsplatte Typ A**					
	Leibungen Fenster; GK-Platten, Typ A; Dicke 12,5mm; Q2					
	m € brutto	**4,5**	**13,0**	**16,6**	**24,5**	**42,2**
	KG 336 € netto	3,8	10,9	13,9	20,6	35,4

► min
▷ von
ø Mittel
◁ bis
◄ max

039
Trockenbauarbeiten

Kosten: Stand 3.Quartal 2015, Bundesdurchschnitt

Trockenbauarbeiten					Preise €
Nr.	**Kurztext** / Stichworte		**brutto ø**		
	Einheit / Kostengruppe ►	▷	netto ø	◁	◄
67	**GK-Leibung, Dachfenster**				
	Leibungsbekleidung; Verbundplatte, Gips/Polystyrol-Hartschaum; Dicke 20cm; Dachfenster				
	m € brutto	22	34	40	56	74
	KG 364 € netto	19	28	34	47	62
68	**Imprägnierung, GK-Platten**				
	Gipsbauplatte imprägniert; Typ H2; 12,5mm; imprägniert; Nassräume				
	m² € brutto	0,7	2,8	3,3	4,4	7,5
	KG 342 € netto	0,6	2,3	2,8	3,7	6,3
69	**Dampfsperre/Dampfbremse, GF-/GK-Bekleidung**				
	Dampfbremse; Dampfbremsbahn; sd bis 2,30m; verlegen, wind-/und luftdicht mit Klebeband abdichten				
	m² € brutto	1,6	5,1	6,2	9,7	21,2
	KG 364 € netto	1,3	4,3	5,2	8,2	17,8
70	**Mineralfaserdämmung, zwischen Sparren**				
	Wärmedämmung; Mineralfaser, WLG 035, A1; einlagig, stumpf gestoßen; zwischen Sparren				
	m² € brutto	12	17	20	22	32
	KG 364 € netto	10	14	16	19	27
71	**Mineralfaserdämmung, zwischen Lattung, bis 80 mm**				
	Wärmedämmung; Mineralwolle/Zellulosedämmplatte, WLG 035; Dicke 40/60/80mm; einlagig, dicht gestoßen; zwischen Holzkonstruktion				
	m² € brutto	3,8	7,0	8,2	10,3	13,7
	KG 342 € netto	3,2	5,9	6,9	8,7	11,5
72	**Doppelboden, Plattenbelag/Unterkonstruktion**				
	Doppelboden; Mineralfaserplatten/Stahlwanne, Füllung aus Leicht-beton/Stahlprofilen; lxb=600x600mm; inkl. aller erf. Komponenten				
	m² € brutto	82	119	136	171	289
	KG 352 € netto	69	100	114	144	243
73	**Trockenestrich, GF-Platten**				
	Trockenestrich; GF-Platten, Klasse A1; Dicke 18/23mm; einlagig einbauen; Beton/Holzbalkendecke/Fußbodenheizung; inkl. Ausgleichs-schüttung				
	m² € brutto	20	34	40	49	76
	KG 352 € netto	17	29	34	41	64
74	**Ausgleichschicht, Mineralstoff, Trockenestrich**				
	Ausgleichsschüttung; Mineralstoff 0/2, gebrochen; Dicke bis 30cm; einbauen, verdichten; unter Trockenestrich				
	m² € brutto	5,3	14,2	16,4	21,7	35,4
	KG 352 € netto	4,5	11,9	13,7	18,2	29,8

Trockenbauarbeiten					Preise €

Nr.	Kurztext / Stichworte	brutto ø			
	Einheit / Kostengruppe ▶	▷ netto ø		◁	◀
75	**WC-Wandanlage, Alu-Profile/HPL-Platten, wasserfest**				
	WC-Trennwand; HPL-Kompaktplatten, wasserfest, Aluminium-Profile; Platte 13mm, Höhe 2,00m inkl. 15cm Fußluft; integrierten Türanschlagstegen, geräuschdämpfendem Gummikeder; inkl. Ausstattung				
	m² € brutto	108 177	209	245	352
	KG 346 € netto	90 149	175	206	296
76	**Urinaltrennwand, Schichtstoff-Verbundelemente**				
	Urinaltrennwand, wandhängend; HPL-Vollkernplatten/ESG-Sicherheitsglas mit Siebdruck-Oberfläche; 900x450mm, Dicke 3-30-3mm; beidseitig beplankt; Urinaltrennwand				
	St € brutto	129 210	239	285	415
	KG 342 € netto	108 177	200	239	349
77	**Trägerelement, Waschtisch, Montagewand**				
	Trägerelement, Waschtisch; Stahlprofile, verzinkt; belastbar bis 200kg; einseitig anschließen, höhen-/seitenverstellbar; inkl. Halterungen, Wandbatterie				
	St € brutto	51 125	145	203	301
	KG 342 € netto	43 105	122	171	253
78	**Verfugung, Acryl-Dichtstoff überstreichbar**				
	Fugenabdichtung, überstreichbar; Acryldispersionsdichtstoff; inkl. Flankenvorbehandlung, Hinterlegen der Fugenhohlräume, Fugen glätten; Gipsplatten/Gipsfaserplatten				
	m € brutto	0,9 3,0	3,8	5,8	12,8
	KG 342 € netto	0,7 2,5	3,2	4,9	10,7
79	**Brandschott, nachträglich**				
	Brandschott; Material spritzbar, S30/S60/S90; in Metallständerwand; Herstellung nachträglich				
	St € brutto	5,1 27,3	36,1	95,3	161,2
	KG 342 € netto	4,3 23,0	30,3	80,1	135,4
80	**Spachtelung, GK-Platten, erhöhte Qualität**				
	Spachtelung Q3; GK-Platten; Wand				
	m² € brutto	1,6 5,4	6,6	9,1	13,0
	KG 345 € netto	1,4 4,5	5,6	7,7	10,9
81	**GK-Bekleidung anarbeiten, Installationsdurchführung**				
	Anarbeiten, Bekleidung; GK-Platten; bis 0,10/0,50m²; rechteckig/rund				
	St € brutto	1,5 13,1	17,7	46,3	95,8
	KG 342 € netto	1,3 11,0	14,9	38,9	80,5
82	**Stundensatz Facharbeiter, Trockenbau**				
	Stundenlohnarbeiten Vorarbeiter, Facharbeiter; Trockenbau				
	h € brutto	34 45	51	55	64
	€ netto	29 38	43	47	53

▶ min
▷ von
ø Mittel
◁ bis
◀ max

039
Trockenbauarbeiten

Kosten: Stand 3.Quartal 2015, Bundesdurchschnitt

Trockenbauarbeiten					Preise €

Nr.	Kurztext / Stichworte			brutto ø		
	Einheit / Kostengruppe ▶		▷	netto ø	◁	◀
83	**Stundensatz Helfer, Trockenbau**					
	Stundenlohnarbeiten Werker, Helfer; Trockenbau					
	h	**€ brutto**	**21**	**37**	**44**	**47**	**54**
		€ netto	18	31	37	39	45

C

Gebäudetechnik Titel des Leistungsbereichs   LB-Nr.

Wärmeversorgungsanlagen - Betriebseinrichtungen				Preise €	

Nr.	Kurztext / Stichworte		brutto ø		
	Einheit / Kostengruppe ▶	▷ netto ø	◁	◀	
1	**Gas-Brennwerttherme, Wand, bis 15kW**				
	Gas-Brennwerttherme; Edelstahl/Aluminium; 9-15KW; Wandmontage				
	St	€ brutto	2.885	3.382	4.267	5.152	5.940
	KG 421	€ netto	2.425	2.842	3.586	4.330	4.992
2	**Gas-Brennwerttherme, Wand, bis 25kW**				
	Gas-Brennwerttherme; Edelstahl/Aluminium; 16-25kW; Wandmontage				
	St	€ brutto	3.031	3.625	4.534	5.455	6.304
	KG 421	€ netto	2.547	3.046	3.810	4.584	5.298
3	**Gas-Brennwerttherme, Wand, bis 50kW**				
	Gas-Brennwerttherme; Edelstahl/Aluminium; 26-50kW; Wandmontage				
	St	€ brutto	3.310	3.940	4.789	5.892	6.655
	KG 421	€ netto	2.781	3.311	4.024	4.951	5.593
4	**Gas-Niedertemperaturkessel, bis 25kW**				
	Gas-Niedertemperaturkessel; Stahl/Guss; 15-25kW; stehende Montage				
	St	€ brutto	3.152	3.794	4.607	5.334	6.425
	KG 421	€ netto	2.649	3.189	3.871	4.483	5.399
5	**Gas-Niedertemperaturkessel, bis 50kW**				
	Gas-Niedertemperaturkessel; Stahl/Guss; 26-50kW; stehende Montage				
	St	€ brutto	4.259	4.678	4.850	4.962	6.190
	KG 421	€ netto	3.579	3.931	4.076	4.170	5.202
6	**Gas-Niedertemperaturkessel, bis 70kW**				
	Gas-Niedertemperaturkessel; Stahl/Guss; 51-70kW; stehende Montage				
	St	€ brutto	5.231	6.573	6.988	8.210	10.912
	KG 421	€ netto	4.396	5.524	5.873	6.900	9.170
7	**Gas-Brennwertkessel, bis 70kW**				
	Gas-Brennwertkessel; 50-70kW; Kessel wärmegedämmt				
	St	€ brutto	5.686	6.389	7.516	9.213	10.668
	KG 421	€ netto	4.778	5.369	6.316	7.743	8.965
8	**Gas-Brennwertkessel, bis 150kW**				
	Gas-Brennwertkessel; 71-150kW; Kessel wärmegedämmt				
	St	€ brutto	5.392	7.769	8.867	9.597	11.034
	KG 421	€ netto	4.531	6.529	7.451	8.065	9.272
9	**Gas-Brennwertkessel, bis 225 kW**				
	Gas-Brennwertkessel; 151-225kW; Kessel wärmegedämmt				
	St	€ brutto	7.566	10.537	11.926	13.522	16.247
	KG 421	€ netto	6.358	8.855	10.022	11.363	13.653
10	**Gas-Brennwertkessel, bis 400kW**				
	Gas-Brennwertkessel; 226-400kW; Kessel wärmegedämmt				
	St	€ brutto	8.376	15.570	16.569	19.169	24.365
	KG 421	€ netto	7.039	13.084	13.924	16.109	20.475

► min
▷ von
ø Mittel
◁ bis
◄ max

040
Wärmeversorgungsanlagen -
Betriebseinrichtungen

Kosten: Stand 3.Quartal 2015, Bundesdurchschnitt

Wärmeversorgungsanlagen - Betriebseinrichtungen					Preise €

Nr.	Kurztext / Stichworte			brutto ø		
	Einheit / Kostengruppe ►		▷	netto ø	◁	◄
11	**Gas-Brennwertkessel, bis 600kW**					
	Gas-Brennwertkessel; 401-600kW; Kessel wärmegedämmt					
	St	€ brutto	11.073	18.041	22.519	23.820	29.397
	KG 421	€ netto	9.305	15.161	18.924	20.017	24.704
12	**Öl-Niedertemperaturkessel, bis 50kW**					
	Öl-Niedertemperaturkessel; Stahl; bis 50kW; Kessel wärmegedämmt					
	St	€ brutto	3.713	4.128	4.363	5.010	5.965
	KG 421	€ netto	3.120	3.469	3.667	4.210	5.013
13	**Öl-Niedertemperaturkessel, bis 150kW**					
	Öl-Niedertemperaturkessel; Stahl; 51-150kW; Kessel wärmegedämmt					
	St	€ brutto	5.213	6.136	6.361	7.273	8.539
	KG 421	€ netto	4.381	5.156	5.345	6.112	7.175
14	**Heizöltank, stehend, 5000l**					
	Heizöllagerbehälter; Stahl/GKF; 5000l; stehende Ausführung, oberirdische Lagerung					
	St	€ brutto	2.313	5.407	6.724	7.887	12.946
	KG 421	€ netto	1.944	4.544	5.651	6.628	10.879
15	**Abgasanlage, Edelstahl**					
	Abgasanlage; Edelstahl; doppelwandig, wärmegedämmt; Außenwandmontage/im Schacht					
	St	€ brutto	2.514	5.399	5.513	7.210	9.550
	KG 429	€ netto	2.113	4.537	4.633	6.059	8.025
16	**Neutralisationsanlage, Brennwertgeräte**					
	Neutralisationsanlage, Brennwertgeräte; Kunststoffgehäuse; inkl. Neutralisationsgranulat					
	St	€ brutto	195	532	679	1.628	2.945
	KG 421	€ netto	164	447	571	1.368	2.475
17	**Heizungsverteiler, Vorlaufverteiler/Rücklaufsammler**					
	Heizungsverteiler; Stahlblech; Doppelkammer 150x150mm²; als Vor-und Rücklaufsammler; Wand/Bodenmontage					
	St	€ brutto	508	1.315	1.679	2.212	4.016
	KG 421	€ netto	427	1.105	1.411	1.859	3.374
18	**Holz/Pellet-Heizkessel, bis 25kW**					
	Holz/Pellet-Holzheizkessel; Stahl/Guss; bis 25kW; stehende Montage					
	St	€ brutto	5.514	8.320	10.233	11.195	13.251
	KG 421	€ netto	4.634	6.992	8.599	9.408	11.136
19	**Holz/Pellet-Heizkessel, bis 50kW**					
	Holz/Pellet-Holzheizkessel; Stahl/Guss; 26-50kW; stehende Montage					
	St	€ brutto	9.284	10.109	11.765	14.778	16.948
	KG 421	€ netto	7.802	8.495	9.887	12.419	14.242

Wärmeversorgungsanlagen - Betriebseinrichtungen					Preise €

Nr.	Kurztext / Stichworte		brutto ø		
	Einheit / Kostengruppe ▶	▷	netto ø	◁	◀
20	**Holz/Pellet-Heizkessel, bis 120kW**				
	Holz/Pellet-Holzheizkessel; Stahl/Guss; 51-120kW; stehende Montage				
	St	**€ brutto**	**15.944**	**23.061**	**25.650**	**27.810**	**33.931**
	KG 421	€ netto	13.399	19.379	21.555	23.370	28.514
21	**Pellet-Fördersystem, Förderschnecke**				
	Pellet-Fördersystem, Förderschnecke; Stahl; Durchmesser 120mm, 5/10kg/h; Stirnradgetriebemotor				
	St	**€ brutto**	**804**	**876**	**913**	**935**	**1.006**
	KG 421	€ netto	676	736	767	786	846
22	**Pellet-Fördersystem, Saugleitung**				
	Pellet-Fördersystem, Saugleitung; Metallgehäuse; 5/10kg/h, Länge bis 30m				
	St	**€ brutto**	**1.063**	**2.061**	**2.606**	**3.455**	**4.073**
	KG 421	€ netto	893	1.732	2.190	2.903	3.423
23	**Erdgas-BHKW-Anlage, bis 20kW**				
	Erdgas-Blockheizkraftwerkanlage; Gas-Otto-Motor; bis 20kW; Ausgangsspannung 400V				
	St	**€ brutto**	**12.464**	**24.704**	**27.906**	**40.574**	**60.006**
	KG 421	€ netto	10.474	20.760	23.451	34.097	50.427
24	**Erdgas-BHKW-Anlage, bis 50kW**				
	Erdgas-Blockheizkraftwerkanlage; Gas-Otto-Motor; bis 50kW; Ausgangsspannung 400V				
	St	**€ brutto**	**37.160**	**57.092**	**57.264**	**65.077**	**85.009**
	KG 421	€ netto	31.227	47.977	48.122	54.688	71.438
25	**Solaranlage, thermisch, bis 20m²**				
	Solaranlage, thermisch; Flachkollektoren; Fläche bis 20m²; für Auf-/Innen-/Flachdachmontage				
	St	**€ brutto**	**2.773**	**5.799**	**7.256**	**9.342**	**13.035**
	KG 421	€ netto	2.330	4.873	6.097	7.851	10.954
26	**Pufferspeicher, Heizanlage**				
	Wärmespeicheranlage Heizwasser; bis 120°C; ohne Wärmedämmung				
	St	**€ brutto**	**1.424**	**2.875**	**3.228**	**5.177**	**8.141**
	KG 421	€ netto	1.197	2.416	2.713	4.350	6.841
27	**Durchflusswarmwasserbereitungsstation, Wärmetauscher, Pumpe**				
	Durchflusswarmwasserbereitungssystem; Wärmetauscher, Umwälzpumpe; 600x800x160mm				
	St	**€ brutto**	**1.385**	**2.275**	**2.368**	**3.283**	**4.541**
	KG 421	€ netto	1.164	1.912	1.990	2.759	3.816

▶ min
▷ von
ø Mittel
◁ bis
◀ max

040
Wärmeversorgungsanlagen - Betriebseinrichtungen

Kosten: Stand 3.Quartal 2015, Bundesdurchschnitt

Wärmeversorgungsanlagen - Betriebseinrichtungen				Preise €

Nr.	Kurztext / Stichworte		brutto ø		
	Einheit / Kostengruppe ▶	▷	netto ø	◁	◀
28	**Wärmepumpe, bis 20kW, Sole/Luft/Wasser**				
	Wärmepumpe; Sole/Luft/Wasser; bis 20kW; außen/innen; monovalent/bivalent/Solar				
	St **€ brutto**	**8.741**	**10.902**	**11.717**	**13.508**	**16.721**
	KG 421 € netto	7.346	9.162	9.846	11.352	14.052
29	**Wärmepumpe, bis 50kW, Sole/Luft/Wasser**				
	Wärmepumpe; Sole/Luft/Wasser; bis 50kW; außen/innen; monovalent/bivalent/Solar				
	St **€ brutto**	**14.342**	**17.285**	**18.793**	**20.417**	**23.199**
	KG 421 € netto	12.052	14.526	15.793	17.157	19.495
30	**Erdsondenanlage, Wärmepumpe**				
	Erdsondenanlage, Wärmepumpe; Doppel-U-Sonden 32mm; Tiefe 50/100/150m; inkl. Nebenarbeiten				
	m **€ brutto**	**–**	**54**	**72**	**91**	**–**
	KG 421 € netto	–	45	60	76	–
31	**Ausdehnungsgefäß, bis 500 Liter**				
	Ausdehnungsgefäß; Stahl; bis 500l; stehende Montage				
	St **€ brutto**	**60**	**173**	**205**	**394**	**695**
	KG 421 € netto	50	145	172	331	584
32	**Ausdehnungsgefäß, über 500 Liter**				
	Ausdehnungsgefäß; Stahl; über 500l; stehende Montage				
	St **€ brutto**	**845**	**1.562**	**1.756**	**2.062**	**3.168**
	KG 421 € netto	710	1.313	1.475	1.733	2.662
33	**Trinkwarmwasserspeicher**				
	Trinkwarmwasserspeicher; Stahl/Edelstahl; stehende/liegende Montage				
	St **€ brutto**	**969**	**1.664**	**1.990**	**2.775**	**4.480**
	KG 421 € netto	814	1.398	1.672	2.332	3.765
34	**Umwälzpumpen, bis 2,50m³/h**				
	Umwälzpumpe, Nassläufer; Bronze/Gusseisen/Stahl; bis 2,50m³/h; inkl. Wärmedämmschalen				
	St **€ brutto**	**104**	**253**	**311**	**420**	**601**
	KG 421 € netto	87	213	261	353	505
35	**Umwälzpumpen, bis 5,00m³/h**				
	Umwälzpumpe, Nassläufer; Bronze/Gusseisen/Stahl; bis 5,00m³/h; inkl. Wärmedämmschalen				
	St **€ brutto**	**292**	**430**	**493**	**553**	**659**
	KG 422 € netto	245	362	414	464	554

Wärmeversorgungsanlagen - Betriebseinrichtungen				Preise €

Nr.	Kurztext / Stichworte		brutto ø		
	Einheit / Kostengruppe ▶	▷	netto ø	◁	◀
36	**Umwälzpumpen, ab 5,00m³/h**				
	Umwälzpumpe, Nassläufer; Bronze/Gusseisen/Stahl; ab 5,00m³/h; inkl. Wärmedämmschalen				
	St € brutto	**669**	**836**	**958**	**1.073**	**1.637**
	KG 422 € netto	562	703	805	902	1.375
37	**Absperrklappen, bis DN25**				
	Absperrklappe; Grauguss/Bronze; bis DN25, PN6/10/16; Handbetätigung				
	St € brutto	**59**	**93**	**99**	**114**	**124**
	KG 422 € netto	50	78	84	96	104
38	**Absperrklappen, DN32**				
	Absperrklappe; Grauguss/Bronze; DN32, PN6/10/16; Handbetätigung				
	St € brutto	**67**	**93**	**114**	**132**	**158**
	KG 422 € netto	56	78	96	111	133
39	**Absperrklappen, DN40**				
	Absperrklappe; Grauguss/Bronze; DN40, PN6/10/16; Handbetätigung				
	St € brutto	**82**	**107**	**124**	**148**	**176**
	KG 422 € netto	69	90	105	124	148
40	**Absperrklappen, DN50**				
	Absperrklappe; Grauguss/Bronze; DN50, PN6/10/16; Handbetätigung				
	St € brutto	**92**	**121**	**149**	**164**	**196**
	KG 422 € netto	77	102	125	138	165
41	**Absperrklappen, DN65**				
	Absperrklappe; Grauguss/Bronze; DN65, PN6/10/16; Handbetätigung				
	St € brutto	**96**	**126**	**164**	**184**	**216**
	KG 422 € netto	80	106	138	155	181
42	**Absperrklappen, DN80**				
	Absperrklappe; Grauguss/Bronze; DN80, PN6/10/16; Handbetätigung				
	St € brutto	**106**	**153**	**188**	**212**	**252**
	KG 422 € netto	89	128	158	178	212
43	**Absperrklappen, DN125**				
	Absperrklappe; Grauguss/Bronze; DN125, PN6/10/16; Handbetätigung				
	St € brutto	**137**	**316**	**341**	**491**	**669**
	KG 422 € netto	115	265	287	412	562
44	**Rückschlagventil, DN65**				
	Rückschlagventil; DN65, PN6				
	St € brutto	**58**	**93**	**113**	**140**	**179**
	KG 422 € netto	49	78	95	118	150

▶ min
▷ von
ø Mittel
◁ bis
◀ max

040
Wärmeversorgungsanlagen - Betriebseinrichtungen

Kosten: Stand 3.Quartal 2015, Bundesdurchschnitt

Wärmeversorgungsanlagen - Betriebseinrichtungen				Preise €	

Nr.	Kurztext / Stichworte		brutto ø			
	Einheit / Kostengruppe ▶	▷	netto ø	◁	◀	
45	**Dreiwegeventil, DN40**					
	Dreiwegeventil; Grauguss; DN40, PN16; inkl. elektr. Stellantrieb					
	St € brutto	139	302	434	536	698
	KG 421 € netto	117	254	365	450	587
46	**Heizungsverteiler, Wandmontage, 3 Heizkreise**					
	Heizungsverteiler; Stahl; drei Heizkreise; kombinierter Vor- und Rücklaufverteiler; Wandmontage					
	St € brutto	–	177	201	225	–
	KG 421 € netto	–	149	169	189	–
47	**Heizungsverteiler, Wandmontage, 5 Heizkreise**					
	Heizungsverteiler; Stahl; fünf Heizkreise; kombinierter Vor- und Rücklaufverteiler; Wandmontage					
	St € brutto	–	289	320	382	–
	KG 421 € netto	–	242	269	321	–
48	**Füllset, Heizung**					
	Füllset Heizung; flexible Schlauchanbindung					
	St € brutto	13	20	21	24	31
	KG 421 € netto	11	17	18	21	26

Heizflächen, Rohrleitungen, Armaturen					Preise €

Nr.	Kurztext / Stichworte	brutto ø			
	Einheit / Kostengruppe ▶	▷ netto ø	◁		◀
1	**Strangregulierventil, Guss, DN15**				
	Strangregulierungsventil; Rotguss/Grauguss; PN 6/10/16, DN15				
	St € brutto	16	28	36	44	51
	KG 421 € netto	13	23	30	37	43
2	**Überströmventil, Guss, DN15**				
	Überströmventil; Messing/Rotguss/Grauguss; PN 3/6/10, DN15; Eck-/gerade Ausführung				
	St € brutto	35	56	71	79	115
	KG 421 € netto	29	47	60	66	96
3	**Schmutzfänger, Guss, DN40**				
	Schmutzfänger; Grauguss; DN40				
	St € brutto	42	56	64	64	81
	KG 421 € netto	36	47	54	54	68
4	**Schnellentlüfter, DN10 (Schwimmerentlüfter)**				
	Schnellentlüfter; Messing/Grauguss; DN10				
	St € brutto	7,5	20,7	25,6	37,4	82,0
	KG 421 € netto	6,3	17,4	21,5	31,4	68,9
5	**Zeigerthermometer, Bimetall**				
	Zeigerthermometer, Bimetall; Aluminium/Edelstahl; Durchmesser 63/80/100/160, Länge 63-160mm				
	St € brutto	9,1	16,1	18,5	34,6	55,8
	KG 421 € netto	7,6	13,5	15,5	29,1	46,9
6	**Manometer, Rohrfeder**				
	Manometer, Rohrfeder; Messing, Stahlrohrfeder; Durchmesser 63/80/100/160mm				
	St € brutto	20	39	52	82	177
	KG 421 € netto	17	33	44	69	149
7	**Absperrventil, Guss, DN15**				
	Absperrventil; Rotguss/Grauguss; DN15, PN 6/10/16; inkl. Flansch				
	St € brutto	20	34	40	48	71
	KG 422 € netto	17	28	34	40	59
8	**Absperrventil, Guss, DN20**				
	Absperrventil; Rotguss/Grauguss; DN20, PN 6/10/16; inkl. Flansch				
	St € brutto	33	46	51	58	77
	KG 422 € netto	28	39	43	49	65
9	**Absperrventil, Guss, DN25**				
	Absperrventil; Rotguss/Grauguss; DN25, PN 6/10/16; inkl. Flansch				
	St € brutto	31	65	80	88	111
	KG 422 € netto	26	55	67	74	93

▶ min
▷ von
ø Mittel
◁ bis
◀ max

041
Heizflächen, Rohrleitungen,
Armaturen

Kosten: Stand 3.Quartal 2015, Bundesdurchschnitt

Heizflächen, Rohrleitungen, Armaturen						Preise €
Nr.	**Kurztext** / Stichworte			**brutto ø**		
	Einheit / Kostengruppe ▶		▷	netto ø	◁	◀
10	**Absperrventil, Guss, DN32**					
	Absperrventil; Rotguss/Grauguss; DN32, PN 6/10/16; inkl. Flansch					
	St	€ brutto	42	77	91	122	184
	KG 422	€ netto	35	65	76	102	154
11	**Absperrventil, Guss, DN40**					
	Absperrventil; Rotguss/Grauguss; DN40, PN 6/10/16; inkl. Flansch					
	St	€ brutto	85	112	123	137	171
	KG 422	€ netto	72	94	103	115	144
12	**Absperrventil, Guss, DN50**					
	Absperrventil; Rotguss/Grauguss; DN50, PN 6/10/16; inkl. Flansch					
	St	€ brutto	104	139	155	187	229
	KG 422	€ netto	87	117	130	157	192
13	**Absperrventil, Guss, DN65**					
	Absperrventil; Rotguss/Grauguss; DN65, PN 6/10/16; inkl. Flansch					
	St	€ brutto	137	181	182	201	247
	KG 422	€ netto	115	152	153	169	208
14	**Badheizkörper/Handtuchheizkörper, Stahl beschichtet**					
	Badheizkörper/Handtuchheizkörper; Stahl; 1.800x600x40mm					
	St	€ brutto	232	462	546	646	1.171
	KG 423	€ netto	195	388	458	543	984
15	**Rohrleitung, C-Stahlrohr, DN15**					
	Rohrleitung; C-Stahlrohr; DN15; in Stangen; inkl. Fittings					
	m	€ brutto	3,4	9,5	13,1	15,1	18,5
	KG 422	€ netto	2,9	8,0	11,0	12,7	15,5
16	**Rohrleitung, C-Stahlrohr, DN20**					
	Rohrleitung; C-Stahlrohr; DN20; in Stangen; inkl. Fittings					
	m	€ brutto	–	15	18	24	–
	KG 422	€ netto	–	12	15	20	–
17	**Rohrleitung, C-Stahlrohr, DN25**					
	Rohrleitung; C-Stahlrohr; DN25; in Stangen; inkl. Fittings					
	m	€ brutto	18	21	22	24	27
	KG 422	€ netto	15	18	19	20	23
18	**Rohrleitung, C-Stahlrohr, DN32**					
	Rohrleitung; C-Stahlrohr; DN32; in Stangen; inkl. Fittings					
	m	€ brutto	22	27	27	28	33
	KG 422	€ netto	19	22	23	24	27
19	**Rohrleitung, C-Stahlrohr, DN40**					
	Rohrleitung; C-Stahlrohr; DN40; in Stangen; inkl. Fittings					
	m	€ brutto	21	29	36	40	54
	KG 422	€ netto	18	24	30	34	46

Heizflächen, Rohrleitungen, Armaturen					Preise €

Nr.	Kurztext / Stichworte			brutto ø		
	Einheit / Kostengruppe ▶		▷	netto ø	◁	◀
20	**Rohrleitung, C-Stahlrohr, DN50**					
	Rohrleitung; C-Stahlrohr; DN50; in Stangen; inkl. Fittings					
	m	€ brutto	24	40	48	53	74
	KG 422	€ netto	20	33	40	45	62
21	**Rohrleitung, C-Stahlrohr, Bogen, DN50**					
	Formstück Bogen; C-Stahlrohr; DN50, 90°; geschweißt					
	St	€ brutto	–	89	132	158	–
	KG 422	€ netto	–	75	111	133	–
22	**Rohrleitung, Stahlrohr, DN65**					
	Rohrleitung; Stahlrohr; DN65; inkl. Befestigung					
	m	€ brutto	26	31	34	38	49
	KG 422	€ netto	22	26	28	32	41
23	**Rohrleitung, Stahlrohr, DN80**					
	Rohrleitung; Stahlrohr; DN80; inkl. Befestigung					
	m	€ brutto	–	34	38	41	–
	KG 422	€ netto	–	29	32	35	–
24	**Rohrleitung, Stahlrohr, DN100**					
	Rohrleitung; Stahlrohr; DN100; inkl. Befestigung					
	m	€ brutto	–	44	53	62	–
	KG 422	€ netto	–	37	45	52	–
25	**Rohrleitung, Stahlrohr, DN150**					
	Rohrleitung; Stahlrohr; DN150; inkl. Befestigung					
	m	€ brutto	–	58	64	70	–
	KG 422	€ netto	–	49	54	59	–
26	**Heizkreisverteiler, Pumpenwarmwasserheizungen**					
	Heizkreisverteiler; Stahl; 4/6/10/16bar; Boden-/Wandmontage; für Pumpenwarmwasserheizungen					
	St	€ brutto	179	267	307	362	468
	KG 422	€ netto	150	224	258	304	393
27	**Röhrenheizkörper, Stahl, h=500**					
	Röhrenheizkörper; Stahlrohr; Höhe 500mm; inkl. Anschlussarbeiten					
	St	€ brutto	–	10	11	13	–
	KG 423	€ netto	–	8,5	9,3	11	–
28	**Röhrenheizkörper, Stahl, h=600**					
	Röhrenheizkörper; Stahlrohr; Höhe 600mm; inkl. Anschlussarbeiten					
	St	€ brutto	–	8,6	10	16	–
	KG 423	€ netto	–	7,2	8,5	13	–
29	**Röhrenheizkörper, Stahl, h=900**					
	Röhrenheizkörper; Stahlrohr; Höhe 900mm; inkl. Anschlussarbeiten					
	St	€ brutto	–	12	17	21	–
	KG 423	€ netto	–	9,8	14	18	–

▶ min
▷ von
ø Mittel
◁ bis
◀ max

041
Heizflächen, Rohrleitungen,
Armaturen

Kosten: Stand 3.Quartal 2015, Bundesdurchschnitt

Heizflächen, Rohrleitungen, Armaturen					Preise €

Nr.	Kurztext / Stichworte			brutto ø		
	Einheit / Kostengruppe ▶		▷	netto ø	◁	◀
30	**Röhrenheizkörper, Stahl, h=1.800**					
	Röhrenheizkörper; Stahlrohr; Höhe 1.800mm; inkl. Anschlussarbeiten					
	St € brutto	–	21	24	28	–
	KG 423 € netto	–	18	20	23	–
31	**Kompaktheizkörper, Stahl, h/l=500/bis 700mm**					
	Kompaktheizkörper; Stahl; Höhe 500mm, Länge bis 700mm; inkl. Montageset, Anschlussarbeiten					
	St € brutto	110	126	164	183	213
	KG 423 € netto	92	106	138	154	179
32	**Kompaktheizkörper, Stahl, h/l=500/bis 1.400mm**					
	Kompaktheizkörper; Stahl; Höhe 500mm, Länge 701-1.400mm; inkl. Montageset, Anschlussarbeiten					
	St € brutto	179	206	267	299	347
	KG 423 € netto	151	173	224	251	291
33	**Kompaktheizkörper, Stahl, h/l=500/bis 2.100mm**					
	Kompaktheizkörper; Stahl; Höhe 500mm, Länge 1401-2.100mm; inkl. Montageset, Anschlussarbeiten					
	St € brutto	253	290	376	421	489
	KG 423 € netto	212	244	316	354	411
34	**Kompaktheizkörper, Stahl, h/l=600/bis 700mm**					
	Kompaktheizkörper; Stahl; Höhe 600mm, Länge bis 700mm; inkl. Montageset, Anschlussarbeiten					
	St € brutto	126	145	188	210	244
	KG 423 € netto	106	122	158	177	205
35	**Kompaktheizkörper, Stahl, h/l=600/bis 1.400mm**					
	Kompaktheizkörper; Stahl; Höhe 600mm, Länge 701-1.400mm; inkl. Montageset, Anschlussarbeiten					
	St € brutto	196	225	291	326	378
	KG 423 € netto	164	189	245	274	318
36	**Kompaktheizkörper, Stahl, h/l=600/bis 2.100mm**					
	Kompaktheizkörper; Stahl; Höhe 600mm, Länge 1.401-2.100mm; inkl. Montageset, Anschlussarbeiten					
	St € brutto	258	297	384	430	500
	KG 423 € netto	217	250	323	362	420
37	**Kompaktheizkörper, Stahl, h/l=900/bis 700mm**					
	Kompaktheizkörper; Stahl; Höhe 900mm, Länge bis 700mm; inkl. Montageset, Anschlussarbeiten					
	St € brutto	151	173	224	251	314
	KG 423 € netto	127	146	188	211	264

Heizflächen, Rohrleitungen, Armaturen				Preise €	

Nr.	Kurztext / Stichworte		brutto ø		
	Einheit / Kostengruppe ▶	▷	netto ø	◁	◀
38	**Kompaktheizkörper, Stahl, h/l=900/bis 1.400mm**				
	Kompaktheizkörper; Stahl; Höhe 900mm, Länge 701-1.400mm; inkl. Montageset, Anschlussarbeiten				
	St € brutto	244	281	364	407	509
	KG 423 € netto	205	236	306	342	428
39	**Kompaktheizkörper, Stahl, h/l=900/bis 2.100mm**				
	Kompaktheizkörper; Stahl; Höhe 900mm, Länge 1.401-2.100mm; inkl. Montageset, Anschlussarbeiten				
	St € brutto	356	409	530	593	742
	KG 423 € netto	299	344	445	499	623
40	**Radiavektoren, Profilrohre, h/l=140/bis 700mm**				
	Radiavektor; Pulvereinbrennlackierung; Höhe 140mm, Länge bis 700mm; inkl. Anschlussarbeiten				
	St € brutto	324	458	497	588	649
	KG 423 € netto	272	385	418	494	545
41	**Radiavektoren, Profilrohre, h/l=140/1.400mm**				
	Radiavektor; Pulvereinbrennlackierung; Höhe 140mm, l=701-1.400mm; inkl. Anschlussarbeiten				
	St € brutto	417	552	615	691	933
	KG 423 € netto	350	464	517	581	784
42	**Radiavektoren, Profilrohre, h/l=140/2.100mm**				
	Radiavektor; Pulvereinbrennlackierung; Höhe 140mm, l=1.401-2.100mm; inkl. Anschlussarbeiten				
	St € brutto	522	809	824	999	1.287
	KG 423 € netto	438	680	693	839	1.081
43	**Radiavektoren, Profilrohre, h/l=210/bis700mm**				
	Radiavektor; Pulvereinbrennlackierung; Höhe 210mm, l bis 700mm; inkl. Anschlussarbeiten				
	St € brutto	332	462	513	628	812
	KG 423 € netto	279	388	431	528	682
44	**Radiavektoren, Profilrohre, h/l=210/bis 1.400mm**				
	Radiavektor; Pulvereinbrennlackierung; Höhe 210mm, l=701-1.400mm; inkl. Anschlussarbeiten				
	St € brutto	516	696	830	897	1.164
	KG 423 € netto	434	585	698	754	978
45	**Radiavektoren, Profilrohre, h/l=210/bis 2.100mm**				
	Radiavektor; Pulvereinbrennlackierung; Höhe 210mm, l=1.401-2.100mm; inkl. Anschlussarbeiten				
	St € brutto	668	1.006	1.103	1.237	1.566
	KG 423 € netto	561	846	927	1.039	1.316

▶ min
▷ von
ø Mittel
◁ bis
◀ max

041
Heizflächen, Rohrleitungen,
Armaturen

Kosten: Stand 3.Quartal 2015, Bundesdurchschnitt

Heizflächen, Rohrleitungen, Armaturen					Preise €

Nr.	Kurztext / Stichworte			brutto ø		
	Einheit / Kostengruppe ▶		▷	netto ø	◁	◀
46	**Radiavektoren, Profilrohre, h/l=280/bis 700mm**					
	Radiavektor; Pulvereinbrennlackierung; Höhe 280mm, l bis 700mm; inkl. Anschlussarbeiten					
	St € brutto	336	522	596	721	939
	KG 423 € netto	282	439	501	606	789
47	**Radiavektoren, Profilrohre, h/l=280/1.400mm**					
	Radiavektor; Pulvereinbrennlackierung; Höhe 280mm, l=701-1.400mm; inkl. Anschlussarbeiten					
	St € brutto	439	755	882	1.089	1.404
	KG 423 € netto	369	634	741	915	1.180
48	**Radiavektoren, Profilrohre, h/l=280/2.100mm**					
	Radiavektor; Pulvereinbrennlackierung; Höhe 280mm, l=1.401-2.100mm; inkl. Anschlussarbeiten					
	St € brutto	836	1.188	1.515	1.697	1.934
	KG 423 € netto	703	998	1.273	1.426	1.625
49	**Thermostatventil, Guss, DN15**					
	Thermostatventil; Rotguss; DN15, PN 6/10					
	St € brutto	9,9	14,6	18,2	21,9	26,8
	KG 423 € netto	8,3	12,3	15,3	18,4	22,5
50	**Heizkörperverschraubung, DN15**					
	Heizkörperverschraubung; Anschlussmontageeinheit; DN15; Unterputz-Anschluss					
	St € brutto	9,1	17,3	21,0	44,0	67,7
	KG 423 € netto	7,7	14,5	17,6	37,0	56,9
51	**Heizkörper abnehmen/montieren**					
	Heizkörper abnehmen; wieder montieren					
	St € brutto	23	36	44	58	114
	KG 423 € netto	19	30	37	49	96
52	**Kappenventil, Ausdehnungsgefäß, DN20**					
	Kappenventil; Messing; DN20; in Ausdehnungsleitung einbauen					
	St € brutto	–	22	27	34	–
	KG 422 € netto	–	19	23	29	–
53	**Muffenkugelhahn, Guss, DN15**					
	Muffenkugelhahn; Rotguss; DN15; inkl. Wärmedämmhalbschalen					
	St € brutto	6,2	15,5	19,6	25,5	37,1
	KG 422 € netto	5,2	13,0	16,5	21,4	31,2
54	**Membran-Sicherheitsventil, Guss**					
	Membran-Sicherheitsventil; Rotguss; Eintritt DN20, Austritt DN25, PN 2,5/3,0					
	St € brutto	7,8	13,6	17,2	22,9	26,5
	KG 422 € netto	6,5	11,4	14,5	19,3	22,3

Heizflächen, Rohrleitungen, Armaturen					Preise €

Nr.	Kurztext / Stichworte		brutto ø			
	Einheit / Kostengruppe ▶	▷	netto ø	◁	◀	
55	**Verteilerschrank, Aufputz, 5 Heizkreise, Fußbodenheizung**					
	Verteilerschrank Fußbodenheizung; Stahl, lackiert; Höhe 750, Breite 150mm; Aufputz					
	St **€ brutto**	–	**387**	**411**	**436**	–
	KG 422 € netto	–	325	345	367	–
56	**Verteilerschrank, Unterputz, 5 Heizkreise, Fußbodenheizung**					
	Verteilerschrank Fußbodenheizung; Stahl, lackiert; Höhe 700-850mm, Tiefe 110-160mm; Unterputz					
	St **€ brutto**	–	**400**	**447**	**479**	–
	KG 422 € netto	–	336	376	402	–
57	**Fußboden-Heizkreisverteiler, 5 Heizkreise**					
	Heizkreisverteiler, Fußboden; Edelstahl/Messing; DN25, PN6/PN10					
	St **€ brutto**	**211**	**249**	**271**	**301**	**346**
	KG 422 € netto	177	209	228	253	291

042

Gas- und Wasseranlagen;
Leitungen, Armaturen

Gas- und Wasseranlagen; Leitungen, Armaturen					Preise €

Nr.	Kurztext / Stichworte		brutto ø		
	Einheit / Kostengruppe ▶	▷	netto ø	◁	◀
1	**Hauseinführung, DN25**				
	Hauseinführung; Gusseisen/Kunststoff/Stahl; DN25, Dicke 17,50-24,00cm; Beton/Mauerwerk				
	St **€ brutto**	**19**	**66**	**97**	**149**	**218**
	KG 412 € netto	16	56	82	125	183
2	**Hauswasserstation, Druckminderer/Wasserfilter, DN40**				
	Hauswasserstation; Druckminderer, Feinfilter; PN16, DN40; inkl. Vor-/ Hinterdruckmanometer				
	St **€ brutto**	**216**	**334**	**380**	**514**	**765**
	KG 412 € netto	182	281	320	432	643
3	**Leitung, Metallverbundrohr, DN10**				
	Leitung, Metallverbundrohr; Mehrschichtverbundwerkstoff; DN10, Dicke 2mm; Trinkwasser; inkl. Dichtungs-/Befestigungsmittel, Fittings				
	m **€ brutto**	**2,5**	**6,5**	**8,1**	**10,0**	**14,9**
	KG 412 € netto	2,1	5,4	6,8	8,4	12,5
4	**Leitung, Metallverbundrohr, DN15**				
	Leitung, Metallverbundrohr; Mehrschichtverbundwerkstoff; DN15, Dicke 2mm; Trinkwasser; inkl. Dichtungs-/Befestigungsmittel, Fittings				
	m **€ brutto**	**3,9**	**13,5**	**18,3**	**23,9**	**32,0**
	KG 412 € netto	3,3	11,4	15,4	20,1	26,8
5	**Leitung, Metallverbundrohr, DN20**				
	Leitung, Metallverbundrohr; Mehrschichtverbundwerkstoff; DN20, Dicke 3mm; Trinkwasser; inkl. Dichtungs-/Befestigungsmittel, Fittings				
	m **€ brutto**	**5,9**	**16,7**	**18,0**	**26,4**	**40,5**
	KG 412 € netto	5,0	14,0	15,2	22,2	34,0
6	**Leitung, Metallverbundrohr, DN25**				
	Leitung, Metallverbundrohr; Mehrschichtverbundwerkstoff; DN25, Dicke 3mm; Trinkwasser; inkl. Dichtungs-/Befestigungsmittel, Fittings				
	m **€ brutto**	**9,9**	**18,0**	**18,9**	**22,9**	**30,7**
	KG 412 € netto	8,3	15,1	15,8	19,3	25,8
7	**Leitung, Metallverbundrohr, DN32**				
	Leitung, Metallverbundrohr; Mehrschichtverbundwerkstoff; DN32, Dicke 3,5mm; Trinkwasser; inkl. Dichtungs-/Befestigungsmittel, Fittings				
	m **€ brutto**	**15**	**22**	**27**	**31**	**38**
	KG 412 € netto	13	19	23	26	32
8	**Leitung, Metallverbundrohr, DN40**				
	Leitung, Metallverbundrohr; Mehrschichtverbundwerkstoff; DN40, Dicke 4mm; Trinkwasser; inkl. Dichtungs-/Befestigungsmittel, Fittings				
	m **€ brutto**	**34**	**40**	**40**	**43**	**49**
	KG 412 € netto	29	33	34	36	41

© BKI Baukosteninformationszentrum

▶ min
▷ von
ø Mittel
◁ bis
◀ max

042
Gas- und Wasseranlagen;
Leitungen, Armaturen

Kosten: Stand 3.Quartal 2015, Bundesdurchschnitt

Gas- und Wasseranlagen; Leitungen, Armaturen				Preise €	

Nr.	Kurztext / Stichworte		brutto ø		
	Einheit / Kostengruppe ▶	▷	netto ø	◁	◀
9	**Leitung, Metallverbundrohr, DN50**				
	Leitung, Metallverbundrohr; Mehrschichtverbundwerkstoff; DN50, Dicke 4,5mm; Trinkwasser; inkl. Dichtungs-/Befestigungsmittel, Fittings				
	m € brutto	–	43	46	47	–
	KG 412 € netto	–	36	38	40	–
10	**Leitung, Kupferrohr, 15mm**				
	Leitung, Kupferrohr; Stangen; 15x1,0mm; inkl. Aufhängung				
	m € brutto	12	17	19	20	24
	KG 412 € netto	10	14	16	17	20
11	**Leitung, Kupferrohr, 18mm**				
	Leitung, Kupferrohr; Stangen; 18x1,0mm; inkl. Aufhängung				
	m € brutto	15	18	20	22	26
	KG 412 € netto	12	15	17	19	22
12	**Leitung, Kupferrohr, 22mm**				
	Leitung, Kupferrohr; Stangen; 22x1,0mm; inkl. Aufhängung				
	m € brutto	10	16	19	29	43
	KG 412 € netto	8,8	13,6	16,3	24,7	36,3
13	**Leitung, Kupferrohr, 28mm**				
	Leitung, Kupferrohr; Stangen; 28x1,5mm; inkl. Aufhängung				
	m € brutto	18	24	26	31	38
	KG 412 € netto	15	20	22	26	32
14	**Leitung, Kupferrohr, 35mm**				
	Leitung, Kupferrohr; Stangen; 35x1,5mm; inkl. Aufhängung				
	m € brutto	25	31	34	35	47
	KG 412 € netto	21	26	29	29	39
15	**Leitung, Kupferrohr, 42mm**				
	Leitung, Kupferrohr; Stangen; 42x1,5mm; inkl. Aufhängung				
	m € brutto	30	38	41	43	52
	KG 412 € netto	25	32	34	36	44
16	**Leitung, Kupferrohr, 54mm**				
	Leitung, Kupferrohr; Stangen; 54x2,0mm; inkl. Aufhängung				
	m € brutto	37	50	53	59	68
	KG 412 € netto	31	42	45	49	57
17	**Leitung, Edelstahlrohr, 15mm**				
	Leitung, Edelstahlrohr, körperschallgedämmt; Stangen; 15x1,0mm; Trinkwasser; inkl. Verbindung und Befestigung				
	m € brutto	7,3	14,2	16,6	18,5	22,1
	KG 412 € netto	6,2	11,9	14,0	15,6	18,5

Gas- und Wasseranlagen; Leitungen, Armaturen					Preise €

Nr.	Kurztext / Stichworte	brutto ø			
	Einheit / Kostengruppe ▶	▷ netto ø ◁			◀
18	**Leitung, Edelstahlrohr, 18mm**				
	Leitung, Edelstahlrohr, körperschallgedämmt; Stangen; 18x1,0mm; Trinkwasser; inkl. Verbindung und Befestigung				
	m € brutto	9,8	15,6	18,1	18,3	25,6
	KG 412 € netto	8,2	13,1	15,2	15,4	21,5
19	**Leitung, Edelstahlrohr, 22mm**				
	Leitung, Edelstahlrohr, körperschallgedämmt; Stangen; 22x1,2mm; Trinkwasser; inkl. Verbindung und Befestigung				
	m € brutto	11	21	21	24	32
	KG 412 € netto	9,6	17,3	17,5	20,4	26,9
20	**Leitung, Edelstahlrohr, 28mm**				
	Leitung, Edelstahlrohr, körperschallgedämmt; Stangen; 28x1,2mm; Trinkwasser; inkl. Verbindung und Befestigung				
	m € brutto	13	22	23	27	35
	KG 412 € netto	11	18	20	23	30
21	**Leitung, Edelstahlrohr, 35mm**				
	Leitung, Edelstahlrohr, körperschallgedämmt; Stangen; 35x1,5mm; Trinkwasser; inkl. Verbindung und Befestigung				
	m € brutto	20	29	31	37	46
	KG 412 € netto	16	25	26	31	39
22	**Leitung, Edelstahlrohr, 42mm**				
	Leitung, Edelstahlrohr, körperschallgedämmt; Stangen; 42x1,5mm; Trinkwasser; inkl. Verbindung und Befestigung				
	m € brutto	24	35	37	46	57
	KG 412 € netto	21	30	31	38	47
23	**Leitung, Edelstahlrohr, 54mm**				
	Leitung, Edelstahlrohr, körperschallgedämmt; Stangen; 54x2,0mm; Trinkwasser; inkl. Verbindung und Befestigung				
	m € brutto	28	38	41	51	68
	KG 412 € netto	24	32	34	43	57
24	**Löschwasserleitung, verzinktes Rohr, DN50**				
	Löschwasserleitung; Gewinderohr verzinkt; DN50, Dicke 2,9mm; inkl. Befestigungen, Verbindungsstücke				
	m € brutto	42	45	46	48	51
	KG 422 € netto	35	38	39	41	43
25	**Löschwasserleitung, verzinktes Rohr, DN65**				
	Löschwasserleitung; Gewinderohr verzinkt; DN65, Dicke 2,9mm; inkl. Befestigungen, Verbindungsstücke				
	m € brutto	30	41	46	48	59
	KG 422 € netto	25	35	38	40	50

▶ min
▷ von
ø Mittel
◁ bis
◀ max

042
Gas- und Wasseranlagen;
Leitungen, Armaturen

Kosten: Stand 3.Quartal 2015, Bundesdurchschnitt

Gas- und Wasseranlagen; Leitungen, Armaturen					Preise €

Nr.	Kurztext / Stichworte			brutto ø		
	Einheit / Kostengruppe	▶	▷	netto ø	◁	◀
26	**Löschwasserleitung, verzinktes Rohr, DN80**					
	Löschwasserleitung; Gewinderohr verzinkt; DN80, Dicke 3,2mm; inkl. Befestigungen, Verbindungsstücke					
	m € brutto	35	33	53	56	62
	KG 422 € netto	29	28	45	47	52
27	**Löschwasserleitung, verzinktes Rohr, DN100**					
	Löschwasserleitung; Gewinderohr verzinkt; DN100, Dicke 3,6mm					
	m € brutto	–	69	77	83	–
	KG 422 € netto	–	58	65	70	–
28	**Kugelhahn, DN15**					
	Kugelhahn; Rotguss/Messing; DN15					
	St € brutto	5,2	12,4	16,6	17,1	35,3
	KG 412 € netto	4,4	10,5	13,9	14,4	29,7
29	**Kugelhahn, DN20**					
	Kugelhahn; Rotguss/Messing; DN15					
	St € brutto	13	18	21	22	27
	KG 412 € netto	11	15	18	18	23
30	**Kugelhahn, DN25**					
	Kugelhahn; Rotguss/Messing; DN25					
	St € brutto	15	23	25	26	32
	KG 412 € netto	12	20	21	22	27
31	**Kugelhahn, DN32**					
	Kugelhahn; Rotguss/Messing; DN32; Trinkwasseranschluss					
	St € brutto	–	23	25	27	–
	KG 412 € netto	–	20	21	23	–
32	**Kugelhahn, DN40**					
	Kugelhahn; Rotguss/Messing; DN40; Trinkwasseranschluss					
	St € brutto	30	34	35	38	44
	KG 412 € netto	25	28	29	32	37
33	**Kugelhahn, DN50**					
	Kugelhahn; Rotguss/Messing; DN50; Trinkwasseranschluss					
	St € brutto	48	53	54	58	63
	KG 412 € netto	41	45	45	49	53
34	**Eckventil, DN15**					
	Eckventil; Messing, verchromt; DN15; Geräuschverhalten Gruppe I/II					
	St € brutto	5,9	16,7	20,3	34,5	53,6
	KG 412 € netto	5,0	14,0	17,1	29,0	45,1
35	**Absperr-Schrägsitzventil DN15**					
	Freistrom-Schrägsitzventil; Messing/Rotguss; 10/16bar					
	St € brutto	45	56	61	68	78
	KG 412 € netto	38	47	52	57	65

Gas- und Wasseranlagen; Leitungen, Armaturen				Preise €

Nr.	Kurztext / Stichworte		brutto ø		
	Einheit / Kostengruppe ▶	▷	netto ø	◁	◀
36	**Absperr-Schrägsitzventil, DN20**				
	Freistrom-Schrägsitzventil; Messing/Rotguss; DN20, 10/16bar				
	St € brutto	69	77	82	87	99
	KG 412 € netto	58	65	69	73	83
37	**Absperr-Schrägsitzventil, DN25**				
	Freistrom-Schrägsitzventil; Messing/Rotguss; DN25, 10/16bar				
	St € brutto	72	85	94	100	116
	KG 412 € netto	60	71	79	84	97
38	**Absperr-Schrägsitzventil, DN32**				
	Freistrom-Schrägsitzventil; Messing/Rotguss; DN32, 10/16bar				
	St € brutto	70	91	106	119	139
	KG 412 € netto	59	77	89	100	117
39	**Absperr-Schrägsitzventil, DN40**				
	Freistrom-Schrägsitzventil; Messing/Rotguss; DN40, 10/16bar				
	St € brutto	127	146	152	160	179
	KG 412 € netto	107	123	128	135	151
40	**Absperr-Schrägsitzventil, DN50**				
	Freistrom-Schrägsitzventil; Messing/Rotguss; DN50, 10/16bar				
	St € brutto	218	242	249	263	287
	KG 412 € netto	183	203	209	221	241
41	**Absperr-Schrägsitzventil, DN65**				
	Freistrom-Schrägsitzventil; Messing/Rotguss; DN65, 10/16bar				
	St € brutto	–	332	370	411	–
	KG 412 € netto	–	279	311	345	–
42	**Warmwasser-Zirkulationspumpe, DN20**				
	Zirkulationspumpe, Warmwasser; Rotguss; Anschluss DN20, 20 Watt; inkl. Zeitschaltuhr und Gangreserve				
	St € brutto	154	232	267	325	452
	KG 412 € netto	130	195	225	273	380
43	**Zirkulations-Regulierventil, DN15**				
	Zirkulations-Regulierventil; Rotguss/Messing; DN15				
	St € brutto	69	79	82	88	102
	KG 412 € netto	58	66	69	74	86
44	**Zirkulations-Regulierventil, DN20**				
	Zirkulations-Regulierventil; Rotguss/Messing; DN20				
	St € brutto	70	82	91	96	109
	KG 412 € netto	59	69	76	81	91
45	**Zirkulations-Regulierventil, DN25**				
	Zirkulations-Regulierventil; Rotguss/Messing; DN25				
	St € brutto	97	112	116	117	127
	KG 412 € netto	82	94	97	99	107

► min
▷ von
ø Mittel
◁ bis
◄ max

042
Gas- und Wasseranlagen;
Leitungen, Armaturen

Kosten: Stand 3.Quartal 2015, Bundesdurchschnitt

Gas- und Wasseranlagen; Leitungen, Armaturen					Preise €

Nr.	Kurztext / Stichworte			brutto ø		
	Einheit / Kostengruppe ►		▷	netto ø	◁	◄
46	**Zirkulations-Regulierventil, DN32**					
	Zirkulations-Regulierventil; Rotguss/Messing; DN32					
	St € brutto	147	165	172	188	206
	KG 412 € netto	123	139	144	158	173
47	**Füll- und Entleerventil, DN15**					
	Füll-und Entleerventil; Rotguss					
	St € brutto	7,0	13,2	16,5	40,8	73,0
	KG 412 € netto	5,8	11,1	13,9	34,3	61,3
48	**Membran-Sicherheitsventil, Warmwasserbereiter**					
	Membran Sicherheitsventil; Messing/Rotguss; Eintritt DN25, Austritt DN32, 5000L					
	St € brutto	32	46	56	72	118
	KG 412 € netto	27	39	47	60	99
49	**Enthärtungsanlage**					
	Enthärtungsanlage, vollautomatisch; 2-7bar; Resthärte einstellbar					
	St € brutto	1.302	1.646	1.726	1.735	2.206
	KG 412 € netto	1.094	1.383	1.451	1.458	1.854
50	**Leitung, Kupferrohr ummantelt, DN10**					
	Kupferrohr, ummantelt; Kunststoff, B2; DN10, über 16bar					
	m € brutto	–	3,2	3,5	3,9	–
	KG 412 € netto	–	2,6	3,0	3,3	–
51	**Leitung, Kupferrohr ummantelt, DN12**					
	Kupferrohr, ummantelt; Kunststoff, B2; DN12, über 16bar					
	m € brutto	3,9	4,8	4,9	5,6	6,4
	KG 412 € netto	3,3	4,0	4,1	4,7	5,4
52	**Leitung, Kupferrohr ummantelt, DN15**					
	Kupferrohr, ummantelt; Kunststoff, B2; DN15, 16bar					
	m € brutto	5,1	5,9	6,1	6,9	8,1
	KG 412 € netto	4,3	5,0	5,1	5,8	6,8
53	**Leitung, Kupferrohr ummantelt, DN20**					
	Kupferrohr, ummantelt; Kunststoff, B2; DN20, 16bar					
	m € brutto	6,4	7,2	7,4	7,8	8,9
	KG 412 € netto	5,3	6,0	6,2	6,5	7,4

044

Abwasseranlagen - Leitungen, Abläufe, Armaturen

Abwasseranlagen - Leitungen, Abläufe, Armaturen						Preise €

Nr.	Kurztext / Stichworte		brutto ø			
	Einheit / Kostengruppe ▶	▷	netto ø	◁	◀	
1	**Bodenablauf, DN100**					
	Bodenablauf; Gusseisen; DN100, lxb=150x150mm; inkl. Rost, zwei Flanschen					
	St € brutto	369	418	440	528	623
	KG 411 € netto	310	351	370	444	524
2	**Hebeanlage, DN100**					
	Hebeanlage, Schmutzwasser; Leistung 5,00m³/h, Förderhöhe bis 13,00m					
	St € brutto	730	3.830	5.576	7.387	12.202
	KG 411 € netto	613	3.218	4.686	6.208	10.254
3	**Dachentwässerung DN75**					
	Dachablauf; Kunststoff; DN75; inkl. Laubfangkorb					
	St € brutto	63	91	108	133	171
	KG 363 € netto	53	76	91	112	144
4	**Rohrbelüfter DN50**					
	Rohrbelüfter; DN50; Sieb mit Lippendichtung					
	St € brutto	38	58	70	75	92
	KG 411 € netto	32	49	59	63	77
5	**Rohrbelüfter DN70**					
	Rohrbelüfter; DN70; Sieb mit Lippendichtung					
	St € brutto	63	80	89	96	112
	KG 411 € netto	53	67	75	80	94
6	**Rohrbelüfter DN100**					
	Rohrbelüfter; DN100; Sieb mit Lippendichtung					
	St € brutto	64	80	87	95	123
	KG 411 € netto	54	67	73	80	103
7	**Grundleitung, PVC-U, DN100**					
	Grundleitung; PVC-U; DN100; Länge 1,00/2,00/5,00m; Schmutz-/Regenwasser					
	m € brutto	19	21	22	23	25
	KG 411 € netto	16	18	19	20	21
8	**Abwasserleitung, Guss, DN70**					
	Abwasserleitung; Gussrohr; DN70; innen; inkl. Verbindung und Befestigung					
	m € brutto	30	33	36	36	40
	KG 411 € netto	25	28	30	30	33
9	**Formstück, Bogen, Guss, DN70**					
	Formstück, Bogen; Gussrohr; DN70, alle Winkelgrade					
	St € brutto	12	20	23	28	45
	KG 411 € netto	10	17	19	23	38

▶ min
▷ von
ø Mittel
◁ bis
◀ max

044

Abwasseranlagen -
Leitungen, Abläufe, Armaturen

Kosten: Stand 3.Quartal 2015, Bundesdurchschnitt

Abwasseranlagen - Leitungen, Abläufe, Armaturen				Preise €

Nr.	Kurztext / Stichworte		brutto ø		
	Einheit / Kostengruppe ▶	▷	netto ø	◁	◀
10	**Formstück, Abzweig, Guss, DN70**				
	Formstück, Abzweig; Gussrohr; DN70, alle Winkelgrade				
	St € brutto	21	23	24	25	29
	KG 411 € netto	18	19	20	21	24
11	**Putzstück, Guss, DN70**				
	Formstück, Putzstück; Gussrohr; DN70				
	St € brutto	18	26	31	38	47
	KG 411 € netto	15	22	26	32	40
12	**Abwasserleitung, Guss, DN100**				
	Abwasserrohr; Gussrohr; DN100; innen; inkl. Verbindung und Befestigung				
	m € brutto	38	44	48	50	55
	KG 411 € netto	32	37	40	42	46
13	**Formstück, Bogen, Guss, DN100**				
	Formstück, Bogen; Gussrohr; DN100, alle Winkelgrade				
	St € brutto	18	24	24	29	37
	KG 411 € netto	15	20	20	24	31
14	**Formstück, Abzweig, Guss, DN100**				
	Formstück, Abzweig; Gussrohr; DN100, alle Winkelgrade				
	St € brutto	14	23	30	32	38
	KG 411 € netto	12	19	25	27	32
15	**Putzstück, Guss, DN100**				
	Formstück, Putzstück; Gussrohr; DN100				
	St € brutto	33	41	46	47	56
	KG 411 € netto	28	35	39	40	47
16	**Abwasserleitung, Guss, DN125**				
	Abwasserrohr; Gussrohr; DN125; innen; inkl. Verbindung und Befestigung				
	m € brutto	45	57	73	81	91
	KG 411 € netto	38	48	61	68	76
17	**Formstück, Bogen, Guss, DN125**				
	Formstück, Bogen; Gussrohr; DN125, alle Winkelgrade				
	St € brutto	23	28	33	39	48
	KG 411 € netto	19	23	27	33	40
18	**Formstück, Abzweig, Guss, DN125**				
	Formstück, Abzweig; Gussrohr; DN125, alle Winkelgrade				
	St € brutto	16	32	40	50	63
	KG 411 € netto	13	27	33	42	53

| Abwasseranlagen - Leitungen, Abläufe, Armaturen | | | | Preise € |

Nr.	Kurztext / Stichworte		brutto ø			
	Einheit / Kostengruppe ▶	▷	netto ø	◁	◀	
19	**Abwasserleitung, Guss, DN150**					
	Abwasserrohr; Gussrohr; DN150; innen; inkl. Verbindung und Befestigung					
	m €**brutto**	–	80	95	104	–
	KG 411 € netto	–	67	80	87	–
20	**Formstück, Bogen, Guss, DN150**					
	Formstück, Bogen; Gussrohr; DN150, alle Winkelgrade					
	St €**brutto**	26	38	46	52	59
	KG 411 € netto	22	32	39	44	50
21	**Formstück, Abzweig, Guss, DN150**					
	Formstück, Abzweig; Gussrohr; DN150, alle Winkelgrade					
	St €**brutto**	38	63	79	88	98
	KG 411 € netto	32	53	66	74	83
22	**Putzstück, Guss, DN150**					
	Formstück, Putzstück; Gussrohr; DN150					
	St €**brutto**	79	95	113	124	145
	KG 411 € netto	66	79	95	104	122
23	**Abwasserleitung, HT-Rohr, DN50**					
	Abwasserrohr; HT-Rohr; DN50, Dicke 1,8mm; innen					
	m €**brutto**	10	13	13	14	16
	KG 411 € netto	8,8	10,7	11,2	11,9	13,4
24	**Formstück, HT-Bogen, DN50**					
	Formstück, Bogen; HT-Rohr; DN50, alle Winkelgrade. Dicke 1,8mm					
	St €**brutto**	3,4	5,2	5,8	8,4	11,6
	KG 411 € netto	2,8	4,3	4,9	7,0	9,8
25	**Formstück, HT-Abzweig, DN50**					
	Formstück, Abzweig; HT-Rohr; DN50, alle Winkelgrade, Dicke 1,8mm					
	St €**brutto**	4,2	7,6	8,9	12,0	17,1
	KG 411 € netto	3,6	6,4	7,5	10,0	14,4
26	**Abwasserleitung, HT-Rohr, DN70**					
	Abwasserrohr; HT-Rohr; DN70, Dicke 1,9mm; innen					
	m €**brutto**	17	21	22	27	35
	KG 411 € netto	14	17	19	23	29
27	**Formstück, HT-Bogen, DN70**					
	Formstück, Bogen; HT-Rohr; DN70, alle Winkelgrade, Dicke 1,9mm					
	St €**brutto**	3,2	5,5	6,0	10,6	15,3
	KG 411 € netto	2,7	4,6	5,0	8,9	12,9
28	**Formstück, HT-Abzweig, DN70**					
	Formstück, Abzweig; HT-Rohr; DN70, alle Winkelgrade, Dicke 1,9mm					
	St €**brutto**	3,7	6,9	7,9	9,3	12,1
	KG 411 € netto	3,1	5,8	6,7	7,8	10,1

► min
▷ von
ø Mittel
◁ bis
◄ max

044
Abwasseranlagen -
Leitungen, Abläufe, Armaturen

Kosten: Stand 3.Quartal 2015, Bundesdurchschnitt

Abwasseranlagen - Leitungen, Abläufe, Armaturen				Preise €	

Nr.	Kurztext / Stichworte		brutto ø		
	Einheit / Kostengruppe ►	▷	netto ø	◁	◄
29	**Abwasserleitung, HT-Rohr, DN100**				
	Abwasserrohr; HT-Rohr; DN100, Dicke 2,7mm; innen				
	m € brutto	17	21	24	25	30
	KG 411 € netto	14	18	20	21	25
30	**Formstück, HT-Bogen, DN100**				
	Formstück, Bogen; HT-Rohr; D100, alle Winkelgrade, Dicke 2,7mm				
	St € brutto	4,0	6,5	8,0	9,6	13,5
	KG 411 € netto	3,4	5,5	6,7	8,1	11,4
31	**Formstück, HT-Abzweig, DN100**				
	Formstück, Abzweig; HT-Rohr; DN100, alle Winkelgrade, Dicke 2,7mm				
	St € brutto	4,7	16,6	19,3	43,5	79,9
	KG 411 € netto	4,0	13,9	16,2	36,6	67,1
32	**Formstück, HT Doppelabzweig, DN100**				
	Formstück, Eck-Doppelabzweig; HT-Rohr; DN100/87/70, 45°; innen				
	St € brutto	17	24	33	46	51
	KG 411 € netto	14	20	28	39	43
33	**Formstück, HT Übergangsrohr, DN100**				
	Formstück, Übergangsstück; HT-Rohr; DN100/70 / DN100/50; innen				
	St € brutto	0,8	3,2	4,2	6,9	10,3
	KG 411 € netto	0,7	2,7	3,5	5,8	8,7
34	**Abwasserleitung, PE-Rohr, DN70**				
	Abwasserleitung; PE-Rohr; DN70; schallgedämmt; innen;				
	inkl. Rohrbefestigungen				
	m € brutto	7,2	16,5	20,3	23,4	29,7
	KG 411 € netto	6,0	13,8	17,0	19,6	25,0
35	**Formstück, PE-Bogen, DN70**				
	Formstück, Bogen; PE-Rohr; DN70, alle Winkelgrade				
	St € brutto	4,8	6,4	7,4	8,5	10,6
	KG 411 € netto	4,1	5,4	6,2	7,1	8,9
36	**Formstück, PE-Abzweig, DN70**				
	Formstück, Abzweig; PE-Rohr; DN70, alle Winkelgrade				
	St € brutto	–	8,6	9,9	11	–
	KG 411 € netto	–	7,2	8,4	9,5	–
37	**Abwasserleitung, PE-Rohr, DN100**				
	Abwasserrohr; PE-Rohr; DN100; schallgedämmt; innen;				
	inkl. Rohrbefestigungen				
	m € brutto	32	45	50	69	102
	KG 411 € netto	27	38	42	58	86

Abwasseranlagen - Leitungen, Abläufe, Armaturen				Preise €	

Nr.	Kurztext / Stichworte		brutto ø		
	Einheit / Kostengruppe ▶	▷	netto ø	◁	◀
38	**Formstück, PE-Bogen, DN100**				
	Formstück, Bogen; PE-Rohr; DN100, alle Winkelgrade				
	St € **brutto**	–	**15**	**20**	**24**	–
	KG 411 € netto	–	12	16	21	–
39	**Formstück, PE-Abzweig, DN100**				
	Formstück, Abzweig; PE-Rohr; DN100, alle Winkelgrade				
	St € **brutto**	–	**16**	**23**	**26**	–
	KG 411 € netto	–	14	19	22	–
40	**Formstück, PE-Putzstück, DN100**				
	Formstück, Putzstück; PE-Rohr; DN100, alle Winkelgrade				
	St € **brutto**	–	**29**	**37**	**44**	–
	KG 411 € netto	–	25	31	37	–
41	**Abwasserleitung, PE-Rohr, DN150**				
	Abwasserrohr; PE-Rohr; DN150; schallgedämmt; inkl. Rohrbefestigungen				
	m € **brutto**	–	**57**	**68**	**79**	–
	KG 411 € netto	–	48	57	66	–
42	**Formstück, PE-Abzweig, DN150**				
	Formstück, Abzweig; PE-Rohr; DN150, alle Winkelgrade				
	St € **brutto**	**69**	**78**	**88**	**96**	**107**
	KG 411 € netto	58	65	74	80	90
43	**Abwasserkanal, PVC-U, DN100**				
	Abwasserkanal; PVC-U; DN100, l=0,50/1,00/2,00/5,00m, Tiefe bis 1,00m; verlegen				
	m € **brutto**	**11**	**21**	**26**	**33**	**50**
	KG 411 € netto	9,0	17,3	22,3	27,8	41,8
44	**Abwasserkanal, PVC-U, DN150**				
	Abwasserkanal; PVC-U; DN150, l=0,50/1,00/2,00/5,00m, Tiefe bis 1,00m; verlegen				
	m € **brutto**	**19**	**29**	**33**	**45**	**62**
	KG 411 € netto	16	25	28	38	52
45	**Bodenablauf, Guss, DN100**				
	Bodenablauf; Gusseisen, Edelstahlrost; DN100; inkl. Geruchsverschluss				
	St € **brutto**	**80**	**282**	**308**	**413**	**592**
	KG 411 € netto	68	237	259	347	497
46	**Belüftungsventil, DN50**				
	Belüftungsventil; DN50; inkl. Sieb				
	St € **brutto**	**12**	**30**	**42**	**44**	**63**
	KG 411 € netto	9,7	24,8	35,6	37,0	53,0

▶ min
▷ von
ø Mittel
◁ bis
◀ max

044
Abwasseranlagen -
Leitungen, Abläufe, Armaturen

Kosten: Stand 3.Quartal 2015, Bundesdurchschnitt

Abwasseranlagen - Leitungen, Abläufe, Armaturen					Preise €

Nr.	Kurztext / Stichworte		brutto ø		
	Einheit / Kostengruppe ▶	▷	netto ø	◁	◀
47	**Doppelabzweig, SML, DN100**				
	Formstück, Eck-Doppelabzweig; Gussrohr; DN100, 45°				
	St € brutto	–	46	50	53	–
	KG 411 € netto	–	39	42	45	–
48	**Druckleitung, Schmutzwasserhebeanlage DN40**				
	Druckleitung, Schmutzwasserhebeanlage; DN40, PN 4/6; unter/in Bodenplatte				
	m € brutto	–	21	28	31	–
	KG 411 € netto	–	18	23	26	–
49	**Abflussleitung, PP-Rohre, DN50, schallgedämmt**				
	Abwasserrohr, schallgedämmt; Polypropylen; DN50				
	m € brutto	14	18	24	27	33
	KG 411 € netto	12	15	21	23	28
50	**Abflussleitung, PP-Rohre, DN75, schallgedämmt**				
	Abwasserrohr, schallgedämmt; Polypropylen; DN75				
	m € brutto	16	19	27	30	36
	KG 411 € netto	13	16	22	25	30
51	**Abflussleitung, PP-Rohre, DN90, schallgedämmt**				
	Abwasserrohr, schallgedämmt; Polypropylen; DN90				
	m € brutto	19	24	33	37	45
	KG 411 € netto	16	20	28	31	38
52	**Abflussleitung, PP-Rohre, DN110, schallgedämmt**				
	Abwasserrohr, schallgedämmt; Polypropylen; DN110, Länge 1,00m				
	m € brutto	19	24	33	37	44
	KG 411 € netto	16	20	28	31	37
53	**Abwasser-Rohrbogen, DN50, schallgedämmt**				
	Formstück, Bogen, schallgedämmt; Polypropylen; DN50, alle Winkelgrade, Länge 1,00m				
	St € brutto	4,4	6,4	8,8	10,5	13,1
	KG 411 € netto	3,7	5,4	7,4	8,8	11,0
54	**Abwasser-Rohrbogen, DN75, schallgedämmt**				
	Formstück, Bogen, schallgedämmt; Polypropylen; DN75, alle Winkelgrade, Länge 1,00m				
	St € brutto	5,6	8,2	11,2	13,4	16,7
	KG 411 € netto	4,7	6,8	9,4	11,2	14,1
55	**Abwasser-Rohrbogen, DN90, schallgedämmt**				
	Formstück, Bogen, schallgedämmt; Polypropylen; DN90, alle Winkelgrade, Länge 1,00m				
	St € brutto	7,8	11,3	15,5	18,6	23,3
	KG 411 € netto	6,6	9,5	13,0	15,6	19,6

Abwasseranlagen - Leitungen, Abläufe, Armaturen				Preise €	
Nr.	**Kurztext** / Stichworte		**brutto ø**		
	Einheit / Kostengruppe ▶	▷	netto ø	◁	◀
56	**Abwasser-Rohrbogen, DN110, schallgedämmt**				
	Formstück, Bogen, schallgedämmt; Polypropylen; DN110, alle Winkelgrade, Länge 1,00m				
	St **€ brutto**	**17**	**25**	**34**	**41**	**51**
	KG 411 € netto	14	21	29	34	43
57	**Abwasser-Abzweig, DN50-50, schallgedämmt**				
	Formstück, Abzweig, schallgedämmt; Polypropylen; DN50-50, alle Winkelgrade, Länge 1,00m				
	St **€ brutto**	**7,4**	**10,7**	**14,7**	**17,6**	**22,1**
	KG 411 € netto	6,2	9,0	12,4	14,8	18,5
58	**Abwasser-Abzweig, DN75-75, schallgedämmt**				
	Formstück, Abzweig, schallgedämmt; Polypropylen; DN75-75, alle Winkelgrade, Länge 1,00m				
	St **€ brutto**	**9,3**	**13,6**	**18,5**	**22,3**	**27,8**
	KG 411 € netto	7,9	11,4	15,6	18,7	23,4
59	**Abwasser-Abzweig, DN90-90, schallgedämmt**				
	Formstück, Abzweig, schallgedämmt; Polypropylen; DN90-90, alle Winkelgrade, Länge 1,00m				
	St **€ brutto**	**13**	**19**	**27**	**32**	**40**
	KG 411 € netto	11	16	22	27	33
60	**Abwasser-Abzweig, DN110-110, schallgedämmt**				
	Formstück, Abzweig, schallgedämmt; Polypropylen; DN110-110, alle Winkelgrade, Länge 1,00m				
	St **€ brutto**	**14**	**21**	**28**	**34**	**42**
	KG 411 € netto	12	17	24	28	35

GWE; Einrichtungsgegenstände, Sanitärausstattungen				Preise €

Nr.	Kurztext / Stichworte		brutto ø			
	Einheit / Kostengruppe ▶	▷	netto ø	◁		◀
1	**Handwaschbecken, Keramik**					
	Handwaschbecken; Sanitärporzellan; inkl. Befestigung, Schallschutzset					
	St € brutto	51	72	85	125	173
	KG 412 € netto	43	61	71	105	146
2	**Waschtische, Keramik 500x400**					
	Waschtisch 500x400; Sanitärporzellan; inkl. Befestigung, Schallschutz-set					
	St € brutto	74	160	202	339	560
	KG 412 € netto	62	134	170	285	471
3	**Waschtische, Keramik 600x500**					
	Waschtische; Sanitärporzellan; 600x500cm					
	St € brutto	112	162	183	220	351
	KG 412 € netto	94	136	154	185	295
4	**Einhebel-Mischbatterie**					
	Einhand-Waschtischbatterie; inkl. Schnellmontagesystem					
	St € brutto	112	165	195	265	381
	KG 412 € netto	94	139	164	223	320
5	**Handtuchspender, Stahlblech**					
	Papierhandtuchspender; Stahlblech; 250/500St; Wandmontage; inkl. Befestigungsmaterial					
	St € brutto	49	75	85	155	233
	KG 611 € netto	42	63	72	130	196
6	**Spiegel, Kristallglas**					
	Spiegel; Kristallglas; 600x400mm; inkl. Befestigungsmaterial					
	St € brutto	16	53	66	162	274
	KG 611 € netto	14	45	55	136	230
7	**Badewanne, Stahl 170**					
	Badewanne; Stahl; 170x80cm					
	St € brutto	161	310	371	536	776
	KG 412 € netto	135	260	311	451	652
8	**Badewanne, Stahl 180**					
	Badewanne; Stahl; 180x80cm					
	St € brutto	291	455	491	667	850
	KG 412 € netto	245	382	413	560	714
9	**Badewanne, Stahl 200**					
	Badewanne; Stahl; 200x80cm					
	St € brutto	864	1.000	1.057	1.167	1.336
	KG 412 € netto	726	840	888	981	1.123

▶ min
▷ von
ø Mittel
◁ bis
◀ max

045
GWE; Einrichtungsgegen-stände, Sanitärausstattungen

Kosten: Stand 3.Quartal 2015, Bundesdurchschnitt

GWE; Einrichtungsgegenstände, Sanitärausstattungen					Preise €

Nr.	Kurztext / Stichworte Einheit / Kostengruppe ▶		brutto ø ▷ netto ø	◁	◀
10	**Einhebelbatterie, Badewanne**				
	Einhandmischbatterie, Badewanne; Metall verchromt; Wandmontage				
	St **€ brutto** 54	170	238	362	495
	KG 412 € netto 45	143	200	304	416
11	**WC-wandhängend**				
	Tiefspül-WC; Sanitärporzellan; Wandmontage				
	St **€ brutto** 136	185	208	229	338
	KG 412 € netto 114	155	175	193	284
12	**WC-Spülkasten, mit Betätigungsplatte**				
	WC-Spülkasten; Kunststoff; 3/6l; Unterputz, Wandmontage; inkl. Betätigungsplatte				
	St **€ brutto** 158	176	200	234	286
	KG 412 € netto 132	148	168	197	240
13	**WC-Sitz**				
	WC-Sitz; inkl. Deckel				
	St **€ brutto** 42	80	90	109	156
	KG 412 € netto 36	67	75	92	131
14	**WC-Bürste**				
	WC-Bürstengarnitur; inkl. Befestigungsmaterial				
	St **€ brutto** 4,9	30,0	52,6	55,4	68,8
	KG 611 € netto 4,1	25,2	44,2	46,5	57,8
15	**WC-Toilettenpapierhalter**				
	Toilettenpapierhalter; Nylon; Wandmontage				
	St **€ brutto** 22	41	50	60	84
	KG 611 € netto 19	34	42	50	71
16	**Duschwannen, Stahl 80x80**				
	Duschwanne; Stahl; 80x80x6cm				
	St **€ brutto** 93	162	199	235	329
	KG 412 € netto 79	136	167	197	277
17	**Duschwannen, Stahl 90x90**				
	Duschwanne; Stahl; 90x90x6cm				
	St **€ brutto** 146	301	351	471	647
	KG 412 € netto 123	253	295	396	544
18	**Duschwannen, Stahl 100x100**				
	Duschwanne; Stahl; 100x100x6				
	St **€ brutto** 194	390	444	568	804
	KG 412 € netto 163	328	373	478	676
19	**Duschwannen, Stahl 90x80**				
	Duschwanne; Stahl; 90x80x6cm				
	St **€ brutto** 175	304	347	527	765
	KG 412 € netto 147	256	292	443	643

GWE; Einrichtungsgegenstände, Sanitärausstattungen				Preise €

Nr.	Kurztext / Stichworte			brutto ø		
	Einheit / Kostengruppe ▶		▷	netto ø	◁	◀
20	**Duschwannen, Stahl 100x80**					
	Duschwanne; Stahl; 100x80x6cm					
	St	€ brutto	330	420	478	478	569
	KG 412	€ netto	277	353	402	402	478
21	**Einhebelarmatur, Dusche**					
	Einhandmischarmatur, Dusche; Metall, verchromt; DN15; Wandmontage					
	St	€ brutto	142	365	380	471	654
	KG 412	€ netto	119	307	320	395	550
22	**Duschabtrennung, Kunststoff**					
	Duschabtrennung; Kunststoff; 80x80x200cm; Drehtür/Schiebetür; inkl. Wandanschlussprofil					
	St	€ brutto	604	746	817	1.038	1.317
	KG 611	€ netto	507	627	687	872	1.106
23	**Urinale, Keramik**					
	Urinal; Sanitärporzellan; unsichtbar befestigen					
	St	€ brutto	161	205	233	260	298
	KG 412	€ netto	135	173	196	218	250
24	**Montageelement, Urinal**					
	Urinal Montageelement; selbsttragender Montagerahmen; inkl. Anschlussgarnitur, Befestigungsmaterial					
	St	€ brutto	179	206	220	251	291
	KG 419	€ netto	151	173	185	211	245
25	**Bidet, Keramik**					
	Bidet; Sanitärporzellan; Wandmontage					
	St	€ brutto	169	346	445	539	1.141
	KG 412	€ netto	142	290	374	453	959
26	**Einhebelarmatur, Bidet**					
	Einhandmischarmatur, Bidet					
	St	€ brutto	148	190	223	268	369
	KG 412	€ netto	124	160	187	225	310
27	**Ausgussbecken, Stahl**					
	Ausgussbecken; Stahl; 500x350mm; Wandmontage; inkl. Klapprost					
	St	€ brutto	53	136	150	392	644
	KG 412	€ netto	45	114	126	329	541
28	**Seifenspender, Wandmontage**					
	Seifenspender; Kunststoff/Stahl; 0,5/0,75l; Wandmontage					
	St	€ brutto	44	82	98	141	208
	KG 611	€ netto	37	69	83	118	175

► min
▷ von
ø Mittel
◁ bis
◄ max

045

GWE; Einrichtungsgegen-
stände, Sanitärausstattungen

Kosten: Stand 3.Quartal 2015, Bundesdurchschnitt

GWE; Einrichtungsgegenstände, Sanitärausstattungen					Preise €

Nr.	Kurztext / Stichworte		brutto ø		
	Einheit / Kostengruppe ►	▷	netto ø	◁	◄
29	**Papierhandtuchspender, Wandmontage**				
	Papierhandtuchspender; Kunststoff/Stahl; 300St; Wandmontage				
	St € brutto	23	51	62	85	134
	KG 611 € netto	20	43	52	71	113
30	**Einhebelbatterie, Spültisch**				
	Einhandmischbatterie, Spültisch; verchromt; DN15				
	St € brutto	32	165	219	304	467
	KG 412 € netto	27	139	184	255	392
31	**Montageelement, WC**				
	WC-Montageelement; Stahlrahmen; Unterputz, Wandmontage; inkl. Betätigungsplatte				
	St € brutto	32	132	207	230	295
	KG 419 € netto	27	111	174	193	248
32	**Montageelement, Waschtisch**				
	Waschtisch-Montageelement; Stahlrahmen; DN40/50; Wandmontage				
	St € brutto	43	82	109	130	173
	KG 419 € netto	36	69	92	109	146

Dämm- und Brandschutzarbeiten an techn. Anlagen					Preise €

Nr.	Kurztext / Stichworte Einheit / Kostengruppe ▶	brutto ø ▷ netto ø ◁			◀
1	**Kompaktdämmhülse, Rohrleitung DN15** Kompaktdämmhülse, Rohrleitung; Polyethylen, Gittergewebe, WLG 040, B2; DN15, Dicke 13mm; Rohfußboden				
	m € brutto	5,5 6,8	6,9	7,5	8,7
	KG 422 € netto	4,6 5,7	5,8	6,3	7,3
2	**Kompaktdämmhülse, Rohrleitung DN20** Kompaktdämmhülse, Rohrleitung; Polyethylen, Gittergewebe, WLG 040, B2; DN20, Dicke 13mm; Rohfußboden				
	m € brutto	6,9 7,6	9,1	9,8	13,0
	KG 422 € netto	5,8 6,4	7,6	8,3	10,9
3	**Kompaktdämmhülse, Rohrleitung DN25** Kompaktdämmhülse, Rohrleitung; Polyethylen, Gittergewebe, WLG 040, B2; DN25, Dicke 20mm; Rohfußboden				
	m € brutto	7,2 9,2	10,9	12,9	14,9
	KG 422 € netto	6,1 7,7	9,2	10,8	12,5
4	**Wärmedämmung, Rohrleitung, DN15** Rohrdämmung; Mineralfaserschalen, alukaschiert; DN15, Dicke 20mm				
	m € brutto	9,0 18,1	20,6	21,5	30,6
	KG 422 € netto	7,5 15,2	17,3	18,0	25,7
5	**Rohrdämmung, MW-alukaschiert, DN15** Rohrdämmung; Mineralwolle, alukaschiert; DN15, Dicke 20mm; Heizungsrohre				
	m € brutto	4,8 10,8	13,3	16,9	25,5
	KG 422 € netto	4,0 9,1	11,2	14,2	21,4
6	**Rohrdämmung, MW-alukaschiert, DN20** Rohrdämmung; Mineralwolle, alukaschiert; DN20, Dicke 20mm; Heizungsrohre				
	m € brutto	5,5 16,8	19,2	24,5	32,3
	KG 422 € netto	4,6 14,1	16,1	20,6	27,1
7	**Rohrdämmung, MW-alukaschiert, DN25** Rohrdämmung; Mineralwolle, alukaschiert; DN25, Dicke 30mm; Heizungsrohre				
	m € brutto	9,1 16,6	20,8	26,8	36,5
	KG 422 € netto	7,6 14,0	17,4	22,5	30,7
8	**Rohrdämmung, MW-alukaschiert, DN32** Rohrdämmung; Mineralwolle, alukaschiert; DN32, Dicke 40mm; Heizungsrohre				
	m € brutto	16 22	26	30	39
	KG 422 € netto	13 19	22	25	33

► min
▷ von
ø Mittel
◁ bis
◄ max

047
Dämm- und Brandschutz-
arbeiten an techn. Anlagen

Kosten: Stand 3.Quartal 2015, Bundesdurchschnitt

Dämm- und Brandschutzarbeiten an techn. Anlagen					Preise €

Nr.	Kurztext / Stichworte Einheit / Kostengruppe ►		brutto ø ▷ netto ø		◁	◄
9	**Rohrdämmung, MW-alukaschiert, DN50**					
	Rohrdämmung; Mineralwolle, alukaschiert; DN50, Dicke 50mm; Heizungsrohre					
	m	**€ brutto**	18	25	30	36	42
	KG 422	€ netto	15	21	25	30	36
10	**Rohrdämmung, MW-alukaschiert, DN65**					
	Rohrdämmung; Mineralwolle, alukaschiert; DN65, Dicke 70mm; Heizungsrohre					
	m	**€ brutto**	23	28	38	48	59
	KG 422	€ netto	19	23	32	41	50
11	**Rohrdämmung, MW/Blech DN20**					
	Rohrdämmung; Mineralwolle, alukaschiert, Blech/Stahl/Aluminium; DN20, Dicke 20mm					
	m	**€ brutto**	–	23	25	28	–
	KG 422	€ netto	–	19	21	23	–
12	**Rohrdämmung, MW/Blech DN40**					
	Rohrdämmung; Mineralwolle, alukaschiert, Blech/Stahl/Aluminium; DN40, Dicke 40mm					
	m	**€ brutto**	–	29	36	43	–
	KG 422	€ netto	–	24	30	36	–
13	**Lüftungskanal Mineral alukaschiert**					
	Wärmedämmung Lüftungskanal; Mineralwolle, alukaschiert; Dicke 30/50mm					
	m	**€ brutto**	14	21	25	27	33
	KG 431	€ netto	12	18	21	23	28
14	**Brandschutzabschottung, R90, DN15**					
	Brandschutzabschottung R90; Mineralfaser, nicht brennbar; DN15, Länge 1000mm; Wanddurchbruch					
	St	**€ brutto**	7,7	14,3	16,8	21,2	31,4
	KG 422	€ netto	6,5	12,0	14,1	17,9	26,4
15	**Brandschutzabschottung, R90, DN20**					
	Brandschutzabschottung, Rohrleitung, R90; Mineralwolle; DN20, Länge 1,00m; Wanddurchbruch					
	St	**€ brutto**	35	38	39	41	46
	KG 422	€ netto	29	32	33	35	39
16	**Brandschutzabschottung, R90, DN25**					
	Brandschutzabschottung, Rohrleitung, R90; Mineralwolle; DN25, Länge 1,00m; Wanddurchbruch					
	St	**€ brutto**	34	39	42	43	48
	KG 422	€ netto	29	33	35	36	41

Dämm- und Brandschutzarbeiten an techn. Anlagen				Preise €	

Nr.	Kurztext / Stichworte		brutto ø		
	Einheit / Kostengruppe ▶	▷	netto ø	◁	◀
17	**Brandschutzabschottung, R90, DN32**				
	Brandschutzabschottung, Rohrleitung, R90; Mineralwolle; DN32, Länge 1,00m; Wanddurchbruch				
	St € brutto	–	45	51	59 –
	KG 422 € netto	–	38	43	50 –
18	**Brandschutzabschottung, R90, DN40**				
	Brandschutzabschottung, Rohrleitung, R90; Mineralwolle; DN40, Länge 1,00m; Wanddurchbruch				
	St € brutto	52	57	62	65 79
	KG 422 € netto	44	48	52	55 66
19	**Brandschutzabschottung, R90, DN50**				
	Brandschutzabschottung, Rohrleitung, R90; Mineralwolle; DN50, Länge 1,00m; Wanddurchbruch				
	St € brutto	88	93	98	102 113
	KG 422 € netto	74	78	83	86 95
20	**Brandschutzabschottung, R90, DN65**				
	Brandschutzabschottung, Rohrleitung, R90; Mineralwolle; DN65, Länge 1,00m; Wanddurchbruch				
	St € brutto	95	102	109	114 125
	KG 422 € netto	79	86	92	96 105
21	**Körperschalldämmung**				
	Körperschalldämmung; PE, hochflexibel, geschlossenzellig, B2; DN50-150, Dicke 4mm; Abwasserrohre; diffusionsdichte Außenhaut				
	m € brutto	7,4	8,8	9,8	11,4 13,9
	KG 422 € netto	6,2	7,4	8,2	9,5 11,7
22	**Wärmedämmung, Schrägsitzventil, DN15**				
	Wärmedämmung Schrägsitzventile; Polyethylen, WLG 034, B1; DN15, lxbxh=130x70x112mm				
	St € brutto	–	15	17	18 –
	KG 422 € netto	–	13	14	15 –
23	**Wärmedämmung, Schrägsitzventil, DN20**				
	Wärmedämmung Schrägsitzventile; Polyethylen, WLG 034, B1; DN20, lxbxh=130x70x112mm				
	St € brutto	–	20	23	27 –
	KG 422 € netto	–	17	20	23 –
24	**Wärmedämmung, Schrägsitzventil, DN25**				
	Wärmedämmung Schrägsitzventile; Polyethylen, WLG 034, B1; DN25, lxbxh=145x80x130mm				
	St € brutto	–	26	28	30 –
	KG 422 € netto	–	22	24	25 –

▶ min
▷ von
ø Mittel
◁ bis
◀ max

047
**Dämm- und Brandschutz-
arbeiten an techn. Anlagen**

Kosten: Stand 3.Quartal 2015, Bundesdurchschnitt

Dämm- und Brandschutzarbeiten an techn. Anlagen				Preise €	

Nr.	Kurztext / Stichworte		brutto ø		
	Einheit / Kostengruppe ▶	▷	netto ø	◁	◀
25	**Wärmedämmung, Schrägsitzventil, DN32**				
	Wärmedämmung Schrägsitzventile; Polyethylen, WLG 034, B1; DN32, lxbxh=195x137x203mm				
	St € brutto	–	28	29	31	–
	KG 422 € netto	–	23	25	26	–
26	**Wärmedämmung, Schrägsitzventil, DN40**				
	Wärmedämmung Schrägsitzventile; Polyethylen, WLG 034, B1; DN40, lxbxh=196x163x230mm				
	St € brutto	–	36	37	39	–
	KG 422 € netto	–	30	31	33	–
27	**Wärmedämmung, Schrägsitzventil, DN50**				
	Wärmedämmung Schrägsitzventile; Polyethylen, WLG 034, B1; DN50, lxbxh=212x182x253mm				
	St € brutto	–	38	42	44	–
	KG 422 € netto	–	32	35	37	–

Niederspannungsanlagen - Kabel, Verlegesysteme					Preise €

Nr.	Kurztext / Stichworte	brutto ø				
	Einheit / Kostengruppe ▶	▷ netto ø		◁	◀	
1	**Gitterrinne, Stahl, 200mm**					
	Gitterrinne; Stahl, feuerverzinkt; lxb=3.000x200mm; Zwischendecken, Hohlräume					
	m € brutto	15	22	25	32	41
	KG 444 € netto	12	19	21	26	35
2	**Kabelrinne, Stahl, 100mm**					
	Kabelrinne; Stahl, verzinkt; lxb=3.000x100mm, Dicke 0,75mm; inkl. Verbinder-Set					
	m € brutto	11	15	18	22	30
	KG 444 € netto	9,1	12,9	15,0	18,6	25,4
3	**Kabelrinne, Stahl, 200mm**					
	Kabelrinne; Stahl, verzinkt; lxb=3.000x200mm, Dicke 0,75mm; inkl. Verbinder-Set					
	m € brutto	12	20	24	30	39
	KG 444 € netto	10,0	16,8	20,6	25,3	32,8
4	**Kabelrinne, Stahl, 300mm**					
	Kabelrinne; Stahl, verzinkt; lxb=3.000x300mm, Dicke 0,75mm; inkl. Verbinder-Set					
	m € brutto	24	29	31	35	43
	KG 444 € netto	20	24	26	29	36
5	**Kabelrinne, Stahl, 400mm**					
	Kabelrinne; Stahl, verzinkt; lxb=3.000x400mm, Dicke 0,75mm; inkl. Verbinder-Set					
	m € brutto	25	32	36	55	48
	KG 444 € netto	21	27	30	46	41
6	**Potenzialausgleichsschiene, Stahl**					
	Potenzialausgleichsschiene; Stahl verzinkt; Durchmesser 8-10mm					
	St € brutto	5,4	32,5	42,1	61,2	94,1
	KG 444 € netto	4,5	27,3	35,4	51,5	79,1
7	**Starkstromkabel, kunststoffisoliert, NYY 1x6mm²**					
	Starkstromkabel, NYY; PVC-isoliert; 0,6/1,0kV; 1x6mm²; einadrig, mehradrig					
	m € brutto	1,3	1,5	2,0	2,2	2,8
	KG 444 € netto	1,1	1,3	1,7	1,9	2,4
8	**Starkstromkabel, kunststoffisoliert, NYY 1x10mm²**					
	Starkstromkabel, NYY; PVC-isoliert; 0,6/1,0kV; 1x10mm²; einadrig, mehradrig					
	m € brutto	1,6	1,8	2,4	2,6	3,3
	KG 444 € netto	1,3	1,5	2,0	2,2	2,8

▶ min
▷ von
ø Mittel
◁ bis
◀ max

053
Niederspannungsanlagen - Kabel, Verlegesysteme

Kosten: Stand 3.Quartal 2015, Bundesdurchschnitt

Niederspannungsanlagen - Kabel, Verlegesysteme					Preise €

Nr.	Kurztext / Stichworte		brutto ø		
	Einheit / Kostengruppe ▶	▷	netto ø	◁	◀
9	**Starkstromkabel, kunststoffisoliert, NYY 1x16mm²**				
	Starkstromkabel, NYY; PVC-isoliert; 0,6/1,0kV, 1x16mm²; einadrig, mehradrig				
	m € brutto	1,9	2,2	2,8	3,2	4,0
	KG 444 € netto	1,6	1,9	2,4	2,7	3,4
10	**Starkstromkabel, kunststoffisoliert, NYY-J/O 3x1,5mm²**				
	Starkstromkabel, NYY-J/O; PVC-isoliert; 0,6/1,0kV, 3x1,5mm²; einadrig, mehradrige, mit/ohne Schutzleiter				
	m € brutto	1,2	1,4	1,8	2,0	2,5
	KG 444 € netto	1,0	1,2	1,5	1,7	2,1
11	**Starkstromkabel, kunststoffisoliert, NYY-J/O 3x2,5mm²**				
	Starkstromkabel, NYY-J/O; PVC-isoliert; 0,6/1,0kV, 3x2,5mm²; einadrig, mehradrige, mit/ohne Schutzleiter				
	m € brutto	1,3	1,5	1,9	2,1	2,6
	KG 444 € netto	1,1	1,2	1,6	1,8	2,2
12	**Starkstromkabel, kunststoffisoliert, NYY-J/O 4x1,5mm²**				
	Starkstromkabel, NYY-J/O; PVC-isoliert; 0,6/1,0kV, 3x2,5mm²; einadrig, mehradrige, mit/ohne Schutzleiter				
	m € brutto	1,8	2,0	2,6	2,9	3,6
	KG 444 € netto	1,5	1,7	2,2	2,5	3,1
13	**Starkstromkabel, kunststoffisoliert, NYY-J/O 4x2,5mm²**				
	Starkstromkabel, NYY-J/O; PVC-isoliert; 0,6/1,0kV, 4x2,5mm²; einadrig, mehradrige, mit/ohne Schutzleiter				
	m € brutto	1,8	2,1	2,7	3,1	3,8
	KG 444 € netto	1,5	1,8	2,3	2,6	3,2
14	**Starkstromkabel, kunststoffisoliert, NYY-J/O 5x1,5mm²**				
	Starkstromkabel, NYY-J/O; PVC-isoliert; 0,6/1,0kV, 5x1,5mm²; einadrig, mehradrige, mit/ohne Schutzleiter				
	m € brutto	2,2	2,5	3,2	3,6	4,5
	KG 444 € netto	1,8	2,1	2,7	3,0	3,8
15	**Starkstromkabel, kunststoffisoliert NYY-J/O 5x2,5mm²**				
	Starkstromkabel, NYY-J/O; PVC-isoliert; 0,6/1,0kV, 5x2,5mm²; einadrig, mehradrige, mit/ohne Schutzleiter				
	m € brutto	2,4	2,8	3,6	4,0	5,0
	KG 444 € netto	2,0	2,3	3,0	3,4	4,2
16	**Stromkabel, kunststoffisoliert, J-Y(ST)Y 2x2x0,8**				
	Starkstromkabel, J-Y(St)Y; PVC-isoliert, Kupfer; 2x2x0,8mm²; unter Putz				
	m € brutto	1,2	1,4	1,8	2,0	2,5
	KG 444 € netto	1,0	1,2	1,5	1,7	2,1

Niederspannungsanlagen - Kabel, Verlegesysteme					Preise €

Nr.	Kurztext / Stichworte		brutto ø		
	Einheit / Kostengruppe ▶	▷	netto ø	◁	◀
17	**Stromkabel, kunststoffisoliert, J-Y(ST)Y 4x2x0,8**				
	Starkstromkabel, J-Y(St)Y; PVC-isoliert, Kupfer; 4x2x0,8mm²; unter Putz				
	m € brutto	**1,6**	**1,8**	**2,4**	**2,6**	**3,3**
	KG 444 € netto	1,3	1,5	2,0	2,2	2,8
18	**Stromkabel, kunststoffisoliert, J-Y(ST)Y 10x2x0,8**				
	Starkstromkabel, J-Y(St)Y; PVC-isoliert, Kupfer; 10x2x0,8mm²; unter Putz				
	m € brutto	**1,8**	**2,0**	**2,6**	**2,9**	**3,6**
	KG 444 € netto	1,5	1,7	2,2	2,5	3,1
19	**Elektroinstallationsleitung, Kunststoffrohr, 16mm**				
	Elektroinstallationsrohr, einwandig; Panzerrohr; DN16; in Beton; inkl. Muffen				
	m € brutto	**2,1**	**3,4**	**4,2**	**4,7**	**6,8**
	KG 444 € netto	1,8	2,9	3,5	3,9	5,7
20	**Elektroinstallationsleitung, Kunststoffrohr, 29mm**				
	Elektroinstallationsrohr, einwandig; Panzerrohr; DN29; in Beton; inkl. Muffen				
	m € brutto	**3,7**	**4,9**	**5,5**	**6,0**	**7,9**
	KG 444 € netto	3,1	4,2	4,6	5,0	6,6
21	**Elektroinstallationsleitung, Kunststoffrohr, 36mm**				
	Elektroinstallationsrohr, einwandig; Panzerrohr; DN36; in Beton; inkl. Muffen				
	m € brutto	**3,9**	**5,7**	**6,7**	**7,4**	**9,5**
	KG 444 € netto	3,3	4,8	5,7	6,2	8,0
22	**Antennendose, mit Abdeckung**				
	Antennendose; Gerätedose; inkl. Abdeckung				
	St € brutto	**20**	**30**	**32**	**35**	**43**
	KG 455 € netto	16	25	27	29	37

Niederspannungsanlagen - Verteilersystemr, Einbaugeräte   Preise €

Nr.	Kurztext / Stichworte		brutto ø			
	Einheit / Kostengruppe ▶	▷	netto ø	◁		◀
1	**Ausschalter, UP, 250V/10A**					
	Ausschalter; 250V, 10A; Unterputzmontage; inkl. Steck- und Verbindungsklemmen					
	St **€ brutto**	**9,6**	**11,4**	**14,5**	**18,4**	**21,8**
	KG 444 € netto	8,0	9,6	12,2	15,5	18,3
2	**Wechselschalter, UP, 250V/10A**					
	Wechselschalter; 250V, 10A; Unterputz; inkl. Steck- und Verbindungsklemmen					
	St **€ brutto**	**15**	**23**	**33**	**47**	**65**
	KG 444 € netto	13	19	28	40	55
3	**Kreuzschalter, UP, 250V/10A**					
	Kreuzschalter; 250V, 10A; Unterputz; inkl. Steck- und Verbindungsklemmen					
	St **€ brutto**	**17**	**20**	**22**	**22**	**25**
	KG 444 € netto	15	17	18	18	21
4	**Ausschalter, AP, 250V/10A**					
	Ausschalter; bxhxl=60x30x60mm; Aufputz; inkl. Schraubklemmen					
	St **€ brutto**	**14**	**20**	**21**	**23**	**28**
	KG 444 € netto	12	17	18	19	24
5	**Wechselschalter mit Kontrolllicht, AP, 250V/10A**					
	Wechselschalter; 250V, 10A; inkl. Kontrolllicht; inkl. Schraubklemmen					
	St **€ brutto**	**–**	**12**	**15**	**18**	**–**
	KG 444 € netto	–	10,0	12	15	–
6	**Taster, UP, 250V/10A**					
	Taster; 250V AC, 10A; Unterputz					
	St **€ brutto**	**14**	**19**	**20**	**21**	**26**
	KG 444 € netto	12	16	17	18	22
7	**Steckdose mit Klappdeckel, Kinderschutz, UP, 250V/16A**					
	Schukosteckdose; 16A, 250V; mit Klappdeckel, Kinderschutz, UP; inkl. Schraubklemmen					
	St **€ brutto**	**5,9**	**10,0**	**11,4**	**13,3**	**17,6**
	KG 444 € netto	4,9	8,4	9,6	11,1	14,8
8	**Steckdosen, AP, 250V/16A**					
	Schukosteckdose; 16A, 250V; Wandmontage					
	St **€ brutto**	**7,9**	**10,0**	**11,0**	**11,6**	**12,9**
	KG 444 € netto	6,6	8,4	9,2	9,8	10,8
9	**Heizungsschalter, NOT-Aus, 250V/10A**					
	Not-Ausschalter, Heizung; 10A, 250V; Wandmontage; inkl. Kontrollleuchte					
	St **€ brutto**	**16**	**22**	**24**	**29**	**39**
	KG 444 € netto	13	18	20	25	33

▶ min
▷ von
ø Mittel
◁ bis
◀ max

054
Niederspannungsanlagen -
Verteilersysteme, Einbaugeräte

Kosten: Stand 3.Quartal 2015, Bundesdurchschnitt

| Niederspannungsanlagen - Verteilersystemr, Einbaugeräte   Preise € |

Nr.	Kurztext / Stichworte		brutto ø			
	Einheit / Kostengruppe ▶	▷	netto ø	◁	◀	
10	**FI-Schutzschalter, 230V/25A**					
	FI-Schutzschalter; 25A, 230V					
	St € brutto	53	92	109	142	203
	KG 444 € netto	45	77	91	119	171
11	**Leistungsschalter, Schutzart IP41**					
	Leistungsschalter; Gehäuse aus Isolierstoff, Schutzart IP41; dreipolig; Kipphebelantrieb					
	St € brutto	21	124	169	268	457
	KG 444 € netto	17	104	142	225	384

Leuchten und Lampen						Preise €

Nr.	Kurztext / Stichworte		brutto ø			
	Einheit / Kostengruppe ▶	▷	netto ø	◁		◀

1 Schiffsarmatur, Ovalleuchte
Ovalleuchte; Aludruckguss/Kunststoff; 1x60W

St	€ brutto	12	18	21	37	54
KG 445	€ netto	10	15	18	31	45

2 Wannenleuchte 1x36W
Wannenleuchte; Stahlblech, Plexiglas; 1x36W; eckig/rund;
inkl. Leuchtmittel

St	€ brutto	35	41	50	65	119
KG 445	€ netto	30	35	42	55	100

3 Wannenleuchte 1x36W Feuchtraum
Wannenleuchte; Polyester, Plexiglas; 1x36W; Schutzklasse 2;
Feuchtraum; inkl. Leuchtmittel

St	€ brutto	34	45	55	72	99
KG 445	€ netto	29	38	46	60	84

4 Wannenleuchte 2x36W
Wannenleuchte; Stahlblech, opales Plexiglas; 2x36W; eckig/rund;
inkl. Leuchtmittel

St	€ brutto	102	153	167	188	240
KG 445	€ netto	85	128	141	158	202

5 Wannenleuchte 2x36W Feuchtraum
Wannenleuchte; Polyester, opales Plexiglas; 2x36W; Schutzklasse 2;
Feuchtraum; inkl. Leuchtmittel

St	€ brutto	89	141	155	190	204
KG 445	€ netto	75	118	131	160	171

6 Wannenleuchte 1x58W
Wannenleuchte; Stahlblech, opales Plexiglas; 1x58W; eckig/rund;
inkl. Leuchtmittel

St	€ brutto	77	106	124	159	212
KG 445	€ netto	65	89	104	133	178

7 Wannenleuchte 1x58W Feuchtraum
Wannenleuchte; Polyester, opales Plexiglas; 1x58W; Schutzklasse 2;
Feuchtraum; inkl. Leuchtmittel

St	€ brutto	44	67	78	104	142
KG 445	€ netto	37	57	65	87	119

8 Wannenleuchte 2x58W
Wannenleuchte; Stahlblech, opales Plexiglas; 2x58W; eckig/rund;
inkl. Leuchtmittel

St	€ brutto	86	115	125	154	192
KG 445	€ netto	73	97	105	130	161

► min
▷ von
ø Mittel
◁ bis
◄ max

058
Leuchten und Lampen

Kosten: Stand 3.Quartal 2015, Bundesdurchschnitt

Leuchten und Lampen					Preise €

Nr.	Kurztext / Stichworte Einheit / Kostengruppe ►	▷	**brutto ø** netto ø	◁	◄
9	**Wannenleuchte 2x58W Feuchtraum** Wannenleuchte; Polyestergehäuse, opales Plexiglas; 2x58W; Schutzklasse 2; Feuchtraum; inkl. Leuchtmittel				
	St € brutto	75	94 108	119	136
	KG 445 € netto	63	79 91	100	114
10	**Wannenleuchte 3x58W** Wannenleuchte; Stahlblech, opales Plexiglas; 3x58W; eckig/rund; inkl. Leuchtmittel				
	St € brutto	–	276 299	326	–
	KG 445 € netto	–	232 252	274	–
11	**Pendelleuchte 2x2x28W** Pendelleuchte; Stahlblech, Stahlseile; 2x28W; Spiegelrasterleuchte, Schutzklasse 1; inkl. Leuchtmittel				
	St € brutto	186	255 300	360	429
	KG 445 € netto	156	214 252	302	360
12	**Pendelleuchte 2x2x54W** Pendelleuchte; Stahlblech, Stahlseile; 2x54W; Spiegelrasterleuchte, Schutzklasse 1; inkl. Leuchtmittel				
	St € brutto	255	333 436	491	639
	KG 445 € netto	214	280 366	413	537
13	**Pendelleuchten rund 2x36W** Pendelleuchte; Acrylglas; 2x36W, 230V; dimmbar, Schutzklasse1				
	St € brutto	243	322 323	347	425
	KG 445 € netto	204	270 271	292	357
14	**Aufbaudownlight 18W** Aufbaudownlight; Metall, Acrylglas; 1x18W, 230C, 19A; quadratisch; Wand/Decke				
	St € brutto	–	103 126	185	–
	KG 445 € netto	–	86 106	155	–
15	**Aufbaudownlight 26W** Aufbaudownlight; Metall, Acrylglas; 1x26W, 230C, 19A; quadratisch; Wand/Decke				
	St € brutto	–	195 233	264	–
	KG 445 € netto	–	164 196	222	–
16	**Aufbaudownlight 50W** Aufbaudownlight; Metall, Acrylglas; 1x50W, 230C, 19A; quadratisch; Wand/Decke				
	St € brutto	251	267 299	318	335
	KG 445 € netto	211	224 251	267	281

Leuchten und Lampen						Preise €

Nr.	Kurztext / Stichworte Einheit / Kostengruppe ▶		brutto ø ▷ netto ø		◁	◀
17	**Einbaudownlight 18W**					
	Einbaudownlight; Aluring, Metallreflektor; 1xTC-D18W mit EVG; inkl. Leuchtmittel					
	St	**€ brutto**	130	159	168	196	238
	KG 445	€ netto	109	134	141	165	200
18	**Einbaudownlight 2x26W**					
	Einbaudownlight; Aluring, Metallreflektor; 2xTC-T26W; inkl. Leuchtmittel					
	St	**€ brutto**	110	217	235	258	365
	KG 445	€ netto	92	182	198	217	307
19	**Anbauleuchte**					
	Anbauleuchte; Metall; 2x36W; Schutzklasse 1					
	St	**€ brutto**	67	132	168	210	305
	KG 445	€ netto	57	111	141	177	257
20	**Einbauleuchte**					
	Einbauleuchte; 1x18W; rechteckig, Schutzklasse 1					
	St	**€ brutto**	78	160	195	306	462
	KG 445	€ netto	66	134	164	258	388
21	**Wannenleuchte, T5 Multiwatt**					
	Wannenleuchte; Polycarbonat V2; T5; für Industrie, Werkstätten und Laboratorien					
	St	**€ brutto**	–	84	105	133	–
	KG 445	€ netto	–	70	89	112	–

Raumlufttechnische Anlagen					Preise €

Nr.	Kurztext / Stichworte			brutto ø			
	Einheit / Kostengruppe ▶		▷	netto ø	◁		◀
1	**Absperrvorrichtung, K90, DN100**						
	Brandschutz-Deckenschott; K90; DN100; verfüllen mit MGIII; Decke						
	St	€ brutto	**141**	**171**	**181**	**201**	**241**
	KG 431	€ netto	118	144	152	169	202
2	**Be- und Entlüftungsgerät, bis 5.000m³/h**						
	Be- und Entlüftungsgerät; mit Anlagenbestandteilen; bis 50.00m³/h; mit Heizregister, Kühlregister, Luftbefeuchter, Wärmerückgewinner						
	St	€ brutto	**3.376**	**6.097**	**7.576**	**9.087**	**14.580**
	KG 431	€ netto	2.837	5.124	6.366	7.636	12.252
3	**Be- und Entlüftungsgerät, bis 12.000m³/h**						
	Be- und Entlüftungsgerät; mit Anlagenbestandteilen; bis 12.000m³/h; mit Heizregister, Kühlregister, Luftbefeuchter, Wärmerückgewinner						
	St	€ brutto	**–**	**17.144**	**17.164**	**19.609**	**–**
	KG 431	€ netto	–	14.407	14.423	16.478	–
4	**Abluftgeräte**						
	Abluftgerät; Kunststoff, B2; DN75/80, bis 10.000m³/h; Unterputz; Nassraum						
	St	€ brutto	**1.275**	**1.685**	**2.172**	**2.364**	**2.838**
	KG 431	€ netto	1.072	1.416	1.826	1.987	2.385
5	**Kanalschalldämpfer**						
	Kanalschalldämpfer; Stahl, verzinkt, Mineralwolle, Glasvlies, A2						
	St	€ brutto	**212**	**427**	**469**	**576**	**743**
	KG 431	€ netto	178	358	394	484	625
6	**Rundschalldämpfer**						
	Rohrschalldämpfer; Stahl, verzinkt, Mineralwolle; Dicke 1,0-1,5mm						
	St	€ brutto	**146**	**180**	**193**	**222**	**277**
	KG 431	€ netto	122	152	162	187	233
7	**Flachschalldämpfer**						
	Flachschalldämpfer; Aluminium, mineralfaserfrei, A2; DN100, l=500mm, bxh=195x120mm						
	St	€ brutto	**84**	**101**	**115**	**125**	**142**
	KG 431	€ netto	70	84	97	105	119
8	**Außenluft-/Fortluftgitter**						
	Außenluft-/Fortluftgitter; Aluminium; Dicke 2mm						
	St	€ brutto	**69**	**199**	**233**	**310**	**428**
	KG 431	€ netto	58	167	196	260	359
9	**Lüftungskanäle, verzinkt**						
	Lüftungskanal; Stahl, verzinkt; Länge bis 500/1.000/2.000mm						
	m²	€ brutto	**34**	**44**	**47**	**51**	**64**
	KG 431	€ netto	29	37	40	42	54

▶ min
▷ von
ø Mittel
◁ bis
◀ max

075
Raumlufttechnische Anlagen

Kosten: Stand 3.Quartal 2015, Bundesdurchschnitt

Raumlufttechnische Anlagen						Preise €

Nr.	Kurztext / Stichworte		brutto ø			
	Einheit / Kostengruppe ▶		▷	netto ø	◁	◀
10	**Lüftungskanäle, Kunststoff**					
	Lüftungskanal; Kunststoff					
	m² **€ brutto**	90	119	155	181	206
	KG 431 € netto	75	100	130	152	173
11	**Lüftungskanäle, feuerbeständig L30/L90**					
	Lüftungskanal L30/L90; Brandschutzplatte d=45mm; zweischalig					
	m² **€ brutto**	48	111	155	160	229
	KG 431 € netto	40	94	130	135	192
12	**Formstücke, verzinkt, Lüftungskanäle**					
	Formstück, Übergangsstück; Stahl, verzinkt; rechteckig auf rund und oval					
	m² **€ brutto**	45	63	66	80	106
	KG 431 € netto	38	53	56	67	89
13	**Formstücke, Kunststoff, Lüftungskanäle**					
	Formstück, Übergangsstück; Kunststoff; rechteckig auf rund und oval					
	m² **€ brutto**	–	167	199	228	–
	KG 431 € netto	–	141	167	192	–
14	**Spiralfalzrohre, verzinkt, DN100**					
	Spiralfalzrohr; Stahlrohr, verzinkt; DN100					
	m **€ brutto**	13	15	17	18	21
	KG 431 € netto	11	13	14	15	18
15	**Spiralfalzrohre, verzinkt, DN125**					
	Spiralfalzrohr; Stahlrohr, verzinkt; DN125					
	m **€ brutto**	15	19	21	27	37
	KG 431 € netto	12	16	17	23	31
16	**Spiralfalzrohre, verzinkt, DN150/160**					
	Spiralfalzrohr; Stahlrohr, verzinkt; DN150/160					
	m **€ brutto**	16	21	22	28	37
	KG 431 € netto	14	18	19	23	31
17	**Spiralfalzrohre, verzinkt, DN180**					
	Spiralfalzrohr; Stahlrohr, verzinkt; DN180					
	m **€ brutto**	–	22	25	32	–
	KG 431 € netto	–	19	21	27	–
18	**Spiralfalzrohre, verzinkt, DN200**					
	Spiralfalzrohr; Stahlrohr, verzinkt; DN200					
	m **€ brutto**	22	25	27	35	43
	KG 431 € netto	18	21	22	29	36
19	**Spiralfalzrohre, verzinkt, DN225**					
	Spiralfalzrohr; Stahlrohr, verzinkt; DN225					
	m **€ brutto**	26	29	33	38	45
	KG 431 € netto	22	24	28	32	38

Raumlufttechnische Anlagen					Preise €

Nr.	Kurztext / Stichworte		brutto ø			
	Einheit / Kostengruppe ▶		▷ netto ø	◁		◀
20	**Spiralfalzrohre, verzinkt, DN250**					
	Spiralfalzrohr; Stahlrohr, verzinkt; DN250					
	m	€ brutto	28	32	36	42	47
	KG 431	€ netto	24	26	30	36	40
21	**Spiralfalzrohre, verzinkt, DN315**					
	Spiralfalzrohr; Stahlrohr, verzinkt; DN315					
	m	€ brutto	36	38	39	42	45
	KG 431	€ netto	30	32	33	35	38
22	**Spiralfalzrohre, verzinkt, DN355**					
	Spiralfalzrohr; Stahlrohr, verzinkt; DN355					
	m	€ brutto	36	32	41	45	48
	KG 431	€ netto	31	26	35	38	41
23	**Spiralfalzrohre, verzinkt, DN400**					
	Spiralfalzrohr; Stahlrohr, verzinkt; DN400					
	m	€ brutto	40	45	47	50	53
	KG 431	€ netto	33	38	39	42	44
24	**Spiralfalzrohre, verzinkt, DN500**					
	Spiralfalzrohr; Stahlrohr, verzinkt; DN500					
	St	€ brutto	46	51	58	65	70
	KG 431	€ netto	39	43	49	55	59
25	**Verbindung, elastisch, Durchmesser DN80**					
	Verbindung, elastisch; Aluminium, zweilagig gestaucht; DN80, Länge 1,25m, ausziehbar bis 5,00m, PN bis 1.000					
	m	€ brutto	5,6	10,9	11,7	14,2	16,9
	KG 431	€ netto	4,7	9,1	9,8	11,9	14,2
26	**Verbindung, elastisch, Durchmesser DN100**					
	Verbindung, elastisch; Aluminium, zweilagig gestaucht; DN100, Länge 1,25m, ausziehbar bis 5,00m, PN bis 1.000					
	m	€ brutto	8,5	13,7	16,1	22,7	29,4
	KG 431	€ netto	7,1	11,5	13,5	19,1	24,7
27	**Rohrbogen**					
	Rohrbogen; Spiralfalzrohr, verzinkt; alle Winkelgrade					
	St	€ brutto	11	16	19	25	32
	KG 431	€ netto	8,9	13,7	16,3	20,7	26,6
28	**Rohr T-Stück**					
	Rohr T-Stück; Wickelfalzrohr, verzinkt; 90°					
	St	€ brutto	13	16	17	19	23
	KG 431	€ netto	11	14	14	16	19

► min
▷ von
ø Mittel
◁ bis
◄ max

075
Raumlufttechnische Anlagen

Kosten: Stand 3.Quartal 2015, Bundesdurchschnitt

Raumlufttechnische Anlagen					Preise €

Nr.	Kurztext / Stichworte Einheit / Kostengruppe ►	brutto ø ▷ netto ø ◁			◄
29	**Lüftungsgitter** Lüftungsgitter; Stahl, verzinkt; für Zu- und Abluft; Einbau in Rundrohr/ Rechteckkanal				
	St € brutto	32	67	84	104	169
	KG 431 € netto	27	56	71	88	142
30	**Drallauslass** Drallauslass; Stahl, verzinkt; für Zu-und Abluft; Decke				
	St € brutto	83	290	384	483	654
	KG 431 € netto	70	244	323	406	550
31	**Brandschutzklappen** Brandschutzklappe, K30/K60/K90/K120; Stahl; l=500/600mm; Wand/Decke				
	St € brutto	194	436	558	608	765
	KG 431 € netto	163	366	469	511	643
32	**Brandschutzklappen, Sonderausführung** Brandschutzklappe, K30/K60/K90/K120; Stahl, verzinkt; l=500/600mm; Wand/Decke; für fetthaltige Abluft				
	St € brutto	424	3.455	4.973	6.607	9.577
	KG 431 € netto	357	2.903	4.179	5.552	8.048
33	**Warmwasser-Heizregister** Lufterhitzer; Aluminiumlamellen, Stahlgehäuse; PN max. 8bar, DN15				
	St € brutto	206	594	805	826	1.528
	KG 431 € netto	174	499	677	694	1.284
34	**Tellerventil** Zu- und Abluftventil; Stahl; DN100; Wand/Decken				
	St € brutto	20	45	53	74	113
	KG 431 € netto	17	38	44	62	95
35	**Alu-Flexrohr DN80** Flexrohr; Aluminium, GKL B; DN80; ausziehbar				
	m € brutto	5,6	16,1	19,1	35,5	54,3
	KG 431 € netto	4,7	13,6	16,1	29,9	45,7
36	**Wickelfalzrohr, Reduzierstück, DN100/80** Spiralfalzrohr Reduzierstück; verzinkt; DN100/DN80				
	St € brutto	12	16	18	21	25
	KG 431 € netto	10	13	15	18	21
37	**Drosselklappe, DN100** Drosselklappe; Stahl, verzinkt; DN100; rund				
	St € brutto	23	34	42	49	61
	KG 431 € netto	20	29	36	42	52

Raumlufttechnische Anlagen					Preise €

Nr.	Kurztext / Stichworte Einheit / Kostengruppe ▶		brutto ø ▷ netto ø		◁	◀
38	**Drosselklappe, 200x200mm**					
	Drosselklappe; Stahl, verzinkt; 200x200mm; eckig					
	St € brutto	39	47	58	69	75
	KG 431 € netto	33	40	48	58	63
39	**Lüftungsgerät mit WRG, Bypass, Feuerstättenfunktion**					
	Lüftungsgerät mit Wärmerückgewinnung; Volumen 300m³/h, bxhxt=750x750x469mm					
	St € brutto	–	2.233	2.805	3.600	–
	KG 431 € netto	–	1.877	2.357	3.026	–
40	**Außenwanddurchlass, DN110, mit Filter/Schalldämpfer**					
	Außenwandluftdurchlass; Teleskoprohr; DN110, Rohr 305-535mm					
	St € brutto	–	92	120	148	–
	KG 431 € netto	–	77	101	124	–
41	**Außenwanddurchlass, DN160, mit Filter/Schalldämpfer**					
	Außenwandluftdurchlass; Teleskoprohr; DN160, Rohr 305-535mm					
	St € brutto	–	213	269	295	–
	KG 431 € netto	–	179	226	248	–
42	**Lüftungsgerät für Abluft, nach DIN 18017**					
	Lüftungsgerät; lxbxt=242x242x100mm; Wände/Decke					
	St € brutto	188	200	205	218	232
	KG 431 € netto	158	168	172	183	195

D

Freianlagen

Landschaftsbauarbeiten						Preise €
Nr.	**Kurztext** / Stichworte		**brutto ø**			
	Einheit / Kostengruppe ▶	▷	netto ø	◁		◀
1	**Baugelände abräumen**					
	Baugelände abräumen; Sträucher, Bäume, Beton; StD bis 15cm; abfahren, entsorgen					
	m² € brutto	1,3	2,3	2,7	3,5	5,6
	KG 214 € netto	1,1	2,0	2,3	3,0	4,7
2	**Betonfundamente aufnehmen, entsorgen**					
	Abbruch Fundamente; Beton; abfahren, entsorgen					
	m³ € brutto	86	103	108	123	151
	KG 212 € netto	72	87	91	103	127
3	**Betondecke abbrechen, entsorgen**					
	Abbruch Betondecke; unbewehrt; Dicke bis 15cm; abfahren, entsorgen					
	t € brutto	47	78	79	107	154
	KG 212 € netto	39	66	66	90	130
4	**Metallzaun abbrechen, entsorgen**					
	Abbruch Metallzaun; abfahren, entsorgen; inkl. Stahlpfosten					
	m € brutto	5,0	6,0	6,7	7,3	8,4
	KG 212 € netto	4,2	5,1	5,7	6,1	7,0
5	**Maschendrahtzaun demontieren, entsorgen**					
	Abbruch Maschendrahtzaun; Stahlpfosten; abfahren, entsorgen; inkl. Deponiegebühr					
	m € brutto	5,4	7,3	7,9	8,7	12,0
	KG 212 € netto	4,5	6,1	6,7	7,3	10,1
6	**Bauzaun, einschl. Tor**					
	Bauzaun inkl. Tore; Baustahlgewebe; aufstellen, vorhalten, unterhalten, abbauen					
	m € brutto	5,3	7,3	8,1	9,1	12,1
	KG 591 € netto	4,5	6,1	6,8	7,7	10,2
7	**Baumschutz, StD bis 100cm**					
	Baumschutz; StD 30-50cm; gegen mechanische Schäden					
	St € brutto	34	45	48	56	74
	KG 211 € netto	29	38	41	47	62
8	**Baustraße Natursteinmaterial, Liefermaterial**					
	Baustraße; Mineralgemisch, Kies-Schotter; Frostschutz Dicke 20cm, Tragschicht Dicke 15cm					
	m² € brutto	5,7	11,9	14,0	19,8	30,4
	KG 391 € netto	4,8	10,0	11,7	16,6	25,6
9	**Baustraße RCL-Schotter, Liefermaterial**					
	Baustraße; Recyclingmaterial; Dicke 30cm; liefern, herstellen, entsorgen					
	m² € brutto	6,2	11,4	13,7	13,9	26,0
	KG 391 € netto	5,2	9,5	11,5	11,7	21,9

▶ min
▷ von
ø Mittel
◁ bis
◀ max

003
Landschaftsbauarbeiten

Kosten: Stand 3.Quartal 2015, Bundesdurchschnitt

Landschaftsbauarbeiten						Preise €
Nr.	**Kurztext** / Stichworte		**brutto ø**			
	Einheit / Kostengruppe ▶	▷	netto ø	◁		◀
10	**Organische Stoffe aufnehmen, entsorgen**					
	Aufwuchs abmähen; Gräser, Kräuter; bis 0,70m; entsorgen					
	m³ € brutto	1,6	6,9	11,9	15,7	21,6
	KG 214 € netto	1,4	5,8	10,0	13,2	18,2
11	**Baum fällen, bis StD 15cm, entsorgen**					
	Baum fällen, Wurzelstock roden; StD bis 15cm; Räumgut abfahren					
	St € brutto	25	50	57	66	85
	KG 214 € netto	21	42	48	55	71
12	**Baum fällen, bis StD 30cm, entsorgen**					
	Baum fällen, Wurzelstock roden; StD bis 30cm; Räumgut abfahren					
	St € brutto	66	83	90	100	124
	KG 214 € netto	55	70	75	84	104
13	**Baum fällen, bis StD 50cm, entsorgen**					
	Baum fällen, Wurzelstock roden; StD bis 50cm; Räumgut abfahren					
	St € brutto	105	121	131	139	164
	KG 214 € netto	88	102	110	117	138
14	**Baum fällen, über StD 50cm, entsorgen**					
	Baum fällen, Wurzelstock roden; StD über 50cm; Räumgut abfahren					
	St € brutto	140	177	191	206	237
	KG 214 € netto	118	149	160	173	199
15	**Baum roden, bis StD 30cm, entsorgen**					
	Baum roden, Wurzelstock fräsen; StD 25-35cm; Räumgut abfahren					
	St € brutto	94	115	120	128	151
	KG 214 € netto	79	96	101	108	127
16	**Baugelände roden**					
	Baugelände roden; Busch-, Hecken- und Baumbestand; StD bis 10cm; Räumgut abfahren					
	St € brutto	11	15	17	19	22
	KG 214 € netto	9,4	12,8	14,6	16,0	18,1
17	**Baugelände roden**					
	Baugelände roden; Busch-, Hecken- und Baumbestand; StD bis 10cm; Räumgut abfahren					
	m² € brutto	3,6	6,1	7,1	8,7	12,8
	KG 214 € netto	3,0	5,2	5,9	7,3	10,8
18	**Baugelände abräumen, entsorgen**					
	Baugelände abräumen; Steine, Schutt, Unrat; entsorgen					
	t € brutto	131	147	153	182	214
	KG 212 € netto	110	124	129	153	180

Landschaftsbauarbeiten						Preise €

Nr.	Kurztext / Stichworte		**brutto ø**			
	Einheit / Kostengruppe ▶	▷	netto ø	◁		◀
19	**Wurzelstock fräsen, einarbeiten**					
	Wurzelstock fräsen; Fräsgut in Erdbereich einarbeiten					
	St	€ brutto	**33**	**42**	**48**	**50**	**60**
	KG 214	€ netto	28	35	41	42	51
20	**Grasnarbe abschälen**					
	Grasnarbe abtragen; BK 3-5; Dicke bis 5cm; abschälen, entsorgen					
	m²	€ brutto	**1,5**	**1,9**	**2,2**	**2,5**	**3,1**
	KG 214	€ netto	1,2	1,6	1,8	2,1	2,6
21	**Aufwuchs entfernen**					
	Aufwuchs mähen; Gräser, Kräuter; Höhe bis 0,70m; laden, entsorgen					
	m²	€ brutto	**0,9**	**1,2**	**1,2**	**1,3**	**1,5**
	KG 214	€ netto	0,8	1,0	1,0	1,1	1,3
22	**Oberboden abtragen, entsorgen**					
	Oberboden abtragen; laden, entsorgen; inkl. Vegetationsdecke					
	m³	€ brutto	**8,5**	**11,9**	**13,3**	**14,3**	**17,1**
	KG 511	€ netto	7,1	10,0	11,2	12,0	14,4
23	**Oberboden lösen, lagern**					
	Oberboden lösen; BK 1; laden, fördern, lagern; inkl. Vegetationsschicht					
	m³	€ brutto	**2,6**	**5,1**	**6,3**	**7,4**	**10,0**
	KG 512	€ netto	2,2	4,2	5,3	6,2	8,4
24	**Oberboden liefern, andecken**					
	Oberboden liefern; BK 1; andecken					
	m³	€ brutto	**21**	**27**	**29**	**31**	**38**
	KG 571	€ netto	18	23	24	26	32
25	**Oberboden liefern und einbauen, bis 30cm**					
	Oberboden liefern; BK 1; profilgerecht einbauen, Ebenflächigkeit +/-3cm					
	m³	€ brutto	**24**	**27**	**28**	**28**	**33**
	KG 571	€ netto	20	23	23	24	28
26	**Oberboden liefern und einbauen, Gruppe 2-4**					
	Oberboden liefern; BK 2 und 4; profilgerecht einbauen, Ebenflächigkeit +/-3cm					
	m³	€ brutto	**18**	**21**	**23**	**24**	**27**
	KG 571	€ netto	15	18	19	20	23
27	**Oberboden auftragen, lagernd**					
	Oberboden auftragen; Boden gelagert, BK 1; fördern, einbauen					
	m³	€ brutto	**3,7**	**6,9**	**7,9**	**9,6**	**13,5**
	KG 571	€ netto	3,1	5,8	6,6	8,0	11,3

► min
▷ von
ø Mittel
◁ bis
◄ max

003
Landschaftsbauarbeiten

Kosten: Stand 3.Quartal 2015, Bundesdurchschnitt

Landschaftsbauarbeiten					Preise €

Nr.	Kurztext / Stichworte	brutto ø			
	Einheit / Kostengruppe ►	▷ netto ø	◁	◄	
28	**Überschüssigen Boden laden, entsorgen**				
	Bodenmaterial abfahren; BK 3-5; entsorgen				
	m³ € brutto	9,7	12,5	13,6	15,4	18,6
	KG 512 € netto	8,2	10,5	11,5	12,9	15,7
29	**Bodenmaterial entsorgen**				
	Bodenmaterial abtragen; BK 3-5; Dicke bis 25cm; entsorgen				
	m³ € brutto	8,5	12,3	15,0	15,9	20,1
	KG 512 € netto	7,1	10,4	12,6	13,3	16,9
30	**Auffüllmaterial liefern, einbauen**				
	Auffüllmaterial liefern; Boden grobkörnig; einbauen, verdichten				
	m³ € brutto	23	26	28	29	31
	KG 311 € netto	19	22	23	24	26
31	**Füllboden liefern, einbauen**				
	Füllboden liefern; unbelastet; einbauen, inkl. Grobplanie, Gefälle-modelierung; für Erdwälle				
	m³ € brutto	11	14	15	17	19
	KG 311 € netto	9,1	11,4	12,9	13,9	15,6
32	**Rohrgrabenaushub, BK 3-5, bis 1,00m, lagern**				
	Aushub Rohrgraben; BK 3-5; Tiefe bis 100cm; Breite 0,30-1,00m; lagern				
	m³ € brutto	20	24	27	30	33
	KG 311 € netto	17	20	23	25	28
33	**Rohrgrabenaushub, BK 3-5, bis 2,00m, lagern**				
	Aushub Rohrgraben; BK 3-5; Tiefe 1,50-2,00m; Breite 0,30-1,00m; lagern				
	m³ € brutto	24	29	31	33	39
	KG 311 € netto	20	24	26	28	32
34	**Rohrgrabenaushub, BK 3-5, bis 2,50m, lagern**				
	Aushub Rohrgraben; BK 3-5; Tiefe 2,00-2,50m; Breite 0,30-1,00m; lagern				
	m³ € brutto	29	33	34	35	37
	KG 311 € netto	25	28	28	29	31
35	**Rohrgrabenaushub, BK 3-5, bis 3,00m, lagern**				
	Aushub Rohrgraben; BK 3-5; Tiefe bis 3,00m; Breite 0,30-1,00m; lagern				
	m³ € brutto	30	33	35	36	39
	KG 311 € netto	26	28	29	31	33

Landschaftsbauarbeiten					Preise €

Nr.	Kurztext / Stichworte		brutto ø		
	Einheit / Kostengruppe ▶	▷	netto ø	◁	◀
36	**Rohrgrabenaushub, BK 3-5, bis 4,00m, lagern**				
	Aushub Rohrgraben; BK 3-5; Tiefe 3,00-4,00m, Breite 0,30-1,00m; lagern				
	m³ € brutto	**28**	**34**	**39**	**43**	**49**
	KG 311 € netto	24	28	32	36	41
37	**Rohrgrabenaushub, BK 3-5, bis 5,00m, lagern**				
	Aushub Rohrgraben; BK 3-5; Tiefe 4,00-5,00m, Breite 0,30-1,00m; lagern				
	m³ € brutto	**32**	**39**	**42**	**47**	**54**
	KG 311 € netto	27	33	35	39	45
38	**Bodenaushub, Fundamente**				
	Aushub Fundament; BK 3-5; inkl. Sicherung/Verbau				
	m³ € brutto	**16**	**23**	**25**	**29**	**39**
	KG 322 € netto	13	20	21	25	33
39	**Rohrgrabenaushub**				
	Aushub Rohrgraben; BK 3-5; Tiefe 80cm, Breite 50cm; fördern, wiederverfüllen				
	m³ € brutto	**18**	**21**	**21**	**22**	**25**
	KG 311 € netto	15	17	18	18	21
40	**Baugrubensohle verfüllen**				
	Baugrubensohle wiederverfüllen; Boden gelagert, Z0-Z2; fördern, einbauen, verdichten				
	m³ € brutto	**9,1**	**12,3**	**12,9**	**15,2**	**18,1**
	KG 311 € netto	7,7	10,3	10,8	12,8	15,2
41	**Verdichtung Baugrube**				
	Baugrubensohle verdichten; Abweichung +/-2,0cm; planieren, verdichten, DPr97%				
	m² € brutto	**0,4**	**1,0**	**1,3**	**1,8**	**2,9**
	KG 311 € netto	0,4	0,9	1,1	1,5	2,4
42	**Pflanzgrube ausheben, bis 0,80x0,80m**				
	Pflanzgrube ausheben; Solitär, Hochstamm; 0,80x0,80m; Aushub lagern, Sohle lockern, verdrängter Boden Gießrand herstellen/seitlich einbauen				
	St € brutto	**11**	**19**	**22**	**24**	**34**
	KG 571 € netto	9,3	15,8	18,6	20,4	28,2
43	**Pflanzgrube ausheben, bis 1,00x1,00m**				
	Pflanzgrube ausheben; Solitär, Hochstamm; 1,00x1,00m; Aushub lagern, Sohle lockern, verdrängter Boden Gießrand herstellen/seitlich einbauen				
	St € brutto	**13**	**21**	**24**	**29**	**41**
	KG 571 € netto	11	18	20	25	34

► min
▷ von
ø Mittel
◁ bis
◄ max

003
Landschaftsbauarbeiten

Kosten: Stand 3.Quartal 2015, Bundesdurchschnitt

Landschaftsbauarbeiten				Preise €	

Nr.	Kurztext / Stichworte		brutto ø			
	Einheit / Kostengruppe ►	▷	netto ø	◁		◄
44	**Pflanzgrube ausheben, bis 1,50x1,50m**					
	Pflanzgrube ausheben; Solitär, Hochstamm; 1,50x1,50m; Aushub lagern, Sohle lockern, verdrängter Boden Gießrand herstellen/seitlich einbauen					
	St € brutto	24	33	37	40	45
	KG 571 € netto	20	28	31	34	38
45	**Pflanzgrube ausheben, bis 2,00x2,00m**					
	Pflanzgrube ausheben; Solitär, Hochstamm; 2,00x2,00m; Aushub lagern, Sohle lockern, verdrängter Boden Gießrand herstellen/seitlich einbauen					
	St € brutto	41	46	49	56	66
	KG 571 € netto	35	39	41	47	55
46	**Pflanzgrube ausheben, Solitäre**					
	Pflanzgrube ausheben; Solitäre; Sohle lockern					
	St € brutto	19	28	33	40	51
	KG 571 € netto	16	23	28	34	43
47	**Pflanzgrube ausheben, Sträucher**					
	Pflanzgrube ausheben; Sträucher; Aushub lagern, Sohle lockern, wiederverfüllen					
	St € brutto	4,6	7,9	9,1	10,3	12,8
	KG 571 € netto	3,9	6,6	7,6	8,7	10,7
48	**Vegetationsfläche, organisch Düngung**					
	Düngung Vegetationsfläche; Kern-Blut-Knochenmehl; 50g/m²; aufbringen, einarbeiten					
	m² € brutto	0,3	0,4	0,5	0,5	0,7
	KG 571 € netto	0,2	0,3	0,4	0,5	0,6
49	**Bodenverbesserung, Komposterde**					
	Bodenverbesserung; Komposterde; Einzelkorn bis 5cm; aufbringen, einarbeiten; Vegetationsfläche					
	m² € brutto	0,4	1,1	1,2	1,6	2,5
	KG 571 € netto	0,4	0,9	1,0	1,4	2,1
50	**Bodenverbesserung, Kiessand**					
	Bodenverbesserung; Kiessand 0/4; 20kg/m²; aufbringen, einarbeiten; Vegetationsfläche					
	m² € brutto	0,5	1,0	1,3	1,4	1,7
	KG 571 € netto	0,4	0,9	1,1	1,2	1,4
51	**Bodenverbesserung, Rindenhumus**					
	Bodenverbesserung; Rindenhumus; Dicke 5cm; aufbringen, einarbeiten; Vegetationsfläche					
	m² € brutto	0,7	1,2	1,4	1,8	2,4
	KG 571 € netto	0,6	1,0	1,2	1,5	2,0

Landschaftsbauarbeiten					Preise €

Nr.	Kurztext / Stichworte	brutto ø				
	Einheit / Kostengruppe ▶	▷ netto ø		◁	◀
52	**Pflanzgrube verfüllen, Pflanzsubstrat**					
	Pflanzgrube verfüllen; Pflanzsubstrat; Dicke bis 50cm					
	St € brutto	19	29	36	37	47
	KG 574 € netto	16	24	30	32	40
53	**Pflanzgrube verfüllen, Baumsubstrat**					
	Pflanzgrube verfüllen; Humus-Basis 0/16; Dicke 30m					
	St € brutto	35	43	47	56	66
	KG 574 € netto	29	36	39	47	55
54	**Mulchsubstrat liefern, einbauen**					
	Mulchsubstrat aufbringen; Rindenmulch 10/20; Dicke 8cm; Baumscheiben abdecken					
	m² € brutto	3,1	4,0	4,3	4,8	5,9
	KG 574 € netto	2,6	3,4	3,6	4,1	4,9
55	**Feinplanum, Pflanzfläche**					
	Feinplanum herstellen, Pflanzfläche; Abweichung +/-3cm; Fremdkörper, Pflanzenteile, Unkraut abräumen					
	m² € brutto	0,5	0,9	1,0	1,3	1,7
	KG 574 € netto	0,4	0,7	0,9	1,1	1,4
56	**Feinplanum, Rasenfläche**					
	Feinplanum herstellen, Rasenfläche; Abweichung +/-3cm; Fremdkörper, Pflanzenteile, Unkraut abräumen					
	m² € brutto	1,0	1,3	1,3	1,6	2,0
	KG 574 € netto	0,9	1,1	1,1	1,3	1,7
57	**Tiefenlockerung, Boden**					
	Vegetationsfläche lockern, Grubbern; BK 3-5; Tiefe 25cm; Fremdkörper, Pflanzenteile, Unkraut abräumen, entsorgen					
	m² € brutto	0,3	0,4	0,4	0,4	0,5
	KG 572 € netto	0,2	0,3	0,3	0,4	0,4
58	**Vegetationsflächen lockern, fräsen**					
	Vegetationstragschicht lockern, Fräsen; BK 3-5; Tiefe 15cm; Fremdkörper, Pflanzenteile, Unkraut abräumen, entsorgen					
	m² € brutto	0,3	0,5	0,5	0,6	0,8
	KG 572 € netto	0,3	0,4	0,4	0,5	0,7
59	**Vegetationsflächen lockern, aufreißen**					
	Vegetationstragschicht lockern, durch Aufreißen; BK 3-5; Tiefe 30cm; Fremdkörper, Pflanzenteile, Unkraut abräumen, entsorgen					
	m² € brutto	0,3	0,4	0,4	0,5	0,7
	KG 572 € netto	0,2	0,3	0,4	0,4	0,6

▶ min
▷ von
ø Mittel
◁ bis
◀ max

003
Landschaftsbauarbeiten

Kosten: Stand 3.Quartal 2015, Bundesdurchschnitt

| Landschaftsbauarbeiten | | | | | Preise € |

Nr.	Kurztext / Stichworte Einheit / Kostengruppe	brutto ø ▶	▷	netto ø	◁	◀
60	**Maschendrahtzaun, 1,00m** Maschendrahtzaun; kunststoffummantelt, Metallpfosten; Höhe 1,00m; inkl. Erd-/Fundamentarbeiten					
	m € brutto	17	27	32	40	51
	KG 531 € netto	14	23	27	34	43
61	**Maschendrahtzaun, 1,25m** Maschendrahtzaun; kunststoffummantelt, Metallpfosten; Höhe 1,25m; inkl. Erd-/Fundamentarbeiten					
	m € brutto	25	37	41	50	66
	KG 531 € netto	21	31	34	42	56
62	**Maschendrahtzaun, 1,50m** Maschendrahtzaun; kunststoffummantelt, Metallpfosten; Höhe 1,50m; inkl. Erd-/Fundamentarbeiten					
	m € brutto	26	43	50	54	76
	KG 531 € netto	22	37	42	46	64
63	**Maschendrahtzaun, 1,75m** Maschendrahtzaun; kunststoffummantelt, Metallpfosten; Höhe 1,75m; inkl. Erd-/Fundamentarbeiten					
	m € brutto	30	51	59	63	89
	KG 531 € netto	26	43	49	53	75
64	**Maschendrahtzaun, 2,00m** Maschendrahtzaun; kunststoffummantelt, Metallpfosten; Höhe 2,00m; inkl. Erd-/Fundamentarbeiten					
	m € brutto	32	54	63	68	95
	KG 531 € netto	27	45	53	57	80
65	**Stabgitterzaun, 0,80m** Stabgitterzaun; Stahlgittermatten, Doppelstab, verzinkt; Höhe 0,80m, MW 50x200mm, Dicke 8mm					
	m € brutto	27	45	51	56	75
	KG 531 € netto	22	38	43	47	63
66	**Stabgitterzaun, 1,20m** Stabgitterzaun; Stahlgittermatten, Doppelstab, verzinkt; Höhe 1,20m, MW 50x200mm, Dicke 8mm					
	m € brutto	30	49	56	62	84
	KG 531 € netto	25	41	47	52	70
67	**Stabgitterzaun, 1,40m** Stabgitterzaun; Stahlgittermatten, Doppelstab, verzinkt; Höhe 1,40m, MW 50x200mm, Dicke 8mm					
	m € brutto	34	54	60	67	92
	KG 531 € netto	29	45	50	56	77

Landschaftsbauarbeiten					Preise €

Nr.	Kurztext / Stichworte		brutto ø			
	Einheit / Kostengruppe ▶	▷	netto ø	◁	◀	
68	**Stabgitterzaun, 1,60m**					
	Stabgitterzaun; Stahlgittermatten, Doppelstab, verzinkt; Höhe 1,60m, MW 50x200mm, Dicke 8mm					
	m € brutto	38	58	65	72	102
	KG 531 € netto	32	49	55	61	86
69	**Stabgitterzaun, 1,80m**					
	Stabgitterzaun; Stahlgittermatten, Doppelstab, verzinkt; Höhe 1,80m, MW 50x200mm, Dicke 8mm					
	m € brutto	42	55	72	78	108
	KG 531 € netto	36	46	61	65	91
70	**Stabgitterzaun, 2,00m**					
	Stabgitterzaun; Stahlgittermatten, Doppelstab, verzinkt; Höhe 2,00m, MW 50x200mm, Dicke 8mm					
	m € brutto	47	60	74	84	114
	KG 531 € netto	40	50	62	70	96
71	**Poller, Beton**					
	Poller; Beton; 40x120, Höhe 900/1000mm; inkl. Erd-und Fundament-arbeiten					
	St € brutto	143	299	305	322	432
	KG 531 € netto	120	251	256	271	363
72	**Poller, Aluminium**					
	Poller; Aluminium; umklappbar; inkl. Erd-und Fundamentarbeiten					
	St € brutto	197	351	356	363	517
	KG 531 € netto	166	295	299	305	435
73	**Poller, Stahl, beschichtet**					
	Poller; Stahl, verzinkt, beschichtet; Höhe 900/1000mm; herausnehm-bar; inkl. Erd- und Fundamentarbeiten					
	St € brutto	274	332	356	389	486
	KG 531 € netto	231	279	299	327	409
74	**Poller, Naturstein**					
	Poller; Granit, gesägt, gefast; 35x35x40cm; inkl. Erd- und Fundament-arbeiten					
	St € brutto	156	361	392	430	770
	KG 531 € netto	131	304	329	362	647
75	**Handaushub, Zulage**					
	Handaushub Rohrgraben; BK 3-5					
	m³ € brutto	51	55	57	60	65
	KG 541 € netto	43	46	48	50	54

► min
▷ von
ø Mittel
◁ bis
◄ max

003
Landschaftsbauarbeiten

Kosten: Stand 3.Quartal 2015, Bundesdurchschnitt

Landschaftsbauarbeiten					Preise €

Nr.	Kurztext / Stichworte Einheit / Kostengruppe ►		brutto ø ▷ netto ø ◁		◄
76	**Kanalanschluss, Schacht**				
	Anschluss Abwasserkanal an Betonschacht; PVC-Rohr; DN150, Dicke 10cm				
	St	**€ brutto** 36	57	63	81	108
	KG 541	€ netto 30	47	53	68	91
77	**Abwasserleitung, PVC-Rohre, DN100**				
	Abwasserkanal; PVC; DN100; inkl. Kanalanschluss				
	m	**€ brutto** 20	22	23	25	27
	KG 541	€ netto 17	19	20	21	22
78	**Abwasserleitung, PVC-Rohre, DN125**				
	Abwasserkanal; PVC; DN125; inkl. Kanalanschluss				
	m	**€ brutto** 25	28	29	32	36
	KG 541	€ netto 21	24	24	27	31
79	**Abwasserleitung, PVC-Rohre, DN150**				
	Abwasserkanal; PVC; DN150; inkl. Kanalanschluss				
	m	**€ brutto** 25	29	30	32	36
	KG 541	€ netto 21	24	25	27	31
80	**Abwasserleitung, PVC-Rohre, DN200**				
	Abwasserkanal; PVC; DN200; inkl. Kanalanschluss				
	m	**€ brutto** 30	38	41	43	54
	KG 541	€ netto 25	32	35	36	45
81	**Abwasserleitung, PVC-Rohre, DN250**				
	Abwasserkanal; PVC; DN250; inkl. Kanalanschluss				
	m	**€ brutto** 39	61	65	71	91
	KG 541	€ netto 33	51	55	59	77
82	**Formstück, PVC-Rohrbogen, DN125**				
	Formstück, Bogen; PVC-U; DN125, 15/30/45/87°; inkl. Muffe, Dichtungsmaterial				
	St	**€ brutto** 11	12	12	12	13
	KG 541	€ netto 9,1	9,9	9,9	10,2	10,8
83	**Formstück, PVC-Rohrbogen, DN150**				
	Formstück, Bogen; PVC-U; DN150, 15/30/45/87°; inkl. Muffe, Dichtungsmaterial				
	St	**€ brutto** 10	13	14	14	17
	KG 541	€ netto 8,6	10,6	11,5	12,2	14,1
84	**Formstück, PVC-Rohrbogen, DN200**				
	Formstück, Bogen; PVC-U; DN200, 15/30/45/87°; inkl. Muffe, Dichtungsmaterial				
	St	**€ brutto** 16	19	21	23	29
	KG 541	€ netto 13	16	18	20	24

Landschaftsbauarbeiten					Preise €

Nr.	Kurztext / Stichworte		brutto ø		
	Einheit / Kostengruppe ▶	▷	netto ø	◁	◀
85	**Dränkontrollschacht, bis 3,50m**				
	Dränkontrollschacht; Tiefe bis 3,50m; Anschluss Ringdränage				
	St **€ brutto**	201	293	362	377	438
	KG 541 € netto	169	246	305	317	368
86	**Höhenausgleich, Schachtabdeckung, bis 30cm**				
	Schachtabdeckung höhenmäßig anpassen; Ausgleich bis 30cm				
	St **€ brutto**	61	77	83	89	101
	KG 541 € netto	51	65	70	75	85
87	**Straßenablauf, Beton**				
	Straßenablauf, Klasse C250; Beton; Aufsatz 500x500, Ablauf DN150; in MG III versetzen				
	St **€ brutto**	237	273	296	307	348
	KG 541 € netto	199	229	249	258	292
88	**Hofablauf, Beton**				
	Hofablauf; Beton, Gitterrost; DN150, Durchmesser 30cm; ohne Geruchsverschluss, inkl. Eimer				
	St **€ brutto**	171	222	237	271	342
	KG 541 € netto	144	187	199	227	287
89	**Hofablauf, Beton, Geruchsverschluss**				
	Hofablauf; Beton, Gitterrost; DN150, Durchmesser 30cm; inkl. Geruchsverschluss, Eimer				
	St **€ brutto**	190	224	240	255	282
	KG 541 € netto	160	188	202	215	237
90	**Hofablauf, Beton, Gusszarge, Geruchsverschluss**				
	Hofablauf; Beton, Gusszarge; DN150, Durchmesser 30cm; inkl. Geruchsverschluss, Eimer				
	St **€ brutto**	242	276	288	317	373
	KG 541 € netto	203	232	242	266	314
91	**Bodeneinlauf, PVC, Geruchsverschluss**				
	Bodenablauf; PVC; DN150; inkl. Geruchsverschluss, Eimer				
	St **€ brutto**	229	274	293	331	401
	KG 541 € netto	193	230	247	278	337
92	**Abwasserkanal, Steinzeugrohre, DN100**				
	Abwasserkanal; Steinzeug; DN100; inkl. Formstücke, Muffen				
	m **€ brutto**	27	34	35	36	42
	KG 541 € netto	23	28	30	31	35
93	**Abwasserkanal, Steinzeugrohre, DN150**				
	Abwasserkanal; Steinzeug; DN150; inkl. Formstücke, Muffen				
	m **€ brutto**	44	47	48	51	58
	KG 541 € netto	37	39	40	43	49

► min
▷ von
ø Mittel
◁ bis
◄ max

003
Landschaftsbauarbeiten

Kosten: Stand 3.Quartal 2015, Bundesdurchschnitt

Landschaftsbauarbeiten						Preise €

Nr.	Kurztext / Stichworte			**brutto ø**		
	Einheit / Kostengruppe ►		▷	netto ø	◁	◄
94	**Abwasserkanal, Stahlbetonrohre, DN300**					
	Abwasserkanal; Stahlbeton; DN300; inkl. Formstücke, Muffen					
	m **€ brutto**	63	76	79	83	94
	KG 541 € netto	53	64	67	70	79
95	**Fassaden-Schlitzrinne, SW 3mm**					
	Entwässerungsrinne, Schlitzrinne; Höhe 170mm, SW 3mm; Fassade					
	m **€ brutto**	147	194	198	217	263
	KG 541 € netto	123	163	166	182	221
96	**Fassaden-Flachrinne, DN100**					
	Entwässerungsrinne, Klasse A15; Gitterrost, verzinkt; DN100, Länge 100cm, Tiefe 15cm; Flachrinne					
	m **€ brutto**	115	127	132	139	154
	KG 541 € netto	97	106	111	116	129
97	**Entwässerungsrinne, Polymerbeton**					
	Entwässerungsrinne; Polymerbeton; mit Eigengefälle und Gitterrostabdeckung					
	St **€ brutto**	227	268	291	320	412
	KG 541 € netto	191	225	245	269	346
98	**Entwässerungsrinne, Kl. A, Beton/Gussabdeckung**					
	Entwässerungsrinne, Klasse A; Beton, Gussabdeckung; in C8/10 versetzen; mit Eigengefälle					
	m **€ brutto**	52	87	98	124	172
	KG 541 € netto	44	73	82	104	145
99	**Entwässerungsrinne, Kl. B, Beton/Gussabdeckung**					
	Entwässerungsrinne, Klasse B; Beton, Gussabdeckung; in C8/10 versetzen; mit Eigengefälle					
	m **€ brutto**	87	94	97	98	112
	KG 541 € netto	74	79	81	82	94
100	**Entwässerungsrinne, Kl. C, Beton/Gussabdeckung**					
	Entwässerungsrinne, Klasse C; Beton, Gussabdeckung; in C8/10 versetzen; mit Eigengefälle					
	m **€ brutto**	56	108	140	156	191
	KG 541 € netto	47	90	117	131	161
101	**Entwässerungsrinne, Kl. D, Beton/Gussabdeckung**					
	Entwässerungsrinne, Klasse D; Beton, Gussabdeckung; in C8/10 versetzen; mit Eigengefälle					
	m **€ brutto**	151	186	186	201	231
	KG 541 € netto	126	156	157	169	194

Landschaftsbauarbeiten					Preise €

Nr.	Kurztext / Stichworte		brutto ø		
	Einheit / Kostengruppe ▶	▷	netto ø	◁	◀
102	**Regenwasserzisterne**				
	Regenwasserzisterne; Kunststoff/Beton; inkl. Konus, Abdeckung, Aus-/Zulaufmuffen, ohne Technik				
	St € brutto	2.910	3.752	4.073	4.547	5.231
	KG 542 € netto	2.445	3.153	3.423	3.821	4.396
103	**Regenwasserkanal, PVC-U-Rohre, DN100**				
	Regenwasserleitung; PVC-U-Rohre, Formstücke; DN100				
	m € brutto	13	18	20	21	25
	KG 541 € netto	11	15	16	18	21
104	**Regenwasserkanal, PVC-U-Rohre, DN150**				
	Regenwasserleitung; PVC-U-Rohre, Formstücke; DN150				
	m € brutto	27	33	34	38	44
	KG 541 € netto	23	28	29	32	37
105	**Schachtring, Beton, DN1000, 0,25m**				
	Schachtring; Beton; DN1000, Höhe 0,25m; inkl. Steigeisen				
	St € brutto	64	76	80	85	98
	KG 541 € netto	54	64	68	71	82
106	**Schachtring, Beton, DN1000, 0,50m**				
	Schachtring; Beton; DN1000, Höhe 0,50m; inkl. Steigeisen				
	St € brutto	63	81	91	95	108
	KG 541 € netto	53	68	77	80	91
107	**Übergangsring, DN1600/1200, 0,25m, Betonfertigteil**				
	Übergangsring; Betonfertigteil, Edelstahlbügel; DN1000/1200, Höhe 0,25m				
	St € brutto	64	82	96	104	116
	KG 541 € netto	54	69	81	88	97
108	**Übergangsring, DN1000/1200, 0,50m, Betonfertigteil**				
	Übergangsring; Betonfertigteil, Edelstahlbügel; DN1000/1200, Höhe 0,50m				
	St € brutto	67	91	104	115	138
	KG 541 € netto	57	76	88	96	116
109	**Schachtabdeckung, Klasse A, Guss**				
	Schachtabdeckung; Gussbeton, Klasse A 150; rund, Lüftungsöffnungen				
	St € brutto	137	178	214	228	310
	KG 541 € netto	115	150	179	192	261
110	**Schachtabdeckung, Klasse B, Guss**				
	Schachtabdeckung; Gussbeton, Klasse B 150; rund, Lüftungsöffnungen				
	St € brutto	144	172	185	213	297
	KG 541 € netto	121	145	155	179	249

► min
▷ von
ø Mittel
◁ bis
◄ max

003
Landschaftsbauarbeiten

Kosten: Stand 3.Quartal 2015, Bundesdurchschnitt

Landschaftsbauarbeiten					Preise €

Nr.	Kurztext / Stichworte			brutto ø		
	Einheit / Kostengruppe ►		▷	netto ø	◁	◄
111	**Schachtabdeckung, Klasse D, Guss**					
	Schachtabdeckung; Gussbeton, Klasse D 150; rund, Lüftungsöffnungen					
	St	€ brutto	167	225	244	264	313
	KG 541	€ netto	140	189	205	222	263
112	**Ablaufkasten, Polymerbeton**					
	Ablaufkasten Entwässerungsrinne; Polymerbeton; DN100/150; inkl. Schlammeimer					
	St	€ brutto	179	198	208	220	244
	KG 541	€ netto	151	167	175	185	205
113	**Kontrollschacht, Stahlbeton, DN1000**					
	Kontrollschacht; Betonfertigteil; DN1000; höhen-, fluchtgerecht einbauen					
	St	€ brutto	1.035	1.147	1.202	1.246	1.367
	KG 541	€ netto	870	964	1.010	1.047	1.149
114	**Sinkkasten, Anschluss zweiseitig**					
	Sinkkasten Entwässerungsrinne, Klasse B; zweiseitiger Anschluss; ohne Abdeckung					
	St	€ brutto	139	173	199	216	248
	KG 541	€ netto	117	145	167	182	209
115	**Versickerungsmulden herstellen**					
	Aushub Versickerungsmulde; überschüssige Boden entsorgen					
	m²	€ brutto	1,9	2,9	3,4	4,5	6,3
	KG 541	€ netto	1,6	2,5	2,9	3,8	5,3
116	**Filtervlies Rigolenvlies**					
	Filterschicht Dachbegrünung; Vlies, GRK 2; 105g/m²; überlappend; zwischen Dränschicht und Substrat					
	m²	€ brutto	2,0	2,5	2,7	3,0	3,4
	KG 363	€ netto	1,7	2,1	2,3	2,5	2,9
117	**Kiesbett herstellen, 0/2**					
	Kiesbett; Kies 0/2; Sollhöhe +/-2cm; einbauen, verdichten, DPr 97/ 103%					
	m³	€ brutto	30	40	41	47	56
	KG 521	€ netto	25	34	34	39	47
118	**Kiesbett herstellen, 4/8**					
	Kiesbett; Kies 4/8; Sollhöhe +/-2cm; einbauen, verdichten, DPr 97/103%					
	m³	€ brutto	36	43	45	50	60
	KG 521	€ netto	31	36	38	42	51

Landschaftsbauarbeiten					Preise €

Nr.	Kurztext / Stichworte		brutto ø		
	Einheit / Kostengruppe ▶	▷	netto ø	◁	◀
119	**Kiesbett herstellen, 8/16**				
	Kiesbett; Kies 8/16; Sollhöhe +/-2cm; einbauen, verdichten, DPr 97/103%				
	m³ € brutto	31	39	41	47	56
	KG 521 € netto	26	33	35	39	47
120	**Kiesbett herstellen, 16/32**				
	Kiesbett; Rollkies 16/32, gewaschen; Sollhöhe +/-2cm; einbauen, verdichten, DPr 97%/103%				
	m³ € brutto	42	48	49	55	61
	KG 521 € netto	35	41	41	46	52
121	**Dränleitung, PVC-Vollsickerrohr, DN100**				
	Dränleitung mit Sickerpackung; PVC-Vollsickerrohr, filtervliesummantelt, Rollkies; DN100				
	m € brutto	9,3	15,5	18,6	21,0	25,7
	KG 541 € netto	7,8	13,0	15,6	17,6	21,6
122	**Dachablauf, M 125, Gussrost 30/30cm**				
	Sickerschacht M 125; Gussrost; 30x30cm; Dach; inkl. Aufstockelement				
	St € brutto	718	861	904	1.003	1.175
	KG 541 € netto	604	724	760	843	987
123	**Tauchpumpe, Baugrube**				
	Tauchpumpe; 10-30m³/h, Förderhöhe bis 3,00m; Baugrube				
	h € brutto	6,8	9,4	10,2	12,2	16,2
	KG 313 € netto	5,7	7,9	8,6	10,2	13,6
124	**Bewässerungseinrichtung, Hochstämme**				
	Baumbewässerungseinrichtung; Dränagerohr, Kies 8/16; DN80, Tiefe 30cm; rund 1,00m, Kies 10cm				
	St € brutto	39	68	76	83	104
	KG 574 € netto	33	57	64	70	87
125	**Teichfolie**				
	Teichfolie; EDPM-Kautschuk, UV-beständig; Dicke 0,2mm				
	m² € brutto	17	24	27	29	34
	KG 560 € netto	15	20	23	24	29
126	**Planum, Teich**				
	Planum Teichsohle; Sand 2/4; Abweichung +/-2cm; Steine, spitze Gegenstände entfernen				
	m² € brutto	2,2	3,0	3,3	3,7	4,7
	KG 560 € netto	1,8	2,5	2,8	3,1	4,0
127	**Teichrand herstellen**				
	Teichrand herstellen; Rundkies 16/32, gewaschen				
	m² € brutto	5,3	8,3	9,4	10,2	12,0
	KG 560 € netto	4,4	7,0	7,9	8,6	10,1

► min
▷ von
ø Mittel
◁ bis
◄ max

003
Landschaftsbauarbeiten

Kosten: Stand 3.Quartal 2015, Bundesdurchschnitt

Landschaftsbauarbeiten					Preise €

Nr.	Kurztext / Stichworte		brutto ø			
	Einheit / Kostengruppe	►	▷	netto ø	◁	◄
128	**Dachfläche säubern**					
	Dachfläche reinigen; abkehren, Stoffe entsorgen					
	m² € brutto	0,4	0,7	0,7	0,9	1,1
	KG 363 € netto	0,3	0,6	0,6	0,7	0,9
129	**Trenn-, Schutz-, Speichervlies**					
	Trennlage; Filtervlies; zwischen Erdplanum und Frostschutz					
	m² € brutto	1,4	1,8	1,9	2,1	2,7
	KG 363 € netto	1,2	1,5	1,6	1,8	2,3
130	**Filtermatte, Dachbegrünung**					
	Filtermatte, Dachbegrünung; GRK 2; 105g/m²; überlappend; zwischen Dränschicht und Substrat					
	m² € brutto	1,3	1,6	1,8	2,0	2,4
	KG 363 € netto	1,1	1,3	1,5	1,7	2,0
131	**Vegetationssubstrat**					
	Vegetationstragschicht Dachbegrünung, extensiv; Substrat, wasser-gesättigt; 1,150kg/m³					
	m² € brutto	16	17	18	19	21
	KG 363 € netto	13	15	15	16	18
132	**Extensive Dachbegrünung**					
	Vegetationstragschicht Dachbegrünung, extensiv; Substrat mit integriertem Saatgut; Dicke 15cm					
	m² € brutto	14	17	19	19	22
	KG 576 € netto	12	15	16	16	18
133	**Kiesstreifen, Traufe, Rollkies 16/32**					
	Traufstreifen; Rollkies 16/32, gewaschen					
	m € brutto	9,6	11,8	12,6	13,6	16,3
	KG 363 € netto	8,1	9,9	10,6	11,4	13,7
134	**Entwässerungsrinne, Fassade/Terrasse**					
	Fassaden-/Terrassenrinne; begehbar, rollstuhl-befahrbar; mit integrierter Kiesleiste, Rostabdeckung					
	m € brutto	74	103	111	123	154
	KG 363 € netto	62	86	93	104	129
135	**Spielsand, Körnung 0/2**					
	Spielsand; gewaschen, unbelastet, 0/2; Dicke 30cm; einbauen					
	t € brutto	17	20	22	25	28
	KG 552 € netto	14	17	19	21	24
136	**Spielsand auswechseln, bis 40cm**					
	Spielsand auswechseln; Liefermaterial; Tiefe bis 40cm; einbauen; gebrauchter Sand entsorgen					
	m³ € brutto	6,1	11,7	12,0	15,0	20,7
	KG 526 € netto	5,2	9,8	10,1	12,6	17,4

Landschaftsbauarbeiten					Preise €

Nr.	Kurztext / Stichworte		brutto ø		
	Einheit / Kostengruppe ▶	▷	netto ø	◁	◀
137	**Einfassung, Sandkasten**				
	Einfassung Sandkasten; Pflastersteine; in C12/15 versetzen				
	m² € brutto	36	43	46	56	67
	KG 526 € netto	30	36	39	47	56
138	**Wegeeinfassung, Naturstein**				
	Einfassung Wegefläche; Naturstein; 12x12cm; in C12/15 versetzen				
	m € brutto	17	25	28	32	41
	KG 521 € netto	14	21	24	27	34
139	**Fallschutz, Kies**				
	Fallschutzbelag; Rundkies 0/4 bis 2/6, gewaschen; Dicke 40cm; auftragen, verdichten				
	m² € brutto	13	18	18	20	23
	KG 526 € netto	11	15	15	17	19
140	**Schall-Sichtschutzwand, Stahlbeton, 2,0m**				
	Schall-Sichtschutzwand; Stahlbeton; Höhe 2,00m; inkl. Pfosten, Sockelelemente, Gründung				
	St € brutto	225	358	392	435	509
	KG 531 € netto	189	301	329	366	428
141	**Stahltor, einflüglig, beschichtet**				
	Tor; Stahl, verzinkt, beschichtet; 1,50x1x20m; einflüglig				
	St € brutto	785	954	1.078	1.131	1.416
	KG 531 € netto	660	802	906	951	1.190
142	**Stahltor, zweiflüglig, beschichtet**				
	Drehtor; Stahl, verzinkt, beschichtet; 5,00x1,60m; zweiflüglig				
	St € brutto	773	974	1.108	1.274	1.546
	KG 531 € netto	650	819	931	1.070	1.299
143	**Zaunpfosten, Stahlrohr**				
	Zaunpfosten; Stahlrohr, verzinkt; Höhe 2,00m, Durchmesser 40mm				
	St € brutto	19	34	41	43	59
	KG 531 € netto	16	29	35	36	50
144	**Einzelfundamente, Zaunpfosten**				
	Einzelfundamente, Zaunpfosten; BK 3-5, Beton C20/25; Tiefe 80cm, Durchmesser 30cm; Aushub entsorgen; inkl. Schalung				
	St € brutto	310	390	421	449	509
	KG 339 € netto	261	328	354	377	427
145	**Ballfangzaun, Gittermatten**				
	Ballfangzaun; Gittermatten, Rechteckpfosten; Höhe 4,00m, MW 50x200mm				
	m € brutto	200	247	253	268	308
	KG 532 € netto	168	208	213	225	258

▶ min
▷ von
ø Mittel
◁ bis
◀ max

003
Landschaftsbauarbeiten

Kosten: Stand 3.Quartal 2015, Bundesdurchschnitt

Landschaftsbauarbeiten					Preise €

Nr.	Kurztext / Stichworte	brutto ø			
	Einheit / Kostengruppe ▶	▷ netto ø ◁			◀
146	**Holzzaun, Kiefer/Sandsteinpfosten**				
	Holzzaun; Kiefer, Sandsteinpfosten; Höhe 1,20m, Latten 4x6cm,				
	Steinpfosten 15x10cm; Senkrechtlattung				
	m € brutto	109	149	173	178	205
	KG 531 € netto	91	126	145	150	173
147	**Eckausbildung, Holzzaun**				
	Zulage für Eckausbildung; inkl. erf. Materialien				
	St € brutto	37	51	60	61	84
	KG 531 € netto	31	43	50	51	70
148	**Abfallbehälter, Stahlblech**				
	Abfallbehälter; Stahlblech, feuerverzinkt; standfest verankern;				
	inkl. Erd-und Fundamentarbeiten				
	St € brutto	519	619	672	709	800
	KG 551 € netto	436	520	565	596	672
149	**Fahrradständer, Stahlrohrkonstruktion**				
	Fahrradständer; Stahlrohrkonstruktion, feuerverzinkt; einzeln,				
	Außenwandmontage; inkl. Erd-/Fundamentarbeiten				
	St € brutto	386	421	439	466	521
	KG 551 € netto	324	354	369	392	437
150	**Rankhilfe, Edelstahlseil**				
	Rankseil; Edelstahl; Seildurchmesser 4mm; vertikal und horizontal;				
	inkl. Klettersprossen				
	m € brutto	6,0	14,3	16,7	20,6	30,3
	KG 574 € netto	5,0	12,0	14,1	17,3	25,5
151	**Baumschutzgitter, Metall**				
	Baumschutzgitter; Aluminiumguss, Stahlteile feuerverzinkt;				
	183x64cm; zwei Halbschalen				
	St € brutto	596	702	747	773	859
	KG 574 € netto	501	590	628	650	722
152	**Baumscheibe, Grauguss**				
	Baumscheibe; Grauguss; 1,50x1,50m; vier Segmente				
	St € brutto	1.280	1.790	2.054	2.595	3.239
	KG 574 € netto	1.076	1.504	1.726	2.181	2.722

Landschaftsbauarbeiten - Pflanzen					Preise €

Nr.	Kurztext / Stichworte		brutto ø		
	Einheit / Kostengruppe ▶	▷	netto ø	◁	◀
1	**Baumverankerung, Unterflur, Spanngurte**				
	Unterflur-Baumverankerung; Stahlanker, Spanngurte Polyester; Gurtbreite 50mm; nicht sichtbar				
	St **€ brutto**	**38**	**65**	**86**	**100**	**125**
	KG 574 € netto	32	55	73	84	105
2	**Baumverankerung, Unterflur, Schlaufbänder**				
	Unterflur-Baumverankerung; Stahlanker, Schlaufbänder; Gurtbreite 50mm; nicht sichtbar				
	St **€ brutto**	**63**	**138**	**153**	**165**	**275**
	KG 574 € netto	53	116	129	138	231
3	**Pflanzenverankerung, Pfahl-Zweibock**				
	Pflanzenverankerung Pfahl-Zweibock; unbehandelt, geschält, Kokosstrick; Länge 300cm				
	St **€ brutto**	**29**	**37**	**41**	**49**	**62**
	KG 574 € netto	24	31	34	42	52
4	**Pflanzenverankerung, Pfahl-Dreibock**				
	Pflanzenverankerung Pfahl-Dreibock; unbehandelt, geschält, Kokosstrick; Länge 300cm				
	St **€ brutto**	**39**	**49**	**53**	**57**	**67**
	KG 574 € netto	33	42	44	48	56
5	**Verdunstungsschutz, Baumstamm**				
	Verdunstungsschutz; Schilfbandage, Kokosstrick; Stammfuß-Stammkopf				
	St **€ brutto**	**41**	**58**	**68**	**93**	**124**
	KG 574 € netto	35	49	57	79	105
6	**Hochstamm/Solitär, liefern/pflanzen, 100-125cm**				
	Hochstamm/Solitär pflanzen; mDb, BK 3-5; Höhe 100-125cm; Pflanzgrube ausheben, wiederverfüllen, wässern; inkl. Baumscheibe				
	St **€ brutto**	**17**	**40**	**45**	**48**	**93**
	KG 574 € netto	14	34	38	41	78
7	**Hochstamm/Solitär, liefern/pflanzen, 125-150cm**				
	Hochstamm/Solitär pflanzen; mDb, BK 3-5; Höhe 125-150cm; Pflanzgrube ausheben, wiederverfüllen, wässern; inkl. Baumscheibe				
	St **€ brutto**	**21**	**55**	**73**	**105**	**149**
	KG 574 € netto	17	46	61	88	125
8	**Hochstamm/Solitär, liefern/pflanzen, 150-200cm**				
	Hochstamm/Solitär pflanzen; mDb, BK 3-5; Höhe 150-200cm; Pflanzgrube ausheben, wiederverfüllen, wässern; inkl. Baumscheibe				
	St **€ brutto**	**41**	**84**	**91**	**141**	**245**
	KG 574 € netto	35	70	76	118	206

▶ min
▷ von
ø Mittel
◁ bis
◀ max

004
Landschaftsbauarbeiten -
Pflanzen

Kosten: Stand 3.Quartal 2015, Bundesdurchschnitt

Landschaftsbauarbeiten - Pflanzen					Preise €

Nr.	Kurztext / Stichworte	brutto ø			
	Einheit / Kostengruppe ▶	▷ netto ø	◁		◀
9	**Hochstamm/Solitär, liefern/pflanzen, über 200cm**				
	Hochstamm/Solitär pflanzen; mDb, BK 3-5; Höhe über 200cm; Pflanzgrube ausheben, wiederverfüllen, wässern; inkl. Baumscheibe				
	St € brutto	124	162	175	197	237
	KG 574 € netto	104	136	147	166	200
10	**Großgehölz mit Ballen, pflanzen**				
	Großgehölzverpflanzung; mDb; mit Substrat verfüllen, überschüssiger Boden seitlich einarbeiten; vorbereitete Pflanzfläche				
	St € brutto	41	65	77	91	112
	KG 574 € netto	35	55	65	76	94
11	**Obstgehölze, 175-200cm**				
	Obstgehölze pflanzen; Hst 5xv; Höhe 175-200cm; StU 10-20cm; vorbereitete Pflanzgrube				
	St € brutto	36	49	58	65	79
	KG 574 € netto	31	41	49	55	66
12	**Sträucher liefern/pflanzen, bis 80cm**				
	Strauch pflanzen; BK 3-5; Höhe bis 80cm; Pflanzgrube ausheben, wieder verfüllen, wässern; inkl. Pflanzschnitt				
	St € brutto	1,9	4,7	5,4	6,5	10,5
	KG 574 € netto	1,6	4,0	4,5	5,5	8,9
13	**Sträucher liefern/pflanzen, 80-100cm**				
	Strauch pflanzen; BK 3-5; Höhe 80-100cm; Pflanzgrube ausheben, wieder verfüllen, wässern; inkl. Pflanzschnitt				
	St € brutto	8,2	14,0	16,3	25,5	37,0
	KG 574 € netto	6,9	11,8	13,7	21,4	31,1
14	**Sträucher liefern/pflanzen, 100-150cm**				
	Strauch pflanzen; BK 3-5; Höhe 100-150cm; Pflanzgrube ausheben, wieder verfüllen, wässern; inkl. Pflanzschnitt				
	St € brutto	5,4	7,1	7,9	9,1	10,8
	KG 574 € netto	4,5	6,0	6,6	7,6	9,1
15	**Sträucher liefern/pflanzen, über 150cm**				
	Strauch pflanzen; BK 3-5; Höhe über 150cm; Pflanzgrube ausheben, wieder verfüllen, wässern; inkl. Pflanzschnitt				
	St € brutto	6,7	10,2	11,5	12,1	15,0
	KG 574 € netto	5,6	8,6	9,7	10,2	12,6
16	**Sträucher/Ziersträucher, liefern/pflanzen**				
	Strauch pflanzen; Str 2-3xv mB; Höhe 125-150cm; Pflanzgrube ausheben, wieder verfüllen; inkl. Pflanzschnitt				
	St € brutto	11	17	19	24	32
	KG 574 € netto	8,9	14,0	16,4	20,1	27,0

Landschaftsbauarbeiten - Pflanzen					Preise €

Nr.	Kurztext / Stichworte		brutto ø			
	Einheit / Kostengruppe ▶	▷	netto ø	◁	◀	
17	**Hecke pflanzen, in Pflanzflächen**					
	Hecke pflanzen; BK 3-5; 5St/m, Abstand 20cm; wieder verfüllen, wässern; vorbereitete Pflanzfläche					
	St € brutto	1,2	1,5	1,7	1,9	2,5
	KG 574 € netto	1,0	1,3	1,4	1,6	2,1
18	**Hecke, liefern/pflanzen, bis 100cm**					
	Hecke pflanzen; Sol xv mDb, BK 3-5; Höhe bis 100cm, Abstand 50cm; Pflanzgraben ausheben, wieder verfüllen, wässern; inkl. Pflanzschnitt					
	St € brutto	0,8	1,1	1,5	1,8	2,4
	KG 574 € netto	0,7	0,9	1,3	1,5	2,0
19	**Hecke, liefern/pflanzen, 100-150cm**					
	Hecke pflanzen; Sol .xv mDb, BK 3-5; Höhe 100-150cm, Abstand 50cm; Pflanzgraben ausheben, wieder verfüllen, wässern; inkl. Pflanzschnitt					
	St € brutto	4,1	5,9	6,6	7,5	9,1
	KG 574 € netto	3,5	4,9	5,6	6,3	7,6
20	**Hecke, liefern/pflanzen, über 150cm**					
	Hecke pflanzen; Sol .xv mDb, BK 3-5; Höhe über 150cm, Abstand 50cm; Pflanzgraben ausheben, wieder verfüllen, wässern; inkl. Pflanzschnitt					
	St € brutto	7,2	9,2	9,4	10,2	12,3
	KG 574 € netto	6,0	7,7	7,9	8,6	10,3
21	**Stauden liefern/pflanzen**					
	Staude pflanzen; BK 3-5; wässern					
	St € brutto	0,6	0,8	0,9	1,0	1,2
	KG 574 € netto	0,5	0,7	0,8	0,9	1,0
22	**Blumenzwiebeln liefern/pflanzen**					
	Blumenzwiebeln pflanzen; BK 3-5					
	St € brutto	0,2	0,2	0,3	0,3	0,4
	KG 574 € netto	0,1	0,2	0,2	0,3	0,4
23	**Pflanzflächen mulchen, Rindenmulch**					
	Pflanzfläche mulchen; Rindenmulch; Dicke 10-15cm; Schutz vor Austrocknung					
	m² € brutto	3,7	4,4	4,7	5,0	5,6
	KG 574 € netto	3,1	3,7	3,9	4,2	4,7
24	**Pflanzflächen lockern, Baumscheiben**					
	Pflanzfläche säubern; Boden lockern, entfernen toter Triebe, Verankerung nachrichten, säubern, Räumgut entsorgen					
	m² € brutto	0,5	0,8	0,9	1,3	2,1
	KG 574 € netto	0,4	0,7	0,8	1,1	1,7

▶ min
▷ von
ø Mittel
◁ bis
◀ max

004
Landschaftsbauarbeiten -
Pflanzen

Kosten: Stand 3.Quartal 2015, Bundesdurchschnitt

Landschaftsbauarbeiten - Pflanzen					Preise €

Nr.	Kurztext / Stichworte			brutto ø		
	Einheit / Kostengruppe ▶		▷	netto ø	◁	◀
25	**Fertigstellungspflege, Baum**					
	Fertigstellungspflege Bäume; wiederanbinden, entfernen toter Triebe, Korrekturschnitt, Baumscheibe säubern					
	St € brutto	15	25	35	44	50
	KG 574 € netto	13	21	30	37	42
26	**Fertigstellungspflege, Sträucher**					
	Entwicklungspflege Sträucher; zwei Vegetationsperioden mit 5 Pflege-gängen je Vegetationsperiode					
	St € brutto	33	47	55	57	67
	KG 574 € netto	28	39	46	48	56
27	**Fertigstellungspflege, Hecken bis 2,00m**					
	Fertigstellungspflege Hecke; Höhe bis 2,00m; schneiden, Boden lockern, Unrat, Schnittgut entsorgen					
	m € brutto	6,0	7,3	7,8	8,4	9,8
	KG 574 € netto	5,0	6,1	6,6	7,1	8,2
28	**Fertigstellungspflege Stauden, Bodendecker**					
	Entwicklungspflege, Pflanzflächen; Stauden, Bodendecker; Fremd-körper, Unkraut, entfernen toter Triebe, Räumgut entsorgen					
	m² € brutto	0,3	1,0	1,1	1,4	2,0
	KG 574 € netto	0,3	0,8	0,9	1,1	1,7
29	**Heckenschnitt, Hainbuche**					
	Unterhaltungpflege, Hecke schneiden; Hainbuche; Schnittgut entsorgen					
	m € brutto	3,7	4,8	4,9	5,6	6,6
	KG 574 € netto	3,1	4,0	4,1	4,7	5,6
30	**Pflanzflächen wässern**					
	Pflanzfläche wässern; je 25l/m²; 2 Arbeitsgänge					
	m² € brutto	0,3	0,9	1,2	1,5	2,2
	KG 574 € netto	0,2	0,7	1,0	1,3	1,8
31	**Vorratsdüngung 50g**					
	Pflanzfläche düngen; organisches Material; 50g/m²; aufbringen, einarbeiten					
	m² € brutto	0,1	0,2	0,2	0,3	0,5
	KG 574 € netto	0,1	0,2	0,2	0,3	0,4
32	**Rasenplanum**					
	Planum herstellen, Rasenfläche; BK 3-5; Abweichung +/-1cm; Fremdkörper, Pflanzteile, Unkraut entsorgen					
	m² € brutto	1,0	1,8	2,0	2,1	2,8
	KG 575 € netto	0,8	1,5	1,7	1,8	2,3

Landschaftsbauarbeiten - Pflanzen · Preise €

Nr.	Kurztext / Stichworte		brutto ø			
	Einheit / Kostengruppe ▶	▷	netto ø	◁	◀	
33	**Rasensubstrat liefern, einsähen**					
	Rasenansaat; 30g/m²; aufbringen, einarbeiten					
	m² € brutto	0,3	0,6	0,7	1,0	1,4
	KG 575 € netto	0,2	0,5	0,6	0,8	1,2
34	**Ansaat, Gebrauchsrasen**					
	Rasenansaat; Gebrauchsrasen; 25g/m²; aufbringen, 2 Arbeitsgänge, inkl. anwalzen					
	m² € brutto	0,3	0,4	0,5	0,5	0,7
	KG 575 € netto	0,2	0,4	0,4	0,5	0,6
35	**Ansaat, Spielrasen**					
	Rasenansaat; Spielrasen; 25g/m²; 2 Arbeitsgänge, inkl. anwalzen					
	m² € brutto	0,5	0,9	1,0	1,4	2,4
	KG 575 € netto	0,4	0,7	0,8	1,2	2,0
36	**Fertigrasen liefern, einbauen**					
	Fertigrasen als Rollrasen; RSM-Mischung; liefern, verlegen					
	m² € brutto	6,4	8,3	9,1	9,6	11,0
	KG 575 € netto	5,4	7,0	7,6	8,1	9,2
37	**Schotterrasen herstellen**					
	Schotterrasen herstellen; Schotter 16/45, BK 3-5; Dicke 10cm, RSM 30g/m²					
	m² € brutto	11	12	13	14	16
	KG 575 € netto	8,8	10,4	10,8	11,7	13,5
38	**Rasenfläche düngen**					
	Rasenfläche düngen; Vorratsdünger; 5g/m²					
	m² € brutto	0,1	0,3	0,4	0,5	0,6
	KG 575 € netto	0,1	0,2	0,3	0,4	0,5
39	**Fertigstellungspflege, Rasenflächen**					
	Fertigstellungspflege Rasenfläche; mähen, Schnittgut entsorgen					
	m² € brutto	1,0	1,6	1,9	2,4	3,2
	KG 575 € netto	0,8	1,4	1,6	2,0	2,7
40	**Heckenpflanze, Hainbuche bis 100cm**					
	Hainbuche - Carpinus betulus; Heckenpflanze; Str 2xv mB, Höhe 100-150cm; pflanzen					
	St € brutto	8,5	9,8	10,5	11,4	14,3
	KG 574 € netto	7,2	8,2	8,9	9,6	12,0
41	**Heckenpflanze, Hainbuche bis 200cm**					
	Hainbuche - Carpinus betulus; Heckenpflanze; Str 2xv mB, Höhe bis 200cm; pflanzen					
	St € brutto	9,7	11,8	12,3	13,7	16,7
	KG 574 € netto	8,2	9,9	10,3	11,6	14,0

▶ min
▷ von
ø Mittel
◁ bis
◀ max

004
Landschaftsbauarbeiten -
Pflanzen

Kosten: Stand 3.Quartal 2015, Bundesdurchschnitt

Landschaftsbauarbeiten - Pflanzen					Preise €

Nr.	Kurztext / Stichworte		brutto ø		
	Einheit / Kostengruppe ▶	▷	netto ø	◁	◀
42	**Heckenpflanze, Eibe bis 100cm**				
	Gewöhnliche Eibe - Taxus baccata; Heckenpflanze; Str 4xv mB, Höhe bis 100cm; pflanzen				
	St € brutto	26	40	46	51	70
	KG 574 € netto	22	34	39	43	59
43	**Heckenpflanze, Eibe bis 200cm**				
	Gewöhnliche Eibe - Taxus baccata; Heckenpflanze; Str 5xv mDb, Höhe bis 100cm; pflanzen				
	St € brutto	64	82	89	89	115
	KG 574 € netto	54	69	74	75	97
44	**Heckenpflanze, Buchsbaum**				
	Buchsbaum - Buxus sempervirens; Heckenpflanze; Str 2xv mB/Co, Höhe 20-25cm; pflanzen				
	St € brutto	2,7	4,5	4,7	4,9	5,8
	KG 574 € netto	2,2	3,8	4,0	4,1	4,9
45	**Heckenpflanze, Liguster bis 100cm**				
	Liguster - Ligustrum vulgare; Heckenpflanze; Str 1xv 5-7Tr, Höhe 60-100cm; pflanzen				
	St € brutto	1,1	2,3	2,7	3,5	4,7
	KG 574 € netto	0,9	2,0	2,3	2,9	4,0
46	**Heckenpflanze, Liguster bis 200cm**				
	Liguster - Ligustrum vulgare; Heckenpflanze; Str 1xv 8Tr., Höhe bis 200cm; pflanzen				
	St € brutto	1,8	3,7	3,9	4,1	5,5
	KG 574 € netto	1,5	3,1	3,2	3,5	4,6
47	**Heckenpflanze, Lorbeerkirsche bis 100cm**				
	Lorbeerkirsche - Prunus laurocerrasus; Heckenpflanze; Str 2xv 5-7Tr, Höhe 80-100cm; pflanzen				
	St € brutto	15	17	18	19	21
	KG 574 € netto	13	14	15	16	17
48	**Heckenpflanze, Lorbeerkirsche bis 200cm**				
	Kirschlorbeer - Prunus laurocerasus; Heckenpflanze; Str 2xv oB 8Tr., Höhe bis 200cm; pflanzen				
	St € brutto	–	48	51	58	–
	KG 574 € netto	–	40	43	49	–
49	**Heckenpflanze, Rot-Buche bis 100cm**				
	Rot-Buche - Fagus sylvatica; Heckenpflanze; Str 2xv mB, Höhe 80-100cm; pflanzen				
	St € brutto	–	16	17	20	–
	KG 574 € netto	–	14	14	17	–

Landschaftsbauarbeiten - Pflanzen					Preise €

Nr.	Kurztext / Stichworte		brutto ø		
	Einheit / Kostengruppe ▶	▷	netto ø	◁	◀
50	**Heckenpflanze, Rot-Buche bis 200cm**				
	Rot-Buche - Fagus sylvatica; Heckenpflanze; Str. 3xv mB, Höhe 175-200cm; pflanzen				
	St € brutto	–	29	30	35 –
	KG 574 € netto	–	24	26	29 –
51	**Heckenpflanze, Blut-Buche bis 100cm**				
	Blut-Buche - Fagus sylvatica purpurea; Heckenpflanze; Str 2xv mB, Höhe 80-100cm; pflanzen				
	St € brutto	–	20	21	25 –
	KG 574 € netto	–	17	17	21 –
52	**Heckenpflanze, Blut-Buche bis 200cm**				
	Blut-Buche - Fagus sylvatica purpurea; Heckenpflanze; Str 3xv mB, Höhe 175-200cm; pflanzen				
	St € brutto	–	31	33	37 –
	KG 574 € netto	–	26	28	31 –
53	**Heckenpflanze, Feld-Ahorn bis 100cm**				
	Feld-Ahorn - Acer campestre; Heckenpflanze; Str 2xv mB, Höhe 100-125cm; pflanzen				
	St € brutto	–	12	11	13 –
	KG 574 € netto	–	9,7	9,2	11 –
54	**Heckenpflanze, Feld-Ahorn bis 200cm**				
	Feld-Ahorn - Acer campestre; Heckenpflanze; Str 2xv mB, Höhe 175-200cm; pflanzen				
	St € brutto	–	16	17	19 –
	KG 574 € netto	–	14	14	16 –
55	**Solitärbaum, Säulen-Hainbuche**				
	Säulen-Hainbuche - Carpinus betulus; Solitär; Hst 3xv mDb, StU 10-12cm; in herzustellender Pflanzgrube pflanzen, Zweibockverankerung				
	St € brutto	292	350	377	410 460
	KG 574 € netto	245	294	317	345 386
56	**Solitärbaum, Rotblühende Rosskastanie**				
	Rotblühende-Rosskastanie - Aesculus carnea; Solitär; Hst 4xv mDb, StU 18-20cm; in herzustellender Pflanzgrube pflanzen				
	St € brutto	294	419	427	531 699
	KG 574 € netto	247	352	359	446 587
57	**Solitärbaum, Spitz-Ahorn**				
	Spitz-Ahorn - Acer platanoides; Solitär; Hst 3xv mDb, StU 18-20cm; in herzustellender Pflanzgrube pflanzen				
	St € brutto	263	318	337	357 427
	KG 574 € netto	221	267	283	300 359

▶ min
▷ von
ø Mittel
◁ bis
◀ max

004
Landschaftsbauarbeiten -
Pflanzen

Kosten: Stand 3.Quartal 2015, Bundesdurchschnitt

Landschaftsbauarbeiten - Pflanzen					Preise €
Nr.	**Kurztext** / Stichworte		**brutto ø**		
	Einheit / Kostengruppe ▶	▷	netto ø	◁	◀
58	**Solitärbaum, Feld-Ahorn**				
	Feld-Ahorn - Acer campestre; Solitär; Hst mehrstämmig 3xv mDb, StU 18-20cm; in herzustellender Pflanzgrube pflanzen				
	St € brutto	157	230	277	337	431
	KG 574 € netto	132	193	232	284	362
59	**Solitärbaum, Vogelkirsche**				
	Vogelkirsche - Prunus avium; Solitär; Hst 4xv mDb, StU 20-22cm; in herzustellender Pflanzgrube pflanzen				
	St € brutto	221	248	260	267	309
	KG 574 € netto	185	209	219	224	260
60	**Solitärbaum, Winterlinde**				
	Winterlinde - Tilia cordata; Solitär; Hst 4xv mDb, StU 25-30cm, Höhe 400-500cm; in herzustellender Pflanzgrube pflanzen				
	St € brutto	258	313	349	382	441
	KG 574 € netto	216	263	293	321	371
61	**Solitärbaum, Wald-Kiefer**				
	Wald-Kiefer - Pinus sylvestris; Solitär; Hst 4xv mDb, StU 18-20cm, Höhe 100-150cm; in herzustellender Pflanzgrube pflanzen				
	St € brutto	227	419	445	461	561
	KG 574 € netto	191	352	374	387	471
62	**Solitärbaum, Hänge-Birke**				
	Hänge-Birke - Betula pendula; Solitär; Hst 3xv, StU 16-18cm; in herzustellender Pflanzgrube pflanzen, inkl. Zweibockverankerung				
	St € brutto	224	265	274	296	343
	KG 574 € netto	188	222	231	249	288
63	**Solitärbaum, Hainbuche**				
	Hainbuche - Carpinus betulus; Solitär; Hst 3xv, StU 16-18cm; in herzustellender Pflanzgrube pflanzen, inkl. Zweibockverankerung				
	St € brutto	163	221	252	315	403
	KG 574 € netto	137	186	212	265	339
64	**Solitärbaum, gemeine Esche**				
	Gemeine Esche - Fraxinus excelsior; Hst. 3xv. mDb.; StU 16-18cm; in herzustellender Pflanzgrube pflanzen				
	St € brutto	191	233	240	258	309
	KG 574 € netto	160	196	201	217	260
65	**Solitärbaum, gemeine Eberesche**				
	Eberesche - Sorbus aucuparia; Solitär; Hst 3xv mDb, StU 16-18cm; in herzustellender Pflanzgrube pflanzen				
	St € brutto	121	170	197	228	281
	KG 574 € netto	102	143	165	192	236

Landschaftsbauarbeiten - Pflanzen					Preise €

Nr.	Kurztext / Stichworte		brutto ø		
	Einheit / Kostengruppe ▶	▷	netto ø	◁	◀
66	**Solitärbaum, Baum-Hasel**				
	Baumhasel - Corylus colurna; Solitär; Hst 3xv mDb, StU 16-18cm; in herzustellender Pflanzgrube pflanzen				
	St € brutto	–	187	252	333 –
	KG 574 € netto	–	157	212	280 –
67	**Solitärbaum, Blut-Hasel**				
	Bluthasel - Corylus maxima; Solitär; Sol 3xv mB, Höhe 125-150cm; in herzustellender Pflanzgrube pflanzen				
	St € brutto	50	74	89	106 133
	KG 574 € netto	42	62	75	89 112
68	**Solitärbaum, Scharlach-Blühende Rosskastanie**				
	Scharlach - Blühende Rosskastanie - Aesculus carnea; Solitär; Hst 3xv mDb, StU 16-18cm; in herzustellender Pflanzgrube pflanzen				
	St € brutto	286	354	363	364 465
	KG 574 € netto	240	297	305	306 390
69	**Obstgehölz, Apfel in Sorten**				
	Apfelbaum - Malus; Obstgehölz; Hst 3xv mDb, StU 16-18cm; in herzustellender Pflanzgrube pflanzen				
	St € brutto	143	221	239	298 380
	KG 574 € netto	121	185	201	250 319
70	**Obstgehölz, Zier-Apfel `Evereste`**				
	Zier-Apfel - Malus Evereste; Obstgehölz; Hst 3xv mDb, StU 16-18cm; pflanzen				
	St € brutto	139	223	280	343 438
	KG 574 € netto	117	188	236	288 368
71	**Obstgehölz, Zier-Apfel `Eleyi`**				
	Zier-Apfel - Malus Eleyi; Obstgehölz; Hst 3xv mDb, StU 16-18cm; in herzustellender Pflanzgrube pflanzen				
	St € brutto	32	45	50	51 67
	KG 574 € netto	27	38	42	43 56
72	**Obstgehölz, Stadt-Birne, StU 16-18**				
	Stadt-Stadtbirne - Pyruy Calleryana; Obstgehölz; Hst 3xv mDb, StU 16-18cm; pflanzen				
	St € brutto	280	343	370	375 473
	KG 574 € netto	235	288	311	315 398
73	**Obstgehölz, Weidenblättrige Birne, StU 16-18**				
	Weidenblättrige Birne - Pyrus salicifolia; Obstgehölz; Hst 3xv mDb, StU 16-18cm; in herzustellender Pflanzgrube pflanzen				
	St € brutto	–	188	363	537 –
	KG 574 € netto	–	158	305	452 –

► min
▷ von
ø Mittel
◁ bis
◄ max

004
Landschaftsbauarbeiten - Pflanzen

Kosten: Stand 3.Quartal 2015, Bundesdurchschnitt

Landschaftsbauarbeiten - Pflanzen					Preise €

Nr.	Kurztext / Stichworte Einheit / Kostengruppe ►	brutto ø ▷ netto ø ◁			◄
74	**Obstgehölz, Zwerg-Blut-Pflaume, 80-100** Zwerg-Blutpflaume - Prunus cistena; Obstgehölz; Sol 3xv mB, Höhe 80-100cm; pflanzen				
	St € brutto	22	29	30	34	44
	KG 574 € netto	19	25	25	29	37
75	**Obstgehölz, Blut-Pflaume, StU 16-18** Blut-Pflaume - Prunus cerasifera; Obstgehölz; Hst 3xv mDb, StU 16-18cm; in herzustellender Pflanzgrube pflanzen				
	St € brutto	102	134	154	175	209
	KG 574 € netto	86	112	129	147	175
76	**Obstgehölz, Kultur-Pflaume, StU 16-18** Kultur-Pflaume - Prunus domestica; Obstgehölz; Hst 3xv mDb, StU 16-18cm; in herzustellender Pflanzgrube pflanzen				
	St € brutto	281	345	361	447	539
	KG 574 € netto	236	290	303	375	453
77	**Obstgehölz, japanische Blütenkirsche, StU 12-14** Japanische Blütenkirsche - Prunus serrulata; Obstgehölz; Hst 3xv mDb, StU 12-14cm; in herzustellender Pflanzgrube pflanzen				
	St € brutto	224	262	280	296	320
	KG 574 € netto	188	220	235	249	269
78	**Weidentunnel, Silber-Weide** Silber-Weide - Salix alba; zweijährig, biegsam; Länge 3,00m; pflanzen; für Weidentunnel				
	St € brutto	1,9	3,1	3,9	4,6	7,0
	KG 574 € netto	1,6	2,6	3,2	3,9	5,9
79	**Strauchpflanze, Purpur-Weide** Purpur-Weide - Salix purpurea; Str 4Tr oB, Höhe 100-150cm; in herzustellender Pflanzgrube pflanzen				
	St € brutto	1,3	1,8	2,1	2,4	3,6
	KG 574 € netto	1,1	1,5	1,7	2,0	3,0
80	**Strauchpflanze, Kupfer-Felsenbirne** Kupfer-Felsenbirne - Amelanchier lamarckii; Strauch 3xv 3-5Tr mB, Höhe 100-150cm; pflanzen; in herzustellender Pflanzgrube pflanzen				
	St € brutto	27	33	37	38	51
	KG 574 € netto	23	28	31	32	43
81	**Strauchpflanze, Hängende Felsenbirne** Hängende Felsenbirne - Amelanchier laevis; Str 3xv mDb, Höhe 125-150cm; pflanzen				
	St € brutto	74	82	83	87	95
	KG 574 € netto	62	69	69	73	80

Landschaftsbauarbeiten - Pflanzen					Preise €

Nr.	Kurztext / Stichworte		**brutto ø**		
	Einheit / Kostengruppe ▶	▷	netto ø	◁	◀
82	**Strauchpflanze, Gewöhnliche Haselnuss**				
	Gewöhnliche Haselnuss - Corylus avellana; Str 3xv mB, Höhe 125-150cm; in herzustellender Pflanzgrube pflanzen				
	St € brutto	**16**	**19**	**21**	**22**	**27**
	KG 574 € netto	14	16	17	18	22
83	**Strauchpflanze, Rhododendron in Sorten**				
	Rhododendron; Str Co, Höhe 40-50cm; in herzustellender Pflanzgrube pflanzen				
	St € brutto	**28**	**34**	**36**	**41**	**49**
	KG 574 € netto	23	29	30	34	41
84	**Strauchpflanze, Hortensie in Sorten**				
	Hortensie - Hydrangea; Str 3l Co, Höhe 40-60cm; in herzustellender Pflanzgrube pflanzen				
	St € brutto	**8,6**	**11,0**	**12,6**	**14,9**	**20,1**
	KG 574 € netto	7,2	9,3	10,6	12,5	16,9
85	**Strauchpflanze, Flieder in Sorten**				
	Gemeiner Flieder - Syringa vulgaris; Str 3xv mB, Höhe 125-150cm; in herzustellender Pflanzgrube pflanzen				
	St € brutto	**26**	**42**	**48**	**51**	**68**
	KG 574 € netto	22	35	40	43	57
86	**Strauchpflanze, Forsythie**				
	Forsythie - Forsythia intermedia; Str 3xv mB, Höhe 125-150cm; in herzustellender Pflanzgrube pflanzen				
	St € brutto	**13**	**15**	**16**	**17**	**21**
	KG 574 € netto	11	13	13	14	18
87	**Strauchpflanze, Lavendel**				
	Lavendel - Lavandula angustifolia; Str Co, Höhe bis 25cm; in herzustellender Pflanzgrube pflanzen				
	St € brutto	**1,1**	**1,6**	**1,7**	**1,9**	**2,2**
	KG 574 € netto	0,9	1,4	1,4	1,6	1,8
88	**Strauchpflanze, Kornelkirsche**				
	Kornelkirsche - Cornus mas; Str 3xv mB; Höhe 150-175; pflanzen				
	St € brutto	**23**	**30**	**33**	**36**	**41**
	KG 574 € netto	19	25	28	30	34
89	**Strauchpflanze, Gelbbunter Hartriegel**				
	Gelbbunter Hartriegel - Cornus alba; Str 3xv mDb, Höhe 150-200cm; in herzustellender Pflanzgrube pflanzen				
	St € brutto	**25**	**32**	**38**	**39**	**48**
	KG 574 € netto	21	27	32	33	40

▶ min
▷ von
ø Mittel
◁ bis
◀ max

004
Landschaftsbauarbeiten - Pflanzen

Kosten: Stand 3.Quartal 2015, Bundesdurchschnitt

Landschaftsbauarbeiten - Pflanzen					Preise €

Nr.	Kurztext / Stichworte Einheit / Kostengruppe ▶	▷	brutto ø netto ø	◁	◀
90	**Strauchpflanze, Roter Hartriegel** Roter Hartriegel - Cornus sanguinea; Str Co, Höhe 60-80cm; in herzustellender Pflanzgrube pflanzen				
	St €brutto	1,5	2,6	2,8	3,9	6,0
	KG 574 €netto	1,3	2,2	2,4	3,3	5,0
91	**Strauchpflanze, Europäische Eibe** Europäische Eibe - Taxus baccata; Heckenpflanze; Str 5xv mDb, Höhe 80-100cm; in herzustellender Pflanzgrube pflanzen				
	St €brutto	50	79	94	109	147
	KG 574 €netto	42	66	79	92	124
92	**Strauchpflanze, Heckeneibe** Heckeneibe - Taxus media; Str 5xv mDb, Höhe 80-100cm; in herzustellender Pflanzgrube pflanzen				
	St €brutto	22	48	48	65	88
	KG 574 €netto	19	41	41	54	74
93	**Strauchpflanze, Berberitze in Sorten** Berberitze - Berberis; Busch 2xv mB, Höhe 40-50cm; pflanzen				
	St €brutto	11	14	16	16	20
	KG 574 €netto	9,5	12,1	13,6	13,7	16,6
94	**Strauchpflanze, Zwergmispel in Sorten** Zwergmispel - Cotoneaster; Busch 2xv 2l Co, Höhe 40-60cm; in herzustellender Pflanzgrube pflanzen				
	St €brutto	1,5	2,3	2,7	3,3	5,0
	KG 574 €netto	1,3	2,0	2,3	2,8	4,2
95	**Strauchpflanze, Rotdorn in Sorten** Rotdorn - Crataegus; Hst. 4xv mDb.; StU 20-25cm; pflanzen				
	St €brutto	205	267	275	318	405
	KG 574 €netto	172	225	231	267	340
96	**Strauchpflanze, Immergrüne Heckenkirsche** Immergrüne Heckenkirsche - Lonicera nitida; Str 2xv mTb, Höhe 40-60cm; pflanzen				
	St €brutto	1,3	2,0	2,3	3,3	4,9
	KG 574 €netto	1,1	1,7	1,9	2,8	4,1
97	**Strauchpflanze, rote Heckenkirsche** Rote Heckenkirsche - Lonicera xylosteum; Str xv 5Tr oB; Str xv 5Tr oB, Höhe 100-150cm; pflanzen				
	St €brutto	1,5	3,6	3,9	5,4	8,7
	KG 574 €netto	1,3	3,0	3,3	4,5	7,3

Landschaftsbauarbeiten - Pflanzen						Preise €

Nr.	Kurztext / Stichworte		brutto ø			
	Einheit / Kostengruppe ▶	▷	netto ø	◁		◀
98	**Strauchpflanze, Rote Johannisbeere in Sorten**					
	Rote Johannisbeere - Ribes robrum; Str Co, Höhe 30cm;					
	in herzustellender Pflanzgrube pflanzen					
	St	€ brutto	1,3	5,9	7,2	10,2	21,1
	KG 574	€ netto	1,1	4,9	6,0	8,6	17,7
99	**Staude, Ziergräser in Sorten**					
	Ziergras pflanzen; Staude; Topfballen; pflanzen					
	St	€ brutto	1,2	1,9	2,2	2,7	3,4
	KG 574	€ netto	1,0	1,6	1,8	2,2	2,9
100	**Staude, Feinhalm-Chinaschilf**					
	Feinhalm-Chinaschilf - Miscanthus sinensis; Staude; Topfballen;					
	pflanzen					
	St	€ brutto	3,3	4,0	4,0	4,3	5,0
	KG 574	€ netto	2,8	3,3	3,3	3,6	4,2
101	**Staude, Heckenrose**					
	Heckenrose - Rosa canina; Str 1xv 3-4Tr oB, Höhe 60-100cm; pflanzen					
	St	€ brutto	1,2	2,0	2,1	2,7	3,6
	KG 574	€ netto	1,0	1,7	1,7	2,3	3,1
102	**Staude, wilde Rosen in Sorten**					
	Wilde Rosen - Rosa in Sorten; Str 1xv 3-4Tr oB, Höhe 40-60cm;					
	pflanzen					
	St	€ brutto	3,0	3,5	3,7	3,9	4,8
	KG 574	€ netto	2,5	2,9	3,1	3,3	4,0
103	**Staude, Kleines Immergrün**					
	Kleinblättriges Immergrün - Vinca minor; Staude; 2xv 6-10Tr mB;					
	pflanzen					
	St	€ brutto	1,4	1,6	1,7	2,0	2,3
	KG 574	€ netto	1,2	1,3	1,4	1,7	2,0
104	**Staude, Frauenmantel**					
	Frauenmantel - Alchemilla mollis; Staude; Topfballen; pflanzen					
	St	€ brutto	1,4	1,7	1,8	1,9	2,2
	KG 574	€ netto	1,2	1,4	1,5	1,6	1,8
105	**Staude, Sommer-Salbei**					
	Sommer-Salbei - Salvia nemerosa; Staude; Topfballen; pflanzen					
	St	€ brutto	1,7	2,1	2,4	2,4	2,7
	KG 574	€ netto	1,5	1,8	2,0	2,1	2,3
106	**Staude, Kissen-Aster**					
	Kissen-Aster - Aster dumosus; Staude; Topfballen; pflanzen					
	St	€ brutto	1,6	2,0	2,1	2,1	2,2
	KG 574	€ netto	1,4	1,6	1,7	1,7	1,9

► min
▷ von
Ø Mittel
◁ bis
◄ max

004
Landschaftsbauarbeiten -
Pflanzen

Kosten: Stand 3.Quartal 2015, Bundesdurchschnitt

Landschaftsbauarbeiten - Pflanzen					Preise €
Nr.	**Kurztext** / Stichworte		**brutto ø**		
	Einheit / Kostengruppe ►	▷	netto ø	◁	◄
107	**Staude, Balkan-Storchenschnabel**				
	Balkan Storchschnabel - Geranium macrororrhizum; Staude; Topfballen; pflanzen				
	St € brutto	1,2	1,6	1,7	1,9	2,3
	KG 574 € netto	1,0	1,3	1,4	1,6	2,0
108	**Staude, Weißer Blut-Storchenschnabel**				
	Weißer Blut-Storchenschnabel - Geranium sanguineum; Staude; Topfballen; pflanzen				
	St € brutto	1,2	1,6	1,6	1,7	2,3
	KG 574 € netto	1,0	1,3	1,4	1,4	1,9
109	**Staude, Pracht-Storchenschnabel**				
	Pracht-Storchenschnabel - Geranium x magnificum; Staude; Topfballen; pflanzen				
	St € brutto	1,1	1,9	2,5	2,7	3,2
	KG 574 € netto	0,9	1,6	2,1	2,2	2,7
110	**Rankpflanze, Wilder Wein**				
	Wilder Wein - Parthenocissus quinquefolia; 4-6Tr. oB.; 4-6Tr oB, Höhe 60-80cm; pflanzen				
	St € brutto	4,0	6,6	7,4	8,1	10,5
	KG 574 € netto	3,4	5,6	6,2	6,8	8,8
111	**Dachbegrünung, Sedumpflanzen**				
	Dachbegrünung, extensiv; Flachballenstauden, Sedum in Sorten; 15St/m				
	m² € brutto	3,3	6,0	7,1	11,0	15,9
	KG 363 € netto	2,8	5,1	6,0	9,3	13,3
112	**Dachbegrünung, Sedumsprossen**				
	Dachbegrünung, Einsaat; Sedumsprossen; 60g/m², 10l/m²; Nass-/Trockenansaat				
	m² € brutto	4,0	5,5	6,3	7,9	10,6
	KG 363 € netto	3,3	4,6	5,3	6,6	8,9
113	**Staudenmischung, Trockeneinsaat**				
	Dachbegrünung extensiv, Trockenansaat; Sedumsprossen; 50-80g/m²; inkl. düngen, wässern				
	m² € brutto	2,2	3,2	3,8	4,6	6,3
	KG 363 € netto	1,8	2,7	3,2	3,9	5,3
114	**Staudenmischung, Nasseinsaat**				
	Dachbegrünung, Nassansaat; Sedumsprossen; Spritzmasse 8l/m², Ausstreuen 45St/m²				
	m² € brutto	2,0	4,5	4,7	6,0	8,7
	KG 363 € netto	1,7	3,7	3,9	5,0	7,3

Landschaftsbauarbeiten - Pflanzen					Preise €

Nr.	Kurztext / Stichworte		brutto ø			
	Einheit / Kostengruppe ▶	▷	netto ø	◁	◀	
115	**Fertigstellungspflege, Dachbegrünung extensiv**					
	Fertigstellungspflege Dachbegrünung, extensiv; nachsähen, nachpflanzen, wässern, mähen, Fremdaufwuchs entfernen, Räumgut entsorgen					
	m² € brutto	1,5	2,1	2,5	2,8	3,6
	KG 363 € netto	1,2	1,8	2,1	2,3	3,1
116	**Vegetationsmatte, liefern/verlegen**					
	Vegetationsmatte, vorkultiviert; Sedum-Kräuter-Gräser; verlegen, wässern					
	m² € brutto	23	30	33	37	49
	KG 363 € netto	19	26	27	31	41
117	**Wasserpflanzen liefern**					
	Wasserpflanzen in Sorten; Topfballen					
	St € brutto	2,0	3,0	3,4	5,3	8,1
	KG 562 € netto	1,7	2,5	2,9	4,4	6,8

Straßen, Wege, Plätze					Preise €

Nr.	Kurztext / Stichworte	brutto ø			
	Einheit / Kostengruppe ▶	▷ netto ø		◁	◀

1 Asphaltbelag aufbrechen, entsorgen
Asphaltbelag aufbrechen; unbelastetes Bitumen, Unterbau;
Tiefe bis 15cm, Breite 70-100cm; entsorgen

m²	€ brutto	11	15	15	16	18
KG 594	€ netto	9,2	12,2	12,6	13,6	15,5

2 Abbruch, unbewehrte Betonteile
Abbruch Mauerwerk; Beton, Bauschutt, unbelastet; sortenrein lagern

m³	€ brutto	39	59	64	72	91
KG 594	€ netto	33	49	54	60	76

3 Abbruch Mauerwerk, Ziegel
Abbruch Mauerwerk; Ziegel, Bauschutt unbelastet; sortenrein lagern

m³	€ brutto	40	60	69	76	105
KG 594	€ netto	33	50	58	64	88

4 Betonplatten, aufnehmen, entsorgen
Plattenbelag aufnehmen; Beton, Sandbettung; 50x50x5cm, Bettung
bis 10cm; entsorgen

m²	€ brutto	2,9	4,2	4,8	5,6	8,5
KG 594	€ netto	2,4	3,5	4,0	4,7	7,1

5 Betonbordstein aufnehmen, entsorgen
Bordstein aufnehmen; Beton, Betonfundament; 15x30cm, Fundament
bis 30cm; entsorgen

m	€ brutto	5,8	8,0	9,0	10,2	12,3
KG 594	€ netto	4,9	6,7	7,6	8,5	10,3

6 Befestigte Flächen aufnehmen
Pflasterdecke aufnehmen; Naturstein/Betonwerkstein; Dicke 8cm;
laden, bauseitig zur Wiederverwendung lagern

m²	€ brutto	3,2	4,7	5,3	7,0	10,2
KG 594	€ netto	2,7	3,9	4,5	5,9	8,5

7 Betonpflaster aufnehmen, lagern
Pflasterdecke aufnehmen; Beton; Dicke 8cm; zur Wiederverwendung
lagern; Förderweg bis 50m

m²	€ brutto	3,8	5,3	6,1	7,0	8,6
KG 594	€ netto	3,2	4,5	5,2	5,9	7,2

8 Treppen/Bordsteine/Kantensteine aufnehmen, entsorgen
Fertigteile aufnehmen; Betontreppen, Betonstein; entsorgen; Förderweg bis 50m

m	€ brutto	4,3	4,9	5,2	5,7	6,6
KG 594	€ netto	3,6	4,1	4,4	4,8	5,5

▶ min
▷ von
ø Mittel
◁ bis
◀ max

080
Straßen, Wege, Plätze

Kosten: Stand 3.Quartal 2015, Bundesdurchschnitt

Straßen, Wege, Plätze						Preise €

Nr.	Kurztext / Stichworte		brutto ø			
	Einheit / Kostengruppe ▶	▷	netto ø	◁		◀
9	**Schotter entsorgen**					
	Tragschicht entsorgen; Schotter; Dicke bis 40cm; entsorgen					
	m³ € brutto	**9,1**	**15,1**	**17,0**	**18,8**	**24,1**
	KG 594 € netto	7,6	12,7	14,3	15,8	20,3
10	**Schotter aufnehmen, lagern**					
	Tragschicht aufbrechen; Schotter 0/56; Dicke bis 30cm; Material säubern, lagern					
	m² € brutto	**1,5**	**2,7**	**3,4**	**4,2**	**5,5**
	KG 594 € netto	1,3	2,2	2,9	3,5	4,6
11	**Planum herstellen**					
	Planum herstellen, befestigte Flächen; BK 3-5; Auf- und Abtrag bis 5cm, Abweichung +/-2cm; Überschüssigen Boden abfahren					
	m² € brutto	**0,5**	**0,7**	**0,8**	**0,9**	**1,1**
	KG 520 € netto	0,5	0,6	0,6	0,7	1,0
12	**Untergrund verdichten, Wegeflächen**					
	Untergrund verdichten; BK 3-5; DPr100%, Abweichung +/-3cm					
	m² € brutto	**0,2**	**0,6**	**0,7**	**0,9**	**1,4**
	KG 520 € netto	0,2	0,5	0,6	0,8	1,2
13	**Untergrund verdichten, Fundamente**					
	Untergrund verdichten, Fundamente; BK 3-5; Abweichung +/-2cm; verdichten, DPr=97%					
	m² € brutto	**0,8**	**1,1**	**1,1**	**1,2**	**1,4**
	KG 533 € netto	0,7	0,9	0,9	1,0	1,2
14	**Frostschutzschicht, Schotter 0/16, bis 30cm**					
	Frostschutzschicht; Schotter 0/16; Dicke bis 30cm; einbauen, verdichten					
	m² € brutto	**8,2**	**10,4**	**11,7**	**14,3**	**17,7**
	KG 520 € netto	6,9	8,8	9,8	12,0	14,9
15	**Frostschutzschicht, Schotter 0/32, bis 30cm**					
	Frostschutzschicht; Schotter 0/32; Dicke bis 30cm; einbauen, verdichten					
	m² € brutto	**8,9**	**11,9**	**13,0**	**13,8**	**17,9**
	KG 520 € netto	7,4	10,0	10,9	11,6	15,1
16	**Frostschutzschicht, Schotter 0/45, bis 30cm**					
	Frostschutzschicht; Schotter 0/45; Dicke bis 30cm; einbauen, verdichten					
	m² € brutto	**10**	**13**	**13**	**15**	**17**
	KG 520 € netto	8,6	10,5	11,1	12,4	14,5

Straßen, Wege, Plätze					**Preise €**

Nr.	Kurztext / Stichworte		**brutto ø**		
	Einheit / Kostengruppe ▶	▷	netto ø	◁	◀
17	**Frostschutzschicht, RCL 0/56, bis 30cm**				
	Frostschutzschicht; Recyclingmaterial 0/56; einbauen, verdichten; Fahr- und Parkstreifen				
	m² € brutto	7,3	9,4	9,5	11,5	13,6
	KG 520 € netto	6,2	7,9	8,0	9,7	11,5
18	**Frostschutzschicht, Kies 0/16, bis 30cm**				
	Frostschutzschicht; Kies 0/16; Dicke bis 30cm; einbauen, verdichten				
	m² € brutto	7,9	10,2	10,7	11,6	13,4
	KG 520 € netto	6,6	8,6	9,0	9,7	11,2
19	**Frostschutzschicht, Kies 0/32, bis 30cm**				
	Frostschutzschicht; Kies 0/32; Dicke bis 30cm; einbauen, verdichten				
	m² € brutto	8,2	10,4	11,5	12,6	14,9
	KG 520 € netto	6,9	8,8	9,7	10,6	12,5
20	**Frostschutzschicht, Kies 0/45, bis 30cm**				
	Frostschutzschicht; Kies 0/45; Dicke bis 30cm; profilgerecht einbauen, verdichten				
	m² € brutto	11	13	14	15	17
	KG 520 € netto	9,3	11,0	12,1	12,9	14,1
21	**Tragschicht, Schotter 0/16, bis 30cm**				
	Tragschicht; Schotter 0/16; Dicke bis 30cm, Abweichung +/-1,5cm; einbauen, verdichten, DPr mind. 95%				
	m² € brutto	8,6	9,6	10,0	11,1	12,5
	KG 520 € netto	7,2	8,0	8,4	9,3	10,5
22	**Tragschicht, Schotter 0/32, bis 30cm**				
	Tragschicht; Schotter 0/32; Dicke bis 30cm, Abweichung +/-1,5cm; einbauen, verdichten				
	m² € brutto	8,6	10,5	10,6	11,7	13,2
	KG 520 € netto	7,2	8,8	8,9	9,8	11,1
23	**Tragschicht, Schotter 0/45, bis 30cm**				
	Tragschicht; Schotter 0/45; Dicke bis 30cm, Abweichung +/-1,5cm; einbauen, verdichten, DPr mind. 95%				
	m² € brutto	8,1	9,9	11,2	11,7	13,5
	KG 520 € netto	6,8	8,3	9,4	9,8	11,4
24	**Tragschicht, Kies 0/16, bis 30cm**				
	Tragschicht; Kies 0/16, frostbeständig; Dicke bis 30cm, Abweichung +/-2,0cm; einbauen, verdichten, DPr 103%				
	m² € brutto	8,4	9,4	9,4	10,1	11,5
	KG 520 € netto	7,1	7,9	7,9	8,5	9,7

► min
▷ von
ø Mittel
◁ bis
◄ max

080
Straßen, Wege, Plätze

Kosten: Stand 3.Quartal 2015, Bundesdurchschnitt

Straßen, Wege, Plätze						Preise €
Nr.	**Kurztext** / Stichworte			**brutto ø**		
	Einheit / Kostengruppe	►	▷	netto ø	◁	◄
25	**Tragschicht, Kies 0/45, bis 30cm**					
	Tragschicht; Kies 0/45, frostbeständig; Dicke bis 30cm, Abweichung +/-2,0cm; einbauen, verdichten, DPr 103%					
	m² € brutto	9,1	11,2	12,4	12,9	15,3
	KG 520 € netto	7,7	9,4	10,4	10,9	12,9
26	**Tragschicht aus RCL-Schotter 0/32**					
	Tragschicht; Recyclingschotter 0/32; Dicke bis 30cm, Sollhöhe +/-1,5cm; einbauen, verdichten					
	m² € brutto	7,9	8,9	9,3	9,9	11,1
	KG 520 € netto	6,7	7,5	7,8	8,3	9,4
27	**Tragschicht aus RCL-Schotter 0/45**					
	Tragschicht; Recyclingschotter 0/45; Dicke bis 30cm, Sollhöhe +/-1,5cm; einbauen, verdichten					
	m² € brutto	7,4	8,3	8,7	9,6	10,8
	KG 520 € netto	6,2	7,0	7,3	8,1	9,1
28	**Tragschicht aus RCL-Schotter 0/56**					
	Tragschicht; Recyclingschotter 0/56; Dicke bis 30cm, Sollhöhe +/-1,5cm; einbauen, verdichten					
	m² € brutto	–	9,6	11	13	–
	KG 520 € netto	–	8,1	9,0	11	–
29	**Rasentragschicht 0/8**					
	Tragschicht Schotterrasen; Kies 0/8, frostbeständig; Ebenflächigkeit +/-2cm					
	m² € brutto	–	6,9	8,4	9,5	–
	KG 520 € netto	–	5,8	7,1	8,0	–
30	**Rasentragschicht 0/16**					
	Tragschicht Schotterrasen; Kies 0/16, frostbeständig; Ebenflächigkeit +/-2cm					
	m² € brutto	–	7,1	8,7	9,8	–
	KG 520 € netto	–	5,9	7,3	8,3	–
31	**Rasentragschicht 0/32**					
	Tragschicht Schotterrasen; Kies 0/32, frostbeständig; Ebenflächigkeit +/-2cm					
	m² € brutto	5,8	7,8	9,3	11,0	13,3
	KG 520 € netto	4,9	6,6	7,8	9,2	11,1
32	**Rasentragschicht 0/45**					
	Tragschicht Schotterrasen; Kies 0/45, frostbeständig; Ebenflächigkeit +/-2cm					
	m² € brutto	11	14	17	17	20
	KG 520 € netto	9,1	12,0	14,2	14,2	17,1

Straßen, Wege, Plätze					Preise €

Nr.	Kurztext / Stichworte		brutto ø		
	Einheit / Kostengruppe ▶	▷	netto ø	◁	◀
33	**Asphalttragschicht, 10cm**				
	Asphalttragschicht; Mischgut CS, 0/32; einbauen, verdichten, DPr 98%				
	m² € brutto	**11**	**15**	**17**	**18**	**24**
	KG 520 € netto	9,1	12,4	14,1	15,5	20,1
34	**Betonplattenbelag, 40x40cm**				
	Plattenbelag; Beton, 40x40cm; Sand 0/4; verlegen mit 20mm breiten Rasenfugen; inkl. Unterbau und verfugen				
	m² € brutto	**39**	**46**	**47**	**51**	**58**
	KG 520 € netto	33	39	39	43	49
35	**Betonplattenbelag, großformatig**				
	Plattenbelag; Beton, Brechsand-Splitt-Gemisch 0/5mm; Dicke bis 8cm; verlegen, abrütteln; ohne Lieferung				
	m² € brutto	**50**	**56**	**60**	**66**	**73**
	KG 520 € netto	42	47	50	55	61
36	**Traufe, Betonplatten, 50x50x7**				
	Traufplatte; Beton, Splittbettung 0/5; 50x50x7cm; ohne Lieferung				
	m € brutto	**6,5**	**7,7**	**8,4**	**10,0**	**11,8**
	KG 363 € netto	5,5	6,4	7,0	8,4	9,9
37	**Pflasterdecke, Betonpflaster**				
	Pflasterdecke; Beton, Sandbettung 0/4; verlegen, abrütteln; ohne Lieferung				
	m² € brutto	**25**	**28**	**29**	**31**	**35**
	KG 520 € netto	21	23	25	26	30
38	**Rasenpflaster aus Beton**				
	Rasenpflaster; Beton-Rasenfugenstein, Splitt 3/5, Lavasplitt 3/5; in Splitt verlegen, verfüllen; inkl. Schneidearbeiten				
	m² € brutto	**37**	**41**	**42**	**44**	**48**
	KG 524 € netto	31	34	36	37	40
39	**Pflasterdecke, Granitkleinpflaster**				
	Pflasterdecke; Granitkleinpflaster; 8x10cm; im Mörtelbett verlegen, verfugen				
	m² € brutto	**87**	**102**	**108**	**113**	**123**
	KG 520 € netto	73	85	91	95	103
40	**Pflasterdecke, Granit, 8x8**				
	Pflasterdecke; Granit; 8x8x8cm; im Mörtelbett verlegen				
	m² € brutto	**64**	**80**	**88**	**100**	**118**
	KG 521 € netto	53	67	74	84	100

► min
▷ von
ø Mittel
◁ bis
◀ max

080
Straßen, Wege, Plätze

Kosten: Stand 3.Quartal 2015, Bundesdurchschnitt

Straßen, Wege, Plätze					Preise €

Nr.	Kurztext / Stichworte		brutto ø		
	Einheit / Kostengruppe ►	▷	netto ø	◁	◀
41	**Pflasterdecke, Granit 9x9**				
	Pflasterdecke; Granit; 9x9x9cm; im Mörtelbett verlegen				
	m² € brutto	64	77	83	91	103
	KG 521 € netto	54	65	69	77	87
42	**Pflasterdecke, Granit, 10x10**				
	Pflasterdecke; Granit; 10x10x10cm; im Mörtelbett verlegen				
	m² € brutto	73	87	90	91	108
	KG 521 € netto	62	73	76	77	91
43	**Pflasterdecke, Granit, 11x11**				
	Pflasterdecke; Granit; 11x11x11cm; im Mörtelbett verlegen				
	m² € brutto	82	112	117	131	156
	KG 521 € netto	69	94	98	110	131
44	**Pflasterzeile, Granit, einzeilig, 15x17x17**				
	Pflasterstreifen; Granitgroßsteine; 15x17x17cm; im Verband, einzeilig, gebunden verlegen; Wegeeinfassung				
	m € brutto	30	34	37	44	59
	KG 520 € netto	25	29	31	37	49
45	**Pflasterzeile, Granit, dreizeilig**				
	Pflasterzeile; Granit; 15x17x17cm, dreizeilig; im Mörtelbett verlegen				
	m € brutto	38	48	50	67	86
	KG 521 € netto	32	40	42	56	72
46	**Pflasterzeile, Großformat, einzeilig**				
	Pflasterstreifen; Naturstein gebraucht, Basalt-Bruchsand 0/3; einzeilig, in C12/15 setzen; Wegeeinfassung				
	m € brutto	24	29	30	34	41
	KG 521 € netto	20	25	25	28	34
47	**Pflastersteine schneiden, Beton**				
	Pflastersteine schneiden; Beton; mit Diamanttrennscheibe; Schnittgut entsorgen				
	m € brutto	11	14	15	16	20
	KG 520 € netto	9,1	11,4	12,2	13,6	16,8
48	**Plattenbelag schneiden, Beton**				
	Plattenbelag schneiden; Beton; Abweichung max. 0,5cm; Nassschneidegerät				
	m € brutto	11	13	15	16	18
	KG 520 € netto	9,1	11,3	12,4	13,3	15,2
49	**Wassergebundene Decke**				
	Wassergebundene Decke herstellen; Kies-Sand 0/3; Gefälle max. 3%, Dicke 2cm; verdichten; eingebaute Tragschicht				
	m² € brutto	9,2	10,4	10,7	11,7	13,4
	KG 521 € netto	7,8	8,7	9,0	9,8	11,3

Straßen, Wege, Plätze						Preise €

Nr.	Kurztext / Stichworte		brutto ø			
	Einheit / Kostengruppe ▶		▷ netto ø	◁	◀	
50	**Schotterrasendeckschicht, 20cm**					
	Schotterrasen herstellen; Schotter-Humus-Gemisch; abwalzen, einsanden					
	m² € brutto	9,2	12,2	13,6	17,4	24,7
	KG 575 € netto	7,8	10,2	11,5	14,6	20,7
51	**Fundamentaushub**					
	Aushub Einzel- und Streifenfundament; BK 3-5; Tiefe bis 1,25m; Aushub für Wiedereinbau seitlich lagern					
	m³ € brutto	21	23	24	25	31
	KG 551 € netto	18	20	20	21	26
52	**Betonfundament**					
	Streifenfundament, Ortbeton; C12/15, unbewehrt; Tiefe bis 0,80m; inkl. Erdarbeiten					
	m² € brutto	161	173	179	192	214
	KG 551 € netto	135	145	151	162	180
53	**Betonfundament für Beleuchtung**					
	Fundament für Beleuchtung; PVC-Rohre; inkl. Erdarbeiten					
	St € brutto	142	185	195	210	236
	KG 551 € netto	120	156	164	177	199
54	**Bordstein, Beton, 12x15x25cm, l=50cm**					
	Bordstein; Beton; H 12x15x25cm, Länge 50cm; als Hochbord, in C12/15 setzen					
	m € brutto	19	22	25	28	29
	KG 521 € netto	16	18	21	23	24
55	**Bordstein, Beton, 12x15x25cm, l=100cm**					
	Bordstein; Beton; H 12x15x25cm, Länge 100cm; als Hochbord, in C12/15 setzen					
	m € brutto	22	26	28	29	34
	KG 520 € netto	19	21	23	25	29
56	**Bordstein, Beton, 12x15x30cm l=50cm**					
	Bordstein; Beton; H 12x15x30cm, Länge 50cm; als Hochbord, in C12/15 setzen					
	m € brutto	19	24	28	31	35
	KG 521 € netto	16	20	23	26	30
57	**Bordstein, Beton, 12x15x30cm, l=100cm**					
	Bordstein; Beton; H 12x15x30cm, Länge 100cm; als Hochbord, in C12/15 setzen					
	m € brutto	24	30	31	34	41
	KG 520 € netto	20	26	26	29	35

► min
▷ von
ø Mittel
◁ bis
◄ max

080
Straßen, Wege, Plätze

Kosten: Stand 3.Quartal 2015, Bundesdurchschnitt

Straßen, Wege, Plätze					Preise €

Nr.	Kurztext / Stichworte		brutto ø			
	Einheit / Kostengruppe ►	▷	netto ø	◁	◄
58	**Bordstein, Beton, 12x18x30cm, l=50cm**					
	Bordstein; Beton; H 12x18x30cm, Länge 50cm; als Hochbord, in C12/15 setzen					
	m € brutto	22	27	29	33	39
	KG 521 € netto	18	22	25	27	32
59	**Bordstein, Beton, 12x18x30cm, l=100cm**					
	Bordstein; Beton; H 12x18x30cm, Länge 100cm; als Hochbord, in C12/15 setzen					
	m € brutto	22	29	32	35	44
	KG 521 € netto	18	24	27	30	37
60	**Bordstein, Beton, 8x20cm**					
	Bordstein; Beton; 8x20; als Tiefbord, in C12/15 setzen					
	m € brutto	20	22	23	25	29
	KG 520 € netto	17	19	19	21	25
61	**Bordstein, Beton, 8x25 cm, l=50cm**					
	Bordstein; Beton; H 8x25cm, Länge 50cm; als Tiefbord, in C12/15 setzen					
	m € brutto	19	20	22	24	27
	KG 523 € netto	16	17	19	20	23
62	**Bordstein, Beton, 8x25 cm, l=100cm**					
	Bordstein; Beton; H 8x25cm, Länge 100cm; als Tiefbord, in C12/15 setzen					
	m € brutto	19	22	23	26	31
	KG 520 € netto	16	18	19	22	26
63	**Bordstein, Beton, 10x25 cm, l=50cm**					
	Bordstein; Beton; H 10x25cm, Länge 50cm; als Tiefbord, in C12/15 setzen					
	m € brutto	19	20	22	23	24
	KG 521 € netto	16	17	18	19	20
64	**Bordstein, Beton, 10x25 cm, l=100cm**					
	Bordstein; Beton; H 10x25cm, Länge 100cm; als Tiefbord in C12/15 setzen					
	m € brutto	22	23	23	24	26
	KG 520 € netto	18	19	20	20	22
65	**Bordstein, Beton, 18x30cm**					
	Bordstein; Beton; 18x30cm; als Tiefbord, in C12/15 setzen					
	m € brutto	20	24	25	28	33
	KG 521 € netto	17	20	21	24	28

Straßen, Wege, Plätze				Preise €	

Nr.	Kurztext / Stichworte		brutto ø		
	Einheit / Kostengruppe ▶	▷	netto ø	◁	◀
66	**Bordstein, Granit**				
	Bordstein; Granit, spaltrau, frostbeständig F1; Breite 14-15cm; in C12/15 setzen				
	m € brutto	34	46	48	55	81
	KG 520 € netto	29	38	40	46	68
67	**Rasenbordstein, Kantstein, Beton**				
	Kantstein, als Rasenbordstein; Beton, einseitig abgerundet/gefast; 10x25cm; Fundament d=10-12cm; in C12/15 setzen				
	m € brutto	18	23	24	26	32
	KG 520 € netto	15	19	20	22	27
68	**Betonblockstufe, Betonbettung**				
	Blockstufe; Beton; Betonbettung 20cm				
	St € brutto	84	115	128	148	187
	KG 534 € netto	71	97	108	125	157
69	**Blockstufe, Beton, 100x35x15cm**				
	Blockstufe; Betonfertigteil, sandgestrahlt, Kanten gefast; 15x35x100cm; in C20/25 setzen; inkl. Nebenarbeiten				
	St € brutto	78	132	158	169	195
	KG 534 € netto	65	111	133	142	164
70	**Geländestützmauer Gabionen bis 1,00m**				
	Gabionen; Baustahldraht verzinkt, Hartschotter/Bruchsteinmaterial; Stahl s=3,5mm, Gabionen 1,00x1,00x1,00m; mit Spieralschließen verschlossen				
	m² € brutto	220	271	273	277	313
	KG 533 € netto	184	227	229	233	263
71	**Geländestützmauer Gabionen bis 2,00m**				
	Gabionen; Baustahldraht verzinkt, Hartschotter/Bruchsteinmaterial; Stahl s=3,5mm, Gabionen 2,00x2,00x2,00m; mit Spieralschließen verschlossen				
	m² € brutto	295	–	314	–	356
	KG 533 € netto	248	–	264	–	300
72	**Holzbelag Lärche**				
	Holzbelag; Lärche; mit Schrauben befestigen, Abfallstoffe entsorgen; inkl. Unterkonstruktion				
	m² € brutto	109	146	155	182	219
	KG 523 € netto	92	122	130	153	184
73	**Lastplattendruckversuche**				
	Lastplattendruckversuch; inkl. erf. Nebenarbeiten, Hilfsmittel				
	St € brutto	137	161	172	201	265
	KG 523 € netto	115	136	144	169	223

Anhang

Regionalfaktoren

Anhang

Regionalfaktoren

Diese Faktoren geben Aufschluss darüber, inwieweit die Baupreise in einer bestimmten Region Deutschlands teurer oder günstiger liegen als im Bundesdurchschnitt. Sie können dazu verwendet werden, die BKI Baupreise an das besondere Baupreisniveau einer Region anzupassen. Bitte beachten und berücksichtigen Sie die weiteren Einflüsse auf die Baupreise unter Punkt 7 bei den Benutzerhinweisen.

Landkreis / Stadtkreis	Regionalfaktor

	Landkreis / Stadtkreis	Regionalfaktor
A	Aachen, Städteregion	0.960
	Ahrweiler	1.016
	Aichach-Friedberg	1.102
	Alb-Donau-Kreis	1.031
	Altenburger Land	0.934
	Altenkirchen	0.980
	Altmarkkreis Salzwedel	0.796
	Altötting	0.971
	Alzey-Worms	1.003
	Amberg, Stadt	0.978
	Amberg-Sulzbach	0.979
	Ammerland	0.860
	Anhalt-Bitterfeld	0.680
	Ansbach	1.038
	Ansbach, Stadt	1.094
	Aschaffenburg	1.121
	Aschaffenburg, Stadt	1.107
	Augsburg	1.089
	Augsburg, Stadt	1.027
	Aurich	0.809
B	Bad Dürkheim	1.042
	Bad Kissingen	1.087
	Bad Kreuznach	1.036
	Bad Tölz-Wolfratshausen	1.128
	Baden-Baden, Stadt	1.048
	Bamberg	1.060
	Bamberg, Stadt	1.154
	Barnim	0.890
	Bautzen	0.897
	Bayreuth	1.080
	Bayreuth, Stadt	1.049
	Berchtesgadener Land	1.100
	Bergstraße	1.046
	Berlin, Stadt	1.023
	Bernkastel-Wittlich	1.102
	Biberach	1.023